U0201977

"十三五"国家重点图书出版规划项目

中国水稻品种志

万建民　总主编

华北西北卷

刘学军　主　编

中 国 农 业 出 版 社
北 京

内容简介

华北、西北稻区幅员辽阔，生态环境复杂，水稻品种类型丰富。本书介绍了华北稻区的北京、天津、河北、山西、山东、河南和西北稻区的陕西、宁夏、新疆等9个省（自治区、直辖市）的稻作区划和品种改良历程，选录了育成的水稻品种377个，其中常规籼稻12个，杂交籼稻13个，常规粳稻318个，杂交粳稻34个。按照常规籼稻、杂交籼稻、常规粳稻、杂交粳稻分类予以详细介绍，并附有植株、稻穗和谷粒照片，部分品种因为年代久远，资料匮乏，只作简要介绍。本书还介绍了26位在水稻育种中作出重要贡献的专家。

为方便读者查阅，各类品种先按照北京、天津、河北、山西、山东、河南、陕西、宁夏、新疆排序，再按照品种名称的汉语拼音顺序排列。为方便读者了解品种选育年代，书后附有按育成年份排列的品种索引表，包括类型、审定编号和品种权号。

Abstract

The rice cultivation areas in North and Northwest China are vast, with complex ecological environment and rich varieties. This book introduces the rice cultivation division and processes of the variety improvement in 9 provinces (autonomous regions and municipalities) including Beijing, Tianjin, Hebei, Shanxi, Shandong and Henan of the North, and Shaanxi, Ningxia and Xinjiang of the Northwest of China. Total 377 improved varieties are selected for the introduction in the book, among which 12, 13, 318 and 34 varieties belong to traditional Indica, hybrid indica, traditional japonica and hybrid japonica respectively. They are described in detail as classified as traditional Indica, hybrid indica, traditional japonica or hybrid japonica, and photos of seedlings, spikes and grains of each variety are shown. Some varieties have only brief introduction, because they were bred a long time ago with no detailed information. The book also introduces 26 experts who have made outstanding contributions to rice breeding in above regions and even in the whole country.

For the convenience of reader's reference, the varieties are listed first in the order of Beijing, Tianjin, Hebei, Shanxi, Shandong, Henan, Shaanxi, Ningxia and Xinjiang, and then ordered according to Chinese phonetic alphabet of the varieties. At the same time, in order to facilitate readers to understand the breeding years of varieties, a variety index is attached at the end of the book, including category, approval number and variety right number.

《中国水稻品种志》
编辑委员会

华北西北卷编委会

主　编　刘学军

副主编　苏京平　林志清　王兴盛　王　亚　朱其松　张启星　周　凯　王广元　王　洁

编著者

天津篇：刘学军　苏京平　孙　玥　王胜军　孙林静

山西篇：王广元　于晓慧　梅　青　李广信　王国鹏

陕西篇：周　凯　李小刚　王俊义　张　星　蒙天俊　葛　茜

河南篇：王　亚　尹海庆　王青林　王书玉　孙建军

河北篇：张启星　耿雷跃　薛志忠　张　薇　孟令启

北京篇：王　洁　苏京平　孙　玥

宁夏篇：王兴盛　孙建昌　马　静　张振海　王锐侃

新疆篇：林志清　王奉斌　袁　杰　吕玉平　任　磊

山东篇：朱其松　张洪瑞　杨连群

前　言

水稻是中国和世界大部分地区栽培的最主要粮食作物，水稻的产量增加、品质改良和抗性提高对解决全球粮食问题、提高人们生活质量、减轻环境污染具有举足轻重的作用。历史证明，中国水稻生产的两次大突破均是品种选育的功劳，第一次是20世纪50年代末至60年代初开始的矮化育种，第二次是70年代中期开始的杂交稻育种。90年代中期，先后育成了超级稻两优培九、沈农265等一批超高产新品种，单产达到11 ~ 12t/hm^2。单产潜力超过16t/hm^{2}的超级稻品种目前正在选育过程中。水稻育种虽然取得了很大成绩，但面临的任务也越来越艰巨，对骨干亲本及其育种技术的要求也越来越高，因此，有必要编撰《中国水稻品种志》，以系统地总结65年来我国水稻育种的成绩和育种经验，提高我国新形势下的水稻育种水平，向第三次新的突破前进，进而为促进我国民族种业发展、保障我国和世界粮食安全做出新贡献。

《中国水稻品种志》主要内容分三部分：第一部分阐述了1949—2014年中国水稻品种的遗传改良成就，包括全国水稻生产情况、品种改良历程、育种技术和方法、新品种推广成就和效益分析，以及水稻育种的未来发展方向。第二部分展示中国不同时期育成的新品种（新组合）及其骨干亲本，包括常规籼稻、常规粳稻、杂交籼稻、杂交粳稻和陆稻的品种，并附有品种检索表，供进一步参考。第三部分介绍中国不同时期著名水稻育种专家的成就。全书分十八卷，分别为广东海南卷、广西卷、福建台湾卷、江西卷、安徽卷、湖北卷、四川重庆卷、云南卷、贵州卷、黑龙江卷、辽宁卷、吉林卷、浙江上海卷、江苏卷，以及湖南常规稻卷、湖南杂交稻卷、华北西北卷和旱稻卷。

《中国水稻品种志》根据行政区划和实际生产情况，把中国水稻生产区域分为华南、华中华东、西南、华北、东北及西北六大稻区，统计并重点介绍了自1978年以来我国育成年种植面积大于40万hm^{2}的常规水稻品种如湘矮早9号、原丰早、浙辐802、桂朝2号、珍珠矮11等共23个，杂交稻品种如D优63、冈优22、南优2号、汕优2号、汕优6号等32个，以及2005—2014年育成的超级稻品种如龙粳31、武运粳27、松粳15、中早39、合美占、中嘉早17、两优培九、准两优527、辽优1052和甬优12、徽两优6号等111个。

《中国水稻品种志》追溯了65年来中国育成的8 500余份水稻、陆稻和杂交水稻现代品种的亲源，发现一批极其重要的育种骨干亲本，它们对水稻品种的遗传改良贡献巨大。据不完全统计，常规籼稻最重要的核心育种骨干亲本有矮仔占、南特号、珍汕97、矮脚南特、珍珠矮、低脚乌尖等22个，它们衍生的品种数超过2 700个；常规粳稻最重要的核心育种骨干亲本有旭、笹锦、坊主、爱国、农垦57、农垦58、农虎6号、测21等20个，衍生的品种数超过2 400个。尤其是携带*sd1*矮秆基因的矮仔占质源自早期从南洋引进后就成为广西容县一带优良农家地方品种，利用该骨干亲本先后育成了11代超过405个品种，其中种植面积较大的育成品种有广场矮、珍珠矮、广陆矮4号、二九青、先锋1号、特青、桂朝2号、双桂1号、湘早籼7号、嘉育948等。

《中国水稻品种志》还总结了我国培育杂交稻的历程，至今最重要的杂交稻核心不育系有珍汕97A、Ⅱ-32A、V20A、协青早A、金23A、冈46A、谷丰A、农垦58S、安农S-1、培矮64S、Y58S、株1S等21个，衍生的不育系超过160个，配组的大面积种植品种数超过1 300个；已广泛应用的核心恢复系有17个，它们衍生的恢复系超过510个，配组的杂交品种数超过1 200个。20世纪70～90年代大部分强恢复系引自国外，包括IR24、IR26、IR30、密阳46等，它们均含有我国台湾地方品种低脚乌尖的血缘（*sd1*矮秆基因）。随着明恢63（IR30/圭630）的育成，我国杂交稻恢复系选育走上了自主创新的道路，育成的恢复系其遗传背景呈现多元化。

《中国水稻品种志》由中国农业科学院作物科学研究所主持编著，邀请国内著名水稻专家和育种家分卷主撰，凝聚了全国水稻育种者的心血和汗水。同时，在本志编著过程中，得到全国各水稻研究教学单位领导和相关专家的大力支持和帮助，在此一并表示诚挚的谢意。

《中国水稻品种志》集科学性、系统性、实用性、资料性于一体，是作物品种志方面的专著，内容丰富，图文并茂，可供从事作物育种和遗传资源研究者、高等院校师生参考。由于我国水稻品种的多样性和复杂性，育种者众多，资料难以收全，尽管在编著和统稿过程中注意了数据的补充、核实和编撰体例的一致性，但限于编著者水平，书中疏漏之处难免，敬请广大读者不吝指正。

编 者

2018年4月

目　录

第一章

中国稻作区划与水稻品种遗传改良概述

水稻是中国最主要的粮食作物之一，稻米是中国一半以上人口的主粮。2014年，中国水稻种植面积3 031万hm^2，总产20 651万t，分别占中国粮食作物种植面积和总产量的26.89%和34.02%。毫无疑问，水稻在保障国家粮食安全、振兴乡村经济、提高人民生活质量方面，具有举足轻重的地位。

中国栽培稻属于亚洲栽培稻种（*Oryza sativa* L.），有两个亚种，即籼亚种（*O. sativa* L. subsp. *indica*）和粳亚种（*O. sativa* L. subsp. *japonica*）。中国不仅稻作栽培历史悠久，稻作环境多样，稻种资源丰富，而且育种技术先进，为高产、多抗、优质、广适、高效水稻新品种的选育和推广提供了丰富的物质基础和强大的技术支撑。

中华人民共和国成立以来，通过育种技术的不断改进，从常规育种（系统选择、杂交育种、诱变育种、航天育种）到杂种优势利用，再到生物技术育种（细胞工程育种、分子标记辅助选择育种、遗传转化育种等），至2014年先后育成8 500余份常规水稻、陆稻和杂交水稻现代品种，其中通过各级农作物品种审定委员会审（认）定的水稻品种有8 117份，包括常规水稻品种3 392份、三系杂交稻品种3 675份、两系杂交稻品种794份、不育系256份。在此基础上，实现了水稻优良品种的多次更新换代。水稻品种的遗传改良和优良新品种的推广，栽培技术的优化和病虫害的综合防治等一系列技术革新，使我国的水稻单产从1949年的1 892kg/hm^2提高到2014年的6 813.2kg/hm^2，增长了260.1%；总产从4 865万t提高到20 651万t，增长了324.5%；稻作面积从2 571万hm^2增加到3 031万hm^2，仅增加了17.9%。研究表明，新品种的不断育成和推广是水稻单产和总产不断提高的最重要贡献因子。

第一节　中国栽培稻区的划分

水稻是喜温喜水、适应性强、生育期较短的谷类作物，凡温度适宜、有水源的地方，均可种植水稻。中国稻作分布广泛，最北的稻作区位于黑龙江省的漠河（北纬53°27′），为世界稻作区的北限；最高海拔的稻作区在云南省宁蒗县山区，海拔高度2 965m。在南方的山区、坡地以及北方缺水少雨的旱地，种植有较耐干旱的陆稻。从总体看，由于纬度、温度、季风、降水量、海拔高度、地形等的影响，中国水稻种植面积存在南方多北方少、东南集中西北分散的状况。

本书以我国行政区划（省、自治区、直辖市）为基础，结合全国水稻生产的光温生态、季节变化、耕作制度、品种演变等，参考《中国水稻种植区划》（1988）和《中国水稻生产发展问题研究》（2010），将全国分为华南、华中华东、西南、华北、东北和西北六大稻区。

一、华南稻区

本区位于中国南部，包括广东、广西、福建、海南等大陆4省（自治区）和台湾省。本区水热资源丰富，稻作生长季260 ~ 365d，≥10℃的积温5 800 ~ 9 300℃；稻作生长季日照时数1 000 ~ 1 800h，降水量700 ~ 2 000mm。稻作土壤多为红壤和黄壤。本区的籼稻面积占95%以上，其中杂交籼稻占65%左右，耕作制度以双季稻和中稻为主，也有部分单季晚稻，部分地区实行与甘蔗、花生、薯类、豆类等作物当年或隔年水旱轮作。

2014年本区稻作面积503.6万hm²（不包括台湾），占全国稻作总面积的16.61%。稻谷单产5 778.7kg/hm²，低于全国平均产量（6 813.2kg/hm²）。

二、华中华东稻区

本区为中国水稻的主产区，包括江苏、上海、浙江、安徽、江西、湖南、湖北7省（直辖市），也称长江中下游稻作区。本区属亚热带温暖湿润季风气候，稻作生长季210～260d，≥10℃的积温4 500～6 500℃；稻作生长季日照时数700～1 500h，降水量700～1 600mm。本区平原地区稻作土壤多为冲积土、沉积土和鳝血土，丘陵山地多为红壤、黄壤和棕壤。本区双、单季稻并存，籼稻、粳稻均有。20世纪60～80年代，本区双季稻面积占全国双季稻面积的50%以上，其中，浙江、江西、湖南的双季稻面积占该三省稻作面积的80%～90%。20世纪80年代中期以来，由于种植结构和耕作制度的变革，杂交稻的兴起，以及双季早稻米质不佳等原因，双季早稻面积锐减，使本区的稻作面积从80年代初占全国稻作面积的54%下降到目前的49%左右。尽管如此，本区稻米生产的丰歉，对全国粮食形势仍然具有重要影响。太湖平原、里下河平原、皖中平原、鄱阳湖平原、洞庭湖平原、江汉平原历来都是中国著名的稻米产区。

2014年本区稻作面积1 501.6万hm²，占全国稻作总面积的49.54%。稻谷单产6 905.6kg/hm²，高于全国平均产量。

三、西南稻区

本区位于云贵高原和青藏高原，属亚热带高原型湿热季风气候，包括云南、贵州、四川、重庆、青海、西藏6省（自治区、直辖市）。本区具有地势高低悬殊、温度垂直差异明显、昼夜温差大的高原特点，稻作生长季180～260d，≥10℃的积温2 900～8 000℃；稻作生长季日照时数800～1 500h，降水量500～1 400mm。稻作土壤多为红壤、红棕壤、黄壤和黄棕壤等。本区籼稻、粳稻并存，以单季中稻为主，成都平原是我国著名的单季中稻区。云贵高原稻作垂直分布明显，低海拔（<1 400m）稻区多为籼稻，湿热坝区可种植双季籼稻，高海拔（>1 800m）稻区多为粳稻，中海拔（1 400～1 800m）稻区籼稻、粳稻并存。部分山区种植陆稻，部分低海拔又无灌溉水源的坡地筑有田埂，种植雨水稻。

2014年本区稻作面积450.9万hm²，占全国稻作总面积的14.88%。稻谷单产6 873.4kg/hm²，高于全国平均产量。

四、华北稻区

本区位于秦岭—淮河以北、长城以南、关中平原以东地区，包括北京、天津、山东、河北、河南、山西、内蒙古7省（自治区、直辖市）。本区属暖温带半湿润季风气候，夏季温度较高，但春、秋季温度较低，稻作生长季较短，无霜期170～200d，年≥10℃的积温4 000～5 000℃；年日照时数2 000～3 000h，年降水量580～1 000mm，但季节间分布不均。稻作土壤多为黄潮土、盐碱土、棕壤和黑黏土。本区以单季早、中粳稻为主，水源主要来自渠井和地下水。

2014年本区稻作面积95.3万hm²，占全国稻作总面积的3.14%。稻谷单产7 863.9kg/hm²，高于全国平均产量。

五、东北稻区

本区是我国纬度最高的稻作区，包括黑龙江、吉林和辽宁3省，属中温带—寒温带，年平均气温2 ~ 10℃，无霜期90 ~ 200d，年≥10℃的积温2 000 ~ 3 700℃；年日照时数2 200 ~ 3 100h，年降水量350 ~ 1 100mm。本区光照充足，但昼夜温差大，稻作生长期短，土壤多为肥沃、深厚的黑泥土、草甸土、棕壤以及盐碱土。稻作以早熟的单季粳稻为主，冷害和稻瘟病是本区稻作的主要问题。最北部的黑龙江省稻区，粳稻品质十分优良，近35年来由于大力发展灌溉设施，稻作面积不断扩大，从1979年的84.2万hm^2发展到2014年的320.5万hm^2，成为中国粳稻的主产省之一。

2014年本区稻作面积451.5万hm^2，占全国稻作总面积的14.90%。稻谷单产7 863.9kg/hm^2，高于全国平均产量。

六、西北稻区

本区包括陕西、甘肃、宁夏和新疆4省（自治区），幅员广阔，光热资源丰富，但干燥少雨，季节和昼夜气温变化大，无霜期150 ~ 200d，年≥10℃的积温3 450 ~ 3 700℃；年日照时数2 600 ~ 3 300h，年降水量150 ~ 200mm。稻田土壤较瘠薄，多为灰漠土、草甸土、粉沙土、灌淤土及盐碱土。稻作以单季粳稻为主，分布于河流两岸及有灌溉水源的地区。干燥少雨是本区发展水稻的制约因素。

2014年本区稻作面积28.2万hm^2，占全国稻作总面积的0.93%。稻谷单产8 251.4kg/hm^2，高于全国平均产量。

中华人民共和国成立65年来，六大稻区的水稻种植面积及占全国稻作面积的比例发生了一定变化。华南稻区的稻作面积波动较大，从1949年的811.7万hm^2，增加到1979年的875.3万hm^2，但2014年下降到503.6万hm^2。华中华东稻区是我国的主产稻区，基本维持在全国稻区面积的50%左右，其种植面积的高峰在20世纪的70 ~ 80年代，达到全国稻区面积的53% ~ 54%。西南和西北稻区稻作面积基本保持稳定，近35年来分别占全国稻区面积的14.9%和0.9%左右。华北和东北稻区种植面积和占比均有提高，特别是东北稻区，其稻作面积和占比近35年来提高较快，2014年达到了451.5万hm^2，全国占比达到14.9%，与1979年的84.2万hm^2相比，种植面积增加了367.3万hm^2。我国六大稻区2014年的稻作面积和占比见图1-1。

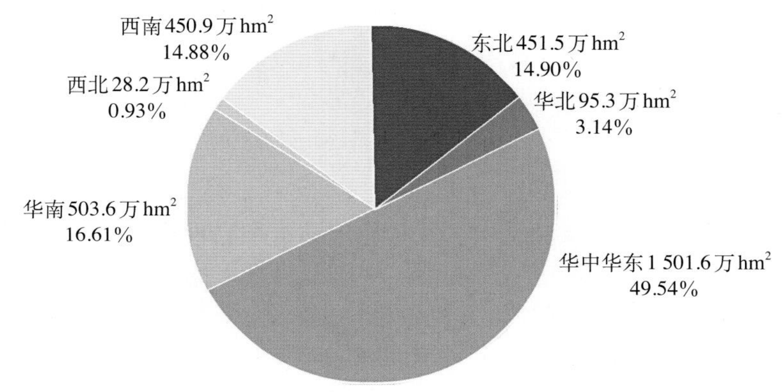

图1-1 中国六大稻区2014年的稻作面积和占比

第二节　中国栽培稻的分类

中国栽培稻的分类比较复杂，丁颖教授将其系统分为四大类：籼亚种和粳亚种，早稻、中稻和晚稻，水稻和陆稻，粘稻和糯稻。随着杂种优势的利用，又增加了一类，为常规稻和杂交稻。本节将根据这五大类分别进行介绍。

一、籼稻和粳稻

中国栽培稻籼亚种（*O. sativa* L. subsp. *indica*）和粳亚种（*O. sativa* L. subsp. *japonica*）的染色体数同为24（$2n$=24），但由于起源演化的差异和人为选择的结果，这两个亚种存在一定的形态和生理特性差异，并有一定程度的生殖隔离。据《辞海》（1989年版）记载，籼稻与粳稻比较：籼稻分蘖力较强；叶幅宽，叶色淡绿，叶面多毛；小穗多数短芒或无芒，易脱粒，颖果狭长扁圆；米质黏性较弱，膨性大；比较耐热和耐强光，主要分布于华南热带和淮河以南亚热带的低地。

按照现代分类学的观点，粳稻又可分为温带粳稻和热带粳稻（爪哇稻）。中国传统（农家/地方）粳稻品种均属温带粳稻类型。近年有的育种家为扩大遗传背景，在育种亲本中加入了热带粳稻材料，因而育成的水稻品种含有部分热带粳稻（爪哇稻）的血缘。

籼稻、粳稻的分布，主要受温度的制约，还受到种植季节、日照条件和病虫害的影响。目前，中国的籼稻品种主要分布在华南和长江流域各省份，以及西南的低海拔地区和北方的河南、陕西南部。湖南、贵州、广东、广西、海南、福建、江西、四川、重庆的籼稻面积占各省稻作面积的90%以上，湖北、安徽占80%～90%，浙江、云南在50%左右，江苏在25%左右。粳稻主要分布在东北、华北、长江下游太湖地区和西北，以及华南、西南的高海拔山区。东北的黑龙江、吉林、辽宁三省是全国著名的北方粳稻产区，江苏、浙江、安徽、湖北是南方粳稻主产区，云南的高海拔地区则以粳稻为主。

2014年，中国籼稻种植面积2 130.8万hm^2，约占稻作面积的70.3%；粳稻面积900.2万hm^2，占稻作面积的29.7%。据统计，2014年中国种植面积大于6 667hm^2的常规水稻品种有298个，其中籼稻品种104个，占34.9%；粳稻品种194个，占65.1%。2014年种植面积最大的前5位常规粳稻品种是：龙粳31（92.2万hm^2）、宁粳4号（35.8万hm^2）、绥粳14（29.1万hm^2）、龙粳26（28.1万hm^2）和连粳7号（22.0万hm^2）；种植面积最大的前5位常规籼稻品种是：中嘉早17（61.1万hm^2）、黄华占（30.6万hm^2）、湘早籼45（17.8万hm^2）、中早39（16.3万hm^2）和玉针香（11.2万hm^2）。

二、常规稻和杂交稻

常规稻是遗传纯合、可自交结实、性状稳定的水稻品种类型，杂交稻是利用杂种一代优势、目前必须年年制种的杂交水稻类型。中国是世界上第一个大面积、商品化应用杂交稻的国家，20世纪70年代后期开始大规模推广三系杂交稻，90年代初成功选育出两系杂交稻并应用于生产。目前，常规稻种植面积占全国稻作面积的46%左右，杂交稻占54%左右。

1991年我国年种植面积大于6 667hm^{2}的常规稻品种有193个，2014年增加到298个（图1-2）；杂交稻品种数从1991年的62个增加到2014年的571个。1991年以来，年种植面积大于6 667hm^{2}的常规稻品种数每年较为稳定，基本为200 ～ 300个品种，但杂交稻品种数增加较快，增加了8倍多。

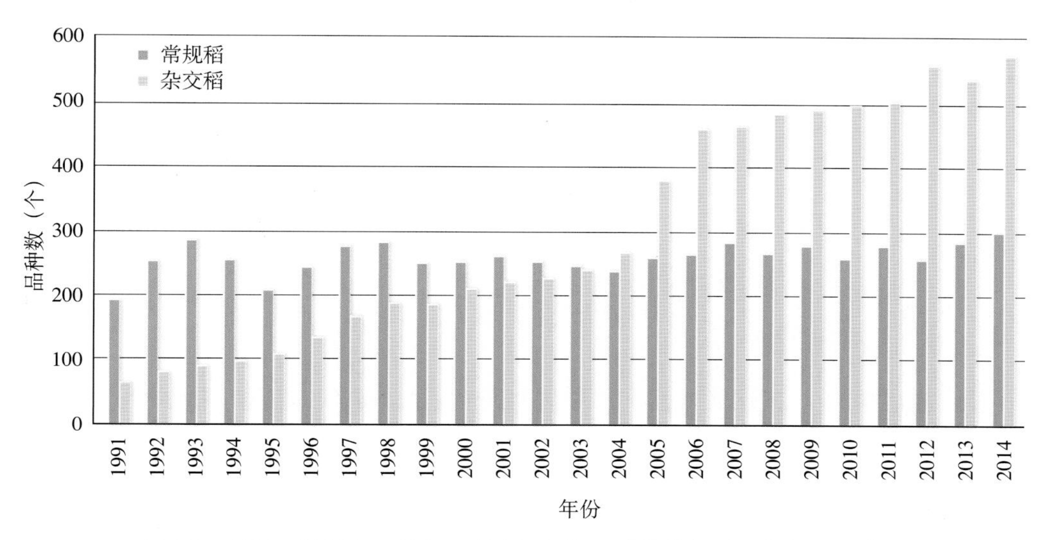

图1-2　1991—2014年年种植面积大于6 667hm^{2}的常规稻和杂交稻品种数

三、早稻、中稻和晚稻

在稻种向不同纬度、不同海拔高度传播的过程中，在日照和温度的强烈影响下，在自然选择和人为选择的综合作用下，栽培稻发生了一系列感光性和感温性的变异，出现了早稻、中稻和晚稻栽培类型。一般而言，早稻基本营养生长期短，感温性强，不感光或感光性极弱；中稻基本营养生长期较长，感温性中等，感光性弱；晚稻基本营养生长期短，感光性强，感温性中等或较强，但通常晚籼稻的感光性强于晚粳稻。

籼稻和粳稻、杂交稻和常规稻都有早、中、晚类型，每一类型根据生育期的长短有早熟、中熟和迟熟之分，从而形成了大量适应不同栽培季节、耕作制度和生育期要求的品种。在华南、华中的双季稻区，早籼和早粳品种对日长反应不敏感，生育期较短，一般3 ～ 4月播种，7 ～ 8月收获。在海南和广东南部，由于温度较高，早籼稻通常2月中、下旬播种，6月下旬收获。中稻一般作单季稻种植，生育期稳定，产量较高，华南稻区部分迟熟早籼稻品种在华中和华东地区可作中稻种植。晚籼稻和晚粳稻均可作双季晚稻和单季晚稻种植，以保证在秋季气温下降前抽穗授粉。

20世纪70年代后期以来，由于杂交水稻的兴起，种植结构的变化，中国早稻和晚稻的种植面积逐年减少，单季中稻的种植面积大幅增加。早、中、晚稻种植面积占全国稻作面积的比重，分别从1979年的33.7%、32.0%和34.3%，转变为1999年的24.2%、48.9%和26.9%，2014年进一步变化为19.1%、59.9%和21.0%（图1-3）。

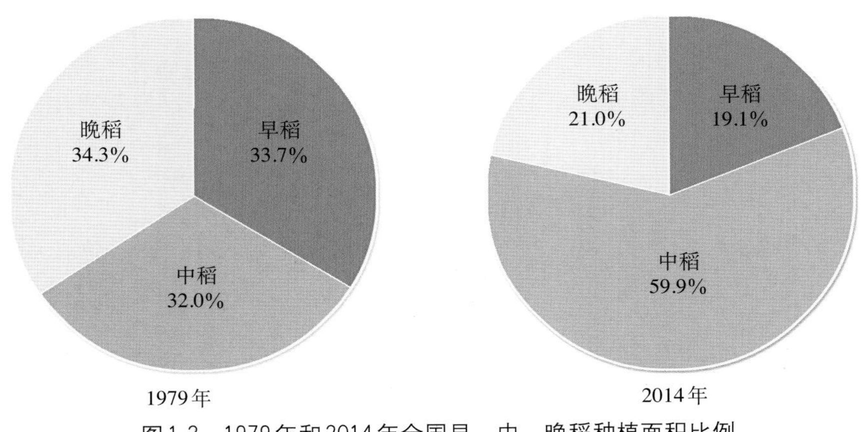

图1-3　1979年和2014年全国早、中、晚稻种植面积比例

四、水稻和陆稻

中国的栽培稻极大部分是水稻，占中国稻作面积的98%。陆稻（Upland rice）亦称旱稻，古代称棱稻，是适应较少水分环境（坡地、旱地）的一类稻作生态品种。陆稻的显著特点是耐干旱，表现为种子吸水力强，发芽快，幼苗对土壤中氯酸钾的耐毒力较强；根系发达，根粗而长；维管束和导管较粗，叶表皮较厚，气孔少，叶较光滑有蜡质；根细胞的渗透压和茎叶组织的汁液浓度也较高。与水稻比较，陆稻吸水力较强而蒸腾量较小，故有较强的耐旱能力。通常陆稻依靠雨水或地下水获得水分，稻田无田埂。虽然陆稻的生长发育对光、温要求与水稻相似，但一生需水量约是水稻的2/3或1/2。因而，陆稻适于水源不足或水源不均衡的稻区、多雨的山区和丘陵区的坡地或台田种植，还可与多种旱作物间作或套种。从目前的地理环境和种植水平看，陆稻的单产低于水稻。

陆稻也有籼稻、粳稻之别和生育期长短之分。全国陆稻面积约57万hm^2，仅占全国稻作总面积的2%左右，主要分布于云贵高原的西南山区、长江中游丘陵地区和华北平原区。云南西双版纳和思茅等地每年陆稻种植面积稳定在10万hm^2左右。近年，华北地区正在发展一种旱作稻（Aerobic rice），耐旱性较强，在整个生育期灌溉几次即可，产量较高。此外，广东、广西、海南等地的低洼地区，在20世纪50年代前曾有少量深水稻品种，中华人民共和国成立后，随着水利排灌设施的完善，现已绝迹。目前，种植面积较大的陆稻品种有中旱209、旱稻277、巴西陆稻、中旱3号、陆引46、丹旱稻1号、冀粳12、IRAT104等。

五、粘稻和糯稻

稻谷胚乳均有糯性与非糯性之分。糯稻和非糯稻的主要区别在于饭粒黏性的强弱，相对而言，粘稻（非糯稻）黏性弱，糯稻黏性强，其中粳糯稻的黏性大于籼糯稻。化学成分的分析指出，胚乳直链淀粉含量的多少是区别粘稻和糯稻的化学基础。通常，粳粘稻的直链淀粉含量占淀粉总量的8%～20%，籼粘稻为10%～30%，而糯稻胚乳基本为支链淀粉，不含或仅含极少量直链淀粉（≤2%）。从化学反应看，由于糯稻胚乳和花粉中的淀粉基本或完全为支链淀粉，因此吸碘量少，遇1%的碘-碘化钾溶液呈红褐色反应，而粘稻直链淀粉含量高，吸碘量大，呈蓝紫色反应，这是区分糯稻与非糯稻品种的主要方法之一。从外观看，糯稻胚乳在刚收获时因含水量较高而呈半透明，经充分干燥后呈乳白色，这是因为胚乳细胞快速失水，产生许多大小不一的空隙，导致光散射而引起的乳白色视觉。

云南、贵州、广西等省（自治区）的高海拔地区，人们喜食糯米，籼型糯稻品种丰富，而长江中下游地区以粳型糯稻品种居多，东北和华北地区则全部是粳型糯稻。从用途看，糯米通常用于酿制米酒，制作糕点。在云南的低海拔稻区，有一种低直链淀粉含量的籼粘稻，称为软米，其黏性介于籼粘稻和糯稻之间，适于制作饵块、米线。

第三节　水稻遗传资源

水稻育种的发展历程证明，品种改良每一阶段的重大突破均与水稻优异种质的发现和利用相关。20世纪50年代末，矮仔占、矮脚南特、台中本地1号（TN1，亦称台中在来1号）和广场矮等矮秆种质的发掘与利用，实现了60年代我国水稻品种的矮秆化；70～80年代野败型、矮败型、冈型、印水型、红莲型等不育资源的发现及二九南1号A、珍汕97A等水稻野败型不育系育成，实现了籼型杂交稻的“三系”配套和大面积推广利用；80年代农垦58S、安农S-1等光温敏核不育材料的发掘与利用，实现了“两系”杂交水稻的突破；90年代02428、培矮64、轮回422等广亲和种质的发掘与利用，基本克服了籼粳稻杂交的瓶颈；80～90年代沈农89366、沈农159、辽粳5号等新株型优异种质的创新与利用，实现了北方粳稻直立穗型与高产的结合，使北方粳稻产量有了较大的提高；90年代以来光温敏不育系培矮64S、Y58S、株1S以及中9A、甬粳2号A和恢复系9311、蜀恢527等的创新与利用，选育出一系列高产、优质的超级杂交稻品种。可见，水稻优异种质资源的收集、评价、创新和利用是水稻品种遗传改良的重要环节和基础。

一、栽培稻种质资源

中国具有丰富的多样化的水稻遗传资源。清代的《授时通考》（1742）记载了全国16省的3 429个水稻品种，它们是长期自然突变、人工选择和留种栽培的结果。中华人民共和国成立以来，全国进行了4次大规模的稻种资源考察和收集。20世纪50年代后期到60年代在广东、湖南、湖北、江苏、浙江、四川等14省（自治区、直辖市）进行了第一次全国性的水稻种质资源的考察，征集到各类水稻种质5.7万余份。70年代末至80年代初，进行了全国水稻种质资源的补充考察和征集，获得各类水稻种质万余份。国家“七五”（1986—1990）、“八五”（1991—1995）和“九五”（1996—2000）科技攻关期间，分别对神农架和三峡地区以及海南、湖北、四川、陕西、贵州、广西、云南、江西和广东等省（自治区）的部分地区再度进行了补充考察和收集，获得稻种3 500余份。“十五”（2001—2005）和“十一五”（2006—2010）期间，又收集到水稻种质6 996份。

通过对收集到的水稻种质进行整理、核对与编目，截至2010年，中国共编目水稻种质82 386份，其中70 669份是从中国国内收集的种质，占编目总数的85.8%（表1-1）。在此基础上，编辑和出版了《中国稻种资源目录》（8册）、《中国优异稻种资源》，编目内容包括基本信息、形态特征、生物学特性、品质特性、抗逆性、抗病虫性等。

截至2010年，在国家作物种质库［简称国家长期库（北京）］繁种保存的水稻种质资源共73 924份，其中各类型种质所占百分比大小顺序为：地方稻种（68.1%）＞国外引进稻种（13.9%）＞野生稻种（8.0%）＞选育稻种（7.8%）＞杂交稻“三系”资源（1.9%）＞遗传材料（0.3%）（表1-1）。在所保存的水稻地方品种中，保存数量较多的省份包括广西（8 537份）、云南（5 882份）、贵州（5 657份）、广东（5 512份）、湖南（4 789份）、四川（3 964份）、江西（2 974份）、江苏（2 801份）、浙江（2 079份）、福建（1 890份）、湖北（1 467份）和台湾（1 303份）。此外，在中国水稻研究所的国家水稻中期库（杭州）保存了稻属及近缘属种质资源7万余份，是我国单项作物保存规模最大的中期种质库，也是世界上最大的单项国家级水稻种质基因库之一。在入国家长期库（北京）的66 408份地方稻种、选育稻种、国外引进稻种等水稻种质中，籼稻和粳稻种质分别占63.3%和36.7%，水稻和陆稻种质分别占93.4%和6.6%，粘稻和糯稻种质分别占83.4%和16.6%。显然，籼稻、水稻和粘稻的种质数量分别显著多于粳稻、陆稻和糯稻。

表1-1　中国稻种资源的编目数和入库数

种质类型	编　目		繁殖入库	
	份数	占比（%）	份数	占比（%）
地方稻种	54 282	65.9	50 371	68.1
选育稻种	6 660	8.1	5 783	7.8
国外引进稻种	11 717	14.2	10 254	13.9
杂交稻“三系”资源	1 938	2.3	1 374	1.9
野生稻种	7 663	9.3	5 938	8.0
遗传材料	126	0.2	204	0.3
合计	82 386	100	73 924	100

截至2010年，完成了29 948份水稻种质资源的抗逆性鉴定，占入库种质的40.5%；完成了61 462份水稻种质资源的抗病虫性鉴定，占入库种质的83.1%；完成了34 652份水稻种质资源的品质特性鉴定，占入库种质的46.9%。种质评价表明：中国水稻种质资源中蕴藏着丰富的抗旱、耐盐、耐冷、抗白叶枯病、抗稻瘟病、抗纹枯病、抗褐飞虱、抗白背飞虱等优异种质（表1-2）。

表1-2　中国稻种资源中鉴定出的抗逆性和抗病虫性优异的种质份数

种质类型	抗旱		耐盐		耐冷		抗白叶枯病	
	极强	强	极强	强	极强	强	高抗	抗
地方稻种	132	493	17	40	142	—	12	165
国外引进稻种	3	152	22	11	7	30	3	39
选育稻种	2	65	2	11	—	50	6	67

（续）

种质类型	抗稻瘟病			抗纹枯病		抗褐飞虱			抗白背飞虱		
	免疫	高抗	抗	高抗	抗	免疫	高抗	抗	免疫	高抗	抗
地方稻种	—	816	1 380	0	11	—	111	324	—	122	329
国外引进稻种	—	5	148	5	14	—	0	218	—	1	127
选育稻种	—	63	145	3	7	—	24	205	—	13	32

注：数据来自2005年国家种质数据库。

2001—2010年，结合水稻优异种质资源的繁殖更新、精准鉴定与田间展示、网上公布等途径，国家粮食作物种质中期库［简称国家中期库（北京）］和国家水稻种质中期库（杭州）共向全国从事水稻育种、遗传及生理生化、基因定位、遗传多样性和水稻进化等研究的300余个科研及教学单位提供水稻种质资源47 849份次，其中国家中期库（北京）提供26 608份次，国家水稻种质中期库（杭州）提供21 241份次，平均每年提供4 785份次。稻种资源在全国范围的交换、评价和利用，大大促进了水稻育种及其相关基础理论研究的发展。

二、野生稻种质资源

野生稻是重要的水稻种质资源，在中国的水稻遗传改良中发挥了极其重要的作用。从海南岛普通野生稻中发现的细胞质雄性不育株，奠定了我国杂交水稻大面积推广应用的基础。从江西发现的矮败野生稻不育株中选育而成的协青早A和从海南发现的红芒野生稻不育株育成的红莲早A，是我国两个重要的不育系类型，先后转育了一大批杂交水稻品种。利用从广西普通野生稻中发现的高抗白叶枯病基因*Xa23*，转育成功了一系列高产、抗白叶枯病的栽培品种。从江西东乡野生稻中发现的耐冷材料，已经并继续在耐冷育种中发挥重要作用。

据1978—1982年全国野生稻资源普查、考察和收集的结果，参考1963年中国农业科学院原生态研究室的考察记录，以及历史上台湾发现野生稻的记载，现已明确，中国有3种野生稻：普通野生稻（*O. rufipogon* Griff.）、疣粒野生稻（*O. meyeriana* Baill.）和药用野生稻（*O. officinalis* Wall. ex Watt），分布于广东、海南、广西、云南、江西、福建、湖南、台湾等8个省（自治区）的143个县（市），其中广东53个县（市）、广西47个县（市）、云南19个县（市）、海南18个县（市）、湖南和台湾各2个县、江西和福建各1个县。

普通野生稻自然分布于广东、广西、海南、云南、江西、湖南、福建、台湾等8个省（自治区）的113个县（市），是我国野生稻分布最广、面积最大、资源最丰富的一种。普通野生稻大致可分为5个自然分布区：①海南岛区。该区气候炎热，雨量充沛，无霜期长，极有利于普通野生稻的生长与繁衍。海南省18个县（市）中就有14个县（市）分布有普通野生稻，而且密度较大。②两广大陆区。包括广东、广西和湖南的江永县及福建的漳浦县，为普通野生稻的主要分布区，主要集中分布于珠江水系的西江、北江和东江流域，特别是北回归线以南及广东、广西沿海地区分布最多。③云南区。据考察，在西双版纳傣族自治州的景洪镇、勐罕坝、大勐龙坝等地共发现26个分布点，后又在景洪和元江发现2个普通野生稻分布点，这两个县普通野生稻呈零星分布，覆盖面积小。历年发现的分布点都集中在流沙河和澜沧江流域，这两条河向南流入东南亚，注入南海。④湘赣区。包括湖南茶陵县及江西东乡县的普通野生稻。东乡县的普通野生稻分布于北纬28°14′，是目前中国乃至全球普通野生稻分布的最北限。⑤台湾区。20世纪50年代在桃园、新竹两县发现过普通野生稻，但目前已消失。

药用野生稻分布于广东、海南、广西、云南4省（自治区）的38个县（市），可分为3个自然分布区：①海南岛区。主要分布在黎母山一带，集中分布在三亚市及陵水、保亭、乐东、白沙、屯昌5县。②两广大陆区。为主要分布区，共包括27个县（市），集中于桂东中南部，包括梧州、苍梧、岑溪、玉林、容县、贵港、武宣、横县、邕宁、灵山等县（市），以及广东省的封开、郁南、德庆、罗定、英德等县（市）。③云南区。主要分布于临沧地区的耿马、永德县及普洱市。

疣粒野生稻主要分布于海南、云南与台湾三省（台湾的疣粒野生稻于1978年消失）的27个县（市），海南省仅分布于中南部的9个县（市），尖峰岭至雅加大山、鹦哥岭至黎母山、大本山至五指山、吊罗山至七指岭的许多分支山脉均有分布，常常生长在背北向南的山坡上。云南省有18个县（市）存在疣粒野生稻，集中分布于哀牢山脉以西的滇西南，东至绿春、元江，而以澜沧江、怒江、红河、李仙江、南汀河等河流下游地区为主要分布区。台湾在历史上曾发现新竹县有疣粒野生稻分布，目前情况不明。

自2002年开始，中国农业科学院作物科学研究所组织江西、湖南、云南、海南、福建、广东和广西等省（自治区）的相关单位对我国野生稻资源状况进行再次全面调查和收集，至2013年底，已完成除广东省以外的所有已记载野生稻分布点的调查和部分生态环境相似地区的调查。调查结果表明，与1980年相比，江西、湖南、福建的野生稻分布点没有变化，但分布面积有所减少；海南发现现存的野生稻居群总数达154个，其中普通野生稻136个、疣粒野生稻11个、药用野生稻7个；广西原有的1 342个分布点中还有325个存在野生稻，且新发现野生稻分布点29个，其中普通野生稻13个、药用野生稻16个；云南在调查的98个野生稻分布点中，26个普通野生稻分布点仅剩1个，11个药用野生稻分布点仅剩2个，61个疣粒野生稻分布点还剩25个。除了已记载的分布点，还发现了1个普通野生稻和10个疣粒野生稻新分布点。值得注意的是，从目前对现存野生稻的调查情况看，与1980年相比，我国70%以上的普通野生稻分布点、50%以上的药用野生稻分布点和30%疣粒野生稻分布点已经消失，濒危状况十分严重。

2010年，国家长期库（北京）保存野生稻种质资源5 896份，其中国内普通野生稻种质资源4 602份、药用野生稻880份、疣粒野生稻29份、国外野生稻385份；进入国家中期库（北京）保存的野生稻种质资源3 200份。考虑到种茎保存能较好地保持野生稻原有的种性，为了保持野生稻的遗传稳定性，现已在广东省农业科学院水稻研究所（广州）和广西农业科学院作物品种资源研究所（南宁）建立了2个国家野生稻种质资源圃，收集野生稻种茎入圃保存，至2013年已入圃保存的野生稻种茎10 747份，其中广州圃保存5 037份，南宁圃保存5 710份。此外，新收集的12 800份野生稻种质资源尚未入编国家长期库（北京）或国家野生稻种质圃长期保存，临时保存于各省（自治区）临时圃或大田中。

近年来，对中国收集保存的野生稻种质资源开展了较为系统的抗病虫鉴定，至2013年底，共鉴定出抗白叶枯病种质资源130多份，抗稻瘟病种质资源200余份，抗纹枯病种质资源10份，抗褐飞虱种质资源200多份，抗白背飞虱种质资源180多份。但受试验条件限制，目前野生稻种质资源抗旱、耐寒、抗盐碱等的鉴定较少。

第四节　栽培稻品种的遗传改良

中华人民共和国成立以来，水稻品种的遗传改良获得了巨大成就，纯系选择育种、杂交育种、诱变育种、杂种优势利用、组织培养（花粉、花药、细胞）育种、分子标记辅助育种等先后成为卓有成效的育种方法。65年来，全国共育成并通过国家、省（自治区、直辖市）、地区（市）农作物品种审定委员会审定（认定）的常规和杂交水稻品种共8 117份，其中1991—2014年，每年种植面积大于6 667hm^{2}的品种已从1991年的255个增加到2014年的869个（图1-4）。20世纪50年代后期至70年代的矮化育种、70～90年代的杂交水稻育种，以及近20年的超级稻育种，在我国乃至世界水稻育种史上具有里程碑意义。

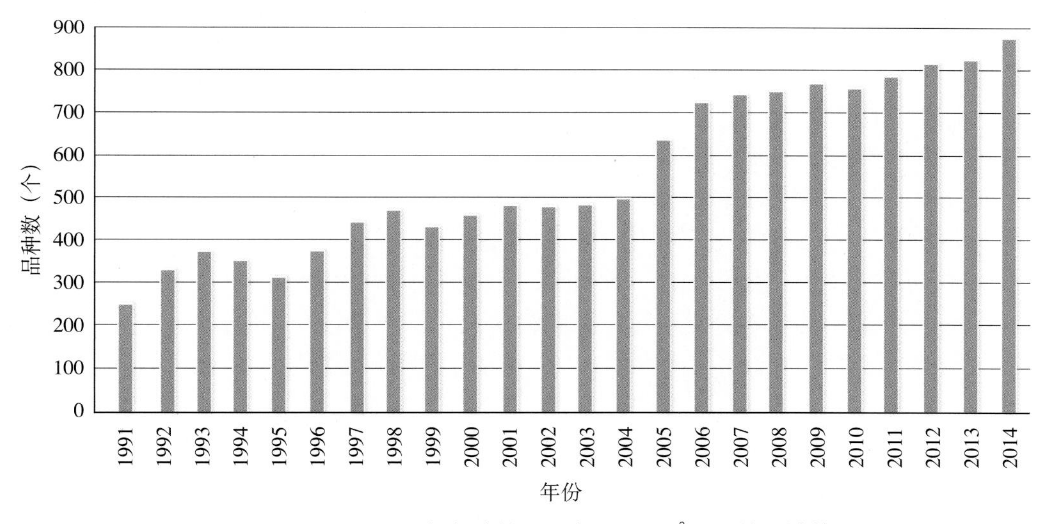

图1-4　1991—2014年年种植面积在6 667hm^{2}以上的品种数

一、常规品种的遗传改良

（一）地方农家品种改良（20世纪50年代）

20世纪50年代初期，全国以种植数以万计的高秆农家品种为主，以高秆（>150cm）、易倒伏为品种主要特征，主要品种有夏至白、马房籼、红脚早、湖北早、黑谷子、竹桠谷、油占子、西瓜红、老来青、霜降青、有芒早粳等。50年代中期，主要采用系统选择法对地方农家品种的某些农艺性状进行改良以提高防倒伏能力，增加产量，育成了一批改良农家品种。在全国范围内，早籼确定38个、中籼确定20个、晚粳确定41个改良农家品种予以大面积推广，连续多年种植面积较大的品种有早籼：南特号、雷火占；中籼：胜利籼、乌嘴川、长粒籼、万利籼；晚籼：红米冬占、浙场9号、粤油占、黄禾子；早粳：有芒早粳；中粳：桂花球、洋早十日、石稻；晚粳：新太湖青、猪毛簇、红须粳、四上裕等。与此同时，通过简单杂交和系统选育，育成了一批高秆改良品种。改良农家品种和新育成的高秆改良品种的产量一般为2 500 ～ 3 000kg/hm^2，比地方高秆农家品种的产量高5%～15%。

（二）矮化育种（20世纪50年代后期至70年代）

20世纪50年代后期，育种家先后发现籼稻品种矮仔占、矮脚南特和低脚乌尖，以及粳稻品种农垦58等，具有优良的矮秆特性：秆矮（<100cm），分蘖强，耐肥，抗倒伏，产量高。研究发现，这4个品种都具有半矮秆基因*Sd1*。矮仔占来自南洋，20世纪前期引入广西，是我国20世纪50年代后期至60年代前期种植的最主要的矮秆品种之一，也是60 ～ 90年代矮化育种最重要的矮源亲本之一。矮脚南特是广东农民由高秆品种南特16的矮秆变异株选得。低脚乌尖是我国台湾省的农家品种，是国内外矮化育种最重要的矮源亲本之一。农垦58则是50年代后期从日本引进的粳稻品种。

可利用的*Sd1*矮源发现后，立即开始了大规模的水稻矮化育种。如华南农业科学研究所从矮仔占中选育出矮仔占4号，随后以矮仔占4号与高秆品种广场13杂交育成矮秆品种广场矮。台湾台中农业改良场用矮秆的低脚乌尖与高秆地方品种菜园种杂交育成矮秆的台中本地1号（TN1）。南特号是双季早籼品种极其重要的育种亲源，以南特号为基础，衍生了大量品种，包括矮脚南特（南特号→南特16→矮脚南特）、广场13、莲塘早和陆财号等4个重要骨干品种。农垦58则迅速成为长江中下游地区中粳、晚粳稻的育种骨干亲本。广场矮、矮脚南特、台中本地1号和农垦58这4个具有划时代意义的矮秆品种的育成、引进和推广，标志中国步入了大规模的卓有成效的籼、粳稻矮化育种，成为水稻矮化育种的里程碑。

从20世纪60年代初期开始，全国主要稻区的农家地方品种均被新育成的矮秆、半矮秆品种所替代。这些品种以矮秆（80 ～ 85cm）、半矮秆（86 ～ 105cm）、强分蘖、耐肥、抗倒伏为基本特征，产量比当地主要高秆农家品种提高15%～ 30%。著名的籼稻矮秆品种有矮脚南特、珍珠矮、珍珠矮11、广场矮、广场13、莲塘早、陆财号等；著名的粳稻矮秆品种有农垦58、农垦57（从日本引进）、桂花黄（Balilla，从意大利引进）。60年代后期至70年代中期，年种植面积曾经超过30万hm^{2}的籼稻品种有广陆矮4号、广选3号、二九青、广二104、原丰早、湘矮早9号、先锋1号、矮南早1号、圭陆矮8号、桂朝2号、桂朝13、南京1号、窄叶青8号、红410、成都矮8号、泸双1011、包选2号、包胎矮、团结1号、广二选二、广秋矮、二白矮1号、竹系26、青二矮等；年种植面积超过20万hm^{2}的粳稻矮秆品种有农垦58、农垦57、农虎6号、吉粳60、武农早、沪选19、嘉湖4号、桂花糯、双糯4号等。

（三）优质多抗育种（20世纪80年代中期至90年代）

1978—1984年，由于杂交水稻的兴起和农村种植结构的变化，常规水稻的种植面积大大压缩，特别是常规早稻面积逐年减少，部分常规双季稻被杂交中籼稻和杂交晚籼稻取代。因此，常规品种的选育多以提高稻米产量和品质为主，主要的籼稻品种有广陆矮4号、二九青、先锋1号、原丰早、湘矮早9号、湘早籼13、红410、二九丰、浙733、浙辐802、湘早籼7号、嘉育948、舟903、广二104、桂朝2号、珍珠矮11、包选2号、国际稻8号（IR8）、南京11、754、团结1号、二白矮1号、窄叶青8号、粳籼89、湘晚籼11、双桂1号、桂朝13、七桂早25、鄂早6号、73-07、青秆黄、包选2号、754、汕二59、三二矮等；主要的粳稻品种有秋光、合江19、桂花黄、鄂晚5号、农虎6号、嘉湖4号、鄂宜105、秀水04、武育粳2号、秀水48、秀水11等。

自矮化育种以来，由于密植程度增加，病虫害逐渐加重。因此，90年代常规品种的选育重点在提高产量的同时，还须兼顾提高病虫抗性和改良品质，提高对非生物压力的耐性，因而育成的品种多数遗传背景较为复杂。突出的籼稻品种有早籼31、鄂早18、粤晶丝苗2号、嘉育948、籼小占、粤香占、特籼占25、中鉴100、赣晚籼30、湘晚籼13等；重要的粳稻品种有空育131、辽粳294、龙粳14、龙粳20、吉粳88、垦稻12、松粳6号、宁粳16、垦稻8号、合江19、武育粳3号、武育粳5号、早丰9号、武运粳7号、秀水63、秀水110、秀水128、嘉花1号、甬粳18、豫粳6号、徐稻3号、徐稻4号、武香粳14等。

1978—2014年，最大年种植面积超过40万 hm^2 的常规稻品种共23个，这些都是高产品种，产量高，适应性广，抗病虫力强（表1-3）。

表1-3 1978—2014年最大年种植面积超过40万 hm^2 的常规水稻品种

品种名称	品种类型	亲本/血缘	最大年种植面积（万 hm^2）	累计种植面积（万 hm^2）
广陆矮4号	早籼	广场矮3784/陆财号	495.3（1978）	1 879.2（1978—1992）
二九青	早籼	二九矮7号/青小金早	96.9（1978）	542.0（1978—1995）
先锋1号	早籼	广场矮6号/陆财号	97.1（1978）	492.5（1978—1990）
原丰早	早籼	IR8种子 ^{60}Co 辐照	105.0（1980）	436.7（1980—1990）
湘矮早9号	早籼	IR8/湘矮早4号	121.3（1980）	431.8（1980—1989）
余赤231-8	晚籼	余晚6号/赤块矮3号	41.1（1982）	277.7（1981—1999）
桂朝13	早籼	桂阳矮49/朝阳早18，桂朝2号的姐妹系	68.1（1983）	241.8（1983—1990）
红410	早籼	珍龙410系选	55.7（1983）	209.3（1982—1990）
双桂1号	早籼	桂阳矮C17/桂朝2号	81.2（1985）	277.5（1982—1989）
二九丰	早籼	IR29/原丰早	66.5（1987）	256.5（1985—1994）
73-07	早籼	红梅早/7055	47.5（1988）	157.7（1985—1994）
浙辐802	早籼	四梅2号种子辐照	130.1（1990）	973.1（1983—2004）
中嘉早17	早籼	中选181/育嘉253	61.1（2014）	171.4（2010—2014）
珍珠矮11	中籼	矮仔占4号/惠阳珍珠早	204.9（1978）	568.2（1978—1996）
包选2号	中籼	包胎白系选	72.3（1979）	371.7（1979—1993）
桂朝2号	中籼	桂阳矮49/朝阳早18	208.8（1982）	721.2（1982—1995）
二白矮1号	晚籼	秋二矮/秋白矮	68.1（1979）	89.0（1979—1982）
龙粳25	早粳	佳禾早占/龙花97058	41.1（2011）	119.7（2010—2014）
空育131	早粳	道黄金/北明	86.7（2004）	938.5（1997—2014）
龙粳31	早粳	龙花96-1513/垦稻8号的 F_1 花药培养	112.8（2013）	256.9（2011—2014）
武育粳3号	中粳	中丹1号/79-51//中丹1号/扬粳1号	52.7（1997）	560.7（1992—2012）
秀水04	晚粳	C21///辐农709//辐农709/单209	41.4（1988）	166.9（1985—1993）
武运粳7号	晚粳	嘉40/香糯9121//丙815	61.4（1999）	332.3（1998—2014）

二、杂交水稻的兴起和遗传改良

20世纪70年代初，袁隆平等在海南三亚发现了含有胞质雄性不育基因*cms*的普通野生稻，这一发现对水稻杂种优势利用具有里程碑的意义。通过全国协作攻关，1973年实现不育系、保持系、恢复系三系配套，1976年中国开始大面积推广“三系”杂交水稻。1980年全国杂交水稻种植面积479万hm^2，1990年达到1 665万hm^2。70年代初期，中国最重要的不育系二九南1号A和珍汕97A,是来自携带*cms*基因的海南普通野生稻与中国矮秆品种二九南1号和珍汕97的连续回交后代；最重要的恢复系来自国际水稻研究所的IR24、IR661和IR26，它们配组的南优2号、南优3号和汕优6号成为20世纪70年代后期到80年代初期最重要的籼型杂交水稻品种。南优2号最大年（1978）种植面积298万hm^2，1976—1986年累计种植面积666.7万hm^2；汕优6号最大年（1984）种植面积173.9万hm^2，1981—1994年累计种植面积超过1 000万hm^2。

1973年10月，石明松在晚粳农垦58田间发现光敏雄性不育株，经过10多年的选育研究，1987年光敏核不育系农垦58S选育成功并正式命名，两系杂交水稻正式进入攻关阶段，两系杂交水稻优良品种两优培九通过江苏省（1999）和国家（2001）农作物品种审定委员会审定并大面积推广，2002年该品种年种植面积达到82.5万hm^2。

20世纪80 ~ 90年代，针对第一代中国杂交水稻稻瘟病抗性差的突出问题，开展抗稻瘟病育种，育成明恢63、测64、桂33等抗稻瘟病性较强的恢复系，形成第二代杂交水稻汕优63、汕优64、汕优桂33等一批新品种，从而中国杂交水稻又蓬勃发展，80年代湖北出现6 666.67hm^{2}汕优63产量超9 000kg/hm^{2}的记录。著名的杂交水稻品种包括：汕优46、汕优63、汕优64、汕优桂99、威优6号、威优64、协优46、D优63、冈优22、Ⅱ优501、金优207、四优6号、博优64、秀优57等。中国三系杂交水稻最重要的强恢复系为IR24、IR26、明恢63、密阳46（Miyang 46）、桂99、CDR22、辐恢838、扬稻6号等。

1978—2014年，最大年种植面积超过40万hm^{2}的杂交稻品种共32个，这些杂交稻品种产量高，抗病虫力强，适应性广，种植年限长，制种产量也高（表1-4）。

表1-4 1978—2014年最大年种植面积超过40万hm^{2}的杂交稻品种

杂交稻品种	类型	配组亲本	恢复系中的国外亲本	最大年种植面积（万hm^2）	累计种植面积（万hm^2）
南优2号	三系，籼	二九南1号A/IR24	IR24	298.0（1978）	＞666.7（1976—1986）
威优2号	三系，籼	V20A/IR24	IR24	74.7（1981）	203.8（1981—1992）
汕优2号	三系，籼	珍汕97A/IR24	IR24	278.3（1984）	1 264.8（1981—1988）
汕优6号	三系，籼	珍汕97A/IR26	IR26	173.9（1984）	999.9（1981—1994）
威优6号	三系，籼	V20A/IR26	IR26	155.3（1986）	821.7（1981—1992）
汕优桂34	三系，籼	珍汕97A/桂34	IR24、IR30	44.5（1988）	155.6（1986—1993）
威优49	三系，籼	V20A/测64-49	IR9761-19	45.4（1988）	163.8（1986—1995）
D优63	三系，籼	D汕A/明恢63	IR30	111.4（1990）	637.2（1986—2001）

（续）

杂交稻品种	类型	配组亲本	恢复系中的国外亲本	最大年种植面积（万hm²）	累计种植面积（万hm²）
博优64	三系，籼	博A/测64-7	IR9761-19-1	67.1（1990）	334.7（1989—2002）
汕优63	三系，籼	珍汕97A/明恢63	IR30	681.3（1990）	6 288.7（1983—2009）
汕优64	三系，籼	珍汕97A/测64-7	IR9761-19-1	190.5（1990）	1 271.5（1984—2006）
威优64	三系，籼	V20A/测64-7	IR9761-19-1	135.1（1990）	1 175.1（1984—2006）
汕优桂33	三系，籼	珍汕97A/桂33	IR24、IR36	76.7（1990）	466.9（1984—2001）
汕优桂99	三系，籼	珍汕97A/桂99	IR661、IR2061	57.5（1992）	384.0（1990—2008）
冈优12	三系，籼	冈46A/明恢63	IR30	54.4（1994）	187.7（1993—2008）
威优46	三系，籼	V20A/密阳46	密阳46	51.7（1995）	411.4（1990—2008）
汕优46*	三系，籼	珍汕97A/密阳46	密阳46	45.5（1996）	340.3（1991—2007）
汕优多系1号	三系，籼	珍汕97A/多系1号	IR30、Tetep	68.7（1996）	301.7（1995—2004）
汕优77	三系，籼	珍汕97A/明恢77	IR30	43.1（1997）	256.1（1992—2007）
特优63	三系，籼	龙特甫A/明恢63	IR30	43.1（1997）	439.3（1984—2009）
冈优22	三系，籼	冈46A/CDR22	IR30、IR50	161.3（1998）	922.7（1994—2011）
协优63	三系，籼	协青早A/明恢63	IR30	43.2（1998）	362.8（1989—2008）
Ⅱ优501	三系，籼	Ⅱ-32A/明恢501	泰引1号、IR26、IR30	63.5（1999）	244.9（1995—2007）
Ⅱ优838	三系，籼	Ⅱ-32A/辐恢838	泰引1号、IR30	79.1（2000）	663.0（1995—2014）
金优桂99	三系，籼	金23A/桂99	IR661、IR2061	40.4（2001）	236.2（1994—2009）
冈优527	三系，籼	冈46A/蜀恢527	古154、IR24、IR1544-28-2-3	44.6（2002）	246.4（1999—2013）
冈优725	三系，籼	冈46A/绵恢725	泰引1号、IR30、IR26	64.2（2002）	469.4（1998—2014）
金优207	三系，籼	金23A/先恢207	IR56、IR9761-19-1	71.9（2004）	508.7（2000—2014）
金优402	三系，籼	金23A/R402	古154、IR24、IR30、IR1544-28-2-3	53.5（2006）	428.6（1996—2014）
培两优288	两系，籼	培矮64S/288	IR30、IR36、IR2588	39.9（2001）	101.4（1996—2006）
两优培九	两系，籼	培矮64S/扬稻6号	IR30、IR36、IR2588、BG90-2	82.5（2002）	634.9（1999—2014）
丰两优1号	两系，籼	广占63S/扬稻6号	IR30、R36、IR2588、BG90-2	40.0（2006）	270.1（2002—2014）

* 汕优10号与汕优46的父、母本和育种方法相同，前期称为汕优10号，后期统称汕优46。

三、超级稻育种

国际水稻研究所从1989年起开始实施理想株型（Ideal plant type，俗称超级稻）育种计划，试图利用热带粳稻新种质和理想株型作为突破口，通过杂交和系统选育及分子育种方法育成新株型品种［New plant type（NPT），超级稻］供南亚和东南亚稻区应用，设计产量希望比当地品种增产20%～30%。但由于产量、抗病虫力和稻米品质不理想等原因，迄今还无突出的品种在亚洲各国大面积应用。

为实现在矮化育种和杂交育种基础上的产量再次突破，农业部于1996年启动中国超级稻研究项目，要求育成高产、优质、多抗的常规和杂交水稻新品种。广义要求，超级稻的主要性状如产量、米质、抗性等均应显著超过现有主栽品种的水平；狭义要求，应育成在抗性和米质与对照品种相仿的基础上，产量有大幅度提高的新品种。在育种技术路线上，超级稻品种采用理想株型塑造与杂种优势利用相结合的途径，核心是种质资源的有效利用或有利多基因的聚合，育成单产大幅提高、品质优良、抗性较强的新型水稻品种（表1-5）。

表1-5 超级稻品种的主要指标

项 目	长江流域早熟早稻	长江流域中迟熟早稻	长江流域中熟晚稻、华南感光性晚稻	华南早晚兼用稻、长江流域迟熟晚稻、东北早熟粳稻	长江流域一季稻、东北中熟粳稻	长江上游迟熟一季稻、东北迟熟粳稻
生育期（d）	≤105	≤115	≤125	≤132	≤158	≤170
产量（kg/hm^2）	≥8 250	≥9 000	≥9 900	≥10 800	≥11 700	≥12 750
品 质	北方粳稻达到部颁二级米以上（含）标准，南方晚籼稻达到部颁三级米以上（含）标准，南方早籼稻和一季稻达到部颁四级米以上（含）标准					
抗 性	抗当地1～2种主要病虫害					
生产应用面积	品种审定后2年内生产应用面积达到每年3 125hm^{2}以上					

近年有的育种家提出“绿色超级稻”或“广义超级稻”的概念，其基本思路是将品种资源研究、基因组研究和分子技术育种紧密结合，加强水稻重要性状的生物学基础研究和基因发掘，全面提高水稻的综合性状，培育出抗病、抗虫、抗逆、营养高效、高产、优质的新品种。2000年超级杂交稻第一期攻关目标大面积如期实现产量10.5t/hm^2，2004年第二期攻关目标大面积实现产量12.0t/hm^2。

2006年，农业部进一步启动推进超级稻发展的“6236工程”，要求用6年的时间，培育并形成20个超级稻主导品种，年推广面积占全国水稻总面积的30%，即900万hm^2，单产比目前主栽品种平均增产900kg/hm^2，以全面带动我国水稻的生产水平。2011年，湖南隆回县种植的超级杂交水稻品种Y两优2号在7.5hm^{2}的面积上平均产量13 899kg/hm^2；2011年宁波农业科学院选育的籼粳型超级杂交晚稻品种甬优12单产14 147kg/hm^2；2013年，湖南隆回县种植的超级杂交水稻Y两优900获得14 821kg/hm^{2}的产量，宣告超级杂交水稻第三期攻关目标大面积产量13.5t/hm^{2}的实现。据报道，2015年云南个旧市的“超级杂交水稻示范基地”百亩连片水稻攻关田，种植的超级稻品种超优千号，百亩片平均单产16 010kg/hm^2；2016年山东临沂市莒南县大店镇的百亩片攻关基地种植的超级杂交稻超优千号，实测单产15 200kg/hm^2，创造了杂交水稻高纬度单产的世界纪录，表明已稳定实现了超级杂交水稻第四期大面积产量潜力达到15t/hm^{2}的攻关目标。

截至2014年，农业部确认了111个超级稻品种，分别是：

常规超级籼稻7个：中早39、中早35、金农丝苗、中嘉早17、合美占、玉香油占、桂农占。

常规超级粳稻28个：武运粳27、南粳44、南粳45、南粳49、南粳5055、淮稻9号、长白25、莲稻1号、龙粳39、龙粳31、松粳15、镇稻11、扬粳4227、宁粳4号、楚粳28、连粳7号、沈农265、沈农9816、武运粳24、扬粳4038、宁粳3号、龙粳21、千重浪、辽星1号、楚粳27、松粳9号、吉粳83、吉粳88。

籼型三系超级杂交稻46个：F优498、荣优225、内5优8015、盛泰优722、五丰优615、天优3618、天优华占、中9优8012、H优518、金优785、德香4103、Q优8号、宜优673、深优9516、03优66、特优582、五优308、五丰优T025、天优3301、珞优8号、荣优3号、金优458、国稻6号、赣鑫688、Ⅱ优航2号、天优122、一丰8号、金优527、D优202、Q优6号、国稻1号、国稻3号、中浙优1号、丰优299、金优299、Ⅱ优明86、Ⅱ优航1号、特优航1号、D优527、协优527、Ⅱ优162、Ⅱ优7号、Ⅱ优602、天优998、Ⅱ优084、Ⅱ优7954。

粳型三系超级杂交稻1个：辽优1052。

籼型两系超级杂交稻26个：两优616、两优6号、广两优272、C两优华占、两优038、Y两优5867、Y两优2号、Y两优087、准两优608、深两优5814、广两优香66、陵两优268、徽两优6号、桂两优2号、扬两优6号、陆两优819、丰两优香1号、新两优6380、丰两优4号、Y优1号、株两优819、两优287、培杂泰丰、新两优6号、两优培九、准两优527。

籼粳交超级杂交稻3个：甬优15、甬优12、甬优6号。

超级杂交水稻育种正在继续推进，面临的挑战还有很多。从遗传角度看，目前真正能用于超级稻育种的有利基因及连锁分子标记还不多，水稻基因研究成果还不足以全面支撑超级稻分子育种，目前的超级稻育种仍以常规杂交技术和资源的综合利用为主。因此，需要进一步发掘高产、优质、抗病虫、抗逆基因，改进育种方法，将常规育种技术与分子育种技术相结合，培育出广适性的可大幅度减少农用化学品（无机肥料、杀虫剂、杀菌剂、除草剂）而又高产优质的超级稻品种。

第五节　核心育种骨干亲本

分析65年来我国育成并通过国家或省级农作物品种审定委员会审（认）定的8 117份水稻、陆稻和杂交水稻现代品种，追溯这些品种的亲源，可以发现一批极其重要的核心育种骨干亲本，它们对水稻品种的遗传改良贡献巨大。但是由于种质资源的不断创新与交流，尤其是育种材料的交流和国外种质的引进，育种技术的多样化，有的品种含有多个亲本的血缘，使得现代育成品种的亲缘关系十分复杂。特别是有些品种的亲缘关系没有文字记录，或者仅以代号留存，难以查考。另外，籼、粳稻品种的杂交和选择，出现了大量含有籼、粳血缘的中间品种，难以绝对划分它们的籼、粳类别。毫无疑问，品种遗传背景的多样性对于克服品种遗传脆弱性，保障粮食生产安全性极为重要。

考虑到这些相互交错的情况，本节品种的亲源一般按不同亲本在品种中所占的重要性和比率确定，可能会出现前后交叉和上下代均含数个重要骨干亲本的情况。

一、常规籼稻

据不完全统计，我国常规籼稻最重要的核心育种骨干亲本有22个，衍生的大面积种植（年种植面积>6 667hm²）的品种数超过2 700个（表1-6）。其中，全国种植面积较大的常规籼稻品种是：浙辐802、桂朝2号、双桂1号、广陆矮4号、湘早籼45、中嘉早17等。

表1-6　籼稻核心育种骨干亲本及其主要衍生品种

品种名称	类型	衍生的品种数	主要衍生品种
矮仔占	早籼	>402	矮仔占4号、珍珠矮、浙辐802、广陆矮4号、桂朝2号、广场矮、二九青、特青、嘉育948、红410、泸红早1号、双桂36、湘早籼7号、广二104、珍汕97、七桂早25、特籼占13
南特号	早籼	>323	矮脚南特、广场13、莲塘早、陆财号、广场矮、广选3号、矮南早1号、广陆矮4号、先锋1号、青小金早、湘早籼3号、湘矮早3号、湘矮早7号、嘉育293、赣早籼26
珍汕97	早籼	>267	珍竹19、庆元2号、闽科早、珍汕97A、Ⅱ-32A、D汕A、博A、中A、29A、天丰A、枝A不育系及汕优63等大量杂交稻品种
矮脚南特	早籼	>184	矮南早1号、湘矮早7号、青小金早、广选3号、温选青
珍珠矮	早籼	>150	珍龙13、珍汕97、红梅早、红410、红突31、珍珠矮6号、珍珠矮11、7055、6044、赣早籼9号
湘早籼3号	早籼	>66	嘉育948、嘉育293、湘早籼10号、湘早籼13、湘早籼7号、中优早81、中86-44、赣早籼26
广场13	早籼	>59	湘早籼3号、中优早81、中86-44、嘉育293、嘉育948、早籼31、嘉兴香米、赣早籼26
红410	早籼	>43	红突31、8004、京红1号、赣早籼9号、湘早籼5号、舟优903、中优早3号、泸红早1号、辐8-1、佳禾早占、鄂早16、余红1号、湘晚籼9号、湘晚籼14
嘉育293	早籼	>25	嘉育948、中98-15、嘉兴香米、嘉早43、越糯2号、嘉育143、嘉早41、嘉早935、中嘉早17
浙辐802	早籼	>21	香早籼11、中516、浙9248、中组3号、皖稻45、鄂早10号、赣早籼50、金早47、赣早籼56、浙852、中选181
低脚乌尖	中籼	>251	台中本地1号（TN1）、IR8、IR24、IR26、IR29、IR30、IR36、IR661、原丰早、洞庭晚籼、二九丰、滇瑞306、中选8号
广场矮	中籼	>151	桂朝2号、双桂36、二九矮、广场矮5号、广场矮3784、湘矮早3号、先锋1号、泸南早1号
IR8	中籼	>120	IR24、IR26、原丰早、滇瑞306、洞庭晚籼、滇陇201、成矮597、科六早、滇屯502、滇瑞408
IR36	中籼	>108	赣早籼15、赣早籼37、赣早籼39、湘早籼3号
IR24	中籼	>79	四梅2号、浙辐802、浙852、中156，以及一批杂交稻恢复系和杂交稻品种南优2号、汕优2号
胜利籼	中籼	>76	广场13、南京1号、南京11、泸胜2号、广场矮系列品种
台中本地1号（TN1）	中籼	>38	IR8、IR26、IR30、BG90-2、原丰早、湘晚籼1号、滇瑞412、扬稻1号、扬稻3号、金陵57

（续）

品种名称	类型	衍生的品种数	主要衍生品种
特青	中晚籼	>107	特籼占13、特籼占25、盐稻5号、特三矮2号、鄂中4号、胜优2号、丰青矮、黄华占、茉莉新占、丰矮占1号、丰澳占，以及一批杂交稻恢复系镇恢084、蓉恢906、浙恢9516、广恢998
秋播了	晚籼	>60	516、澄秋5号、秋长3号、东秋播、白花
桂朝2号	中晚籼	>43	豫籼3号、镇籼96、扬稻5号、湘晚籼8号、七山占、七桂早25、双朝25、双桂36、早桂1号、陆青早1号、湘晚籼32
中山1号	晚籼	>30	包胎红、包胎白、包选2号、包胎矮、大灵矮、钢枝占
粳籼89	晚籼	>13	赣晚籼29、特籼占13、特籼占25、粤野软占、野黄占、粤野占26

矮仔占源自早期的南洋引进品种，后成为广西容县一带农家地方品种，携带*sd1*矮秆基因，全生育期约140d，株高82cm左右，节密，耐肥，有效穗多，千粒重26g左右，单产4 500 ～ 6 000kg/hm^2，比一般高秆品种增产20%～ 30%。1955年，华南农业科学研究所发现并引进矮仔占，经系选，于1956年育成矮仔占4号。采用矮仔占4号/广场13，1959年育成矮秆品种广场矮；采用矮仔占4号/惠阳珍珠早，1959年育成矮秆品种珍珠矮。广场矮和珍珠矮是矮仔占最重要的衍生品种，这2个品种不但推广面积大，而且衍生品种多，随后成为水稻矮化育种的重要骨干亲本，广场矮至少衍生了151个品种，珍珠矮至少衍生了150个品种。因此，矮仔占是我国20世纪50年代后期至60年代最重要的矮秆推广品种，也是60 ～ 80年代矮化育种最重要的矮源。至今，矮仔占至少衍生了402个品种，其中种植面积较大的衍生品种有广场矮、珍珠矮、广陆矮4号、二九青、先锋1号、特青、桂朝2号、双桂1号、湘早籼7号、嘉育948等。

南特号是20世纪40年代从江西农家品种鄱阳早的变异株中选得，50年代在我国南方稻区广泛作早稻种植。该品种株高100 ～ 130cm，根系发达，适应性广，全生育期105 ～ 115d，较耐肥，每穗约80粒，千粒重26 ～ 28g，单产3 750 ～ 4 500kg/hm^2，比一般高秆品种增产13%～ 34%。南特号1956年种植面积达333.3万hm^2，1958—1962年，年种植面积达到400万hm^{2}以上。南特号直接系选衍生出南特16、江南1224和陆财号。1956年，广东潮阳县农民从南特号发现矮秆变异株，经系选育成矮脚南特，具有早熟、秆矮、高产等优点，可比高秆品种增产20%～ 30%。经分析，矮脚南特也含有矮秆基因*sd1*，随后被迅速大面积推广并广泛用作矮化育种亲本。南特号是双季早籼品种极其重要的育种亲源，至少衍生了323个品种，其中种植面积较大的衍生品种有广场矮、广场13、矮南早1号、莲塘早、陆财号、广陆矮4号、先锋1号、青小金早、湘矮早2号、湘矮早7号、红410等。

低脚乌尖是我国台湾省的农家品种，携带*sd1*矮秆基因，20世纪50年代后期因用低脚乌尖为亲本（低脚乌尖/菜园种）在台湾育成台中本地1号（TN1）。国际水稻研究所利用Peta/低脚乌尖育成著名的IR8品种并向东南亚各国推广，引发了亚洲水稻的绿色革命。祖国大陆育种家利用含有低脚乌尖血缘的台中本地1号、IR8、IR24和IR30作为杂交亲本，至少衍生了251个常规水稻品种，其中IR8（又称科六或691）衍生了120个品种，台中本地1号衍生了38个品种。利用IR8和台中本地1号而衍生的、种植面积较大的品种有原丰早、科梅、双科1号、湘矮早9号、二九丰、扬稻2号、泸红早1号等。利用含有低脚乌尖血缘的IR24、IR26、IR30等，又育成了大量杂交水稻恢复系，有的恢复系可直接作为常规品种种植。

早籼品种珍汕97对推动杂交水稻的发展作用特殊、贡献巨大。该品种是浙江省温州农业科学研究所用珍珠矮11/汕矮选4号于1968年育成，含有矮仔占血缘，株高83cm，全生育期约120d，分蘖力强，千粒重27g左右，单产约5 500kg/hm^2。珍汕97除衍生了一批常规品种外，还被用于杂交稻不育系的选育。1973年，江西省萍乡市农业科学研究所以海南普通野生稻的野败材料为母本，用珍汕97为父本进行杂交并连续回交育成珍汕97A。该不育系早熟、配合力强，是我国使用范围最广、应用面积最大、时间最长、衍生品种最多的不育系。珍汕97A与不同恢复系配组，育成多种熟期类型的杂交水稻品种，如汕优6号、汕优46、汕优63、汕优64等供华南、长江流域作双季晚稻和单季中、晚稻大面积种植。以珍汕97A为母本直接配组的年种植面积超过6 667hm^{2}的杂交水稻品种有92个，36年来（1978—2014年）累计推广面积超过14 450万hm^2。

特青是广东省农业科学院用特矮/叶青伦于1984年育成的早、晚兼用的籼稻品种，茎秆粗壮，叶挺色浓，株叶形态好，耐肥，抗倒伏，抗白叶枯病，产量高，大田产量6 750 ~ 9 000kg/hm^2。特青被广泛用于南方稻区早、中、晚籼稻的育种亲本，主要衍生品种有特籼占13、特籼占25、盐稻5号、特三矮2号、鄂中4号、胜优2号、黄华占、丰矮占1号、丰澳占等。

嘉育293（浙辐802/科庆47//二九丰///早丰6号/水原287////HA79317-7）是浙江省嘉兴市农业科学研究所育成的常规早籼品种。全生育期约112d，株高76.8cm，苗期抗寒性强，株型紧凑，叶片长而挺，茎秆粗壮，生长旺盛，耐肥，抗倒伏，后期青秆黄熟，产量高，适于浙江、江西、安徽（皖南）等省作早稻种植，1993—2012年累计种植面积超过110万hm^2。嘉育293被广泛用于长江中下游稻区的早籼稻育种亲本，主要衍生品种有嘉育948、中98-15、嘉兴香米、嘉早43、越糯2号、嘉育143、嘉早41、嘉早935、中嘉早17等。

二、常规粳稻

我国常规粳稻最重要的核心育种骨干亲本有20个，衍生的种植面积较大（年种植面积＞6 667hm^2）的品种数超过2 400个（表1-7）。其中，全国种植面积较大的常规粳稻品种有：空育131、武育粳2号、武育粳3号、武运粳7号、鄂宜105、合江19、宁粳4号、龙粳31、农虎6号、鄂晚5号、秀水11、秀水04等。

旭是日本品种，从日本早期品种日之出选出。对旭进行系统选育，育成了京都旭以及关东43、金南风、下北、十和田、日本晴等日本品种。至20世纪末，我国由旭衍生的粳稻品种超过149个。如利用旭及其衍生品种进行早粳育种，育成了辽丰2号、松辽4号、合江20、合江21、早丰、吉粳53、吉粳88、冀粳1号、五优稻1号、龙粳3号、东农416等；利用京都旭及其衍生品种农垦57（原名金南风）进行中、晚粳育种，育成了金垦18、南粳11、徐稻2号、镇稻4号、盐粳4号、扬粳186、盐粳6号、镇稻6号、淮稻6号、南粳37、阳光200、远杂101、鲁香粳2号等。

表1-7　常规粳稻最重要核心育种骨干亲本及其主要衍生品种

品种名称	类型	衍生的品种数	主要衍生品种
旭	早粳	>149	农垦57、辽丰2号、松辽4号、合江20、合江21、早丰、吉粳53、吉粳88、冀粳1号、五优稻1号、龙粳3号、东农416、吉粳60、东农416
笹锦	早粳	>147	丰锦、辽粳5号、龙粳1号、秋光、吉粳69、龙粳1号、龙粳4号、龙粳14、垦稻8号、藤系138、京稻2号、辽盐2号、长白8号、吉粳83、青系96、秋丰、吉粳66
坊主	早粳	>105	石狩白毛、合江3号、合江11、合江22、龙粳2号、龙粳14、垦稻3号、垦稻8号、长白5号
爱国	早粳	>101	丰锦、宁粳6号、宁粳7号、辽粳5号、中花8号、临稻3号、冀粳6号、砦1号、辽盐2号、沈农265、松粳10号、沈农189
龟之尾	早粳	>95	宁粳4号、九稻1号、东农4号、松辽5号、虾夷、松辽5号、九稻1号、辽粳152
石狩白毛	早粳	>88	大雪、滇榆1号、合江12、合江22、龙粳1号、龙粳2号、龙粳14、垦稻8号、垦稻10号
辽粳5号	早粳	>61	辽粳68、辽粳288、辽粳326、沈农159、沈农189、沈农265、沈农604、松粳3号、松粳10号、辽星1号、中辽9052
合江20	早粳	>41	合江23、吉粳62、松粳3号、松粳9号、五优稻1号、五优稻3号、松粳21、龙粳3号、龙粳13、绥粳1号
吉粳53	早粳	>27	长白9号、九稻11、双丰8号、吉粳60、新稻2号、东农416、吉粳70、九稻44、丰选2号
红旗12	早粳	>26	宁粳9号、宁粳11、宁粳19、宁粳23、宁粳28、宁稻216
农垦57	中粳	>116	金垦18、双丰4号、南粳11、南粳23、徐稻2号、镇稻4号、盐粳4号、扬粳201、扬粳186、盐粳6号、南粳36、镇稻6号、淮稻6号、扬粳9538、南粳37、阳光200、远杂101、鲁香粳2号
桂花黄	中粳	>97	南粳32、矮粳23、秀水115、徐稻2号、浙粳66、双糯4号、临稻10号、宁粳9号、宁粳23、镇稻2号
西南175	中粳	>42	云粳3号、云粳7号、云粳9号、云粳134、靖粳10号、靖粳16、京黄126、新城糯、楚粳5号、楚粳22、合系41、滇靖8号
武育粳3号	中粳	>22	淮稻5号、淮稻6号、镇稻99、盐稻8号、武运粳11、华粳2号、广陵香粳、武育粳5号、武香粳9号
滇榆1号	中粳	>13	合系34、楚粳7号、楚粳8号、楚粳24、凤稻14、楚粳14、靖粳8号、靖粳优2号、靖粳优3号、云粳优1号
农垦58	晚粳	>506	沪选19、鄂宜105、农虎6号、辐农709、秀水48、农红73、矮粳23、秀水04、秀水11、秀水63、宁67、武运粳7号、武育粳3号、宁粳1号、甬粳18、徐稻3号、武香粳9号、鄂晚5号、嘉991、镇稻99、太湖糯
农虎6号	晚粳	>332	秀水664、嘉湖4号、祥湖47、秀水04、秀水11、秀水48、秀水63、桐青晚、宁67、太湖糯、武香粳9号、甬粳44、香血糯335、辐农709、武运粳7号
测21	晚粳	>254	秀水04、武香粳14、秀水11、宁粳1号、秀水664、武粳15、武运粳8号、秀水63、甬粳18、祥湖84、武香粳9号、武运粳21、宁67、嘉991、矮糯21、常农粳2号、春江026
秀水04	晚粳	>130	武香粳14、秀水122、武运粳23、秀水1067、武粳13、甬优6号、秀水17、太湖粳2号、甬优1号、宁粳3号、皖稻26、运9707、甬优9号、秀水59、秀水620
矮宁黄	晚粳	>31	老来青、沪晚23、八五三、矮粳23、农红73、苏粳7号、安庆晚2号、浙粳66、秀水115、苏稻1号、镇稻1号、航育1号、祥湖25

辽粳5号(丰锦////越路早生/矮脚南特//藤坂5号/BaDa///沈苏6号)是沈阳市浑河农场采用籼、粳稻杂交，后代用粳稻多次复交，于1981年育成的早粳矮秆高产品种。辽粳5号集中了籼、粳稻特点，株高80 ~ 90cm，叶片宽、厚、短、直立上举，色浓绿，分蘖力强，株型紧凑，受光姿态好，光能利用率高，适应性广，较抗稻瘟病，中抗白叶枯病，产量高。适宜在东北作早粳种植，1992年最大种植面积达到9.8万hm^2。用辽粳5号作亲本共衍生了61个品种，如辽粳326、沈农159、沈农189、松粳10号、辽星1号等。

合江20（早丰/合江16）是黑龙江省农业科学院水稻研究所于20世纪70年代育成的优良广适型早粳品种。合江20全生育期133 ~ 138d，叶色浓绿，直立上举，分蘖力较强，抗稻瘟病性较强，耐寒性较强，耐肥，抗倒伏，感光性较弱，感温性中等，株高90cm左右，千粒重23 ~ 24g。70年代末至80年代中期在黑龙江省大面积推广种植，特别是推广水稻旱育稀植以后，该品种成为黑龙江省的主栽品种。作为骨干亲本合江20衍生的品种包括松粳3号、合江21、合江23、黑粳5号、吉粳62等。

桂花黄是我国中、晚粳稻育种的一个主要亲源品种，原名Balilla(译名巴利拉、伯利拉、倍粒稻)，1960年从意大利引进。桂花黄为1964年江苏省苏州地区农业科学研究所从Balilla变异单株中选育而成，亦名苏粳1号。桂花黄株高90cm左右，全生育期120 ~ 130d，对短日照反应中等偏弱，分蘖力弱，穗大，着粒紧密，半直立，千粒重26 ~ 27g，一般单产5 000 ~ 6 000kg/hm^2。桂花黄的显著特点是配合力好，能较好地与各类粳稻配组。据统计，40年来（1965—2004年）桂花黄共衍生了97个品种，种植面积较大的品种有南粳32、矮粳23、秀水115、徐稻2号、浙粳66、双糯4号、临稻10号等。

农垦58是我国最重要的晚粳稻骨干亲本之一。农垦58又名世界一（经考证应该为Sekai系列中的1个品系），1957年农垦部引自日本，全生育期单季晚稻160 ~ 165d，连作晚稻135d，株高约110cm，分蘖早而多，株型紧凑，感光，对短日照反应敏感，后期耐寒，抗稻瘟病，适应性广，千粒重26 ~ 27g，米质优，作单季晚稻单产一般6 000 ~ 6 750kg/hm^2。该品种20世纪60 ~ 80年代在长江流域稻区广泛种植，1975年种植面积达到345万hm^2，1960—1987年累计种植面积超过1 100万hm^2。50年来（1960—2010年）以农垦58为亲本衍生的品种超过506个，其中直接经系统选育而成的品种59个。具有农垦58血缘并大面积种植的品种有：鄂宜105、农虎6号、辐农709、农红73、秀水04、秀水11、秀水63、宁67、武运粳7号、武育粳3号、宁粳1号、甬粳18、徐稻3号等。从农垦58田间发现并命名的农垦58S，成为我国两系杂交稻光温敏核不育系的主要亲本之一，并衍生了多个光温敏核不育系如培矮64S等，配组了大量两系杂交稻如两优培九、两优培特、培两优288、培两优986、培两优特青、培杂山青、培杂双七、培杂泰丰、培杂茂三等。

农虎6号是我国著名的晚粳品种和育种骨干亲本，由浙江省嘉兴市农业科学研究所于1965年用农垦58与老虎稻杂交育成，具有高产、耐肥、抗倒伏、感光性较强的特点，仅1974年在浙江、江苏、上海的种植面积就达到72.2万hm^2。以农虎6号为亲本衍生的品种超过332个，包括大面积种植的秀水04、秀水63、祥湖84、武香粳14、辐农709、武运粳7号、宁粳1号、甬粳18等。

武育粳3号是江苏省武进稻麦育种场以中丹1号分别与79-51和扬粳1号的杂交后代经复交育成。全生育期150d左右，株高95cm，株型紧凑，叶片挺拔，分蘖力较强，抗倒伏性中等，单产大约8 700kg/hm²，适宜沿江和沿海南部、丘陵稻区中等或中等偏上肥力条件下种植。1992—2008年累计推广面积549万hm²，1997年最大推广面积达到52.7万hm²。以武育粳3号为亲本，衍生了一批中粳新品种，如淮稻5号、镇稻99、香粳111、淮稻8号、盐稻8号、盐稻9号、扬粳9538、淮稻6号、南粳40、武运粳11、扬粳687、扬粳糯1号、广陵香粳、华粳2号、阳光200等。

测21是浙江省嘉兴市农业科学研究所用日本种质灵峰（丰沃/绫锦）为母本，与本地晚粳中间材料虎蕾选（金蕾440/农虎6号）为父本杂交育成。测21半矮生，叶姿挺拔，分蘖中等，株型挺，生育后期根系活力旺盛，成熟时穗弯于剑叶之下，米质优，配合力好。测21在浙江、江苏、上海、安徽、广西、湖北、河北、河南、贵州、天津、吉林、辽宁、新疆等省（自治区、直辖市）衍生并通过审定的常规粳稻新品种254个，包括秀水04、武香粳14、秀水11、宁粳1号、秀水664、武粳15、武运粳8号、秀水63、甬粳18、祥湖84、武香粳9号、武运粳21、宁67、嘉991、矮糯21等。1985—2012年以上衍生品种累计推广种植达2 300万hm²。

秀水04是浙江省嘉兴市农业科学研究所以测21为母本，与辐农70-92/单209为父本杂交于1985年选育而成的中熟晚粳型常规水稻品种。秀水04茎秆矮而硬，耐寒性较强，连晚栽培株高80cm，单季稻95 ~ 100cm，叶片短而挺，分蘖力强，成穗率高，有效穗多。穗颈粗硬，着粒密，结实率高，千粒重26g，米质优，产量高，适宜在浙江北部、上海、江苏南部种植，1985—1994年累计推广面积180万hm²。以秀水04为亲本衍生的品种超过130个，包括武香粳14、秀水122、祥湖84、武香粳9号、武运粳21、宁67、武粳13、甬优6号、秀水17、太湖粳2号、宁粳3号、皖稻26等。

西南175是西南农业科学研究所从台湾粳稻农家品种中经系统选择于1955年育成的中粳品种，产量较高，耐逆性强，在云贵高原持续种植了50多年。西南175不但是云贵地区的主要当家品种，而且是西南稻区中粳育种的主要亲本之一。

三、杂交水稻不育系

杂交水稻的不育系均由我国创新育成，包括野败型、矮败型、冈型、印水型、红莲型等三系不育系，以及两系杂交水稻的光敏和温敏不育系。最重要的杂交稻核心不育系有21个，衍生的不育系超过160个，配组的大面积种植（年种植面积＞6 667hm²）的品种数超过1 300个。配组杂交稻品种最多的不育系是：珍汕97A、Ⅱ-32A、V20A、冈46A、龙特甫A、博A、协青早A、金23A、中9A、天丰A、谷丰A、农垦58S、培矮64S和Y58S等（表1-8）。

表1-8 杂交水稻核心不育系及其衍生的品种（截至2014年）

不育系	类 型	衍生的不育系数	配组的品种数	代表品种
珍汕97A	野败籼型	＞36	＞231	汕优2号、汕优22、汕优3号、汕优36、汕优36辐、汕优4480、汕优46、汕优559、汕优63、汕优64、汕优647、汕优6号、汕优70、汕优72、汕优77、汕优78、汕优8号、汕优多系1号、汕优桂30、汕优桂32、汕优桂33、汕优桂34、汕优桂99、汕优晚3、汕优直龙

（续）

不育系	类　型	衍生的不育系数	配组的品种数	代 表 品 种
Ⅱ-32A	印水籼型	＞5	＞237	Ⅱ优084、Ⅱ优128、Ⅱ优162、Ⅱ优46、Ⅱ优501、Ⅱ优58、Ⅱ优602、Ⅱ优63、Ⅱ优718、Ⅱ优725、Ⅱ优7号、Ⅱ优802、Ⅱ优838、Ⅱ优87、Ⅱ优多系1号、Ⅱ优辐819、优航1号、Ⅱ优明86
V20A	野败籼型	＞8	＞158	威优2号、威优35、威优402、威优46、威优48、威优49、威优6号、威优63、威优64、威优647、威优77、威优98、威优华联2号
冈46A	冈籼型	＞1	＞85	冈矮1号、冈优12、冈优188、冈优22、冈优151、冈优188、冈优527、冈优725、冈优827、冈优881、冈优多系1号
龙特甫A	野败籼型	＞2	＞45	特优175、特优18、特优524、特优559、特优63、特优70、特优838、特优898、特优桂99、特优多系1号
博A	野败籼型	＞2	＞107	博Ⅲ优273、博Ⅱ优15、博优175、博优210、博优253、博优258、博优3550、博优49、博优64、博优803、博优998、博优桂44、博优桂99、博优香1号、博优湛19
协青早A	矮败籼型	＞2	＞44	协优084、协优10号、协优46、协优49、协优57、协优63、协优64、协优华联2号
金23A	野败籼型	＞3	＞66	金优117、金优207、金优253、金优402、金优458、金优191、金优63、金优725、金优77、金优928、金优桂99、金优晚3
K17A	K籼型	＞2	＞39	K优047、K优402、K优5号、K优926、K优1号、K优3号、K优40、K优52、K优817、K优818、K优877、K优88、K优绿36
中9A	印水籼型	＞2	＞127	中9优288、中优207、中优402、中优974、中优桂99、国稻1号、国丰1号、先农20
D汕A	D籼型	＞2	＞17	D优49、D优78、D优162、D优361、D优1号、D优64、D汕优63、D优63
天丰A	野败籼型	＞2	＞18	天优116、天优122、天优1251、天优368、天优372、天优4118、天优428、天优8号、天优998、天优华占
谷丰A	野败籼型	＞2	＞32	谷优527、谷优航1号、谷优964、谷优航148、谷优明占、谷优3301
丛广41A	红莲籼型	＞3	＞12	广优4号、广优青、粤优8号、粤优938、红莲优6号
黎明A	滇粳型	＞11	＞16	黎优57、滇杂32、滇杂34
甬粳2A	滇粳型	＞1	＞11	甬优2号、甬优3号、甬优4号、甬优5号、甬优6号
农垦58S	光温敏	＞34	＞58	培矮64S、广占63S、广占63-4S、新安S、GD-1S、华201S、SE21S、7001S、261S、N5088S、4008S、HS-3、两优培九、培两优288、培两优特青、丰两优1号、扬两优6号、新两优6号、粤杂122、华两优103
培矮64S	光温敏	＞3	＞69	培两优210、两优培九、两优培特、培两优288、培两优3076、培两优981、培两优986、培两优特青、培杂山青、培杂双七、培杂桂99、培杂67、培杂泰丰、培杂茂三
安农S-1	光温敏	＞18	＞47	安两优25、安两优318、安两优402、安两优青占、八两优100、八两优96、田两优402、田两优4号、田两优66、田两优9号
Y58S	光温敏	＞7	＞120	Y两优1号、Y两优2号、Y两优6号、Y两优9981、Y两优7号、Y两优900、深两优5814
株1S	光温敏	＞20	＞60	株两优02、株两优08、株两优09、株两优176、株两优30、株两优58、株两优81、株两优839、株两优99

珍汕97A属野败胞质不育系，是江西省萍乡市农业科学研究所以海南普通野生稻的野败材料为母本，以迟熟早籼品种珍汕97为父本杂交并连续回交于1973年育成。该不育系配合力强，是我国使用范围最广、应用面积最大、时间最长、衍生品种最多的不育系。与不同恢复系配组，育成多种熟期类型的杂交水稻供华南早稻、华南晚稻、长江流域的双季早稻和双季晚稻及一季中稻利用。以珍汕97A为母本直接配组的年种植面积超过6 667hm^{2}的杂交水稻品种有92个，30年来（1978—2007年）累计推广面积13 372万hm^2。

V20A属野败胞质不育系，是湖南省贺家山原种场以野败/6044//71-72后代的不育株为母本，以早籼品种V20为父本杂交并连续回交于1973年育成。V20A一般配合力强，异交结实率高，配组的品种主要作双季晚稻使用，也可用作双季早稻。V20A是全国主要的不育系之一，配组的威优6号、威优63、威优64等系列品种在20世纪80 ～ 90年代曾经大面积种植，其中威优6号在1981—1992年的累计种植面积达到822万hm^2。

Ⅱ-32A属印水胞质不育系。为湖南杂交水稻研究中心从印尼水田谷6号中发现的不育株，其恢保关系与野败相同，遗传特性也属于孢子体不育。Ⅱ-32A是用珍汕97B与IR665杂交育成定型株系后，再与印水珍鼎（糯）A杂交、回交转育而成。全生育期130d，开花习性好，异交结实率高，一般制种产量可达3 000 ～ 4 500kg/hm^2，是我国主要三系不育系之一。Ⅱ-32A衍生了优ⅠA、振丰A、中9A、45A、渝5A等不育系，与多个恢复系配组的品种，包括Ⅱ优084、Ⅱ优46、Ⅱ优501、Ⅱ优63、Ⅱ优838、Ⅱ优多系1号、Ⅱ优辐819、Ⅱ优明86等，在我国南方稻区大面积种植。

冈型不育系是四川农学院水稻研究室以西非晚籼冈比亚卡（Gambiaka Kokum）为母本，与矮脚南特杂交，利用其后代分离的不育株杂交转育的一批不育系，其恢保关系、雄性不育的遗传特性与野败基本相似，但可恢复性比野败好，从而发现并命名为冈型细胞质不育系。冈46A是四川农业大学水稻研究所以冈二九矮7号A为母本，用“二九矮7号/V41//V20/雅矮早”的后代为父本杂交、回交转育成的冈型早籼不育系。冈46A在成都地区春播，播种至抽穗历期75d左右，株高75 ～ 80cm，叶片宽大，叶色淡绿，分蘖力中等偏弱，株型紧凑，生长繁茂。冈46A配合力强，与多个恢复系配组的74个品种在我国南方稻区大面积种植，其中冈优22、冈优12、冈优527、冈优151、冈优多系1号、冈优725、冈优188等曾是我国南方稻区的主推品种。

中9A是中国水稻研究所1992年以优ⅠA为母本，优ⅠB/L301B//菲改B的后代作父本，杂交、回交转育成的早籼不育系，属印尼水田谷6号质源型，2000年5月获得农业部新品种权保护。中9A株高约65cm，播种至抽穗60d左右，育性稳定，不育株率100%，感温，异交结实率高，配合力好，可配组早籼、中籼及晚籼3种栽培型杂交水稻，适用于所有籼型杂交稻种植区。以中9A配组的杂交品种产量高，米质好，抗白叶枯病，是我国当前较抗白叶枯病的不育系，与抗稻瘟病的恢复系配组，可育成双抗的杂交稻品种。配组的国稻1号、国丰1号、中优177、中优448、中优208等49个品种广泛应用于生产。

谷丰A是福建省农业科学院水稻研究所以地谷A为母本，以[龙特甫B/宙伊B（V41B/汕优菲一//IRs48B）]F$_4$作回交父本，经连续多代回交于2000年转育而成的野败型三系不育系。谷丰A株高85cm左右，不育性稳定，不育株率100%，花粉败育以典败为主，异交特性好，较抗稻瘟病，适宜配组中、晚籼类型杂交品种。谷优系列品种已在中国南方稻区大面积推广应用，成为稻瘟病重发区杂交水稻安全生产的重要支撑。利用谷丰A配组育成了谷优527、谷优964、谷优5138等32个品种通过省级以上农作物品种审定委员会审（认）定，其中4个品种通过国家农作物品种审定委员会审定。

甬粳2A是滇粳型不育系，是浙江省宁波市农业科学院以宁67A为母本，以甬粳2号为父本进行杂交，以甬粳2号为父本进行连续回交转育而成。甬粳2A株高90cm左右，感光性强，株型下紧上松，须根发达，分蘖力强，茎韧秆壮，剑叶挺直，中抗白叶枯病、稻瘟病、细菌性条纹病，耐肥，抗倒伏性好。采用粳不/籼恢三系法途径，甬粳2A配组育成了甬优2号、甬优4号、甬优6号等优质高产籼粳杂交稻。其中，甬优6号（甬粳2A/K4806）2006年在浙江省鄞州取得单季稻12 510kg/hm^{2}的高产，甬优12（甬粳2A/F5032）在2011年洞桥“单季百亩示范方”取得13 825kg/hm^{2}的高产。

培矮64S是籼型温敏核不育系，由湖南杂交水稻研究中心以农垦58S为母本，籼爪型品种培矮64（培迪/矮黄米//测64）为父本，通过杂交和回交选育而成。培矮64S株高65～70cm，分蘖力强，亲和谱广，配合力强，不育起点温度在13h光照条件下为23.5℃左右，海南短日照（12h）条件下不育起点温度超过24℃。目前已配组两优培九、两优培特、培两优288等30多个通过省级以上农作物品种审定委员会审定并大面积推广的两系杂交稻品种，是我国应用面积最大的两系核不育系。

安农S-1是湖南省安江农业学校从早籼品系超40/H285//6209-3群体中选育的温敏型两用核不育系。由于控制育性的遗传相对简单，用该不育系作不育基因供体，选育了一批实用的两用核不育系如香125S、安湘S、田丰S、田丰S-2、安农810S、准S360S等，配组的安两优25、安两优318、安两优402、安两优青占等品种在南方稻区广泛种植。

Y58S(安农S-1/常菲22B//安农S-1/Lemont///培矮64S)是光温敏不育系，实现了有利多基因累加，具有优质、高光效、抗病、抗逆、优良株叶形态和高配合力等优良性状。Y58S目前已选配Y两优系列强优势品种120多个，其中已通过国家、省级农作物品种审定委员会审（认）定的有45个。这些品种以广适性、优质、多抗、超高产等显著特性迅速在生产上大面积推广，代表性品种有Y两优1号、Y两优2号、Y两优9981等，2007—2014年累计推广面积已超过300万hm^2。2013年，在湖南隆回县，超级杂交水稻Y两优900获得14 821kg/hm^{2}的高产。

四、杂交水稻恢复系

我国极大部分强恢复系或强恢复源来自国外，包括IR24、IR26、IR30、密阳46等，它们均含有我国台湾省地方品种低脚乌尖的血缘（*sd1*矮秆基因）。20世纪70～80年代，IR24、IR26、IR30、IR36、IR58直接作恢复系利用，随着明恢63（IR30/圭630）的育成，我国的杂交稻恢复系走上了自主创新的道路，育成的恢复系其遗传背景呈现多元化。目前，主要的已广泛应用的核心恢复系17个，它们衍生的恢复系超过510个，配组的种植面积较大（年种植面积＞6 667hm^2）的杂交品种数超过1 200个（表1-9）。配组品种较多的恢复系有：明恢63、明恢86、IR24、IR26、多系1号、测64-7、蜀恢527、辐恢838、桂99、CDR22、密阳46、广恢3550、C57等。

表1-9　我国主要的骨干恢复系及配组的杂交稻品种（截至2014年）

骨干亲本名称	类型	衍生的恢复系数	配组的杂交品种数	代表品种
明恢63	籼型	>127	>325	D优63、Ⅱ优63、博优63、冈优12、金优63、马协优63、全优63、汕优63、特优63、威优63、协优63、优Ⅰ63、新香优63、八两优63
IR24	籼型	>31	>85	矮优2号、南优2号、汕优2号、四优2号、威优2号
多系1号	籼型	>56	>78	D优68、D优多系1号、Ⅱ优多系1号、K优5号、冈优多系1号、汕优多系1号、特优多系1号、优Ⅰ多系1号
辐恢838	籼型	>50	>69	辐优803、B优838、Ⅱ优838、长优838、川香838、辐优838、绵5优838、特优838、中优838、绵两优838、天优838
蜀恢527	籼型	>21	>45	D奇宝优527、D优13、D优527、Ⅱ优527、辐优527、冈优527、红优527、金优527、绵5优527、协优527
测64-7	籼型	>31	>43	博优49、威优49、协优49、汕优49、D优64、汕优64、威优64、博优64、常优64、协优64、优Ⅰ64、枝优64
密阳46	籼型	>23	>29	汕优46、D优46、Ⅱ优46、Ⅰ优46、金优46、汕优10、威优46、协优46、优Ⅰ46
明恢86	籼型	>44	>76	Ⅱ优明86、华优86、两优2186、汕优明86、特优明86、福优86、D297优86、T优8086、Y两优86
明恢77	籼型	>24	>48	汕优77、威优77、金优77、优Ⅰ77、协优77、特优77、福优77、新香优77、K优877、K优77
CDR22	籼型	24	34	汕优22、冈优22、冈优3551、冈优363、绵5优3551、宜香3551、冈优1313、D优363、Ⅱ优936
桂99	籼型	>20	>17	汕优桂99、金优桂99、中优桂99、特优桂99、博优桂99（博优903）、华优桂99、秋优桂99、枝优桂99、美优桂99、优Ⅰ桂99、培两优桂99
广恢3550	籼型	>8	>21	Ⅱ优3550、博优3550、汕优3550、汕优桂3550、特优3550、天丰优3550、威优3550、协优3550、优优3550、枝优3550
IR26	籼型	>3	>17	南优6号、汕优6号、四优6号、威优6号、威优辐26
扬稻6号	籼型	>1	>11	红莲优6号、两优培九、扬两优6号、粤优938
C57	粳型	>20	>39	黎优57、丹粳1号、辽优3225、9优418、辽优5218、辽优5号、辽优3418、辽优4418、辽优1518、辽优3015、辽优1052、泗优422、皖稻22、皖稻70
皖恢9号	粳型	>1	>11	70优9号、培两优1025、双优3402、80优98、Ⅲ优98、80优9号、80优121、六优121

明恢63是我国最重要的育成恢复系，由福建省三明市农业科学研究所以IR30/圭630于1980年育成。圭630是从圭亚那引进的常规水稻品种，IR30来自国际水稻研究所，含有IR24、IR8的血缘。明恢63衍生了大量恢复系，其衍生的恢复系占我国选育恢复系的65%～70%，衍生的主要恢复系有CDR22、辐恢838、明恢77、多系1号、广恢128、恩恢58、明恢86、绵恢725、盐恢559、镇恢084、晚3等。明恢63配组育成了大量优良的杂交稻品种，包括汕优63、D优63、协优63、冈优12、特优63、金优63、汕优桂33、汕优多系1号等，这些杂交稻品种在我国稻区广泛种植，对水稻生产贡献巨大。直接以明恢63为恢复系配组的年种植面积超过6 667hm^{2}的杂交水稻品种29个，其中，汕优63（珍汕97A/

明恢63）1990年种植面积681万hm^2，累计推广面积（1983—2009年）6 289万hm^2；D优63（D珍汕97A/明恢63）1990年种植面积111万hm^2，累计推广面积（1983—2001年）637万hm^2。

密阳46（Miyang 46）原产韩国，20世纪80年代引自国际水稻研究所，其亲本为统一/IR24//IR1317/IR24，含有台中本地1号、IR8、IR24、IR1317（振兴/IR262//IR262/IR24）及韩国品种统一（IR8//蛱/台中本地1号）的血缘。全生育期110d左右，株高80cm左右，株型紧凑，茎秆细韧、挺直，结实率85%～90%，千粒重24g，抗稻瘟病力强，配合力强，是我国主要的恢复系之一。密阳46衍生的主要恢复系有蜀恢6326、蜀恢881、蜀恢202、蜀恢162、恩恢58、恩恢325、恩恢995、恩恢69、浙恢7954、浙恢203、Y111、R644、凯恢608、浙恢208等；配组的杂交品种汕优46(原名汕优10号)、协优46、威优46等是我国南方稻区中、晚稻的主栽品种。

IR24，其姐妹系为IR661，均引自国际水稻研究所（IRRI），其亲本为IR8/IR127。IR24是我国第一代恢复系，衍生的重要恢复系有广恢3550、广恢4480、广恢290、广恢128、广恢998、广恢372、广恢122、广恢308等；配组的矮优2号、南优2号、汕优2号、四优2号、威优2号等是我国20世纪70～80年代杂交中晚稻的主栽品种，IR24还是人工制恢的骨干亲本之一。

测64是湖南省安江农业学校从IR9761-19中系选测交选出。测64衍生出的恢复系有测64-49、测64-8、广恢4480（广恢3550/测64）、广恢128（七桂早25/测64）、广恢96（测64/518）、广恢452（七桂早25/测64//早特青）、广恢368（台中籼育10号/广恢452）、明恢77（明恢63/测64）、明恢07（泰宁本地/圭630//测64///777/CY85-43）、冈恢12（测64-7/明恢63）、冈恢152（测64-7/测64-48）等。与多个不育系配组的D优64、汕优64、威优64、博优64、常优64、协优64、优I64、枝优64等是我国20世纪80～90年代杂交稻的主栽品种。

CDR22（IR50/明恢63）系四川省农业科学院作物研究所育成的中籼迟熟恢复系。CDR22株高100cm左右，在四川成都春播，播种至抽穗历期110d左右，主茎总叶片数16～17叶，穗大粒多，千粒重29.8g，抗稻瘟病，且配合力高，花粉量大，花期长，制种产量高。CDR22衍生出了宜恢3551、宜恢1313、福恢936、蜀恢363等恢复系24个；配组的汕优22和冈优22强优势品种在生产中大面积推广。

辐恢838是四川省原子能应用技术研究所以226（糯）/明恢63辐射诱变株系r552育成的中籼中熟恢复系。辐恢838株高100～110cm，全生育期127～132d，茎秆粗壮，叶色青绿，剑叶硬立，叶鞘、节间和稃尖无色，配合力高，恢复力强。由辐恢838衍生出了辐恢838选、成恢157、冈恢38、绵恢3724等新恢复系50多个；用辐恢838配组的Ⅱ优838、辐优838、川香9838、天优838等20余个杂交品种在我国南方稻区广泛应用，其中Ⅱ优838是我国南方稻区中稻的主栽品种之一。

多系1号是四川省内江市农业科学研究所以明恢63为母本，Tetep为父本杂交，并用明恢63连续回交育成，同时育成的还有内恢99-14和内恢99-4。多系1号在四川内江春播，播种至抽穗历期110d左右，株高100cm左右，穗大粒多，千粒重28g，高抗稻瘟病，且配合力高，花粉量大，花期长，利于制种。由多系1号衍生出内恢182、绵恢2009、绵恢2040、明恢1273、明恢2155、联合2号、常恢117、泉恢131、亚恢671、亚恢627、航148、晚R-1、中恢8006、宜恢2308、宜恢2292等56个恢复系。多系1号先后配组育成了汕优多系1号、Ⅱ优多系1号、冈优多系1号、D优多系1号、D优68、K优5号、特优多系1号等品种，在我国南方稻区广泛作中稻栽培。

明恢77是福建省三明市农业科学研究所以明恢63为母本，测64作父本杂交，经多代选择于1988年育成的籼型早熟恢复系。到2010年，全国以明恢77为父本配组育成了11个组合通过省级以上农作物品种审定委员会审定，其中3个品种通过国家农作物品种审定委员会审定，从1991—2010年，用明恢77直接配组的品种累计推广面积达744.67万hm^2。到2010年，全国各育种单位利用明恢77作为骨干亲本选育的新恢复系有R2067、先恢9898、早恢9059、R7、蜀恢361等24个，这些新恢复系配组了34个品种通过省级以上农作物品种审定委员会审定。

明恢86是福建省三明市农业科学研究所以P18（IR54/明恢63//IR60/圭630）为母本，明恢75（粳187/IR30//明恢63）作父本杂交，经多代选择于1993年育成的中籼迟熟恢复系。到2010年，全国以明恢86为父本配组育成了11个品种通过省级以上农作物品种审定委员会品种审定，其中3个品种通过国家农作物品种审定委员会审定。从1997—2010年，用明恢86配组的所有品种累计推广面积达221.13万hm^2。到2011年止，全国各育种单位以明恢86为亲本选育的新恢复系有航1号、航2号、明恢1273、福恢673、明恢1259等44个，这些新恢复系配组了65个品种通过省级以上农作物品种审定委员会审定。

C57是辽宁省农业科学院利用“籼粳架桥”技术，通过籼（国际水稻研究所具有恢复基因的品种IR8）/籼粳中间材料（福建省具有籼稻血统的粳稻科情3号）//粳（从日本引进的粳稻品种京引35），从中筛选出的具有1/4籼核成分的粳稻恢复系。C57及其衍生恢复系的育成和应用推动了我国杂交粳稻的发展，据不完全统计，约有60%以上的粳稻恢复系具有C57的血缘，如皖恢9号、轮回422、C52、C418、C4115、徐恢201、MR19、陆恢3号等。C57是我国第一个大面积应用的杂交粳稻品种黎优57的父本。

参考文献

陈温福，徐正进，张龙步，等，2002. 水稻超高产育种研究进展与前景[J]. 中国工程科学，4(1): 31-35.

程式华，曹立勇，庄杰云，等，2009. 关于超级稻品种培育的资源和基因利用问题[J]. 中国水稻科学，23(3): 223-228.

程式华，2010. 中国超级稻育种[M]. 北京：科学出版社：493.

方福平，2009. 中国水稻生产发展问题研究[M]. 北京：中国农业出版社：19-41.

韩龙植，曹桂兰，2005. 中国稻种资源收集、保存和更新现状[J]. 植物遗传资源学报，6(3): 359-364.

林世成，闵绍楷，1991. 中国水稻品种及其系谱[M]. 上海：上海科学技术出版社：411.

马良勇，李西民，2007. 常规水稻育种[M]//程式华，李健. 现代中国水稻. 北京：金盾出版社：179-202.

闵捷，朱智伟，章林平，等，2014. 中国超级杂交稻组合的稻米品质分析[J]. 中国水稻科学，28(2): 212-216.

庞汉华，2000. 中国野生稻资源考察、鉴定和保存概况[J]. 植物遗传资源科学，1(4): 52-56.

汤圣祥，王秀东，刘旭，2012. 中国常规水稻品种的更替趋势和核心骨干亲本研究[J]. 中国农业科学，5(8): 1455-1464.

万建民，2010. 中国水稻遗传育种与品种系谱[M]. 北京：中国农业出版社：742.

魏兴华，汤圣祥，余汉勇，等，2010. 中国水稻国外引种概况及效益分析[J]. 中国水稻科学，24(1): 5-11.
魏兴华，汤圣祥，2011. 中国常规稻品种图志[M]. 杭州：浙江科学技术出版社：418.
谢华安，2005. 汕优63选育理论与实践[M]. 北京：中国农业出版社：386.
杨庆文，陈大洲，2004. 中国野生稻研究与利用[M]. 北京：气象出版社.
杨庆文，黄娟，2013. 中国普通野生稻遗传多样性研究进展[J]. 作物学报，39(4): 580-588.
袁隆平，2008. 超级杂交水稻育种进展[J]. 中国稻米(1): 1-3.
Khush G S, Virk P S, 2005. IR varieties and their impact[M]. Malina, Philippines: IRRI: 163.
Tang S X, Ding L, Bonjean A P A, 2010. Rice production and genetic improvement in China[M]//Zhong H, Bonjean Alain A P A. Cereals in China. Mexico: CIMMYT.
Yuan L P, 2014. Development of hybrid rice to ensure food security[J]. Rice Science, 21(1): 1-2.

第二章 华北和西北稻作区划与品种改良概述

华北稻区包括北京、天津、河北、山西、内蒙古、山东、河南7省（自治区、直辖市），西北稻区包括陕西、甘肃、宁夏、新疆4省（自治区）。华北和西北11省（自治区、直辖市）2014年水稻种植总面积123.5万hm^2，占全国稻作总面积的4.07%（表2-1）。

表2-1　2014年华北西北水稻种植概况

稻区	省（自治区、直辖市）	水稻播种面积（万hm^2）	稻作区划
华北稻区	北京	0.02	华北中粳早熟类型区 北方中早粳晚熟类型区
	天津	1.64	华北中粳早熟类型区 北方中早粳晚熟类型区
	河北	8.48	华北中粳早熟类型区（冀东及中北部稻区） 北方中早粳晚熟类型区（冀东稻区）
	山西	0.09	华北中粳早熟类型区 北方中早粳晚熟类型区 北方中早粳中熟类型区 北方早粳晚熟类型区
	内蒙古	7.84	北方中早粳中熟类型区（赤峰稻区） 北方早粳晚熟类型区（赤峰稻区） 北方早粳中熟类型区（兴安盟中南部稻区）
	山东	12.24	华北中粳中熟类型区（鲁南稻区） 华北中粳早熟类型区（东营稻区）
	河南	64.97	华北中粳中熟类型区（沿黄沿淮稻区） 长江中下游中籼迟熟类型区（豫南稻区）
西北稻区	陕西	12.34	华北中粳中熟类型区（关中稻区） 长江上游中籼迟熟类型区（陕南稻区）
	甘肃	0.51	北方早粳中熟类型区
	宁夏	7.81	北方中早粳中熟类型区（引黄灌区） 北方早粳晚熟类型区（引黄灌区）
	新疆	7.51	北方中早粳晚熟类型区（南疆稻区） 北方中早粳中熟类型区（北疆沿天山及南疆稻区）
	总计	123.50	

资料来源：中国统计年鉴（2015年）。

华北稻区7个省（自治区、直辖市）2014年水稻种植面积95.28万hm^2，占全国稻作总面积的3.14%。该区域属暖温带半湿润季风气候，夏季温度较高，春、秋季温度较低，品种以单季早、中粳稻为主，但河南省豫南的信阳、南阳和驻马店等地有部分籼稻种植。华北稻区主要隶属于黄淮海粳稻区和华北中粳早熟类型区（京津唐稻区）两个稻作区，其中北京市、天津市、河北省冀东及中北部稻区和山东省东营稻区属于华北中粳早熟类型区（京津唐稻区），品种类型主要为一季春稻，也有零星麦茬稻，春稻全生育期为175d左右。内蒙古稻区属于高纬度寒地稻作区域，主要集中在北纬42°—49°之间的东北部地区，品种类型比较丰富。全自治区除锡林郭勒盟、乌兰察布市和阿拉善盟外的9个盟市均有水稻种植，但主要集中在东部的兴安盟、通辽市、呼伦贝尔市和赤峰市4个盟市。山东省鲁南稻区（临沂市、济宁市）和河南省沿黄及沿淮稻区属于黄淮海粳稻区，以麦茬稻为主，水稻品种全生育期155d左右。山西省水稻种植面积较小，但是全省地形狭长，品种类型比较复杂。山西南部属于华北中粳早熟类型区，山西南部及东部部分稻区属于北方中早粳晚熟类型区，山西中部和东南部属于北方中早粳中熟类型区，山西北部平川及全省境内部分海拔高度900～1 200m的丘陵山区属于北方早粳晚熟类型区。华北稻区盛产优质稻米，北京京西稻、山西晋祠大米、天津小站稻、河北唐山柏各庄大米、河南原阳大米和山东鱼台大米都曾经远近闻名，其中后四者曾入选北方六大名米，尤其是天津的小站稻曾是最知名的水稻品牌，清代时就是专供皇室的贡米，20世纪50年代，小站稻曾以特二级优质米远销日本、古巴、东欧等国，也是全国第一个获得注册的粮食作物地理标志商标。

西北稻区包括陕西、甘肃、宁夏和新疆4省（自治区），2014年水稻种植面积28.17万hm^2，仅占全国稻作总面积的0.93%。该区水稻种植面积虽然较小，但是幅员辽阔，光热资源丰富，气候干燥少雨，季节和昼夜气温变化较大，品种类型非常丰富，既有籼稻也有粳稻，既有单季稻也有双季稻。陕西全省地形狭长，南北跨8个纬度，稻区海拔高低相差超过1 000m，水稻栽培制度和稻种分布既受地带性纬向差异影响，又受非地带性垂直差异影响。陕西南部的汉中、安康、商洛三地市属华中单双季稻稻作区，关中属华北单季稻稻作区，陕北属西北干燥区单季稻稻作区；汉中、安康、商洛也是我国I级优质籼米生态区。甘肃省水稻主要分布在嘉陵江上游的河谷地带和黄河沿岸及河西走廊等灌区，种植面积较大的有白银市的白银区、靖远县、景泰县，张掖市的甘州区、临泽县，陇南市的武都区、文县。白银地区和张掖市水稻生产品种主要从宁夏引进，陇南市水稻生产品种主要从四川引进。宁夏回族自治区水稻分布于宁夏北部的黄河冲积平原，可大致划分为北方中早粳中熟类型区和北方早粳晚熟类型区两个生态区，其中北方中早粳中熟类型区品种全生育期155d左右，北方早粳晚熟类型区品种全生育期145d左右。宁夏回族自治区水稻生产上插秧和直播栽培方式并存，插秧栽培自20世纪60年代推广至21世纪初一直作为主导栽培技术，面积高达80%以上。新疆维吾尔自治区由于水资源的极度缺乏，限制了水稻的发展。但是由于其丰富的光热资源，较大的昼夜温差和充足的光照，病虫害较少，新疆还是我国北方粳稻的一个高产稻区，生产出的稻米品质优良，极少污染，是优质有机稻米和水稻良种的生产基地。新疆维吾尔自治区幅员辽阔，南疆稻区属于北方中早粳晚熟类型区，水稻品种全生育期160d左右；新疆北疆沿天山及南疆稻区属于北方中早粳中熟类型区，水稻品种全生育期155d左右。

第一节　北京市稻作区划与水稻品种改良历程

北京位于华北平原的西北边缘，介于北纬30°45′—35°20′，东经116°18′—121°57′之间，西、北两面环山，东南距渤海约150km。北部有东西走向的燕山山脉，西部有西山向西南绵延与太行山山脉及山西高原相通，山地占全市面积的62%；东南是永定河、潮白河等河流冲积而成的，缓缓向渤海倾斜的平原，是北京郊区稻田面积最集中的地方。

北京稻区属暖温带向寒温带过渡的地区，背山面海的地理位置构成了典型的大陆性季风气候特色。年平均气温11.6℃，平原无霜期180 ～ 185d，≥10℃积温为4 100 ～ 4 200℃；年日照时数达2 700h，年降水量630mm左右，年际和季节间变率大。在国家审定稻品种同一适宜生态区中，北京稻区属华北中粳早熟类型区和北方中早粳晚熟类型区。

一、北京市稻作区划

北京郊区稻作历史悠久。早在东汉时期（公元25—220年），官吏张堪在京东孤奴山一带带领庶民开垦稻田。1576年的明代万历四年，垦田使徐贞明组织农民用6个月的时间，开垦稻田127hm^2。至1726年清代雍正三年，在海淀区的六郎庄、骚子营，以及石景山和西城德胜门等处，开辟稻田351hm^2。到1949年，北京地区稻田扩至3 333hm^2，平均产量1 500kg/hm^2。

1949年以来，北京市水稻生产经历了一个不断发展、艰难维持以及逐步萎缩的过程，大体分成以下几个阶段。

1949—1957年，水稻生产快速起步阶段。1951—1954年修筑官厅水库，1958—1960年修筑密云水库，对发展京郊水稻生产起了决定性的作用。同时，打机井、修渠道、平土地、治理东南郊涝洼盐碱地，为进一步发展水稻生产创造了良好的基础条件。至1957年，北京地区稻作面积1.83万hm^2，比1949年增加5.5倍，单产增加到约1 800kg/hm^2。

1958—1971年，水稻生产稳步发展阶段。除继续大规模兴修水利外，改革了一年只种一茬水稻的传统习惯，开始利用插秧前空闲季节，种上一茬蔬菜、青饲料或绿肥等作物，后来进一步发展小麦茬后栽插水稻，提高了土地利用率和劳动生产率，形成了春稻、中稻（前茬种青饲、绿肥）和麦茬稻三种稻作方式，同时选用良种，实现良种、良法配套。到1971年，稻田面积进一步扩大到6.45万hm^2，平均产量4 800kg/hm^2。

1972—1980年，面对水资源不足的现实，探索和改革水稻种植制度。20世纪70年代初期，北京地区遇上连年干旱少雨，给水稻发展带来困难，1973—1975年试验研究水稻旱种及麦行套种稻，取得初步成果。此外，还积极推广移栽稻的化肥打底、塑料保温育秧及稀播育壮秧等技术。到1980年，水稻面积稳定在5.2 万hm^2，平均产量5 640kg/hm^2。

1981—2000年，大规模改革和调整水稻种植制度，千方百计稳定稻作面积，提高水稻产量。20世纪80年代，由于连年干旱，水稻需水与供水矛盾更为突出，具有节水、省工、适宜机械操作、经济效益高的水稻旱种技术，很快被生产上采用。全市旱作稻从1980年的800hm^2，发展到1985年的1.47万hm^2，约占全市水稻稻作面积的1/3，其中包括3 300hm^{2}生育期仅100d左右的极早熟麦茬直播稻。随着城市的快速发展，城市用水日益增加，与农业用水的矛盾愈加尖锐。为确保城市用水，满足人民生活的需要，北京市开始逐年压缩水稻的种植面积，到2000年，北京地区水稻面积只剩下1.41 万hm^2，水稻产量6 750kg/hm^2。

2001年至今，水稻面积快速减少。21世纪前后，北京大力调整种植结构，大面积停供稻田灌溉用水，提倡栽花种树，为京城空气达标作贡献。2001年北京郊区水稻面积6 800hm^2，到2004年，仅剩800hm^2。2011—2014年，水稻面积仅200hm^2，主要分布在玉泉山周边和海淀北部的上庄镇等京西地区，但产量达到6 900kg/hm^{2}左右。近年来在海淀公园、巴沟山水园、北坞公园、玉东郊野公园等陆续开辟了稻田景区，总面积约20hm^2。这些稻田景区将作为京西稻文化的传播基地，为市民体验农耕之趣提供便利。

二、北京市水稻品种改良历程

北京市水稻品种改良可以分为五个阶段。一是高秆农家品种推广阶段，产量低，平均产量2 250 ～ 3 750kg/hm^2。二是引种及新育成品种应用阶段，引进上百个水稻品种，水稻产量逐步提高。三是中秆改良品种选育推广阶段，育出一批中矮秆高产抗病水稻品种投入生产。四是中矮秆高产品种的选育推广阶段，育成一批各具特点的水稻品种，逐步取代了日本品种和20世纪60年代当地的中秆品种。五是产量品质抗性的协调发展及特优品种的选育阶段，育种目标由高产抗病逐渐转向优质抗病高产的协调统一，更加关注稻米的绿色环保和健康，育成了一批优质抗病高产的新品种。

（一）高秆农家品种推广阶段

1949年前，北京郊区以种植农家水稻品种为主，种植面积比较大的品种有：白马尾、大红芒、小红芒、大白芒、小白芒、紫金箍、雁过青等，其中白马尾作为北京郊区水稻生产主栽品种一直使用到20世纪50年代初。这些农家品种的共同特点是高秆，株高110cm以上，茎秆粗，叶片长而披垂，分蘖少，穗大，不耐肥，易倒伏，抗病性较差，产量低，一般产量2 250 ～ 3 750kg/hm^2。

（二）引种及新育成品种应用阶段

1949年以来，随着水稻种植制度的变革以及施肥量和产量水平的提高，北京郊区先后从国内外引进了上百个水稻品种，其中种植年限较多、栽培面积较大、对郊区水稻生产发展贡献较大的一季春稻品种有银坊、水原300粒、农垦40、津稻305和越富等，麦茬稻品种有早丰、京引35（三好）、秋光等，适于旱种的有京引47（藤稔）、京引134（西南19）和黎优57等，其中越富作为北京市的特供米、秋光和黎优57分别作为北京麦茬稻和水稻旱种的主栽品种，从20世纪70年代开始长期受到青睐。至今，越富仍然为京西稻的主栽品种。

（三）中秆改良品种选育推广阶段

从1956年开始，随着引种工作的顺利开展，通过系统选育和杂交育种，育种单位选育出一批中矮秆高产抗病水稻品种陆续投入生产。

中国农业科学院作物育种栽培研究所在20世纪60年代育成一批中矮秆改良品种，如京丰2号、京越1号、京育1号等品种，在北京稻区推广，取代了晚熟且抗病性差的白金和野地黄金等品种。京越1号为迟熟中早粳品种，在京津冀及辽南等地（1983—2001年）累计推广种植面积达133.3万hm^2。

（四）中矮秆高产品种选育推广阶段

进入20世纪70年代，随着生产水平的提高，一些中秆、抗倒伏性差、抗病性弱的品种不适应新的栽培技术，急需选育矮秆、抗倒伏、抗病、高产的水稻新品种。这一时期，北京育成了京丰5号、京系17、京系21、京稻1号、京稻2号、中丹2号、中作9号、中作75、中作180、中花8号、中百4号、中系5号、京花101、京花103等品种。这些品种各具特点，有的中矮秆、丰产抗倒伏，有的抗病、丰产稳产，有的抗旱性强适合旱作。这些品种逐步取代了日本品种和60年代当地的中秆品种。

20世纪70年代中期，北京地区条纹叶枯病比较严重，北京市农林科学院和中国农业科学院利用菲律宾抗源C4-63育成京稻1号、京稻2号、中作9号、中作180，对条纹叶枯病具有较高的抗性，大面积推广后，北京郊区的条纹叶枯病基本得到控制。

白叶枯病是北京地区的主要病害之一，中国农业科学院作物育种栽培研究所用南粳15作抗源育成中百4号，该品种对白叶枯病具有较好的抗性，基本控制了白叶枯病的蔓延。

20世纪70年代中后期，我国杂交水稻培育成功。北京市农林科学院1978年开始杂交粳稻选育研究，分别于1986年和1993年选育出适合北京地区种植的杂交稻品种秋优20和京优6号。

20世纪80年代，为缩短育种年限，加快新品种选育步伐，花药培养技术逐渐应用于水稻育种。中国农业科学院作物育种栽培研究所育成花培品种中花8号，北京市农林科学院通过花培育成京花101和京花103。北京20世纪80年代推广水稻旱种栽培技术，中国农业科学院作物育种栽培研究所培育出适合旱种的品种中作180、中丹2号、中作59等，北京农业大学选育出适合麦茬旱直播的品种秦爱。

（五）产量品质抗性的协调发展及特优品种的选育阶段

从20世纪90年代开始，随着生活水平的不断提高，人民对稻米品质有了更高的要求，更加关注食品的绿色环保和健康。水稻育种的目标由高产抗病逐渐转向优质抗病高产的协调统一。这一时期育成的水稻品种有中作37、京稻19、京稻21、中作93、中农稻1号、中花14、中津1号、中津2号、京稻24、中花17、中作0201等，其中推广面积较大的品种有中作37、京稻21和中作93。

21世纪初，北京调整种植结构，大力压缩水稻种植面积，仅保留约200hm^{2}的京西稻，主要分布在海淀的上庄镇，品种以越富和津稻305为主，采用无公害有机栽培，为北京市提供优质的京西稻米。

第二节　天津市稻作区划与水稻品种改良历程

天津地处华北平原东北部，北依燕山，东临渤海，位于北纬38° 34′ —40° 15′，东经116° 43′ —118° 04′ 之间。天津属暖温带半湿润季风性气候，年平均气温约为12.8℃，各区县平均气温11.7 ～ 14.1℃。年平均降水量534.4mm左右，70%以上的降水集中在6—8月，无霜期196 ～ 246d，全市年平均日照时数2 419h。

天津是海河五大支流南运河、子牙河、大清河、永定河、北运河的汇合处和入海口，素有九河下梢和海河要冲之称。光温资源丰富，是传统的粳稻种植区域，稻作历史悠久，小站稻是天津走向世界的优质稻品牌。作为一季春稻的南界和麦茬稻的北界，生态位置和地理位置十分优越。

1949年至今，天津水稻种植面积先后经历增加、减少、再增加，最后基本趋于稳定的曲折过程。根据播种面积大小，大致可划分为两个阶段，第一阶段为1988—2001年，水稻播种面积维持在5万～ 6万hm^2，其中1956年达到最高面积10.3万hm^2；第二阶段为2002—2013年，2002年开始由于水资源短缺和产业结构调整，天津的水稻播种面积大幅度下降，每年在1万多hm^2，2004年仅有0.7万hm^2，达到历史最低水平，2005—2013年，水稻播种面积稳定在1.4万～ 1.7万hm^2。

一、天津市稻作区划

根据天津的地理位置、光温生态、行政区划、水源条件、品种演变等因素，参考《中国水稻》（中国农业科技出版社，1992），将天津市水稻种植区域划分为宝坻区、宁河区、蓟县（现为蓟州区）和零星种植区4个稻区。

（一）宝坻稻区

宝坻稻区主要是指天津市宝坻区，位于天津市中北部，范围为北纬39° 21′—39° 50′，东经117° 8′—117° 40′之间。属北温带大陆性气候，光、热、水条件较好，雨量集中，雨热同期，四季分明，冷暖干湿差异明显。年平均气温11.9℃，年降水量613mm，无霜期平均在190d左右，≥10℃积温4 211℃。

据《宝坻县志》记载，宝坻的种稻历史可以追溯到万历十六年（1588年），距今已经有400多年的历史。宝坻全区地貌为河流冲积平原，地势平坦，地形西北高，东南低。历史上由于河流冲积及分割作用，东南部形成了大钟庄洼、黄庄洼、里自沽洼、尔王庄洼等四个洼淀，迄今为止也是水稻种植的主要区域。宝坻水稻生产先后经历20世纪50年代中期的低洼地改造，60—70年代缺水面积下降徘徊，80年代水稻旱种技术兴起和90年代农业综合开发和水稻增产综合技术的运用，以及目前的面积相对稳定等发展阶段。其中1956年宝坻区水稻种植面积达到历史最高值1.6万hm^2。宝坻区每年水稻种植面积约1万hm^2左右，以种植一季春稻为主，在全区各个乡镇均有分布，主要种植区域包括黄庄镇、八门城镇、王卜庄镇、林亭口镇、周良、大白、大唐、郝各庄、马家店、尔王庄等地。

（二）宁河稻区

宁河稻区是指天津市宁河区，位于天津市东北部，范围为北纬39° 21′—39° 50′，东经117° 08′—117° 40′之间。属暖温带大陆性季风气候，四季分明，雨水集中。全年平均气温11.2℃，年平均降水量642mm，降水量70%集中在6月、7月、8月。全年无霜期240d。10℃以上活动积温2 400 ～ 3 600℃。20世纪50年代至60年代，宁河水稻种植面积基本呈现逐年增加的趋势，1975年和1976年两年曾经停止种植水稻，此后逐渐恢复，1997年曾经达到2.3万hm^2的历史最大面积。宁河区水稻种植面积约0.33万hm^2，以种植一季春稻为主，在全区各个乡镇均有种植，主要种植区域包括廉庄乡、东棘坨镇、大北涧沽镇，以及坐落于宁河区内但行政区划隶属河北省唐山市的芦台经济开发区等地。

（三）蓟州稻区

蓟州区位于天津市最北部，范围为北纬39° 45′—40° 15′，东经117° 05′—117° 47′，是天津市唯一的半山区。土质肥沃，有机质含量高，属于暖温带半湿润大陆性季风气候，热量丰富，年日照时数2 254.6h，年平均气温11 ～ 12℃，无霜期200 ～ 220d，0℃以上活动积温为4 500 ～ 5 500℃，10℃以上活动积温为3 800 ～ 4 900℃，年降水量500 ～ 600mm。蓟州区水稻种植面积约0.2万hm^2，以种植一季春稻为主。蓟州区水稻种植主要分布在下仓镇、龙虎峪镇。

（四）零星种植区

主要包括天津市西青区、静海区、东丽区、北辰区、津南区和滨海新区汉沽、塘沽等地。上述地区历史上水稻种植面积都曾经比较大，例如东丽区1970年水稻种植面积最高达到1.5万hm^2，津南区1957年水稻种植面积最高达1.8万hm^2，西青区1958年水稻种植面积最高达到0.9万hm^2，北辰区1971年水稻种植面积最高达到0.5万hm^2。进入21世纪以后，由于水资源短缺，产业结构调整等因素，上述区域水稻种植面积剧减，2013年水稻种植面积仅有0.07万hm^2，占当年全市水稻总面积的3.9%。

二、天津市水稻品种改良历程

（一）地方品种应用阶段

天津水稻栽培历史悠久，品种演变较大。清朝光绪年间，淮军将领周盛传所部在天津小站一带垦荒种稻，所用品种为从安徽一带引入大红芒、小红芒、大白芒、小白芒等，当时每公顷产量在750～1 500kg。

（二）引种为主阶段

20世纪30年代开始，随着日本在天津一带的势力日益扩张，陆续从日本和朝鲜引入一些水稻品种，其中有银坊、爱国、陆羽132、水原52、水原85等。这些品种直至20世纪50年代仍然在天津水稻生产中占有重要地位，特别是银坊，一度占天津水稻栽培面积的60%以上，成为当家品种。20世纪50年代，当地农民还选育出一批新品种，例如小站农民从水原系统中，采用单株系统选择育成的著名水稻品种水原300粒，王稳庄农民从银坊中选育出的连元稻等，都有较大面积的种植。20世纪50年代末，因银坊等品种在高肥、密植和生育后期遇到不良气候，穗颈瘟发生严重，减产幅度较大，开始引进野地黄金、白金等抗病、高产品种，并得到迅速推广，很快就成为天津水稻生产的当家品种。

（三）自育品种和引种并存阶段

20世纪60年代，天津市水稻研究所开展了大量的水稻品种选育工作。至60年代末，先后选育出东方红1号、东方红2号、红金、红旗1号至红旗12、千钧棒等；此外还引进了十和田、越路早生、秋丰等品种，上述品种成为这时期的天津水稻主栽品种。

20世纪70年代，由于水资源短缺，天津地区稻田一度改旱田，1978年恢复水稻种植。至20世纪80年代初，天津市水稻研究所又选育出红旗16、红旗23等品种，并引进中丹1号、中丹2号、秋光、垦丰5号、喜峰、冀粳4号等。其中红旗16、垦丰5号成为一季春稻的当家品种，而中丹2号成为麦茬稻的当家品种。由于抗病性较差，20世纪80年代中期，红旗16、垦丰5号逐渐被中国农业科学院引进的中花9号、中花10号及天津师范大学选育的津粳3号等品种取代，中花系列成为天津80年代中期的主栽品种。

20世纪80年代末开始，天津市农作物研究所育成的津稻1187由于适应性广、秆硬抗倒伏、高产稳产，特别是良好的褐飞虱抗性，推广面积开始逐年扩大，1992年推广面积达3.8万hm^2左右，占当时全市水稻种植面积的71.3%。津稻1187累计推广面积接近20万hm^2，成为天津推广面积最大的品种，为天津市水稻生产发展做出巨大贡献。1989年获天津市科技进步一等奖，1992获全国农业博览会奖。这一时期推广面积较大的春稻品种有中系8215、中作321，麦茬稻品种有辽盐2号。

20世纪90年代开始，随着产业结构调整和市场经济发展，对优质米的需求逐渐加大，从中国农业科学院作物科学研究所引进的中作93由于米质突出深受稻农欢迎。1995年该品种通过天津市审定后，很快成为主栽品种，1997年推广面积达到2.6万hm^2，中作93累计推广12万hm^2左右。本时期生产应用的品种还有中作17、中花12、津稻490、津稻779、津稻308、中作23等。

（四）自育品种为主阶段

进入21世纪后，水稻条纹叶枯病在天津重新暴发流行，中作93由于高感水稻条纹叶枯病，逐渐被生产淘汰。天津市原种场育成的津原45由于抗性较好成为这一阶段天津水稻主栽品种，2009年津原45推广达到最大面积1.5万hm^2，占当年推广面积的50%以上，津原45累计推广面积7.5万hm^2。这一时期，天津水稻生产应用的品种还有津稻5号、津稻179、津原E28、津稻9618、花育409、武津粳1号、中粳优8号、金粳优132、5优280等，其中津稻179、津稻9618、花育409、津原E28由于外观米质优良，食味优异，成为天津小站稻核心品种。本阶段天津水稻生产所应用的品种主要为本市育种单位自育品种。

第三节　河北省稻作区划与水稻品种改良历程

河北省位于北纬36°05′—42°40′，东经113°27′—119°50′，大部分区域位于华北平原，兼跨内蒙古高原，西邻太行山，东临渤海，地跨海河、滦河两大水系。河北省属北温带半干旱半湿润季风气候区，全年平均日照时数2 400～3 100h，平均气温在4～13℃，无霜期80～220d，≥0℃积温2 100～5 200℃。河北省年平均降水量400～800mm，春季降水少，夏季降水集中。春旱、夏涝对农业生产威胁较大。

河北省稻作历史悠久，是传统的粳稻种植区域，其水稻种植历史最早可上溯到公元前3世纪战国魏襄王时期。河北稻区生产的水稻品种品质优良，具有地方特色。在清朝乾隆年间，河北丰南生产的胭脂稻，曾经作为宫廷贡米。河北稻米主产区唐山市曹妃甸区生产的柏各庄大米2017年被评为国家著名的地理标志保护产品。

一、河北省稻作区划

河北稻区光温资源丰富，稻作类型多样，主要有早粳和中粳两大类型，属于华北单季稻稻作区。按照水稻种植类型，全省可划分为4个稻区。20世纪80年代中期以前稻田分布在92个县、市，20世纪80—90年代，河北省稻作面积达到20.0万hm^2。21世纪初期，由于连续干旱少雨，部分盐碱地被迫撂荒，水稻面积下降到6.67万hm^2左右。2004年后雨水正常，稻田面积稳定在8.67万hm^2左右，其中冀东集中种植亚区占河北省水稻种植面积75%左右，承德滦潮河水系分散种植亚区占河北省水稻种植面积20%左右。

（一）冀北一季早熟稻区

本区地处河北省的最北部，包括承德市、张家口市及涞源县的坝下部分。稻田分布在滦河、潮河水系、永定河水系的沿河一带川地和渍水滩地。水源较足，可以自流灌溉和拦河淤泥肥田。2007年以前水稻面积3.33万～4.00万hm^2，2012年后本区水稻种植主要集中在隆化、承德、滦平、平泉、围场等县，面积1.33万hm^2左右。

该稻区种植的主要水稻品种来源于东北三省，以早粳中早熟类型品种为主，南部主要种植辽宁的类似秋光熟期品种，中部主要种植吉林品种，北部主要种植黑龙江品种。主要种植品种有：长选14、五优4号、稻花香、五优1号、松辽6号、龙稻21等。

（二）冀东、中北部一季中熟稻区

本区包括文安、徐水一线以北的保定市北部及西部深山区，廊坊市的大部，唐山、秦皇岛两市的全部，是河北稻区水稻种植主要区域，面积6.67万hm^2左右，主要分布在曹妃甸、滦南、丰南、乐亭、抚宁、昌黎等沿海县、区；滦县、卢龙县有少量水稻种植。

该区水稻种植分布于滨海盐碱地及内陆低洼地带，海洋气候明显，雨水较多，地表水、地下水均较丰富，主要靠滦河、蓟运河和几条独流入海中、小河，并借陡河、洋河和丘庄、潘家口、大黑汀等大、中、小水库的地面水种植水稻，靠井水灌溉也有一定面积。

品种类型为早粳晚熟和中粳早熟，主要种植品种有：盐丰47、垦育38、垦育60、垦育20、垦育88、津原E28、津原89、津稻18等。

（三）冀中一季稻、麦茬稻过渡区

本区的北界倚冀北稻作区，南界沿德州至衡水铁路线，过深州至深泽县北界，定县、曲阳县南界，至阜平县向南大体按海拔800m等高线至涉县北界，向西接省界。包括沧州市的全部、衡水市的大部、保定市的南部，以及文安、大城和冀西太行山的深山区，水稻种植面积0.40万hm^2左右，在雄安新区白洋淀周围及唐县、顺平唐河两岸，水稻种植较为集中。

品种类型为早粳晚熟和中粳早熟，主要种植品种有：垦育16、盐丰47、垦育20、垦育60、津原E28、津原89、津稻18等。

（四）冀南麦茬稻种植区

本区位于冀中一季稻、麦茬稻过渡区以南的广大区域，包括石家庄、邢台、邯郸市西部的深山区以外的平原山区，以及衡水市石德铁路以南部分。稻田分布于24个县、市。在磁县、涉县河流沿岸种植较为集中，面积0.20万hm^2左右。

品种类型为中粳中早熟，主要种植品种有：津原45、6811、豫稻系列品种。

二、河北省水稻品种改良历程

（一）高秆农家品种推广阶段

20世纪50年代前后，河北稻区种植的水稻品种主要以农家地方品种为主，种植面积较大的品种有小红芒、大红芒、小白芒、大白芒、银坊、水原300粒、京租、富国、兴亚等农家品种。

（二）中秆引进和选育品种应用推广阶段

20世纪60年代前期，唐山、秦皇岛、保定稻区开始从日本引进中晚熟粳稻品种，种植面积较大的品种有野地黄金（农垦39）、白金（农垦40）等；承德、张家口等稻区开始从吉林等省份引进早熟、耐肥抗倒伏品种，种植面积较大品种有松辽4号、松辽4-42、吉粳44、吉71-1、新滨1号、京引39、京引66、吉粳66等。

20世纪70年代以后，唐山、秦皇岛、保定等稻区开始逐渐种植河北省农垦科学研究所选育的冀粳1号（垦丰5号）品种。冀粳1号为河北省农垦科学研究所1966年通过常规杂交方法育成，具有高产、耐肥等特点。冀粳1号在河北稻区大面积推广种植时，冀东、中北部一季中熟稻区还引进了中国农业科学院杂交选育的京越1号等品种，替代了从日本引进的白金、野地黄金和银坊等品种；承德、张家口稻区大面积种植从辽宁、吉林、黑龙江引进育成的早熟品种；邯郸稻区主要种植从河南引进品种。

（三）中矮秆高产抗病品种选育推广阶段

20世纪80年代，唐山、秦皇岛、保定稻区水稻稻瘟病发生日趋严重，白叶枯病发病率上升。冀粳1号等育成品种穗颈瘟发病严重，减产损失极大，相继被淘汰，而被随之育成的优质、高产、多抗品种中丹2号、中花8号、冀粳6号（垦系2号）、冀粳8号（80-3）等品种代替。尤其是冀粳8号的育成，对大面积大幅度提高河北省水稻单产起了重要作用，1987—1992年种植面积占河北省稻作面积50%以上。承德稻区大面积种植秋光、杂交稻黎优57等引进品种。邯郸磁县主要种植从河南省引进豫粳6号、6811等晚熟品种，涉县主要种植冀粳8号、冀粳14等中晚熟品种。

20世纪90年代以后冀粳8号抗稻瘟病性下降，稻曲病、纹枯病等病害有所发展。随之新育成的冀粳10号、冀粳11、冀粳13、冀粳14、冀粳15、冀粳16、垦育16、垦育8号、垦优2000、垦稻95-4、垦育20、优质8号、冀糯1号等品种在唐山、秦皇岛、保定稻区得到大面积推广应用。尤其是超高产水稻新品种冀粳14在曹妃甸区、丰南区、滦南县大面积推广，水旱兼用、优质、高产、抗病的冀粳13、垦育16等品种在唐山市乐亭县、秦皇岛市、保定市大面积应用。1991年选育的高产优质抗病糯稻品种冀糯1号，实现了糯稻品种对常规粳稻品种产量的超越，在唐山市滦南、乐亭等地大面积推广种植，生产的糯米出口日本、韩国，被五粮液酒厂作为重要的酿酒原料。承德稻区先后引进了中早熟优质品种五优一号、富源4号、吉粳83、吉粳88，晚熟品种沈农606、辽粳326等，河北省农作物品种审定委员会认定了铁粳4号、北优2号、承引207、吉粳83、长A12等品种，尤其是优质稻品种五优一号、富源4号被大面积种植。

进入21世纪后，河北稻区降水减少，水资源开始相对紧张，条纹叶枯病等新的病害开始流行。2006年被称为水稻“癌症”的条纹叶枯病在河北省滨海稻区大暴发，冀粳14、冀粳13等感病品种减产30%以上，加之水资源日趋短缺，唐山、秦皇岛、保定稻区2007—2009年开始大面积种植抗条纹叶枯病早熟节水高产品种盐丰47，抗条纹叶枯病品种垦育20在抚宁、保定市得到大面积应用；承德稻区开始大面积种植优质米品种五优系列；邯郸涉县开始引进种植津原45等品种。

（四）高产优质特种品种选育推广阶段

2010年后，河北稻区水稻种植品种开始逐渐向高产优质特色型多用途型品种转变。河北省农林科学院滨海农业研究所选育的高产节水抗条纹叶枯病品种垦育38在河北水稻主产区开始推广。垦育88、津原E28成为稻蟹混养主栽品种；长选14、五优4号、稻花香、龙稻21等成为承德市稻区主栽品种。2017年后，随着水资源富足和国家供给侧改革，中粳中熟高产优质品种面积迅速扩大，滨稻系列品种、垦香48、津稻18、津原89、津原E28等逐渐成为河北省水稻主产区唐山市、秦皇岛市稻区主栽品种。

第四节　山东省稻作区划与水稻品种改良历程

山东省位于中国东部沿海、黄河下游，北纬34°22.9′—38°24.01′、东经114°47.5′—122°42.3′之间。年平均气温11～14℃，山东省气温地区差异东西大于南北，属暖温带季风气候类型，境域包括半岛和内陆两部分。

一、山东省稻作区划

山东属黄淮粳稻区，地处一季春稻向麦茬稻过渡区，生态类型特殊。山东水稻主要分布在鲁南、鲁西南和沿黄等低洼易涝和盐碱地区。按照水源和地域分布可划分为济宁滨湖稻区、临沂库灌区、沿黄稻区及零星种植区。

（一）济宁滨湖稻区

济宁滨湖稻区位于山东省西南部，地处鲁苏豫皖四省交接地带，位于东亚季风气候区，属暖温带季风气候，四季分明。夏季多偏南风，受热带海洋气团或变性热带海洋气团影响，高温多雨；冬季多偏北风，受极地大陆气团影响，多晴寒天气；春秋两季为大气环流调整时期，春季易旱多风，回暖较快，秋季凉爽，但时有阴雨，具有充裕的光能资源。该区年平均气温为13.3 ～ 14.1℃，年平均无霜期为199d，年平均降水量597 ～ 820mm。

该区有着悠久的种植水稻历史，在鱼台发掘的汉墓中，就曾发现鱼台先民种植的稻谷。济宁的鱼台大米、曲阜香稻，是中国国家地理标志产品。种植方式是稻麦轮作，一年两熟，水稻生育期较长，产量较高。常年种植面积5.33万～ 6.67万hm^2，单产9 000 ～ 9 750kg/hm^2。随着社会经济的发展，主要种植优质稻品种，品种生育期以中熟中粳为主，栽培方式为机插秧和轻简管理。

（二）临沂库灌区

临沂库灌区位于山东省东南部，主要包括临沂、郯城、莒县、莒南、沂南、日照等县市。气温适宜，四季分明，光照充足，雨量充沛，雨热同季，无霜期长。春季回暖快，少雨多风，气候干燥，常有干旱、寒潮、晚霜冻灾害性天气；夏季温高湿重，雨量充沛，秋季气温急降，降水较少。

据考证，临沂库灌区自古以来就是生产优质稻米的好地方。春秋“琅琊之稻”，唐代“塘崖贡米”已闻名于世上千年，该区的“临沂塘稻”，是中国国家地理标志产品。目前种植品种以中熟中粳为主，搭配部分早熟中粳。该区种植方式也是以麦茬稻为主，一年两熟，生育期稍短，常年种植面积6.67万～ 8.00万hm^2，单产一般8 250 ～ 9 000kg/hm^2，比济宁稻区稍低。该区常年旱育秧或盘育机插秧，水稻收获期在10月中旬，经充分整地后播种小麦。

（三）沿黄稻区

沿黄稻区包括沿黄菏泽、济南、滨州、东营等地市，常年种植面积3.33万hm^2，有麦茬稻和一季春稻，种植中熟中粳及早熟中粳品种。其中济南及以西的菏泽、聊城等地气候和种植制度与鲁南相似，属麦茬稻区，平均产量约9 000kg/hm^2；济南以东的黄河三角洲地区主要是东营市和滨州市，年平均气温较低，一季春稻，平均产量9 000 ～ 9 750kg/hm^2。

（四）零星种植区

部分稻田分布在胶东半岛的昌邑、胶南、平度、烟台海阳、威海文登等县、市，大多引库水灌溉或种植旱稻。目前山东省旱稻种植面积不大，只在自然条件相对较差的胶东沿海、丘陵地带以及鲁北、鲁西盐碱地作为一季春稻小面积种植，或在经济林园内间作；种植旱稻多属种植户自发或临时性的生产行为，尚不足以形成产业规模，目的主要是充分利用自然条件，按照比较收益原则改善口粮结构而不是商品化栽培。

二、山东省水稻品种改良历程

山东省水稻品种改良可分为4个阶段。一是农家品种评选期（1949—1959年），水稻单产2 250 ～ 3 000kg/hm^2；二是品种引进期（1959—1979年），水稻单产约3 750kg/hm^2；三是引育结合期（1979—1999年），水稻单产5 250 ～ 6 750kg/hm^2；四是品种自育期（1999年至今），水稻单产8 250kg/hm^2。

（一）农家品种评选期

1949年以前，生产上种植的主要是地方品种。1949—1959年，有组织或自发的开展农家品种的评选活动，一些经济性状好、产量较高的地方品种得到了发展，产量低而不稳的品种逐渐被淘汰。这一时期的主要品种有紫皮旱稻、竹竿青、大红芒、小红芒、大香稻、塘米等。这些品种一般植株高大，耐寒力强，产量略高而稳定，单产2 250 ～ 3 000kg/hm^2。

（二）品种引进期

1959—1979年，全省稻田面积逐步扩大，水利设施条件得到改善，栽培技术进一步提高，原有的品种不能适应水稻生产的需要，逐步被国内外良种所取代。这一时期的主要品种有银坊、水原300粒、金南风（农垦57）、桂花黄、农垦39、农垦40、南粳15、南京11等，单产约3 750kg/hm^2。

（三）引育结合期

1979—1989年引进推广了一批以日本品种为主的优良品种及其衍生系，主要有金南风、山法师（京引119）、日本晴和喜峰等及其衍生的品种。同时经山东省农作物品种审定委员会审定或有一定种植面积的品种有鲁粳1号、临稻1号、临稻2号、临稻3号、临稻5号、鱼农1号、鲁稻1号、山农13、康风、早桂选1号、鲁香粳2号等16个品种（系）。种植面积较大的品种有京引119、农垦57、鱼农1号、中国91、鲁粳1号、徐稻2号等，单产一般5 250 ～ 6 750kg/hm^2。育种方式以系统选育和引种为主，品种表现为品质优，但产量潜力较低或高产不抗病。由于缺乏统一规划，这一时期出现品种多、乱、杂的局面。

进入20世纪90年代，品种逐渐被自育和从河南、江苏引进的品种所替代。1990—1996年主要种植品种有80-473、徐稻2号、临稻4号、中国91等。品种多表现高产、生育期长，米质相对较差。1997年以后，主要种植品种有圣稻301、豫粳6号、镇稻88、香粳9407、临稻10号等。其中圣稻301、豫粳6号、镇稻88在济宁滨湖稻区种植面积较大，香粳9407、临稻10号在临沂库灌区是主栽品种，沿黄稻区除了种植上述品种外，还零星种植京津地区引进的一些早熟品种。

（四）品种自育期

1999年以来，由于稻瘟病、条纹叶枯病和黑条矮缩病的大发生，一些当家主栽品种如豫粳6号等，逐渐被淘汰，在高产优质的基础上，选育抗病的品种逐渐成为主要育种目标。这一时期济宁滨湖稻区主要种植镇稻88、临稻11、圣稻301、圣稻13、圣稻15、圣稻16、圣稻17等品种，临沂库灌区主栽品种是香粳9407、圣稻14、临稻16、圣稻2572、临稻10号、临稻11以及阳光200等品种。沿黄稻区由于病害发生相对较轻，圣稻13、圣稻14适于该区种植。另外，由于京引119具有生长期短、米质优的特点，多年以来，一直深受该区部分农户的喜爱，在该区具有一定的种植面积。这一时期，育种方式以杂交选育和系统选育为主。

第五节　河南省稻作区划与水稻品种改良历程

河南省位于中国中部、黄河中下游，因大部分地区位于黄河以南，故称河南。古称“天地之中”，被视为“中国之处而天下之枢”。全省介于北纬31°23′—36°22′、东经110°21′—116°39′之间，大部分地处暖温带，南部跨亚热带，属北亚热带向暖温带过渡的大陆性季风气候，还具有自东向西由平原向丘陵山地气候过渡的特征，四季分明、雨热同期。全省由北向南年平均气温为10.5～16.7℃，年均降水量407.7～1 295.8mm，降雨以6—8月最多，年均日照1 285.7～2 292.9h，夏秋昼长在12h以上，年太阳辐射总量460.24～468.61kJ/cm^2，全年无霜期201～285d，适宜多种农作物生长。水稻生长期间自然降水，除淮南可基本满足外，其他地区均需补充灌溉。

河南省水稻常年种植面积66.5万hm^2，是河南省三大粮食作物之一、第二大秋粮作物，单产达到7 950kg/hm^2，居全省主要农作物单产之首。水稻占秋粮种植面积的14.0%，稻谷占秋粮总产的20.0%，是河南重要的高产稳产粮食作物，是稻区农业增产农民增收的主要支柱产业。水稻也是河南第二大口粮作物，随着经济的发展和生活水平的不断提高，主食消费结构发生了新的变化，大米消费量显著增加，因此，水稻生产在河南粮食大省的地位十分重要。

一、河南省稻作区划

河南水稻集中分布在淮河和黄河两岸，习惯上分为豫南和豫北两大稻区。豫南稻区主要包括信阳、南阳和驻马店稻区，多以中籼稻种植为主，近年来粳稻种植稳步发展，再生稻呈现良好发展势头；豫北沿黄河稻区主要包括新乡、濮阳、开封、焦作、洛阳的引黄种稻区，该区是20世纪60年代开发的新粳稻稻区。黄淮与淮河之间的中部地区，依河两岸零星分布，籼粳兼种。全省70%以上水稻以稻麦两熟种植为主。

《中国水稻种植区划》（浙江科学技术出版社，1988）将河南省水稻种植区划细分为淮南、淮北、南阳、颍（河）沙河、伊洛河和沿黄6个稻作分区。近年来，河南省原来没有水稻种植的县区随着水利条件的改善及种植结构的调整，开始发展水稻生产，尽管规模较小和分散，但考虑到未来水稻生产发展的需要，依据地形地貌、河流及气候等主要因素，对河南省稻区区划图进行了部分调整，部分稻区的范围有所扩大。

（一）淮南稻作区

淮南稻作区位于淮河以南、大别山北麓，包括桐柏、平桥、浉河、罗山、光山、潢川、固始、商城、新县9县区的全部和息县、淮滨两县的淮河以南部分。本区属亚热带季风气候，水、热资源丰富，年平均气温15℃，≥10℃活动积温4 800～4 900℃，年降水量800～1 200mm，无霜期220～240d，属我国南北稻区过渡地带，即典型的籼粳交叉地带，宜籼宜粳。

该区为河南省历史较悠久的稻区，也是我国采用稻麦两熟制最早的区域（古农书记载稻麦两熟起源于桐柏县）。该区水稻种植面积46.7万hm^2，为全国著名的商品粮基地之一。该区北部多为稻麦两熟，南部地形地貌复杂，稻作类型多样，一季春稻、稻—油、稻—紫云英等均有种植。近年来，超级稻得到大面积推广，直播水稻发展较快，再生稻在部分县区亦有成功种植；由于适应性强的新型粳稻品种的育成及配套栽培技术的完善，该区的粳稻生产得到了较快发展。目前淮南稻作区主要推广的水稻品种有C两优华占、冈优1237、深两优5814、冈优188、Ⅱ优1259、内优6号等籼稻品种及9优418、郑稻18、郑稻19等优良粳稻品种。

（二）淮北稻作区

淮北稻作区位于淮河以北，洪汝河以南。包括息县、淮滨、正阳、确山、汝南、新蔡以及泌阳东北部7个县。本区年平均气温14～15℃，≥10℃活动积温4 750℃，年降水量900mm。该区适宜稻麦两熟，移栽稻和直播稻均有种植，以粳稻种植为主，籼稻也有种植。淮北稻作区低洼易涝地较多，发展稻作生产的潜力较大。20世纪80年代以前，宿鸭湖、薄山湖、板桥水库修建配套，水稻面积迅速扩大，1985年该区水稻面积发展到6.2万hm^2，然而近十几年来该区干旱年份多且不断加剧，加之种植业结构的调整，目前该区稻作面积2.7万hm^2，主要种植品种有郑稻18、郑稻19、9优418等。

（三）南阳稻作区

南阳稻作区位于河南省西南部的南阳盆地，该区为三面环山、南部开口的盆地，包括除桐柏县外的南阳境内县区以及泌阳西南部。汉水水系的唐河、白河贯穿本区。本区水热资源丰富，年平均气温15.2℃，≥10℃活动积温4 800～5 000℃，无霜期长达220～230d；光照资源较为充足，年日照时数1 850～2 130h，年降水量700～1 200mm，空间分布不均匀，呈现出从西北地区向东南地区逐渐增加的趋势。境内的水资源丰富，总量为70亿m^3以上，人均水资源拥有量在整个河南省排在首位，是河南发展水稻生产潜力较大的稻区。20世纪90年代初，水稻种植面积一度达到6.7万hm^2。由于本区水稻种植较为分散，缺乏整体规划，目前南阳稻作区水稻种植面积在4.7万hm^2左右，稻麦两熟种植，水稻品种基本与淮北稻作区类同，籼稻粳稻品种兼用。主导品种不突出，面积相对较大的品种有Ⅱ优838、Ⅱ优725、9优418、郑稻18等。

（四）颍（河）沙河稻作区

颍（河）沙河稻作区位于汝河以北、颍（河）沙河以西的中部地区，包括驻马店以北、平顶山以东、许昌以南的县区。年平均气温14℃，≥10℃活动积温4 600～4 700℃，无霜期215d，年降水量700～800mm，水热资源不及淮南稻区，灌溉依靠河灌和井灌，渠系配套完善，水稻种植分散，面积1.0万hm^2，稻麦两熟种植，以粳稻种植为主，主要引种沿黄稻区水稻品种。

（五）沿黄稻作区

沿黄稻作区位于黄河两岸，主要包括黄河两岸的洛阳市、济源市、焦作市、新乡市、濮阳市、郑州市、开封市等七市的引黄种稻县区。该区年平均气温13～14℃，≥10℃活动积温4 500～4 600℃，热量资源可满足稻麦两熟制的需要，光照充足，年日照时数2 450h，年降水量650mm，多集中在7月和8月。该区土地肥沃，黄河水质好，富含适合水稻生长的天然营养物质，具有独特稻作优势。并且沿黄两岸工业发展较慢，基本无污染，是河南重要的优质粳米生产基地。

目前，沿黄稻作区水稻种植面积8.7万hm^2左右，稻麦两熟种植，先后推广种植的优良品种有新稻68-11、黄金晴、水晶3号、豫粳6号、郑稻18、郑稻19、新稻18 、新丰2 号、方欣1号、郑旱10号等。

（六）伊洛河稻作区

伊洛河稻作区位于河南省洛阳市境内伊河、洛河两岸的种稻县区及汝阳市。年平均气温14℃，≥10℃活动积温4 500℃，年日照时数2 200 ～ 2 450h，年降水量600mm，集中在夏季，水热资源适宜稻麦两熟。降水量较少，以伊洛河水灌溉为主，实行稻麦两熟种植为主，水稻种植面积1.0万hm^2。种植比较分散，利用品种多为引进沿黄稻区的偏早熟粳稻品种。

二、河南省水稻品种改良历程

河南省水稻品种改良大致可以分为农家品种整理评价利用、引种利用、系统选育、杂交育种、杂种优势育种、麦茬直播水旱稻品种的筛选与选育、分子育种等7个阶段。这些品种改良历程也体现了河南水稻育种技术的不断进步，需要指出的是一些主要的育种手段一直贯穿于现代育种研究的过程中。

（一）农家品种整理评价利用

中华人民共和国成立初期，河南省稻田面积33万hm^2左右，单产1 144.5kg/hm^2，水稻生产水平总体较低，生产上以农家品种种植为主。信阳市农业科学院（原信阳地区农业科学研究所）从1950年开始在全省收集水稻农家品种，共收集地方品种346份。从中评选出适应性广、抗灾能力较强、比较稳产的等苞齐、青秆粘、孔秆粘、盖草粘、洋西稻等5个中籼品种，并与初级栽培技术配套应用，水稻生产得到初步发展，到1954年累计推广种植面积在3.3万hm^2以上。水稻产量由1950年的1 065kg/hm^2，提高到1954年的1 913kg/hm^2。

（二）引种利用研究

引种利用研究始于20世纪50年代后期。随着生产条件的改善及栽培技术的改进，特别是随着引黄种稻工作的开展，河南北部稻区开展了大量的引种试验，先后引进了田边10号、农垦57、桂花黄等中熟晚粳品种，作为一季稻栽培，取得较好效果。随着稻麦两熟面积的扩大，又引进了野地黄金、小站101、京引37、日本晴、津辐1号等适宜麦茬稻种植的中熟中粳品种，在生产上起到了重要作用，从20世纪60年代初到70年代末在沿黄稻区累计推广面积6万hm^2。这些粳稻品种的主要特点是耐肥抗倒伏，较抗稻瘟病、纹枯病和白叶枯病，稻米食味好，一般产量在4 500kg/hm^2左右。20世纪50年代初到80年代初，南部稻区引进胜利籼、中农4号、南京1号、马尾粘等品种种植利用，并实现了高秆到矮秆品种的更换，如珍珠矮11、南京11、八四矮63等，品种耐肥抗倒伏能力大大提高，使得生产中增肥增产与水稻品种不耐肥、不抗倒伏的矛盾逐步得到解决，产量水平由引种初期的3 000kg/hm^2逐步提高到6 000kg/hm^2左右，累计推广种植面积近140万hm^2。这些品种的主要特点是抗病性较强，适应性广，稳产性好，多穗型品种居多，多属中籼中熟类型。

根据引种试种的结果，从广东、广西引种的早中籼品种可作为河南省南部稻区中籼稻种植；自江苏引种的中籼品种，也可作中籼稻种植。河南北部稻区可以北粳南引，一般辽、京、津地区的春稻可引进作麦茬稻，从江浙地区引进的中晚粳可作春稻。

（三）系统选育研究

在引进良种利用的过程中，开展了系统选育品种工作，先后在田边10号中系选出郑粳2号、郑粳3号、郑粳4号、郑粳5号、郑粳6号、郑粳7号，从小站101中系选出郑粳8号等良种，均在生产上得到广泛推广应用。从郑粳12中系选出的豫粳1号，该品种分蘖力较强，茎秆坚实，耐肥、抗倒伏，抗稻飞虱、叶蝉等虫害，是河南省农业科学院第一个通过河南省农作物品种审定委员会审定的品种，水稻产量水平有了较大提高，一般单产7 000kg/hm²，成为20世纪70年代末到80年代在生产上大面积推广应用的高产品种。新乡地区农业科学研究所（现新乡市农业科学院）从京引119中系统选育出新稻68-11，从20世纪60年代到80年代推广应用面积达10万hm²，成为当时河南沿黄稻区著名的优质品种。从胜利籼中系统选育出青胜籼、从矮仔粘中系选信矮1号等。这些品种的育成推广为河南水稻生产水平的提高作出了积极贡献。

（四）杂交育种研究

杂交育种始于20世纪60年代末，到目前仍然是水稻育种的重要方法，育成审定的品种绝大多数都是通过杂交育种选育而成的。

20世纪80年代以前，杂交育成的粳稻品种以豫粳2号（郑州早粳）和郑粳12的种植面积最大。郑州早粳是80年代初麦茬水稻旱种的当家种，在安徽、山东、河北、陕西等省均有种植，平均产量在3 750.0 ～ 4 500kg/hm²之间，高产可达5 510kg/hm²，水栽和旱种累计面积在6.7万hm²以上。20世纪90年代杂交选育成的高产优质粳稻品种豫粳6号在沿黄稻区表现突出，迅速成为该稻区的当家主栽品种，一般单产均在9 750kg/hm²以上，长期作为国家北方及河南省粳稻区域试验、生产试验的对照品种。进入21世纪以来，由于稻瘟病、条纹叶枯病和黑条矮缩病的不断发生，豫粳6号等品种逐渐被淘汰。此外，消费者对食用品质的要求也越来越高，水稻育种逐渐由单纯追求高产转向优质、高产高效、抗病抗逆、健康安全并重。2000年以来杂交育成的品种有水晶3号、郑稻18、郑稻19、郑稻20，以及郑旱2号、郑旱6号、郑旱9号、郑旱10号等。水晶3号品质优、食味好，被称之为“可以不就菜的大米”，是河南省优质食味水稻的标杆性品种。郑稻18高产优质、抗条纹叶枯病，单产高达12 000kg/hm²以上。郑旱10号早熟，适宜麦茬稻直播种植，上述品种在河南省乃至黄淮稻区均有较大面积推广种植。

20世纪80年代，豫南稻区水稻生产上普遍存在米质与产量不能兼得的状况。为改变信阳大米在世人心目中“米劣味差”的形象，育种家们经过不断努力，90年代初杂交选育成河南省第一个优质籼稻品种豫籼3号，其稻米品质各项指标均达到部颁食用优质米一级标准，完全可以与泰国优质大米相媲美。随后，河南省又相继选育出豫籼6号、豫籼9号、青二籼、特糯2072、特优2035等一系列常规籼稻品种，这些品种普遍表现高产、优质、多抗等特点，其中特优2035已成为豫南稻区优质常规稻开发的主导品种。

（五）杂交优势育种研究

河南杂交水稻的研究、种植起步较早，1975年信阳地区引进籼型三系杂交水稻南优2号、南优3号获得成功。1973年杂交水稻三系成功实现配套之后，信阳市农业科学院就有一批科技人员在从事着杂种优势利用研究和杂交稻的推广工作，并在20世纪70年代就选育出了杂交籼稻新组合闽西早A代利亚稻，该组合具有较强的杂种优势和增产潜力，在当时全国所推广的杂交水稻中处于先进水平。2000年以来育成的杂交籼稻品种有Ⅱ优688、Ⅱ优1511、冈优5330、D优3138、F两优6876、川香优156等。上述杂交籼稻品种在豫南稻区均有一定种植面积，但主导优势不突出。

1977年河南北部稻区自辽宁引进杂交粳稻黎优57试种2.3hm^2，单产6 000 ～ 8 250kg/hm^2，比常规品种显著增产。同年成立杂交粳稻协作组，并在海南岛进行制种和繁殖不育系。河南省农业科学院对17个不育系进行回交转育，转育成功的不育系有姬穗波A、郑粳12A等。因粳稻品种间杂种优势不突出，于20世纪90年代初停止了此项工作。随着全国杂种优势利用研究的不断深入，亚种间杂种优势利用的育种途径已得到广泛认可，杂交粳稻面临新的发展机遇，因此河南省农业科学院于2006年重新启动了杂交粳稻育种工作，以早花时、高柱头外露不育系和优质抗病恢复系选育为主，通过南繁北育培育出了一系列优良亲本材料，已开始配组测试工作。

（六）麦茬直播水旱稻品种的筛选选育研究

麦茬直播稻品种的筛选，除要求高产、优质和多抗外，还要求生育期短（麦后直播110 ～ 120d），耐迟播，耐旱性强，顶土出苗能力强，苗期繁茂。

20世纪60年代末至80年代中期，河南省农业科学院曾对近100个品种进行了筛选和产量比较试验。育成的豫粳2号、郑州早粳，具有早熟、耐迟播、可水旱两用等特点，1982—1985年推广种植占麦茬旱种稻总面积的67%。引进的黎优57（黎明A/C57-2）生育期短、综合性状好，曾作为麦茬水稻旱种品种在河南大面积推广种植。

为应对水资源日益紧缺和稻作劳动强度大等问题，20世纪90年代末河南省农业科学院开展了直播旱稻品种的改良工作，通过抗旱材料与高产水稻材料杂交，育成了郑旱2号、郑旱6号、郑旱9号、郑旱10号等适宜麦茬稻直播种植的品种，促进了节水稻作及轻简化稻作生产的发展。

（七）分子育种研究

随着近年来重要基因资源的逐步挖掘，传统育种方法的瓶颈效应日益显现，新品种选育的困难越来越多。为加快育种进程，提高育种工作效率，2007年河南省启动水稻分子育种工作。主要开展了抗水稻条纹叶枯病和稻瘟病优良品种的分子标记辅助选择育种工作；将克隆的小麦葡聚糖合成酶基因在水稻中过量表达培育抗旱水稻新品种；利用转基因技术培育高甾醇含量水稻新品种，利用基因编辑技术培育具有香味的优质水稻新品种等。拟建立河南省粳稻品种的标记指纹图谱，目前正在顺利实施中。

第六节　山西省稻作区划与水稻品种改良历程

山西省位于北纬33°34′—40°43′、东经110°14′—114°33′之间，地处黄土高原东端，南北狭长，东西较窄，地形地貌复杂，地势起伏较大，气候资源具有明显的水平地带性（纬向）和垂直地带性，山多川少，全省总面积15.6万km^2，全省山地、丘陵、平原的比例大体为4 ：4 ：2。全省耕地面积为376万hm^2，占土地总面积的24%。全省气温南北差异较大，年平均气温3 ～ 14.2℃，≥10℃积温为1 500 ～ 4 500℃，热量资源的地区分布特点是由北向南递增，由平川向山区递减，无霜期80 ～ 210d。年太阳辐射总量502.08 ～ 602.50kJ/cm^2，年日照时数2 200 ～ 2 900h，由南向北递增。年降水量为370 ～ 650mm，降水量由东南向西北递减，属北方半干旱及半湿润易旱地区，十年九旱，水源缺乏，且降水在年内分配极不均匀，约60%以上集中在7月、8月、9月，春、冬降水甚少。总的来看，大多地区的温、光条件均适合单季粳稻的生产要求，但降水量少，不能满足水稻需要，水稻生产主要靠河水、泉水和井水灌溉，面积虽然不大，但从南到北都有分布，全省70%的县、市均有水稻种植，1972年，全省水稻种植面积达到高峰2.3万hm^2，20世纪90年代后水稻播种面积逐年减少。稻田零星分散在晋南、晋中、晋东南、晋北（忻定盆地为主、大同盆地为辅）等四大盆地及部分丘陵山地的泉水、库区周边和河流两岸的平川河滩下湿地、盐碱地。山西稻作从北到南形成了多种多样的分布格局，按熟期大致可划分为单季早粳晚熟、中早粳早熟、中早粳中熟、中早粳晚熟、中粳早熟及麦茬稻等6个类型。

一、山西省稻作区划

山西省地形地貌复杂，各地气温差异较大，种植的品种类型较多。但是，鉴于全省水稻种植面积不大，且零星分散，属小宗作物。为了便于管理和指导生产，同时与国家稻品种同一适宜生态区的划定保持一致，根据山西省自然生态条件、耕作与种植制度、农耕习惯、生产条件、品种类型和生产技术水平，可将山西省水稻种植区域简单划分为三大稻作区。

（一）山西单季晚熟及麦茬稻兼种稻作区

本区地处晋南盆地和晋中东部偏南部分光热充足的地带。前者东临太岳山，北靠韩侯岭，西、南倚黄河，包括运城、临汾辖区的全部或部分地区；后者位于晋中东部偏南临近河北界的海拔700m以下的部分光热充足的区域，包括左权麻田镇、昔阳孔氏乡等。海拔高度300～600m，年平均降水量500～560mm，年平均气温11.6～14.2℃，≥10℃积温为3 700～4 500℃，无霜期180～210d，年太阳辐射总量502.08～581.58kJ/cm^2，年日照时数2 200～2 600h，气候温暖，为全省热量值最高地区。本区栽培单季中早粳晚熟、中粳早熟品种，中早粳中熟品种作麦茬稻，一般在4月上、中旬播种，9月底到11月初收获，麦茬稻4月底5月初育秧，大多采用湿润（水）育秧移栽，个别地方水直播栽培。稻田主要分布在黄河、汾河、浍河、涑水河、清漳河中下游、松溪河两岸的下湿低洼泽地、下湿河谷和泉水地带，如临汾、洪洞、襄汾、曲沃、运城、河津、新绛、稷山、平陆、万荣、临猗、永济、芮城、左权麻田等地方（市、县）。稻田面积约占全省稻田面积的20%。种植制度有稻麦两熟制，还发展有稻田养蟹、鱼、鸭。

（二）山西单季中熟稻作区

本区地处山西中部和东南部，系太行山与吕梁山两大山脉之间的平川地带、上党盆地、东太行低山丘陵地区和太岳与中条山区交界的河谷、丘陵地区，土壤深厚肥沃，是山西省水稻的主产区，以太原市和忻定盆地较为集中。海拔高度600～960m，年平均降水量400～650mm，年平均气温8.0～11.7℃，≥10℃积温为3 000～3 700℃，无霜期150～175d，年太阳辐射总量535.55～585.76kJ/cm^2，年日照时数2 400～2 800h，具有空气干燥、气温偏低、昼夜温差较大的特点。以种植单季中早粳中熟品种为主，兼种部分中早粳晚熟和中早粳早熟品种。一般在4月上、中旬播种，9月底至10月初收获，采用农膜保温湿润育秧和旱育秧移栽。稻田面积约占全省稻田面积的70%，主要分布在汾河、潇河、昌源河、文峪河、清漳河、浊漳河、沁河、丹河、云中河、牧马河、滹沱河、桃河、乌河等河流域及水库周围低洼下湿地、滩地、盐碱地（盐碱地种稻用河水与井水灌溉），如太原、介休、祁县、汾阳、文水、交城、左权东、榆社、榆次、寿阳、昔阳、平顺、长治、屯留、沁县、襄垣、黎城、晋城、高平、五台、代县、原平、定襄、忻州、阳泉、盂县等市、县。发展有油菜（春大麦）—稻一年两熟制，稻田埂套种大豆耕作方式，及少数稻田养蟹种养方式。

（三）山西单季早熟稻作区

本区地处山西北部平川及全省境内部分海拔高度900～1 200m的丘陵山区，主区北接内蒙古、东临恒山、五台山，西倚黄河，南跨忻定盆地边缘，其他位于高海拔的平川、山沟谷底，气候寒冷，海拔高度一般在900m以上，年平均降水量370～450mm，年平均气温6.0～8.0℃，≥10℃积温为2 800～3 000℃，无霜期130～150d，繁峙等县及以北，无霜期逐步缩短，年太阳辐射总量560.66～602.50kJ/cm^2，年日照时数2 600～2 900h。稻田主要集中在晋北的东部和晋中地区的高海拔丘陵山区，以种植单季早粳晚熟、中早粳早熟为主，搭配部分早粳中熟品种。一般在4月中旬播种，9月中下旬收获，采用保温半旱育秧和旱育秧早移栽。稻田面积约占全省稻田面积的10%，稻田主要分布在桑干河、御河、唐河、浑河、三川河、滹沱河和汾河的上游等流域及水库、山间泉水周围低洼下湿地、滩地、山沟谷底。如大同、广灵、灵丘、平鲁、天镇、阳高、繁峙、娄烦、离石、方山、和顺、榆社、左权、静乐等市、县均有栽培。种植制度有水旱作物轮作制。

二、山西省水稻品种改良历程

山西水稻育种始于20世纪50年代，当时是评选利用农家品种的时期，曾征集到农家品种100余份，整理出60个品种。如晋南的江米稻、大红芒、小站稻，属中晚熟类型；晋中的晋祠稻、昔阳稻、黑嘴软稻，属中熟类型；晋北的繁峙稻、代县的老大稻，属中早熟类型。20世纪60年代到70年代是外引品种的大量利用时期，这一时期主要开展外引品种的引种试验、示范，育种主要靠系选法。品种主要来自日本、朝鲜、韩国、菲律宾、印度、越南、苏联等国家和国内各省市，引进最多的是日本品种。有的直接用于生产，有的作为育种亲本被利用。外引品种逐渐取代地方农家品种成为主栽品种，并推广了系统选育的双塔1号和双塔2号，外引品种一直维持到20世纪80年代面积才逐渐减少，先后推广了陆羽132、银坊、原子2号、水原52、农垦19、农林17、秋丰、京引35、辽丰66、黎明、秋光、早丰、京系17、丰锦、京系21、京引174、辽丰8号、辽粳5号、黎优57等品种。20世纪70年代才相继开展杂交育种、诱变育种、花培育种、杂种优势利用、导入外源DNA等研究工作，先后育成水稻新品种13个，促使山西水稻生产出现了3次品种变革。20世纪70年代，当时的育种目标是高产、抗病、早熟，花培育种选育的晋稻1号开始推广应用，实现了山西省水稻育种的第一次飞跃。晋稻1号在山西忻州地区及以南大部分稻区种植，1978—2002年累计推广面积15万hm^2，最大年（1988）推广面积1.0万hm^2。80年代到90年代，育种目标发生了重大变化，高产、多抗、优质成为主要育种目标，开展了品质育种，超高产育种。先后育成晋80-184、晋稻2号、晋稻3号、晋稻4号、晋稻5号、晋稻6号及晋稻（糯）7号等新品种，晋稻3号和晋稻5号逐渐成为主栽品种，使水稻育种实现了第二次飞跃，育种技术也由常规技术到常规技术与现代生物新技术相结合发展。晋稻3号在山西大部分稻区种植，1989—

1995年累计推广面积2.4万hm^2，最大年（1992）推广面积0.67万hm^2。晋稻5号在山西代县以南大部分稻区种植，1992—2005年累计推广面积7.7万hm^2，最大年（1998）种植面积1.7万hm^2。

20世纪90年代末以来，以株型育种和品质育种为突破口，按照超高产、优质、多抗、广适育种目标，以形态改良、籼粳亚种间杂交优势利用、现代（生物）技术与常规技术相结合为创新措施，通过聚合育种技术和田间与实验室鉴定测试等一系列评价技术体系的运用，育成晋稻8号、晋稻9号、晋稻10号、晋稻11及晋稻12等新品种，水稻育种实现第三次飞跃，其中晋稻10号是由N^+束注入的诱变高效育种新技术选育而成。晋稻8号和晋稻9号成为主栽品种，到2014年晋稻12又成为当家品种。晋稻8号在山西省无霜期150d以上的稻区种植，以及省外的新疆、宁夏、辽宁、吉林晚熟稻区，陕西榆林、贵州毕节粳稻区以及河北、河南、山东等麦茬稻区。2004—2014年全国累计推广面积13万hm^2以上。晋稻9号已成为山西省早、中熟区种植的主栽品种，2005—2014年在山西省累计推广面积2万hm^2以上。

第七节 陕西省稻作区划与水稻品种改良历程

陕西省位于北纬31°42′—39°35′、东经105°29′—111°15′，地势南北高，中部较低，北部为黄土高原，南部为秦岭、巴山山地，中部为关中平原。全省地形狭长，南北跨纬度8°。秦巴山地稻区海拔260～1 200m，高低相差近千米，温度、光照条件有明显的纬度差异和垂直差异。全省地势又呈西高东低倾斜，中部有高大秦岭的横隔。由于季风的影响，省内由南至北，由西至东降水量减少，差异也非常明显。最南部大巴山西端为全省降水中心，年降水量1 200mm以上，北部长城以北只有330mm。南部秦岭、巴山之间的沿汉江盆地川道，水土、热量条件优越，水稻面积集中；北部毛乌素沙漠干旱瘠薄，地势高寒，为水稻不适宜区。全省气候南北跨有亚热带湿润区、暖温带半湿润区、暖湿带半干旱区和中温带半干旱区的4个热量、水分不同的地带。水稻分布主要集中在陕南盆地川道及丘陵浅山区，秦岭以北稻田多分布在沿河低洼下湿带，“以水定稻，沿河一条线”是该区水稻分布的特点。陕西省种稻历史悠久，有过灿烂的古代稻作文明。据考古发掘的资料，陕西境内有不少古稻遗迹。在主产水稻的汉中市西乡县李家村与何家湾两处发掘的遗址中，发现在老观台文化时期的红烧土块中，有稻壳印迹，经^{14}C测定，距今约有7 000年的历史。关中地区也在户县丈八寺和华县泉护村发现新石器时代的稻壳遗迹，证明在新石器时代，陕南和关中已有先民种植水稻的活动。

一、陕西省稻作区划

在全国稻作区划中，陕西省分属3个稻作区。陕西省南部的汉中、安康、商洛三地市属华中单双季稻稻作区川陕盆地单季稻两熟亚区，关中属华北单季稻稻作区黄淮平原丘陵中晚熟亚区，陕北属西北干燥区单季稻稻作区甘宁晋蒙高原早中熟亚区。其中属华中单双季稻稻作区川陕盆地单季稻两熟亚区的陕西省南部三地市，在陕西稻作区划中，又根据海拔高度的垂直差异分为陕南盆地川道丘陵迟熟籼稻两熟区，陕南浅山中熟籼稻两熟区，陕南秦巴中山区早熟籼稻、中熟粳稻一熟区。

（一）陕南盆地川道丘陵迟熟籼稻两熟区

属华中单双季稻稻作区川陕盆地单季稻两熟亚区，位于秦岭和大巴山之间的海拔650m以下川道盆地，包括汉中市的勉县、南郑区、汉台区、城固县、洋县、西乡县和安康市的石泉县、汉阴县、汉滨区九县区的汉江、月河及其支流沿岸的平坝丘陵地区，有稻田面积6.82万hm^2，占陕西省水稻面积的55.3%，是陕西省水稻主产区和高产区。年平均气温14～16℃，昼夜温差小，≥10℃积温4 400～5 000℃，水稻生长季200～216d。其中水稻生长季的4月10日到9月30日，≥10℃的积温达3 000℃以上。年平均降水量850～900mm，其中水稻生长季的4—10月降水量750～800mm。平川日平均气温稳定通过12℃的始日在4月10日前后，日平均气温稳定在22℃以上的终日在8月20日前后，安全播种到安全齐穗的天数为130d左右。

该区稻麦或稻油两熟制，水稻灌浆结实期的8月中旬至9月上旬日平均气温23～24℃，平均相对湿度80.7%，是我国Ⅰ级优质籼米生态区。

（二）陕南浅山中熟籼稻两熟区

属华中单双季稻稻作区川陕盆地单季稻两熟亚区，地处秦岭海拔650～800m、巴山海拔650～900m的浅山丘陵区，河溪沿岸的山间沟坝，部分是低山梯田。包括汉中市的勉县、南郑区、汉台区、城固县、洋县、西乡县和安康市的石泉县、汉阴县、汉滨区九县区的浅山地带和汉中市的宁强县、略阳县、佛坪县、镇巴县和安康市的紫阳县、岚皋县、平利县、白河县、旬阳县、宁陕县等十县的大部分稻区。有稻田面积3.43万hm^2，占陕西省水稻面积的27.8%。低山，山体互相遮挡，日照较盆地少，雨量较盆地多，温度偏低，昼夜温差较大。年平均气温12.5～13.5℃，≥10℃积温3 800～4 000℃，水稻生长季185～195d。年降水量东片710mm左右，西片1 200mm左右。日平均气温稳定通过12℃的始日在4月15日前后，日平均气温稳定在22℃以上的终日在8月14日前后，安全播种到安全齐穗的天数为120d左右。

该区以稻麦、稻油两熟为主，另外还有部分冬水田和冬闲田。育秧期间易烂秧，大田期分蘖发生的慢，病虫害重，是陕西省稻瘟病重发区。

（三）陕南秦巴中山区早熟籼稻、中熟粳稻一熟区

属华中单双季稻稻作区川陕盆地单季稻两熟亚区，包括陕南三市27个县的中山区。稻田分布在秦岭海拔800m以上、巴山海拔900m以上的秦巴山区,稻田多在山间谷底、小盆地或山顶台地。稻田面积1.42万hm^2，占陕西省水稻面积的11.5%。年平均气温12℃左右，4—9月平均日较差9～12℃，年降水量一般900～1 200mm，8月份平均相对湿度81%～85%，水稻生长季170d（按粳稻计）。≥10℃积温3 500℃以上。安全播种期在4月22日前后，安全齐穗期在8月7日前后。

该区处于稻区垂直分布最高层区域，山高、水冷、土凉、云雾重，多为冬水田，一年一熟。水稻品种以早中熟粳稻和早熟籼稻品种为主。

（四）关中平原中籼、中粳两熟区

属华北单季稻稻作区黄淮平原丘陵中晚熟亚区，主要分布在秦岭北坡脚下至渭河以南的平原，涉及西安市的长安区、蓝田县、户县、周至县和宝鸡市的眉县、岐山县6县区，黄河沿线的渭南市大荔县等地也少有种植。稻田面积0.13万hm^2，占陕西省水稻面积的1.1%。

近两年随绿色生态高效农业的发展，渭河、黄河沿线水稻面积还有继续扩大的态势。该区年平均气温13℃，年平均日较差11 ～ 12℃，年降水量一般600 ～ 700mm，年日照时数2 000 ～ 2 400h，水稻生长季186 ～ 191d。≥10℃积温4 100 ～ 4 900℃。日平均气温稳定通过12℃的始日在4月15日前后，日平均气温稳定在22℃以上的终日在8月14日前后，安全播种到安全齐穗的天数为120d左右。

该区多为稻麦两熟。其中西安市的户县、周至县和宝鸡市的眉县、岐山县为老稻区，水稻品种以中早熟籼稻品种为主；西安市的长安区、蓝田县和渭南市的大荔县水稻品种以中熟粳稻品种为主。春季气温回升慢、波动性大，育秧期间易烂秧，生长中后期易缺水干旱而造成减产。

（五）陕北高原早中粳一熟区

属西北干燥区单季稻稻作区甘宁晋蒙高原早中熟亚区，主要分布在榆林市长城沿线风沙区的无定河流域和延安市的葫芦河流域，包括榆林市的横山县、榆阳区和延安市的富县、甘泉、南泥湾，“以水定稻，沿河一条线”和“单季粳稻”是该区水稻生产的显著特点。稻田面积0.53万hm^2，占陕西省水稻面积的4.3%。该区年平均气温8 ～ 9.5℃，年平均日较差11 ～ 14℃，年降水量350 ～ 640mm，年平均相对湿度54%～ 61%，年日照时数2 400 ～ 2 500h，水稻生长季165 ～ 185d。≥10℃积温2 800 ～ 3 400℃。日平均气温稳定通过10℃的始日在4月22日前后，日平均气温稳定在20℃以上的终日在8月15—22日，安全播种到安全齐穗的天数为113 ～ 120d。

该区品种为一年一季早中熟粳稻。水稻病虫害轻，光合作用强，干物质积累多，但生长季短，春季气温偏低，水稻育秧期间易受寒流影响发生冷害导致烂秧，秋季降温快。

二、陕西省水稻品种改良历程

（一）中华人民共和国成立以来水稻品种更新换代经历的三个阶段

① 1949—1967年为高秆品种时期。主栽品种依次为云南白、胜利籼、桂花球、华东399、沙蛮1号、稗09和高籼64等，比先前的农家种一般增产10%～ 20%。

② 1968—1977年为矮秆品种时期。主栽品种依次为珍珠矮11、二九矮4号、广矮3784、南京11、早金凤5号、广二矮104、桂朝2号、三珍96、西粳2号和商辐1号等，抗倒伏耐肥，一般比高秆品种增产15%～ 22%。

③ 1978—1986年为推广杂交稻时期。主栽迟熟品种依次为南优2号、南优3号、威优圭、汕优圭和威优63，主栽中早熟品种依次为汕优激、威优激、威优64。

（二）杂交稻品种改良历程

① 1987—2001年为高产抗病适应性强的杂交稻取代普通杂交稻时期。迟熟籼稻主栽品种依次为汕优63、协优63、D优10号、冈优22和金优527等，年种植面积近8万hm^2，占该稻区水稻种植面积的80%；中熟籼稻主栽品种依次为汕优287、Ⅰ优122、汕优64、金优晚3等，年种植面积近2万hm^2，占该稻区水稻种植面积的75%；早熟籼稻主栽品种依次为汕优77、金优77和汕优窄8，年种植面积近0.5万hm^2，占该稻区水稻种植面积的80%。

② 2002—2005年为优质高产抗病杂交稻取代高产抗病杂交稻时期。迟熟籼稻主栽品种依次为D优68、D优527、金优117、丰优香占、宜香优1577和丰优28等，年种植面积近6.7

万hm^2，占该稻区水稻种植面积的66%；中熟籼稻主栽品种依次为金优晚3、金优207、I优86、优I122和D优162等，年种植面积近2万hm^2，占该稻区水稻种植面积的85%；早熟籼稻主栽品种依次为汕优窄八、金优402和金优77，年种植面积近0.5万hm^2，占该稻区水稻种植面积的87%。

③ 2006年至今。迟熟籼稻主栽品种依次为宜香3003、宜香725、宜香213、Q优6号、Q优5号、Q优2号、B优827、川江优527、金优725、国丰1号、丰优28、华泰998、丰优737、K优082、川优6203、内香8518、F优498和黄华占（机插秧主栽品种）等多个品种；中熟籼稻主栽品种依次为Ⅰ优86、金优360、中优360、明优02、明优06、泸优11；早熟籼稻主栽品种依次为汕窄8号、九优207、D优162、金优117、津香等。

（三）关中平原中熟籼稻、中熟粳稻品种改良历程

中熟籼稻主要分布在西安市的周至县和宝鸡市的岐山县、眉县等地，中熟粳稻主要分布在西安市的长安区、蓝田县和渭南市的大荔县等地。

① 1990—2000年。中熟籼稻年种植面积约0.5万hm^2，主栽品种为汕优64、汕优287及荆糯6号，其年种植面积近0.5万hm^2，占该类型面积的87%；中熟粳稻年种植面积约0.8万hm^2，主栽品种为新稻6811、D2、黄金晴和西粳4号，其年种植面积近0.7万hm^2，占该类型面积的83%左右。

② 2001—2005年。中熟籼稻年种植面积约0.3万hm^2，主栽品种为金优晚3、金优207和Ⅰ优86；中熟粳稻年种植面积约0.6万hm^2，主栽品种为豫粳4号和豫粳6号，搭配品种为黄金晴、西粳4号、D2、越光和西粳糯5号，占该类型总面积的70%左右。

③ 2006年至今。中熟籼稻主栽品种为明优06、明优02、Ⅰ优122、金优360、中优360、K优299、金优207、泸优11；中熟粳稻主栽品种为6811、黄金晴、白香粳、83-8等。

（四）陕北高原早中熟粳稻品种改良历程

水稻种植主要分布在榆林市长城沿线风沙区的无定河流域和延安市的葫芦河流域，包括榆林市的横山县、榆阳区和延安市的富县、甘泉、南泥湾。

① 1990—2000年。年种植总面积约0.8万hm^2，主栽品种为秋光、京系21等。

② 2001—2005年。年种植总面积约1.2万hm^2，主栽品种为京系21、京系35和秋光等。

③ 2006年至今。主栽品种榆林市为京系21、通粳288、通育216、横优1号，延安市为富源4号、中作9052、吨斤1号、叶里藏等常规粳稻品种。现在以盐丰47、宁粳43、辽粳371、吉粳506、吉粳105等为主栽品种。

第八节　宁夏回族自治区稻作区划与水稻品种改良历程

宁夏水稻分布于宁夏北部的黄河冲积平原。黄河跨境流长320km，沿河两岸地势平坦，渠道纵横，享黄河之利，旱涝无虞，是宁夏农业的精华之地。水稻一年一熟，多与旱作物轮种，实行稻旱三段轮作制或两段轮作制，低洼盐碱地实行连作种稻。稻区干旱少雨，蒸发强烈，是典型的大陆性干旱气候，但因有黄河水灌溉反而成为水稻生产的有利因素。稻区年太阳辐射总量为585.76 ～ 610.86kJ/cm^2，有明显的季节性变化。年日照时数在3 000h，年平均气温8.6℃，水稻生长季节（4—9月）的月平均气温为18.3℃，最热月（7月）平均

气温在23.2℃。气温日较差大，平均12 ~ 14℃。≥10℃积温3 000 ~ 3 400℃。稻区日平均气温稳定通过10℃的初日在4月18日至4月22日，终日在10月6日至10月9日，初终日数169 ~ 176d，地区间差别不大。初霜（日最低气温≤2℃）在9月28日至10月13日，终霜在4月30日至5月11日。无霜期（最低气温≥2℃）稻区为139 ~ 160d。年降水量平均200mm左右，其特点是降水少，且分配不均。7月、8月、9月3个月降水量占全年的60% ~ 70%以上，水稻生长季节降水量在170mm左右。年蒸发量稻区在1 600 ~ 2 000mm，蒸发量是降水的10倍。稻区年平均相对湿度54% ~ 59%，8—9月较高，为65% ~ 70%，是典型的干燥稻作区。

一、宁夏回族自治区稻作区划

基于宁夏稻区气候区域间变化不大，稻区地势、土壤质地南北有异，耕作制度亦有所不同，将宁夏稻区划分为两区，即银川南部稻区和银川北部稻区，其界限以宁夏回族自治区首府银川为界。

宁夏水稻种植面积21世纪以来稳定在7.27万 ~ 8.18万hm^2。受黄河供水日趋紧张形势所迫和从北部盐碱地改良利用出发，宁夏优化作物种植布局，提出水稻“限南扩北”的种植结构调整。现南部稻区水稻面积趋减，北部面积趋增。

（一）银川南部稻区

银川南部稻区南起中卫，北至银川，涉及的种稻县市有沙坡头区（原中卫县）、中宁、青铜峡、利通区、灵武、永宁及银川郊区南。这里地势由南向北或由西南向北倾斜，地坡1/1 000 ~ 1/3 000，土质透水性好，地面及地下径流可畅通排入黄河。除局部低洼地外，一般盐碱危害不大。土壤肥沃，多实行稻旱轮作，生产水平较高。

该稻区年平均气温8.8℃，≥10℃积温在3 200℃以上，90%保证率在3 000℃以上。水稻孕穗和灌浆的主要时期，7月平均气温23.1℃，8月为21.4℃；栽培上以插秧、旱直播（也称播后上水）、保墒旱直播3种种植方式并举，品种多采用中晚熟品种。21世纪以来水稻面积4.43万 ~ 4.56万hm^2，占宁夏水稻面积的54.2% ~ 62.7%，较20世纪90年代的69.4%有所减少。

（二）银川北部稻区

银川北部稻区涉及的种稻县有贺兰、平罗、惠农及银川郊区北。该稻区以贺兰、平罗水稻面积占多。这里地势平缓，且越向北地势越趋平缓。土壤质地黏重，有机质含量低、透水性差，地面及地下径流不畅，排水困难，盐渍化普遍较重，土壤肥力相对南部较差。有1/3的耕地可实行稻旱轮作制，2/3的耕地属低洼盐碱地为连作种稻。

该稻区年平均气温8.3℃，≥10℃积温在3 200℃，90%的保证率在2 900℃以上，低于南部稻区。水稻孕穗和灌浆的主要时期，7月平均气温23.5℃，8月为21.8℃，略高于南部稻区。栽培上以旱直播（也称播后上水）种植方式为主，播种时间相对南部较迟，品种以中早熟品种为主。水稻面积2.71万 ~ 3.75万hm^2，占宁夏水稻面积的37.3% ~ 45.8%，较20世纪90年代的30.6%有所增加。

二、宁夏回族自治区水稻品种改良历程

宁夏水稻品种选育研究始于中华人民共和国成立初期。起初大量收集地方品种，从中

评价筛选出相对高产稳产适应当时直播栽培的地方品种如养和白皮大稻等5个优良品种推广种植。随后大量引进区外品种进行鉴定利用和系统选育。最先引进推广的品种有京祖107、公交10号、公交12等品种，在20世纪50年代末和60年代推广利用。最先通过系统选育的品种有宁系1号、宁系2号及宁系62-3等品种，于60年代后期开始推广利用。1958年开始杂交育种，最先育成品种有永丰、文光、银粳1号、银粳2号、宁粳3号等，开始推广于20世纪70年代初期，后不断育成新品种应用于生产。1960年开始诱变育种，采用伽马射线辐射、秋水仙素、超声波、激光照射等诱变处理方法，主要以伽马射线辐射处理为主。通过伽马射线辐射诱变先后育成银辐1号、76-262等品系。1999年提供宁夏5份水稻种子由中国航天局通过卫星搭载进行太空微粒子诱变，经田间种植选择，因无变异而终止选育。1972年开始相继引进“三系”杂交稻不育系、恢复系、保持系进行杂种优势利用育种研究，其间有中断，后又继续进行，育成第一个三系杂交稻品种宁优1号于1994年通过宁夏审定。1980年引进辽宁省秀优57杂交稻获得成功并大面积推广。1976年开始花培育种，最先育成品种有宁粳6号、宁糯1号等。1979年进行高光效育种，育成宁糯2号品种。宁夏水稻育种以常规杂交育种、花培育种、三系杂交稻育种为三大方法坚持至今。生物技术育种、分子标记辅助育种业已开展。

宁夏始终坚持自育和引进“两条腿”走路的选育方针，60多年来共引进水稻资源材料上万份，鉴定整理保存资源材料4 000余份。至2014年，共选育并应用于生产的品种90个，其中自育品种（审定和认定）62个，引进品种28个。自育品种中，系统选育品种10个，杂交育种育成品种40个，花培育种育成品种8个，杂种优势利用育种育成品种3个，高光效育种育成品种1个，分别占自育品种的16.1%、64.5%、12.9%、4.8%和1.6%；占全部推广品种（审定、认定及引进品种）的11.1%、44.4%、8.9%、3.3%和1.1%（表2-2）。自中华人民共和国成立以来，宁夏水稻种植品种已实现了7次更新换代。

表2-2　宁夏育成、引进并应用于生产的品种（至2014年）

来源	育种方法	品种数量	占自育品种（%）	占全部品种（%）	审定和应用品种
自育品种	系统选育	10	16.1	11.1	宁系1号☆、宁系2号☆、宁系62-3☆、宁粳4号、宁粳17、宁粳18、宁粳22、宁粳30、宁粳39、宁香稻1号
	杂交育种	40	64.5	44.4	永丰☆、文光☆光、银粳1号☆粳2银粳2号☆、宁粳3号、宁粳5号、宁粳7号、宁粳8号、宁粳9号、宁粳10号、宁粳12、宁粳13、宁粳14、宁粳16、宁粳19、宁粳20、宁粳23、宁粳24、宁粳25、宁粳28、宁粳29、宁粳32、宁粳33、宁粳34、宁粳35、宁粳36、宁粳37、宁粳40、宁粳41、宁粳42、宁粳43、宁粳44、宁粳45、宁粳46、宁粳47、宁糯3号、宁糯4号、宁糯6号、宁香稻2号、宁香稻3号
	花培育种	8	12.9	8.9	宁粳6号、宁糯1号、宁粳11、宁粳15、宁粳21、宁粳38、宁粳41、宁糯5号
	杂交稻	3	4.8	3.3	宁优1号、宁优2号、宁优3号

（续）

来源	育种方法	品种数量	占自育品种（%）	占全部品种（%）	审定和应用品种
自育品种	高光效筛选	1	1.6	1.1	宁糯2号
	小计	62	100	68.9	
引进品种	常规品种	26		28.9	京祖107、公交10号、公交12、天津早丰、合交5602、牡交23（糯）、延粳12、矮丰2号、京引39、秋光、吉87-1、青系98、87-9、藤747（吉引86-11）、通35、吉粳64（吉86-11）、宁粳26、宁粳27、富源4号（D10）、牡丹江20、津1229（超优1号）、九稻19、宁粳31、天井5号（吉特605）、吉粳105（节3）、吉特623、秋优88
	杂交稻	2		2.2	秀优57、京优6号
	小计	28		31.1	
	合计	90		100	

注："☆"为未进行正式品种审定前育成品种。

（一）地方品种评价筛选

1950年3月，宁夏省人民政府（现宁夏回族自治区人民政府）在永宁县王太堡创建农事试验场（宁夏农林科学院农作物研究所前身）。自1950年开始收集和调查地方品种，1956—1957年对收集到的2 021份品种材料进行了第一次鉴定、整理和分类，保存材料有95份。1964—1965年又进行了第二次鉴定整理工作，最终确定18个类型、69份材料。同时，采用系统选择法对地方品种进行了提纯复壮，并鉴定评选出养和白皮大稻、叶盛白皮大稻、白芒稻、小白板稻、白皮小稻应用于生产。地方品种表现为粒形较大，千粒重高，粒长似籼、宽厚似粳，长宽厚之比介于籼粳之间；叶幅较窄，叶片角度较大似粳，叶色较淡介于籼粳之间；出米率较低似籼，米的胀性较大介于籼粳之间。具有发芽速度快、生长繁茂、耐盐碱、耐水淹等优点；具有易落粒、不耐肥、易倒伏、易感稻瘟病等缺点。曾有人认为宁夏地方品种是籼稻，但研究证明是粳稻。宁夏地方品种与南特号、莲塘早104等籼稻杂交，杂交F_1结实率仅50%左右；与公交10号、丰光等粳稻杂交时，杂交F_1结实率可达90%左右。稻谷的石炭酸反应，宁夏的18个地方品种用石炭酸处理谷粒均不着色，而南特16籼稻谷粒处理呈黑色。

在利用宁夏地方品种优良特点试图育成品种的过程中，虽然以地方品种为亲本做了不少的杂交组合，但仅在20世纪60年代育成永丰水稻品种。近年杨玉蓉等基于SSR测定的聚类分析表明，宁夏地方品种独具一类，与现代育成品种的亲缘关系较远。其原因在于现代育成品种是按照人为选择目标进行，在杂交后代选择中，强化了人为高产、抗病、抗倒伏、不易落粒等目标性状，使具有地方品种特点的杂交后代在选择中被淘汰，故未能育成具有地方品种那样耐盐碱、耐水淹的现代品种。在研究现今宁夏出现的杂草稻时，李亚卉等研究指出：宁夏地方品种与杂草稻有很大相似性。基于SSR测定的聚类分析表明，宁夏杂草稻既有与地方品种分属一类的，也有与现代育成品种分属一类的，亦即宁夏杂草稻与宁夏地方品种和现代育成品种有亲缘关系。这反映了宁夏杂草稻很大可能是宁夏地方品种与现代育成品种自然杂交的后代在水稻生产环境中自然选择的产物。并由此认同胡子诚“杂草稻很可能是由‘西北粳’和现代改良粳稻品种杂交，其后代经过自然选择和人工选择而成”的观点。并由此提出，地方品种有利基因的利用，也可以通过对杂草稻的利用来实现。

（二）引进品种鉴定和利用

国内外品种的引进、鉴定研究贯穿宁夏水稻品种选育的自始至终。自1950年开始至今先后引进品种资源上万份，经重点鉴定、系统整理归类，保存材料4 000余份。

20世纪50年代引进国内外品种资源400多份进行鉴定，东北、西北及华北地区的一些早熟品种多适应宁夏生态条件，日本的一些早、中熟品种也比较适应，华中、华南材料多不适应。外引品种的抗病性（主要是抗稻瘟病）、抗倒伏性及丰产性均明显优于地方品种，苗期的生长速度和对深水的耐淹性均不如地方品种。其间，引进的京祖107，比地方品种抗病增产，于1956年开始大面积推广，1957年面积达0.9万hm^2。引进的田太、国光、青森5号、兴国等品种也陆续得到示范推广。60年代引进大量东北地区和日本北部地区的材料进行鉴定，吉林、黑龙江的品种在宁夏的适应性较好，利用成效显著。其间鉴定，公交10号、公交11、公交12表现抗病、耐肥、高产，自1963年先后推广。1965年从吉林省农业科学院引入日本品种京引39，表现株矮、抗倒伏、分蘖成穗率高，后得到示范推广，成为宁夏迄今为止种植时间最长、面积最大的品种。70年代引进品种资源材料1 370份。其间，1970年引进辽宁的矮丰2号，经鉴定表现穗大、秆矮、抗倒伏、抗病，但生育期较长，但在后来的几年试验中表现尚好，生产得到推广，至1975年全区种植面积0.4万hm^2，1976年面积达到1万hm^2。但在1976年遇到严重的低温冷害，致使有的地块几乎绝产。这是宁夏60多年来因引进种植晚熟品种，遭遇冷害严重减产的典型事例。1973年引进牡交23糯稻、天津早丰表现较好，很快得到应用。1977年从辽宁引进原产日本的秋光品种表现比对照京引39穗粒数多，增产，中抗稻瘟病，高抗白叶枯病，很快得到推广应用。其间，引进鉴定的东方红2号、66-6（辽宁）、红旗12、千钧棒（天津）、藤公2号（上海）、泸开早282（籼稻，陕西汉中）等品种，作为亲本材料利用于杂交育种，先后育成了宁粳7号、宁粳9号、宁粳12、宁粳14、宁粳16等一批或高产优质，或株型理想，或耐低温耐盐碱的具有宁夏特点的品种，也为宁夏杂交育种奠定了良好基础。

（三）杂交品种选育

1958年开始杂交育种，最先育成品种有永丰、文光、银粳1号、银粳2号、宁粳3号等，开始推广于20世纪70年代初期。其中，以宁粳3号应用时间较长。这些品种杂交组合配制于1961—1967年，从杂交到稳定用了6 ～ 8年，完成鉴定、品比、区试及生产试验，又用了4 ～ 5年，共花费11年以上时间。其中，以文光最早应用于生产。之后通过杂交育种方法育成的品种不断推出，具影响力的有宁粳7号、宁粳9号、宁粳16、宁粳23、宁粳24、宁粳43等，这些品种在产量、株型塑造、粒形改进、品质改良、耐盐碱性、抗病性及适应性方面既多聚一身又同而有异、各具特点。其中，宁粳7号以红旗12/65-6//黎明/京引39为杂交组合，相对聚合了多亲本的优点，其收获穗数较京引39稍少，但穗粒数增加，其综合性状好、适应性强，很快得到推广。宁粳9号的育成标志着常规品种在产量上的较大突破，也是利用复合杂交方法及籼粳杂交中间材料实现籼粳杂交的成功范例，为宁夏高产育种奠定了基础。宁粳9号的杂交是采用了2个中间亲本78-442和78-127，78-442涉及原始亲本5个，

78-127涉及原始亲本6个。宁粳9号共含有11个原始亲本的血缘，既有日本品种，又有东北品种，还有天津品种，更值得注意的是还融合了由陕西汉中引进的泸开早282籼稻血缘。宁粳9号植株较高，半直立穗型，穗大粒多，结实率较高。比较之前推广的京引39、宁粳7号品种，收获穗数明显减少，每穗粒数有较多增加。比之当时推广的秀优57杂交稻来说，同样表现大穗优势，具有生物学产量高、经济系数高的特点，但其苗期及成熟后期对低温的反应表现出籼稻的敏感性，其适应性尚有局限。宁粳16的育成体现了当时育种目标性状的最大集成。宁粳16组合为81K249-3/ 81D86，涉及原始亲本13个。其丰产性、品质、耐盐碱性、耐低温性、抗病性都比较良好，且稻谷容重高。宁粳16最初推广阶段稻瘟病抗性非常突出，但当它种植面积达到65%时，出现不同程度的发病，有的地区发病非常严重，随后面积急剧下滑。宁粳16在生产上对稻瘟病的这种刚性反应，说明其对稻瘟病的垂直抗病性在生产上表现了由抗到不抗的变化，也使我们认识到单一品种大面积种植的可能风险和多品种布局的重要性。宁粳23、宁粳35的育成代表了宁夏超高产育种当前最好水平。宁粳23和宁粳35属同一组合，涉及原始亲本在17个以上，其双亲为88XW-495-1和84XZ-7。84XZ-7为宁粳9号的姊妹系，高产且早熟；88XW-495-1为农院62-5与84XW-41（糯）杂交的选择品系。其中84XW-41（糯）具有矮秆、经济系数高的特点。2012—2014年连续3年进行的比较试验中，在参试的51个现代育成品种中，位列前5位的品种依次为宁粳35、宁粳23、宁粳9号、宁粳15、宁粳28。宁粳24、宁粳43的育成代表了宁夏品质育种的当前最好水平。二者米粒偏长，外观品相好，食味品质好，为市场和消费者认可。宁粳24和宁粳43属同一组合，为3亲本复合杂交（宁粳12 / 意大利4号//92夏温37），二者体现了亲本宁粳12苗期繁茂、耐盐碱的特点和意大利4号子粒长大的特点。宁粳24和宁粳43与其他长粒形品种比较，子粒更宽更厚些，适口性好是最大特点，达到了“好看、好吃”的较好统一。

（四）花培育种

花培育种于1976年开始。1976年郭玉葭、韩国敏等人用（75-534/陆奥锦）F_1花药进行离体培养，获花培苗，经温室加代和大田鉴定获77-1313优良品系。77-1313于1979—1981年宁夏灌区7县（市）30个点试验，平均单产9 682.5kg/hm^2，比对照京引39增产8.3%。该品系株矮（74cm左右），耐肥抗倒伏。叶片小，株型紧凑，分蘖成穗率高，穗粒多，千粒重23g左右。中抗稻瘟病，中抗至中感白叶枯病。77-1313于1984年获得审定，定名宁粳6号。宁粳6号是花培育种在短时间内育成的第一个品种，自1976年花药培养到育成1982年应用于生产用了6年时间。自宁粳6号之后，采用花培育种方法相继育成了宁糯1号、宁粳11、宁粳15、宁粳21、宁粳38、宁粳41、宁糯5号等品种。花培育种并与常规杂交选育结合成为目前宁夏水稻育种主要手段。

（五）杂交稻育种

三系杂交稻选育始于1972年，先后由李晓春等人引进不育系，进行测交和回交。研究观察野败粳稻由于闭颖开花严重，天然授粉结实仅7.7%，比之同等条件下的包台不育系要低得多。1978年用包台不育系与宁系3号、京引39授粉，结实率分别为69%和60.3%。用它与4个恢复系制种，结实率21%～41%，比其他的不育系结实率高。1978年引进6个杂交稻组合进行鉴定试验，6个组合中5个都比对照增产，其中“黎明A/C57”比对照京引39增产14%，说明杂交稻在宁夏有利用前景。但同时也提出，杂交稻的三系提纯和杂交稻结实率低（空秕率

30%～40%）的问题。1979年引进恢复系22个进行观察试验，表现好的有4个，均为籼粳交后代材料。不育系制种方面，在田间开阔条件下，宁系3号A/京引39、宁系3号A/宁系3号、宁系3号A/C57-80等组合，在花期相遇下，母本结实率为10.8%～16.6%，可获150kg/ hm^2 以上不育系种子。恢复力测定方面，本地的养和白皮大稻、77-1303、意大利B、泰引1号、贵选1号测交，均无恢复能力。用日本的BT-A恢复系与不育系测交时有一定的恢复能力。

1980年由王德引进辽宁稻作所的秀优57 试验示范获得成功，于1984年审定并大面积推广。1983—1998年秀优57推广面积6.9万 hm^2，年度最大推广面积1987年为1.1万 hm^2，其杂交稻种子主要由辽宁调进。推广期间，宁夏也进行了多点较大面积的制种试验示范和规模生产，但终因杂交稻制种产量低而不稳，大量调进数量、质量难以保证，加之高产常规品种宁粳9号的育成推广，杂交稻面积下滑。

1982年曾宪平等人又开始相继引进"三系"杂交稻不育系、恢复系、保持系进行杂种优势利用育种研究，育成宁夏第一个三系杂交稻品种宁优1号于1994年通过宁夏审定。同年审定的杂交稻品种还有王兴盛由北京市农林科学院引进的京优6号品种。之后，宁夏回族自治区种子管理站潘清欣与辽宁丰民农业高新技术研究所合作育成的宁优2号2000年获得审定，宁夏农林科学院农作物研究所与北京市农林科学院合作育成的宁优3号2003年获得审定。以上4个育引杂交稻品种都在生产上示范推广，但均呈昙花一现，包括后来引进辽宁的玉优1号长粒形杂交稻。究其原因，除了与秀优57同样受制于制种产量低之外，其产量优势与当时推出的高产常规品种比，已明显弱化于秀优57推广时代。现引进辽宁和天津杂交稻在外观、加工品质及和香味基因的结合方面有所突破，其代表品种有天隆优619。

二系杂交稻研究方面，20世纪90年代引进湖北省光敏核不育等不育系材料进行杂交稻育种研究，终因不育性不稳定而终止。

（六）诱变育种

1960年开始诱变育种，由陈冠五、包大松等进行，采用伽马射线辐射、秋水仙素、超声波、激光照射等诱变处理方法，主要以伽马射线辐射处理为主。通过伽马射线辐射诱变先后育成银辐1号、76-262等品系。其中，银辐1号表现比原亲本早熟、丰产，生产上示范有一定面积；76-262品系表现高抗稻瘟病，生产上得到示范，但因晚熟未能推广，仅作高抗病亲本利用。

1999年由蒋永前牵线联系提供宁夏5份水稻种子由中国航天局通过卫星搭载进行太空微粒子诱变，后将返回种子进行田间种植选择，但因无明显变异而终止选择。

（七）高光效育种

1979年由马学飞主持进行。筛选试验以塑料薄膜密闭水泥池，配备红外线 CO_2 分析仪进行，密闭过程中的温度一般以不超过35℃为宜，以喷水为降温措施，遮盖措施控制光照强度，观测每天不同时段的 CO_2 浓度，维持 CO_2 浓度在310mg/kg上下为宜。利用高光效育种方法育成宁糯2号品种于1988年通过审定。

（八）品种的更新换代

自新中国成立以来，宁夏水稻种植品种已实现了7次更新换代。

第一次品种更新换代，1950—1962年。主栽品种是通过系统选择法提纯复壮的养和白皮大稻、叶盛白皮大稻等地方品种，以养和白皮大稻为代表品种。同时，搭配种植的品种有引进的京祖107、国光、青森5号等品种。地方品种耐淹灌、耐盐碱、耐寒性较强，苗期生长快，千粒重高，易保苗，直播生育期110d左右，在新垦荒地常被用作改土治盐的“先锋作物”。但地方品种不抗稻瘟病，易倒伏，产量低。上述外引品种比较抗病、抗倒伏、耐肥，直播栽培比地方品种增产5%～7%，插秧栽培增产10%以上，但苗期生长缓慢，直播不耐淹灌，保苗差，再加上当时脱粒难的问题未能解决，推广较慢。这期间，直播为普遍栽培方式，育苗插秧在试验阶段。水稻年平均单产为2 138kg/hm^2，年度间变幅在1 335 ～ 2 910kg/hm^2。

第二次品种更新换代，1963—1970年。主栽品种是由引自吉林省的公交10号、11、12等公交稻系列品种，搭配种植的有自育的宁系1号、宁系2号、宁系62-3、文光等中早熟品种。其中种植面积较大的是公交12品种。公交稻稻瘟病轻，耐肥、抗倒伏，成熟期比较适宜。无论是水直播（上水后播种）、旱直播（播后上水），还是育苗插秧均表现稳产增产。这期间，育苗插秧技术还不成熟，插秧栽培推广缓慢，引进的公交稻和地方稻（含自育品种）的栽培面积约各占一半。水稻年平均单产为2 978kg/ hm^2，年度间变幅在2 445 ～ 3 375kg/hm^2。

第三次品种更新换代，1971—1986年。主栽品种是由吉林省引进的京引39品种。同时，搭配种植的有自育的银粳1号、银粳2号、宁粳3号、宁粳4号品种及后期引进的秋光及秀优57杂交稻。京引39品种丰产性明显优于公交稻，惟生育期较长（150d左右），但采用适期早育早插、增施肥料等措施，表现稳产高产。恰逢薄膜保温育秧技术的推广，育苗期和插秧期比采用水育秧提早15d以上，使晚熟的京引39的丰产性得到发挥。随着插秧栽培技术的逐渐成熟和推广，京引39得到快速大面积推广，单产水平不断提高，京引39也成为新中国成立以来宁夏种植时间最长、面积最大的品种。进入20世纪80年代初，秋光及秀优57杂交稻引进推广。秋光1981—1984年试验平均单产10 338kg/hm^2，较对照京引39增产11.4%；秀优57杂交稻1980—1982年品种比较试验，3年平均单产11 613kg/hm^2，比对照京引39增产22.2%；1982年宁夏引黄灌区7个县（市）14个点示范种植平均单产10 416kg/hm^2，比对照京引39增产26.7%。至1981年宁夏水稻单产首次突破千斤大关(502kg/667m^2)。这期间，水稻年平均单产为6 137kg/hm^2，年度间变幅在2 115 ～ 8 415kg/hm^2。年度产量最低的1976年单产2 115kg/hm^2，主要影响因素是水稻冷害，加之大面积推广了矮丰2号晚熟品种。年度产量最高的1985年单产8 415kg/hm^2。

第四次品种更新换代，1987—1989年。主栽品种是宁粳7号、秋光、秀优57（杂交稻）品种，以宁粳7号为代表品种。搭配品种有宁粳6号、宁粳8号、宁粳10号等。这次更新基本实现了宁夏以种植引进品种为主向自育品种为主的转变，自育品种种植面积占68.5%。宁粳7号自育品种因其高产、优质、适应性好得到快速推广，当时群众称“小杂交”，年度最高种植面积1988年达2.9万hm^2；秀优57杂交稻因其突出的产量优势推广面积年度最高达1.1万hm^2，但受制于制种产量低等因素，面积未能继续扩大。秋光因苗期耐寒性较差，也逐渐被其他品种取代。这期间，水稻年平均单产为8 360kg/hm^2，年度间变幅在8 295 ～ 8 490kg/hm^2。

第五次品种更新换代，1990—1995年。主栽品种有宁粳9号、宁粳7号、宁粳11、宁粳14，以宁粳9号为代表品种。搭配品种有宁粳12、宁粳6号、宁粳8号、宁粳10号、秋光、秀优57（杂交稻）等。这次品种更新特点是宁粳9号高产品种表现为高秆大穗，具有高的生物学产量和高的经济系数，增产潜力大，1986—1988年3年区域试验平均单产11 499kg/hm^2，较对照秋光增产9.0%，故很快得到推广，至1991年达到2.3万hm^2。但由于其耐低温、耐盐碱性较弱，不适宜在低洼盐碱地种植，低温年份结实率低和成熟度差，种植面积至1993年回落。育成的耐低温、耐盐碱的中早熟品种宁粳12、宁粳14很快得到发展。这次品种更新体现了品种的多元化和自育品种的主导地位，自育品种种植面积占85.8%。这期间，水稻年平均单产为7 930kg/hm^2，年度间变幅在6 930 ～ 9 255kg/hm^2，年际间变幅较大。其原因是1992年和1993年连续低温致使两年产量下降至7 500kg/hm^{2}以下，而正常年份的1991年，又因高产品种的大面积种植取得了平均单产9 255kg/hm^{2}的年度历史最高纪录。

第六次品种更新换代，1996—2004年。主栽品种主要有宁粳16、宁粳24、宁粳27、宁粳12，其中以宁粳16为代表品种。同期种植的还有宁粳23、宁稻216、宁粳10号、宁粳19、超优1号、藤系747（吉引86-11）等。这期间，晚熟高产耐盐碱品种宁粳16和晚熟高产的高秆大穗型品种宁粳23相继推出。市场对品质的要求，不得不在追求高产的同时注重市场品质，晚熟外观较好的长粒形品种宁粳24、宁粳27及圆粒的超优1号品种受到市场欢迎。中早熟的适应低洼盐碱地的宁粳12、藤系747（吉引86-11）也占据一定面积。这次品种更新同样体现了品种的多元化和自育品种的主导地位，自育品种年平均种植面积占76.5%，但自育品种所占比例已从1999年最高的90.6%回落到2004年的49.2%。品种上实现了早、中、晚搭配，高产和品质并举，栽培上强化了旱育稀植插秧栽培技术。这期间，水稻平均单产为8 737kg/hm^2，年度间变幅在7 930.5 ～ 9 465.0kg/hm^2，基本稳定在8 300kg/hm^{2}以上，年度最高单产的1998年达到9 465kg/hm^2，再创历史最高纪录。

第七次品种更新换代，2005年至今，主栽品种主要有富源4号、宁粳43、宁粳28、宁粳38、宁粳41、宁粳45、吉粳105，其中以富源4号为代表品种。同时种植的还有宁粳23、宁粳24、宁粳27、宁粳33、宁粳44等。这期间，品种的多元化更加明显，插秧已不再成为主导栽培方式，直播面积逐年上升，品种和栽培方式的选择体现了市场导向和效益优先原则。晚熟品种的应用面积有所下降，适应直播的中早熟品种面积上升。优质品种宁粳43得到快速推广，但因较感稻瘟病，年际间种植面积不稳定。长粒形品种和圆粒形品种年际间此长彼落。适应性好、食味品质好、且产量高的富源4号、宁粳41大面积稳定种植。这期间，自育品种平均种植面积占57.3%，较上几次更新下降。水稻平均单产为8 311kg/hm^2，年度间变幅在7 864 ～ 8 687kg/hm^2，基本稳定在8 250kg/hm^{2}左右。单产的相对降低，既是品质优先的结果，也与直播面积扩大、晚熟品种面积相对缩减有关（表2-3）。

（九）宁夏品种的类型和熟期

在品种类型划分上，宁夏水稻统为早粳类型，其中宁夏地方品种为早早粳，现代育成品种为中早粳。这是因为宁夏地方品种在当时直播条件下（6月初播种）其生育期100d左右，采用现行育秧插秧栽培方式其生育期110d左右。而现代育成品种采用现行育秧插秧栽培方式其生育期都在130d以上。故宁夏地方品种成熟所需积温和生育天数都与黑龙江北部的早早粳类同，而现代育成品种成熟所需积温和生育天数均高于地方品种，与吉林和辽宁北部品种类同。在品种熟期划分上，宁夏地方品种当时习惯把熟期晚的称大稻，熟期早的称小稻。如养和白皮大稻、叶盛白皮大稻、大糯稻等，故将这类品种定为早早粳中的晚熟品种。又如白皮小稻、小糯稻等定为早粳中的早熟品种，仅晚熟和早熟两个熟期。现代育成品种在“中早粳”类型内，根据插秧栽培的生育期，将生育期在135d以下者划为早熟品种，135 ～ 145d者划为中熟品种，145d以上者划为晚熟品种，有早、中、晚三个熟期。

表2-3 宁夏1981—2014年水稻种植面积在前5位的品种及面积（hm²）

年份	第1位	面积	第2位	面积	第3位	面积	第4位	面积	第5位	面积
1981	京引39	28 819	宁粳4号	3 412	延粳12	1 741	合交5602	975	星火粘稻	838
1982	京引39	31 341	宁粳3号	3 130						
1983	京引39	33 863	宁粳3号	5 265	宁粳4号	4 478	星火粘稻	916	秀优57	411
1984	京引39	31 515	宁粳3号	6 740	秀优57	3 947	宁粳4号	2 120	秋光	1 491
1985	京引39	27 034	秋光	6 883	宁粳3号	6 032	秀优57	4 888	宁粳6号	1 263
1986	京引39	15 645	秋光	12 591	秀优57	10 184	宁粳3号	5 324	宁粳4号	3 704
1987	宁粳7号	15 495	秀优57	10 929	秋光	10 097	京引39	4 987	宁粳3号	4 639
1988	宁粳7号	29 300	秋光	5 556	秀优57	4 458	宁粳8号	3 838	宁粳3号	3 731
1989	宁粳7号	28 057	秀优57	5 055	秋光	5 039	宁粳3号	4 539	宁粳6号	3 956
1990	宁粳9号	22 640	宁粳7号	14 176	宁粳8号	5 545	宁粳6号	3 765	宁粳3号	3 570
1991	宁粳9号	22 711	宁粳7号	10 006	宁粳6号	4 213	宁粳10号	1 998	秋光	1 842
1992	宁粳9号	17 040	宁粳12	8 643	宁粳11	7 429	宁粳7号	5 702	秀优57	4 861
1993	宁粳11	9 166	宁粳7号	6 769	宁粳14	6 499	宁粳6号	6 040	秀优57	5 268
1994	宁粳14	11 517	宁粳7号	7 434	宁粳11	7 095	宁粳10号	6 164	秀优57	3 694
1995	宁粳14	9 650	宁粳7号	8 519	宁粳10号	6 193	宁粳16	5 852	宁粳11	5 370
1996	宁粳16	13 878	宁粳10	10 605	宁粳14	10 114	宁粳12	6 530	宁粳7号	5 555
1997	宁粳16	25 314	宁粳19	6 201	宁粳14	5 642	宁粳12	4 271	宁粳10号	3 798
1998	宁粳16	26 188	宁粳12	10 326	藤系747	4 823	宁粳10号	3 983	宁粳11	2 609
1999	宁粳16	42 657	宁粳12	5 938	藤系747	4 463	宁粳10号	4 333	宁粳14	1 403
2000	宁引16	43 693	藤系747	5 000	宁粳10号	4 500	宁粳12	4 353	宁稻216	4 000
2001	宁粳16	16 928	宁粳27	6 333	藤系747	5 548	宁粳10号	4 500	宁粳12	4 353
2002	宁粳16	10 266	宁粳23	10 000	宁粳11	6 333	藤系747	5 989	超优1号	3 238
2003	宁粳24	8 115	宁粳27	5 697	宁粳16	5 461	超优1号	3 488	宁粳23	3 418
2004	宁粳24	12 460	宁粳27	10 600	宁粳16	5 687	超优1号	5 169	富源4号	3 579
2005	富源4号	14 813	宁粳24	10 167	宁粳28	9 240	宁粳27	5 487	藤系747	4 493
2006	宁粳28	15 511	富源4号	11 037	宁粳35	7 039	宁粳27	4 970	藤系747	4 093
2007	富源4号	12 952	宁粳28	9 847	宁粳27	6 955	宁粳38	5 064	宁粳35	4 953
2008	富源4号	35 376	宁粳38	7 794	宁粳41	5 147	宁粳35	3 988	宁粳28	3 592
2009	富源4号	24 406	宁粳28	7 288	宁粳38	5 680	吉粳105	4 405	宁粳39	4 333

（续）

年份	第1位	面积	第2位	面积	第3位	面积	第4位	面积	第5位	面积
2010	富源4号	23 680	宁粳38	6 573	吉粳105	6 347	宁粳41	6 344	宁粳28	5 815
2011	富源4号	23 763	宁粳43	22 133	吉粳105	10 976	宁粳41	5 736	宁粳28	5 460
2012	富源4号	20 240	宁粳43	13 040	吉粳105	10 889	宁粳38	7 984	宁粳41	5 111
2013	富源4号	14 055	宁粳43	14 051	吉粳105	12 239	宁粳45	8 540	宁粳28	8 415
2014	宁粳38	16 271	宁粳43	16 200	宁粳44	9 157	宁粳28	8 924	富源4号	8 363

注：分品种面积统计资料来源于宁夏种子管理站统计资料，个别年份来源于宁夏农林科学院农作物研究所统计。

第九节　新疆维吾尔自治区稻作区划与水稻品种改良历程

新疆维吾尔自治区位于我国西北边陲，介于北纬34° 25′ —48° 10′ ，东经73° 40′ —96° 18′ 之间，属内陆干旱地区。新疆种植水稻的历史悠久，据《魏书》《隋书》等史书记载，早在1 400多年前，新疆的焉耆县、龟兹（今库车县）等地就有水稻的种植。新疆年降水量为30.7 ~ 245.6mm，由于水资源的极度缺乏，限制了水稻的种植，但是由于丰富的光热资源，例如：年太阳辐射总量为627.60 ~ 753.12kJ/cm^2，年日照时长达2 476.2 ~ 3 008.5h，均高于我国同纬度其他地区；≥ 10℃积温的年均天数为183d，平均总积温可达3 664 ℃，适宜种植早粳稻的极早熟、早熟、中熟和晚熟品种。另外，新疆年均气温日差达12.5℃，年均蒸发量达2 188.5mm，年均相对湿度仅为55%。新疆得天独厚的自然条件又使水稻种植具有产量高、品质好的特点。

新疆水稻种植区域主要分布于河流两岸灌溉条件较好的旱地，以及不适宜种植旱作的低洼地和泉水溢出带。新疆水稻的种植多采用一年一熟制。20世纪80年代以前，主要以水直播和育秧移栽为主，目前以育秧机插移栽为主，新疆生产建设兵团的南疆稻区也有采用机械旱直播、飞机水直播等方法，伊犁哈萨克自治州稻区多采用机械旱直播、育秧机插移栽方法。在耕作制度上，以水旱轮作和水稻连作的种植方式为主。

由于新疆水资源的极度缺乏，加之对经济作物和林果业的大力发展，导致新疆水稻的种植面积出现锐减。截至2014年，全疆各地州市水稻种植面积为6.83万hm^2，并且呈现出继续减少的趋势。其中以新疆生产建设兵团的减幅最为显著，缩减面积达53.7%。目前，新疆只在10个地州市的35个县市有水稻种植，并且北疆北部极早熟水稻种植区已经消失。

新疆稻区所种植的水稻品种以中晚熟为主（生育期为135 ~ 155d），水稻的平均产量较20年前有了大幅度的提高（平均产量为 8 813kg/hm^2），并且出现了种植面积达数千公顷，平均产量超过10 500kg/hm^{2}的水稻高产县和高产团场，以及种植面积数百公顷，平均产量超过12 000kg/hm^{2}的水稻高产单位。

新疆是我国北方粳稻的一个重要的高产稻区，同时由于昼夜温差大，光照充足，病虫害较少等得天独厚的自然优势，生产出的稻米品质优良，无污染，是优质有机稻米和水稻良种的生产基地。

一、新疆维吾尔自治区稻作区划

根据新疆维吾尔自治区水稻生产的地理位置、自然条件、品种类型以及栽培制度等特点，将新疆水稻的种植区域共划分为4个稻作区。

（一）北疆北部极早熟水稻品种区

该稻区位于阿尔泰山南坡，是1949年后新发展的稻区。主要产稻地区包括阿勒泰地区所属的福海县、阿勒泰市等。稻田主要分布于额尔齐斯河、乌伦古河的河谷平原，平均海拔618m，引用河水灌溉。本区平均≥10℃积温在2 891.5℃，天数为152d，适宜栽种早粳的特早熟品种。

1983年水稻种植面积为3 140hm^2，占新疆水稻种植面积的3.3%，平均产量为1 748kg/hm^2，属于新疆水稻生产的低产区。

该稻区的安全播种期为5月中旬，安全齐穗期为7月20日，安全成熟期为9月10日。种植方式采用旱直播。主要栽培的品种有阿稻1号、阿稻2号。

该稻区近年来因畜牧业的快速发展，致使该稻区已经消失。

（二）北疆南部早熟、中熟水稻品种兼种区

该稻区位于天山北坡及伊犁河谷区域。主要产稻地区有伊犁哈萨克自治州的伊宁市、察布查尔县、霍城县，博尔塔拉蒙古自治州的博乐市，塔城地区的乌苏市、沙湾县，以及昌吉回族自治州的米泉区、昌吉市、玛纳斯县等。稻田主要分布于伊犁河中游、博尔塔拉河的河谷平原，以及玛纳斯河、乌鲁木齐河等山溪性河流的冲积平原，主要引用河水及泉水灌溉，平均海拔为570m。该区≥10℃积温在3 258～3 820℃，天数为168～176d。

1983年水稻种植面积为2.2万hm^2，占新疆水稻种植面积的23.2%，平均产量为4 687kg/hm^2。截至2014年水稻种植面积为3.2万hm^2，占新疆水稻种植面积的43%，平均产量为8 996kg/hm^2。由于近年伊犁河谷等区域水利设施的建设和投入使用，使该区域水稻种植面积未减反增。该稻区中的乌鲁木齐市（原米泉稻区）种植面积7 050hm^2，平均产量8 813kg/hm^2，主要生产名优特及优质有机稻米。察布查尔锡伯自治县种植面积9 380hm^2，平均产量9 602kg/hm^2，是北疆的主要水稻商品粮生产基地。该稻区是新疆水稻生产的高产区。

该稻区安全播种期为水直播5月上旬，露地育秧和塑料薄膜育秧分别提早5～10d和20～30d，安全齐穗期为8月5日，安全成熟期为9月25日。种植方式主要采用盘育秧机插移栽。本稻区兼种早粳稻的中熟及中晚熟品种。目前主要种植的品种有伊粳12、伊粳13、新稻27、新稻32、农林315等早熟品种，约占种植面积的35%；粮香5号、粮粳5号、新稻6号、新稻7号、新稻17、新稻28以及沈农129等中熟品种，约占种植面积的45%；新稻9号、新稻11、秋田小町、新稻16、选珍以及富禾等晚熟品种，约占种植面积的20%。

（三）南疆北部早熟、中熟、晚熟水稻品种兼种区

该稻区位于天山南坡，主要产稻县市有阿克苏地区的温宿县、乌什县、阿克苏市、库车县、沙雅县、新和县、拜城县以及阿瓦提县，巴音郭楞蒙古自治州库尔勒市、焉耆县、和静县、和硕县、博湖县、尉犁县等。其中温宿县、乌什县、阿克苏市等县市以及新疆生产

建设兵团农一师、新疆生产建设兵团农二师所属各团场，都是南疆的重要水稻商品粮生产基地。稻田主要分布于阿克苏河、塔里木河、渭干河、开都河以及孔雀河流域的冲积平原，平均海拔高度为981m，采用河水灌溉为主。本区≥10℃积温在3 477～4 319℃，天数为179～202d。

1983年水稻种植面积为5.1万hm^2，占新疆水稻种植面积的53.6 %，平均产量4 204kg/hm^2。2014年水稻种植面积为2.4万hm^2，占新疆水稻种植面积的36.7%，该稻区水稻种植面积的大幅度减少，主要与新疆生产建设兵团各团场改变种植结构，大力发展经济作物和林果业（如棉花、大枣等）有关。目前，随着水稻品种资源的提升，稻区平均产量可达9 987kg/hm^2。

该稻区直播栽培的安全播种期为4月下旬到5月上旬，育秧移栽需提前10d左右播种。安全齐穗期为8月15日，安全成熟期为10月上旬，本区的光热资源较北疆南部稻区有明显优势。本区多采用旱、水直播和育秧移栽的栽培方式，且栽培管理水平比较高。本稻区种植早粳稻的早熟、中熟和晚熟品种。由于区域内属平原农区且浅山区积雪较少，早、中、晚熟品种的种植比例取决于当年高山积雪融化时间，积雪融化较早时，以种植中熟、晚熟品种为主，积雪融化较晚时，以种植早熟品种为主。目前，主要栽培的水稻品种有沙丰75、7303、新稻8号、新稻19、新稻30、秋田小町、越光等晚熟品种。

（四）南疆西南部早熟中熟晚熟水稻品种兼种稻区

该稻区位于喀什三角洲及昆仑山北坡，主要产稻县市包括喀什地区的疏勒县、泽普县、莎车县、叶城县，克孜勒苏柯尔克孜自治州的阿克陶县及和田地区的和田市、墨玉县、于田县等。稻田主要分布于叶尔羌河、和田河、克里雅河的冲积平原，引用河水或泉水灌溉，平均海拔为1 302m。本区≥10℃积温在4 209～4 486℃，天数209～215d。

1983年水稻种植面积为1.9万hm^2，占新疆水稻种植面积的19.8%，平均产量仅2 736kg/hm^2，是新疆的水稻生产低产区。截至2014年该区域水稻种植面积为1.4万hm^2，占新疆水稻种植面积的20.4%，虽然其种植面积有所萎缩，但其平均产量有显著的提升，平均产量达7 511kg/hm^2，增速达275%。其中喀什市耕种的1 520hm^2稻田，平均产量达到10 416kg/hm^2，已成为新疆水稻种植的高产区之一。

该稻区的安全播种期、安全齐穗期和安全成熟期基本与南疆北部稻作区相同。种稻方法以水直播为主。适宜种植早粳稻的早熟、中熟和晚熟品种。目前，主要种植的水稻品种有黑芒稻、杜字129、新稻1号等早熟品种，中粳129、沙丰75、7303、新稻5号、新稻8号、新稻19、国庆20等中熟品种，矮丰2号、沙交5号、新稻12、新稻15等晚熟品种，其播种面积分别占总播种面积的32%，45%以及23%。

本稻区的光热资源丰富，但春旱严重，多数地区的水稻种植技术还比较落后，单产依然较低，但随着品种的更新改良以及栽培技术的不断提高，将有望成为我国北方粳稻的高产稻区。

此外，新疆东部的吐鲁番市、哈密地区以及巴音郭楞蒙古自治州南部的且末县、若羌县等地区，虽光热资源丰富，但因干旱缺水，水稻种植面积极小。

二、新疆维吾尔自治区水稻品种改良历程

20世纪50年代，新疆稻区所种植的水稻品种，主要是由新疆八一农学院从全疆26个主要产稻区县，征集获得的300多个地方品种中，经分类、鉴定、整理、筛选而成的16个

主要的新疆粳型水稻地方品种。这些粳型水稻地方品种，其主要特点是苗期耐冷性好，耐盐碱，耐深水，生长快，粒大，千粒重高，需肥少，适宜粗放式的栽培模式。该类品种的主要不足是植株高，不耐肥，不抗倒伏，易感染稻瘟病，产量低，稻米品质差。这时期主要种植的品种有：虎皮黑芒稻、早熟虎皮黄芒稻、虎皮白芒稻、虎皮黄芒稻、虎皮无芒稻、无芒稻、白芒稻、短粒白芒稻、早熟白芒稻、秃芒稻、黑芒稻、糯稻等。

到20世纪60年代，新疆水稻生产仍然主要以新疆粳型水稻地方品种（农家品种）为主，同时也开始逐渐地引进国内外高产优良品种进行试验推广，引进的主要品种有：中粳129、公交10号、杜宇129、宁系62-3、农垦21等，其中以杜宇129、中粳129、宁系62-3的推广面积最大。

20世纪70年代至20世纪80年代，主要以引进国内外高产、稻米品质优的水稻品种，进行示范栽培为主。通过试验、示范，筛选得到了一批适宜新疆本地种植的水稻品种。如秋光、早锦、短丰2号、铁粳5号等品种。

此外，在引进外来品种的同时，新疆水稻育种工作者也开展了新疆水稻育种工作，并育成了一批适应新疆地理环境种植的产量高、稻米品质优的水稻新品种，如伊粳1号、伊粳2号、伊粳5号、巴粳1号、沙丰75、沙交5号、新稻1号、78-1等。这一阶段，在水稻生产上主要以提高稻米产量为目标，故育种工作也围绕这一目标进行。1984年，新疆自育水稻新品种78-1单产15 187.5kg/hm^2，创造了当年全国单产最高纪录。

随着新疆高产、优质的自育品种逐渐增加，原始的地方品种（农家品种）种植面积急剧缩小，到20世纪80年代末，新疆原始地方品种的种植面积仅占水稻总种植面积的3%，引进水稻品种的种植面积占水稻总种植面积的45.3%，新疆自育水稻品种的种植面积达到了37.3%。

20世纪90年代，随着人们生活水平的提高，稻米品质差的问题日益突显，故该阶段水稻种质资源的引进和研发方向主要以提高稻米品质为目标，以满足市场的需求。因此，从国内外引进了大批品质优的稻米品种，进行了示范和推广。引进国外的优质水稻品种主要有秋田小町（日本）、越光、农林314、农林315、丰锦等；引进国内的优质水稻品种主要有辽粳371、丰优516、田丰208、吉粳、辽盐和雨田等。

在品种引进的同时，新疆自育品种的研发也取得了很大进展，示范、审定及推广了一批产量高、稻米品质优的新品种，如新稻3号、新稻4号、新稻5号、新稻6号、新稻9号、新稻16、新稻17、新稻21、新稻28、伊粳12等新疆水稻新品种。这些高产优质的水稻品种大面积的推广应用，使得新疆稻米产量以及稻米品质都得到了大幅的提升。

在此阶段，新疆水稻科研人员也开展了杂交水稻品种的培育及研发工作，并取得了长足的进步。育成并审定了一批可用于生产的高产、稻米品质优的杂交水稻新品种，如新稻（杂）3号、新稻（杂）4号、新稻22、新稻25、新稻32等。

此外，新疆农业科学院粮食作物研究所育成的粮粳5号、粮粳10号通过了国家农作物品种审定委员会的审定，填补了新疆无国审水稻新品种的空白。这两种水稻品种也已走出新疆，在东北稻区得到了广泛的推广和种植。

目前，新疆水稻育种工作主要以提高稻米食味品质为目标，在生产中主要种植的水稻品种包括：秋田小町（日本）、越光、农林315等国外引进品种，以及新稻11、新稻17、新稻41、新稻42、新稻44、粮香3号、粮香5号等自育品种。这些自育品种的主要特征是食味品质好、产量高，适宜在新疆生态环境下种植。

经过新疆水稻育种者多年的不懈努力，新疆稻米品种的食味品质有了显著提高。新稻41、粮粳16在2012年北方稻作协会举办的优质稻米食味评比中荣获特等奖，由北方稻作科学技术协会主办的第十一届全国优良食味粳稻品评大会上粮香5号、粮粳10号荣获一等奖。

参考文献

陈冠五，冯中华，1978. 宁夏水稻地方品种资源研究[M]. 庆祝自治区成立二十周年科研成果汇编（农业部分），宁夏回族自治区农业科学研究所：36-40.
程泽强，尹海庆，唐保军，等，2000. 河南北部水稻品种选育及其系谱关系研究[J]. 作物杂志，6: 28-31.
房志勇，唐保军，尹海庆，等，1999. 河南省稻作现状与发展战略[J]. 河南农业科学，1: 5-7.
冯瑞光，孟令起，2007. 河北省水稻育种目标及发展策略[J]. 河北科技师范学院学报，21 (2): 12-14.
高如嵩，张嵩午，等，1994. 稻米品质气候生态基础研究[M]. 西安：陕西科学技术出版社，132-133.
高宇，李晓慧，张玲燕，等，2011. 银川盆地富硒土地资源研究[J]. 农业科学研究，32 (4): 88-89.
韩国敏，吴梁源，1996. 宁夏水稻单倍体育种的回顾与展望[J]. 宁夏农林科技，6: 9-12.
胡子诚，贾锦娟，李培富，1992. 高产香稻新品系选育初报[J]. 宁夏农林科技，5: 11-12.
胡子诚，贾锦娟，2005. 高产优质香粳品种“宁香稻2号”的选育报告[J]. 宁夏农林科技，1: 19-20.
胡子诚，胡晓梅，2010. 试论杂草稻起源之谜——介绍“西北粳”[J]. 北方水稻，1: 66-70.
柯象寅，房志勇，1992. 河南省水稻的生产潜力[J]. 河南农业科学，6: 1-2.
李广信，王广元，于晓慧，等，2012. 水稻新品种晋稻12号的特征特性及高产栽培技术[J]. 农业科技通讯，7: 151-153.
李相奎，2008. 临稻15号的选育、特征特性及配套栽培技术[J]. 农业科技通讯，8: 114-115.
李亚卉，2016. 宁夏杂草稻的遗传多样性及其亲缘关系研究[J]. 植物遗传资源学报，17 (1): 39-46.
林世成，闵绍楷，1990. 中国水稻品种及其系谱[M]. 上海：上海科学技术出版社.
刘炜，史延丽，王金福，等，2003. 粳型水稻杂种优势生态型的初步研究[J]. 宁夏农林科技，3: 1-6.
刘学军，苏京平，马忠友，等，2004. 优质高产杂交粳稻新组合津粳杂2号[J]. 杂交水稻，3: 74-75.
刘延刚，刘丽娟，刘德友，等，2011. 临沂市水稻生产现状及可持续发展对策[J]. 山东农业科学，11: 112-114.
柳世君，郭祯，马铮，等，2006. 豫南稻区稻作技术的历史变迁与发展趋势[J]. 中国农业科技导报，8 (6): 42-46.
马静，韩国敏，安永平，2005. 提高宁夏水稻花药培养力的研究[J]. 宁夏农林科技，6: 23-24.
马静，孙建昌，王兴盛，等，2011. 宁夏水稻选育品种遗传多样性和亲缘关系分析[J]. 西北植物学报，31 (5): 929-934.
马学飞，1989. 糯稻新品种“宁糯2号”简介[J]. 宁夏农林科技，2: 13-15.
闵绍楷，吴宪章，姚长溪，等，1988. 中国水稻种植区划[M]. 杭州：浙江科学技术出版社，418-426.
宁夏农林科学院院志编辑委员会，2001. 宁夏农林科学院院志[M]. 宁夏农林科学院，133-135.
宁夏农业地理编写组，1976. 宁夏农业地理[M]. 北京：科学出版社.
宁夏通志编纂委员会，2008. 宁夏通志（科学技术卷）[M]. 北京：方志出版社.
山西省农业科学院，1985. 山西省农作物品种志[M]. 太原：山西科学教育出版社.

山西省农业种子总站,1988. 山西省农作物优良品种[M]. 太原: 山西省科学教育出版社.

苏京平,刘学军,马忠友,等,2004. 优质高产杂粳新品种津粳杂4号[J]. 中国稻米,4: 20.

孙建昌,马静,杨生龙,等,2011. 粳稻粒形对其产量及主要农艺性状的影响[J]. 西北农业学报,20 (9): 50-53.

万建民,2010. 中国水稻遗传育种与品种系谱[M]. 北京: 中国农业出版社.

王德,1986. 宁夏稻米品质[J]. 宁夏农林科技,5: 9-11.

王广元,1998. 发展山西水稻生产的战略思考. 21世纪科学技术发展与兴晋战略研究（科学技术面向新世纪学术年会论文集）[M]. 太原: 山西省科学技术协会.

王广元,吴海花,李广信,等,2010. 氮离子注入水稻诱变效果及抗氧化酶活性和丙二醛含量的比较[J]. 中国农学通报,26 (13): 63-66.

王广元,于晓慧,李广信,等,1998. 山西稻种资源研究与利用[J]. 华北农学报,13（专刊）: 75-77.

王广元,于晓慧,李广信,等,2011. 高产、优质水稻品种晋稻11的选育及特征特性[J]. 中国稻米,17 (5): 65-67.

王广元,于晓慧,李卫国,等,1997. 高产、优质抗病新品种晋稻5号的选育[J]. 华北农学报,12（专刊）: 119-122.

王广元,于晓慧,梅青,等,2005. 优质、高产糯稻新品种晋稻（糯）7号选育与应用[J]. 华北农学报,20（增刊): 93-95.

王广元,于晓慧,梅青,等,2006. 晋稻8号特征特性及高产栽培技术[J]. 农业科技通讯,3: 13-14.

王兴盛,安永平,武绍湖,1993. 回交转育水稻糯与非糯同型系育种方法的研究[J]. 西北农业学报,2 (1): 10-14.

王兴盛,张俊杰,杨生龙,等,2003. 宁夏大米品质问题之再论[J]. 宁夏农林科技,5: 31-35.

王兴盛,1992. 浅析宁夏水稻育成品种（系）的遗传背景[J]. 宁夏农林科技,3: 11-14.

吴俊生,1997. 山东主要水稻品种系谱分析[J]. 作物品种资源,4: 7-8.

熊振民,蔡洪法,闵绍楷,等,1992. 中国水稻[M]. 北京: 中国农业科技出版社.

杨百战,杨连群,杨英民,2006. 山东水稻生产发展优势、存在问题及对策[J]. 中国稻米,3: 53-54.

杨连群,宫德英,张士勇,等,1996. 高产优质抗病水稻新品种-H301[J]. 山东农业科学,4: 4.

杨连群,2000. 山东水稻优质高效持续发展研究[J]. 山东农业科学（增刊）: 33 -34.

杨玉蓉,孙建昌,王兴盛,等,2014. 宁夏不同年代水稻品种的遗传多样性比较[J]. 植物遗传资源学报,15 (3): 44-52.

杨振玉,1999. 北方杂交粳稻育种研究[M]. 北京: 中国农业科技出版社.

殷延勃,马洪文,王昕,等,2007. 宁夏水稻品种（系）农艺、品质性状改良状况分析[J]. 宁夏农林科技,1: 34-35.

尹海庆,房志勇,王生轩,等,2006. 河南省粳稻育种研究的现状与展望[J]. 作物杂志,4: 28-30.

于晓慧,王广元,梅青,等,2000. 水稻新品种晋稻6号的选育及特征特性[J]. 作物杂志,6: 34-35.

袁守江,李广贤,姜明松,等,2008. 山东主要水稻品种演变及系谱分析[J]. 山东农业科学,4: 11-13.

袁守江,杨连群,宫德英,等,2004. 山东省优质稻米产业化现状及发展对策[J]. 山东农业科学,6: 65-67.

张启星,张秀和,冯瑞光,2005. 河北省水稻品种的演变及90年代以来育成品种系谱分析[J]. 华北农学报,20（增刊）: 114-119.

张一尘,1989. 宁夏水稻新品种选育推广的增产作用及其经济效益[J]. 宁夏农林科技,2: 8-12.

朱其松,张洪瑞,张士永,等,2007. 山东省地方水稻品种资源的农艺性状及抗性鉴定[J]. 山东农业科学,6: 38-39.

第三章
品种介绍

第一节　常规籼稻品种

河南

青二籼（Qing'erxian）

品种来源：河南省信阳市农业科学院以特青1号和81020为亲本杂交选育而成。2001年通过河南省农作物品种审定委员会审定。

形态特征和生物学特性：属常规中籼中熟。全生育期135～145d，株高105.0cm，株型较紧凑，成熟转色好。穗长22.0cm，穗粒数160.0粒，结实率85.0%。谷粒椭圆形，千粒重25.0～26.0g。

品质特性：糙米率80.4%，精米率72.4%，整精米率71.2%，垩白度8.0%，胶稠度90mm，直链淀粉含量15.5%，蛋白质含量9.5%，粗脂肪含量0.7%，粗淀粉含量86.8%，赖氨酸含量0.4%。

抗性：中抗稻瘟病、白叶枯病，耐肥，抗倒伏。

产量及适宜地区：1998—1999年参加河南省南部稻区区域试验，两年区域试验平均产量8 707.5kg/hm^2。1999年生产试验，平均产量9 240.0kg/hm^2。适宜在河南省南部中籼稻区种植。

栽培技术要点：①春稻4月上旬、麦茬稻5月上旬播种，用种量60.0～67.5kg/hm^2，秧龄35d。②一般田块施碳酸氢铵600.0kg/hm^2、磷肥300.0～450.0kg/hm^2、钾肥150.0kg/hm^{2}作底肥，移栽后5d施尿素150.0kg/hm^{2}作返青肥。③小蔸密植移栽，插33.0万穴/hm^2，每穴栽4～5苗。④前期浅水勤灌促分蘖，中期注意适时晒田，中后期干湿交替。

特糯2072（Tenuo 2072）

品种来源：河南省信阳市农业科学院以鄂荆糯6号和92-05为亲本杂交选育而成。2002年通过河南省农作物品种审定委员会审定。

形态特征和生物学特性：属常规中籼中熟（糯稻）。全生育期138d左右，株高110.0cm左右，幼苗叶色深绿，苗期叶片稍宽大挺直，茎蘖集散适中，拔节后株型紧凑，剑叶宽短直立，茎叶夹角小。抽穗速度快，整齐度好，灌浆速度快，籽粒充实饱满，叶片功能期长，茎秆粗壮，弹性好，主茎叶片16 ~ 17片，成穗率70.0%左右。穗长25cm，穗大粒多，着粒较密，每穗粒数150.0粒左右，结实率90.0%左右。谷粒狭长、橙黄色，千粒重26.5g。

品质特性：糙米率79.6%，整精米率55.2%，不完整粒率1.2%，胶稠度100mm，直链淀粉含量1.9%，糙米长宽比3.2。

抗性：抗稻瘟病，中抗白叶枯病，耐肥，抗倒伏。

产量及适宜地区：1999—2000年参加河南省南部稻区中籼优质稻组区域试验，平均产量8 280.0kg/hm^2，比对照豫籼3号增产6.5%。2000—2001年参加河南省南部稻区生产试验，平均产量8 326.5kg/hm^2，比对照豫籼3号增产5.7%。适宜在豫南稻区作春稻或麦茬稻种植。

栽培技术要点：①适宜中上等肥力田块种植。作春稻栽培宜在4月中旬播种，作麦茬稻栽培宜在5月上旬播种。大田用种45.0 ~ 52.5kg/hm^2，秧龄控制在35d以内，忌秧龄过长。移栽30.0万~ 33.0万穴/hm^2，每穴栽4 ~ 6苗。②在增施有机肥的基础上，重施底肥，一般田块施碳酸铵600.0kg/hm^2、磷肥300.0 ~ 450.0kg/hm^2、钾肥150.0kg/hm^{2}或施用水稻专用复合肥750.0kg/hm^{2}作底肥。③前期注意浅水勤灌促分蘖，中期适时晒田，灌浆中后期干湿交替至成熟，保根养叶增加粒重。

特优2035（Teyou 2035）

品种来源：河南省信阳市农业科学院以特三矮2号和81020为亲本杂交选育而成。2003年通过河南省农作物品种审定委员会审定。

形态特征和生物学特性：属常规中籼中熟。全生育期140～145d。株高115.0cm左右，株型集散适中，穗型下垂，叶片形态外卷。叶宽窄中等，叶势直立，穗分枝中等，穗长25.0cm，每穗粒数150.0粒左右，结实率90.0%。谷粒橙黄色、细长，千粒重27.5g。

品质特性：糙米率78.6%，精米率70.6%，整精米率69.1%，垩白粒率14%，垩白度0.9%，胶稠度80mm，直链淀粉含量19.1%，糙米粒长6.9mm，糙米长宽比3.0，食味品质8.0分。

抗性：高抗稻瘟病，抗纹枯病，抗—中感白叶枯病；耐寒性强；抗倒伏性强。

产量及适宜地区：2000—2001年参加河南省南部稻区水稻品种中籼迟熟区域试验，平均产量8 430.0kg/hm^2，比对照豫籼3号增产9.8%。2002年参加河南省南部稻区水稻生产试验，平均产量7 818.0kg/hm^2，比对照豫籼3号增产6.0%。适宜在豫南稻区作春稻或麦茬稻栽培种植。

栽培技术要点：①适宜中上等肥力水平田块种植，作春稻栽培以4月20日左右播种为宜，麦茬稻5月上旬播种，秧龄控制在35d以内。适宜小蔸密植，移栽行株距19.8cm×16.5cm，每穴栽3～5苗。②在增施有机肥的基础上，注意重施底肥，早施追肥，酌情补施穗肥，并注意氮、磷、钾的搭配使用。③水分管理可采用深水活棵，浅水分蘖，苗足适时晒田，后期干湿交替至成熟。④大田生产要注意对螟虫危害的防治，特别是对晚播晚插田块三化螟三代的防治。

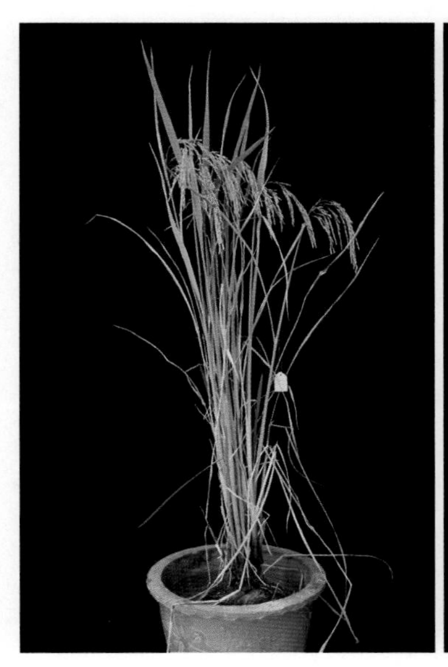

豫籼1号（Yuxian 1）

品种来源：河南省潢川县农业科学研究所以科研3号//地1号/南京11杂交选育而成，原名潢育1号。1990年通过河南省农作物品种审定委员会审定。

形态特征和生物学特性：属常规中籼中熟。全生育期132d，株高95.0cm左右，株型较松散，剑叶较宽且挺，叶色青绿，分蘖力强，茎叶粗壮。穗长23.2cm，平均穗粒数124.0粒，空秕率18.2%左右，谷粒椭圆形，千粒重27.1g。

品质特性：谷粒整齐饱满，颖壳薄，透明度好，外观品质好。

抗性：抗稻瘟病，感白叶枯病，耐肥，抗倒伏。

产量及适宜地区：1986—1987年参加河南省中籼中熟组区域试验，两年区域试验平均产量7 438.5kg/hm^2。1988年生产试验，平均单产8 250.0kg/hm^2。适宜在河南省南部籼稻区种植，白叶枯病重发区不宜种植。

栽培技术要点：①适期稀播壮秧，秧田播种量600.0 ~ 750.0kg/hm^2。②秧龄30d左右，行株距20cm×13.3cm，每穴栽3 ~ 4苗，基本苗105.0万 ~ 150.0万/hm^2。③重施基肥，追肥采用前重后轻，全生育期总施氮量112.5 ~ 135.0kg/hm^2，抽穗时喷施磷酸二氢钾较好。移栽后寸水活棵，浅水分蘖。移栽25d左右晒田，复水后干湿交替管水，收割前10d排水晾田。④加强病虫害防治。

豫籼3号（Yuxian 3）

品种来源：河南省信阳市农业科学院以桂朝84为母本、IR24为父本杂交选育而成，原名9001。1994年通过河南省农作物品种审定委员会审定。

形态特征和生物学特性：属常规中籼中熟。全生育期140d左右，株高100.0cm左右，株型紧凑，苗期叶色浓绿，叶片稍外卷，分蘖力中等，茎叶粗壮。穗长22.0cm，有效穗数360万穗/hm^2，平均穗粒数110.0粒，结实率85.0%，谷粒黄色，无芒，籽粒细长，千粒重27.5g。

品质特性：糙米率82.0%，精米率72.5%，整精米率66.5%，垩白粒率3.5%，垩白度2.0%，胶稠度90mm，直链淀粉含量15.8%，糙米蛋白质含量8.4%，糙米粒长6.8mm，糙米长宽比3.0，米质优良，蒸煮米饭柔而不糊，适口性好，冷饭不回生。

抗性：高抗稻瘟病，感白叶枯病，高抗稻曲病，中抗纹枯病，稻纵卷叶螟危害轻，耐肥，抗倒伏，抗穗发芽。

产量及适宜地区：1991—1992年参加河南省南部稻区中籼迟熟组区域试验，两年区域试验平均产量7 668.3kg/hm^2。1992—1993年参加河南省南部稻区生产示范区试验，平均产量7 683.0kg/hm^2。一般产量7 500kg/hm^2，适宜在江淮稻区作一季中稻或麦茬稻栽培。

栽培技术要点：①适宜中上等肥力水平田块栽培，以4月下旬至5月初播种为宜，适期稀播壮秧，秧田播种量450.0 ~ 600.0kg/hm^2。② 30.0万~ 36.0万穴/hm^2，每穴栽4 ~ 5苗。

豫籼5号（Yuxian 5）

品种来源：信阳农林学院以桂朝2号和银粘为亲本杂交选育而成，原名信阳03。1997年通过河南省农作物品种审定委员会审定。

形态特征和生物学特性：属常规中籼中熟。全生育期140d，株高109.0cm，株型集散适中，茎秆较粗壮，叶片长阔中等，叶色浓绿，剑叶挺伸，分蘖力较强。成穗率68.7%，穗长20.7cm，平均穗粒数121.0粒，结实率80.0%以上，谷粒短椭圆形，谷壳黄色，千粒重25.7g。

品质特性：糙米率81.4%，精米率74.7%，整精米率45.1%，垩白粒率99.0%，垩白度35.4%，透明度4.0级，糊化温度5.4级，胶稠度59mm，直链淀粉含量25.1%，糙米蛋白质含量9.2%，糙米粒长5.5mm，糙米长宽比2.0。

抗性：中抗白叶枯病，抗稻瘟病中A49，感稻瘟病中E3、中G1，耐肥，抗倒伏。

产量及适宜地区：1994—1996年参加河南省南部稻区中籼迟熟组区域试验和生产试验，平均产量8 421.0kg/hm^2，比对照四喜粘增产16.67%，达极显著水平。1994—1997年推广应用，平均产量8 332.5kg/hm^2，比对照四喜粘增产15.9%。适宜在河南省南部及相近生态类型中籼稻区作冬闲田、绿肥田春稻、早茬（大麦、油菜）稻、麦茬稻种植。

栽培技术要点：①冬闲田、绿肥田春稻4月25日左右播种，早茬稻、麦茬稻4月底5月初播种。②冬闲田、绿肥田及早茬、麦茬肥力高的田块，27.0万～30.0万穴/hm^2，每穴栽4～5个有效茎蘖。早茬、麦茬中肥田插30.0万～37.5万穴/hm^2，每穴插5～6个有效茎蘖。③科学管理、施肥、及时防除本田杂草和病虫害。

豫籼6号（Yuxian 6）

品种来源：河南省信阳市农业科学院以特青1号和IET2938为亲本杂交选育而成，原名特双38。1998年通过河南省农作物品种审定委员会审定。

形态特征和生物学特性：属常规中籼中熟。分蘖力较强，株型紧凑，叶色深绿，剑叶狭窄，叶片直立上举，茎叶夹角较小，全生育期137d，株高100.0cm，穗长20.0cm，有效穗数285.0万～330.0万穗/hm^2，每穗粒数150.0粒，结实率84.0%，千粒重25.0g，颖尖秆黄色，无芒。

品质特性：糙米率82.0%，精米率74.4%，整精米率57.8%，垩白粒率33.0%。粒长5.4mm，粒宽2.6mm，糙米长宽比2.1，直链淀粉含量24.5%，胶稠度30mm，碱消值4.0级。

抗性：中抗稻瘟病，中抗白叶枯病。

产量及适宜地区：1995—1996年参加河南省南部稻区区域试验，两年区域试验平均产量8 100.9kg/hm^2，比对照增产11.2%。1996—1997年参加生产试验，两年平均产量8 024.3kg/hm^2，比对照豫籼3号增产10.0%；1998—2003年在河南省南部稻区累计推广种植28.0万hm^2。适宜在河南南部稻区及相同生态类型区种植。

栽培技术要点：①4月中下旬播种，采用湿润育秧，大田用种量45.0kg/hm^2；5月中下旬移栽，行株距23.3cm×16.7cm，每穴栽4～5苗。②氮、磷、钾配方施肥，施纯氮145.0～155.0kg/hm^2，分2～3次均施（重施底肥，早施分蘖肥，酌情追施穗肥），五氧化二磷60.0～75.0kg/hm^2（作底肥），氧化钾90.0～112.5kg/hm^2（作底肥和拔节期追肥）。③灌溉应采取分蘖期浅、孕穗期深、籽粒灌浆期浅的灌溉方法。④抽穗前注意防治稻纵卷叶螟、稻曲病等病虫害。

豫籼7号（Yuxian 7）

品种来源：信阳农林学院以水源290/73028//桂朝2号杂交选育而成，原名中籼9306。1999年通过河南省农作物品种审定委员会审定。

形态特征和生物学特性：属常规中籼中熟。全生育期134d左右，株高109.2cm左右，株型较紧凑，茎秆较粗壮，叶片长宽适中，叶色青绿，剑叶挺直。穗长21.6cm，平均穗粒数139.2粒，结实率83.8%，谷粒长椭圆形，谷壳鲜黄，千粒重26.1g。

品质特性：精米率、碱消值、胶稠度、蛋白质含量4项指标达到国标优质稻谷一级标准，糙米率、粒长、直链淀粉含量3项指标达到国标优质稻谷二级标准。

抗性：对稻瘟病强、中、弱3个代表菌株Cl5、中E3和G1均表现为抗病；对白叶枯病菌4个代表菌株KS-6-6、浙173、GD1358和JS49-6均表现为中抗。

产量及适宜地区：1996—1997年参加河南省南部稻区水稻良种中籼迟熟组区域试验，平均产量8 569.1kg/hm^2，比对照豫籼3号增产9.6%。1997—1998年参加河南省南部稻区水稻良种生产试验，平均产量8 379.8kg/hm^2，比对照豫籼3号增产8.6%。适宜在河南省南部稻区种植。

栽培技术要点：①4月底湿润育秧，秧田播量以375.0 ～ 450.0kg/hm^{2}为宜。秧龄应控制在30 ～ 35d，单本带2 ～ 3蘖移栽。②合理密植，高肥田插27.0万～ 30.0万穴/hm^2，茎蘖数120.0万～ 150.0万/hm^2，中肥田插33.0万～ 37.5万穴/hm^2，茎蘖数165.0万～ 198.0万/hm^2。插秧形式以宽窄行为宜。③肥力中等本田，施纯氮225.0 ～ 270.0kg/hm^2，有效磷（五氧化二磷）75.0kg/hm^2，速效钾（K_2O）225.0 ～ 255.0kg/hm^2。应施足有机底肥，追肥分底肥、蘖肥、穗肥三次施用，比例以5 ∶ 3.5 ∶ 1.5为宜。瘠薄田块施肥量应适当增加，高肥田块施肥量应适当减少。④移栽前5 ～ 7d，注意防治稻蓟马、一代蚁螟；7月上旬注意防治稻纵卷叶螟；8月10日左右注意防治三化螟三代；8月20日左右注意防治稻飞虱。秧田和本田化学除草应根据田内杂草种类选择适宜除草剂进行防除。

豫籼9号（Yuxian 9）

品种来源：河南省信阳市农业科学院以特青1号和湘早籼1号为亲本杂交选育而成，原名2019。2000年通过河南省农作物品种审定委员会审定。

形态特征和生物学特性：属常规中籼中熟。株型紧凑，叶色深绿，剑叶狭窄，稍背卷，叶片直立上举，茎叶夹角较小，全生育期138d，株高105.0cm，穗长20.0cm，有效穗数270.0万～300.0万穗/hm^2，每穗160.0粒左右，结实率85.0%，千粒重28.5g。

品质特性：粒长5.0mm，粒宽2.8mm，糙米长宽比1.8，糙米率79.9%，精米率72.0%，整精米率69.6%，垩白粒率36.0%，直链淀粉含量25.8%，胶稠度87mm，碱消值7.0级，蛋白质含量8.0%，粗脂肪含量0.4%，粗淀粉含量87.2%，赖氨酸含量0.4%。

抗性：抗稻瘟病，中抗白叶枯病。

产量及适宜地区：1997—1998年参加河南省南部稻区区域试验，两年平均产量9 179.7kg/hm^2，比对照豫籼3号增产12.1%。1999年生产试验，平均产量9 127.5kg/hm^2，比对照豫籼3号增产7.1%。2000—2005年在河南省南部稻区累计推广种植面积35.0万hm^2。适宜在河南省南部稻区及相同生态类型区种植。

栽培技术要点：①4月中下旬播种，采用湿润育秧，大田用种量37.5kg/hm^2；5月中下旬移栽，行株距26.7cm×16.7cm，每穴栽4～5苗。②氮、磷、钾配方施肥，施纯氮150.0～165.0kg/hm^2，分2～3次均施（重施底肥，早施分蘖肥，酌情追施穗肥），五氧化二磷60.0～75.0kg/hm^2（作底肥），氧化钾90.0～112.5kg/hm^2（作底肥和拔节期追肥）。③灌溉应采取分蘖期浅、孕穗期深、籽粒灌浆期浅的灌溉方法。④该品种对水稻恶苗病敏感，催芽前要进行药剂浸种处理，抽穗前注意防治稻纵卷叶螟、稻曲病等病虫害。

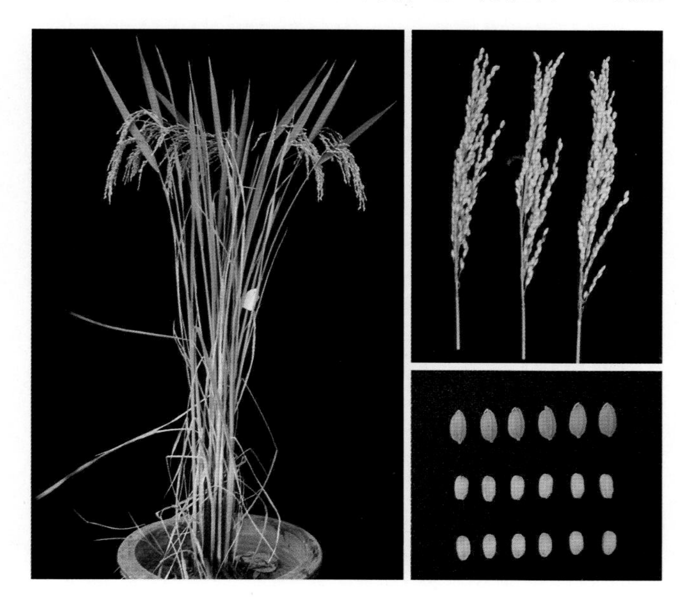

陕西

汉中水晶稻（Hanzhongshuijingdao）

品种来源：陕西省汉中市农业科学研究所从引进品种“黄科美国稻”中系统选育而成。1987年通过陕西省农作物品种审定委员会审定。

形态特征和生物学特性：属常规中籼稻。在陕西汉中种植，全生育期142d。株高132.8cm。有效穗数220.5万穗/hm^2，穗长26.9cm，每穗总粒数159.1粒、实粒数138.4粒，结实率87.0%，千粒重20.3g。

品质特性：糙米率79.6%，精米率66.2%，整精米率64.2%，垩白粒率2.7%，粒长5.3mm，粒长宽比2.9。稻米外观洁白透明。

抗性：抗稻瘟病和白叶枯病。

产量及适宜地区：一般产量5.25t/hm^2。适宜在陕西省陕南汉中、安康海拔650m以下川道盆地和丘陵稻区种植。该品种曾是陕西省20世纪80年代优质稻米的主栽品种之一，累计推广种植面积约0.33万hm^2。

栽培技术要点：①4月10—15日播种，露地湿润育秧，大田用种量30～45.0kg/hm^2。②5月下旬移栽，插植22.5万穴/hm^2，基本苗180.0万/hm^{2}以上。③基肥施农家肥22 500.0kg/hm^2、尿素180.0kg/hm^2、过磷酸钙450.0kg/hm^2、氯化钾150.0kg/hm^2，追肥尿素120kg/hm^2。④水分管理以浅水插秧，深水护苗，寸水分蘖，适期晒田，抽穗期浅水灌溉，灌浆期湿润管理，收获前及时退水为宜。⑤前期注意防治二化螟、中后期防治穗颈瘟、纹枯病及稻蝗、稻苞虫等病虫害。

黑丰糯（Heifengnuo）

品种来源：陕西省汉中市农业科学研究所以“菲一/米1281//IR36///黑糯2号”多亲本复合杂交选育而成。1993年通过汉中地区农作物品种审定小组审定。

形态特征和生物学特性：属常规中籼稻（黑糯）。在陕西汉中种植，全生育期155.0d，株高107.0cm。株型适中，茎秆较粗壮，熟期转色较好。有效穗数371.4万穗/hm^2，穗长20.6cm，每穗总粒数120.9粒，千粒重22.5g。

品质特性：糙米率78.8%，胶稠度100mm，直链淀粉含量1.2%，粒长宽比2.9。糙米外观墨黑，糯性良好，富含人体所必需的8种氨基酸和多种矿质营养，富含黑色素。

抗性：抗稻瘟病，中感白叶枯病。

产量及适宜地区：一般产量7.5t/hm^2。适宜在陕西省陕南平川丘陵和湖北、湖南、四川等同类生态区推广种植，曾最大年推广面积1.33万hm^2，累计推广种植面积3.33万hm^2。

栽培技术要点：①适期播种、培育壮秧：4月初进行温室两段育秧或薄膜育秧，大田用种量22.5～30kg/hm^2，稀播匀播，培育壮秧。②5月中下旬移栽，栽插22.5万穴/hm^2，栽基本苗150万～180万/hm^2。③氮、磷、钾配合施用，重施底肥，酌施分蘖肥，底肥施腐熟农家肥22 500～30 000kg/hm^2、尿素150～225kg/hm^2、过磷酸钙300kg/hm^2、氯化钾75kg/hm^2，分蘖肥施尿素75kg/hm^2。④水分管理应采取浅水插秧，深水护苗，寸水分蘖，适期晒田，孕穗期灌深水，灌浆期干湿交替的水分管理方式。⑤播种前用“强氯精”或“高锰酸钾”药剂浸种消毒；生长前期注意防治二化螟，后期防治稻苞虫、穗颈瘟病和稻曲病。

黄晴（Huangqing）

品种来源：陕西省汉中市农业科学研究所以黄金3号（广西农家种）/科晴3号的杂交后代经系谱法选育而成。1992年通过陕西省农作物品种审定委员会审定。

形态特征和生物学特性：属常规中籼稻。在陕西汉中种植，全生育期150d，比汕优63早熟5d。株高112.4cm，有效穗数249.4万穗/hm^2，穗长27.2cm，每穗总粒数153.4粒、实粒数131.6粒，结实率85.8%，谷粒细长，千粒重22.6g。

品质特性：谷粒长宽比3.0，垩白度低，食味品质好。由农业部稻米及制品质量监督检验测试中心检验的稻谷品质12项指标中有9项指标达到国标优质稻谷一级标准，3项指标达到国标优质稻谷二级标准，被农业部评为国家优质米。

抗性：中感稻瘟病，中抗白叶枯病。

产量及适宜地区：一般产量6.19t/hm^2，比水晶稻增产18.0%。适宜在陕西省南部海拔700m以下稻区推广种植，曾作为优质稻在陕西推广种植2.7万hm^2。

栽培技术要点：①4月中旬播种，秧田播种量225.0kg/hm^2。②5月下旬至6月初移栽，栽插25.7万穴/hm^2，基本苗180.0万～205.7万/hm^2。③氮、磷、钾配方施肥，施纯氮150.0kg/hm^2（分底肥和追肥），五氧化二磷75kg/hm^2（作底肥），氧化钾90.0kg/hm^2（作底肥和追肥）。④灌溉应采取浅水插秧、深水“换衣”，浅水分蘖，适期晒田，孕穗期深、籽粒灌浆期浅的灌溉方法。⑤前期注意防治二化螟，中期注意防治纹枯病。

第二节　常规粳稻品种

北京

京稻19（Jingdao 19）

品种来源：北京市农林科学院作物研究所以冀82-32/幸稔育成。1997年通过北京市农作物品种审定委员会审定。

形态特征和生物学特性：属常规中早粳晚熟稻。在北京平原地区作中稻全生育期155 ～ 160d，做麦茬稻约150d，株高100 ～ 105cm，分蘖力强，成穗率较高。叶色青绿，后期耐低温，灌浆快，落黄好。直播幼苗顶土力较强。穗型中等，有顶芒，平均每穗粒数100粒，结实率90%，谷粒长卵圆形，颖色黄白，千粒重25 ～ 26g。

品质特性：糙米率82.62%，精米率74.1%，整精米率70.38%，垩白粒率4%，垩白大小28.0%，垩白度1.2%，精米直链淀粉含量18.7%，糙米蛋白质含量8.68%。

抗性：中抗稻瘟病和条纹叶枯病，抗稻曲病和飞虱，纹枯病和条纹叶枯病轻。

适宜地区：适宜在华北平原北部稻区作一季中稻、春旱种或麦茬老秧栽培。

栽培技术要点：①作一季稻可在4月下旬播种，6月上旬移栽；作麦茬稻5月5—10日播种，力争早插（不迟于6月25日）；旱种的适宜播期为5月初。②稀播育壮秧，特别是麦茬老秧，秧田播种量以600 ～ 750kg/hm^{2}为宜。③插秧避免过密。行距25cm，株距10 ～ 15cm，中稻每穴2苗，麦茬稻3 ～ 4苗。④本品种叶色偏淡，前期不要因此而过量追肥。在中等以上肥力田块，纯氮用量不宜超过187.5kg/hm^2。用肥过量的田块要注意稻瘟病的防治和防倒伏。

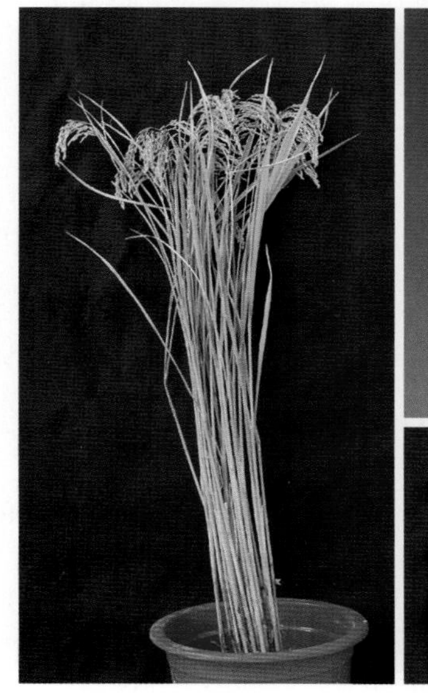

京稻21（Jingdao 21）

品种来源：北京市农林科学院作物研究所以冀82-32/中百4号//京花102育成。1998年和2001年分别通过北京市和国家农作物品种审定委员会审定。

形态特征和生物学特性：属常规中粳早熟。全生育期平均为170d，比津稻1187早熟3d左右。株高106cm，叶片挺直，叶色较淡，分蘖力中等，穗呈纺锤形，有稀顶芒，谷粒卵圆形，颖色和颖片色黄白。有效穗数396万穗/hm^2，每穗粒数112粒，结实率88.8%，千粒重26.1g。

品质特性：整精米率62.2%，垩白粒率16.0%，垩白度2.9%，胶稠度76mm，直链淀粉含量17.1%，米质优良。

抗性：叶瘟2级，穗瘟2级，发病率2.4%，抗稻瘟病，抗条纹叶枯病，干热条件下胡麻斑病较重。

产量及适宜地区：1998—1999年参加国家北方稻区区域试验，两年平均单产7 527.0kg/hm^2，较对照津稻1187增产4.8%。2000年生产试验平均单产7 488.0kg/hm^2，较对照津稻1187减产3.2%。适宜在北京、天津、河北唐山地区种植。

栽培技术要点：①适时播种移栽。作一季稻可在4月20日前后播种，6月初移栽；作麦茬稻宜在5月上旬播种，力争早栽。②稀播育壮苗。春稻播种100g/m^2，麦茬稻70g/m^2。在秧苗出土后，第一叶展开前，喷施多效唑1.5kg/hm^2，以利壮苗。③插秧规格。行距25 ~ 30cm，株距15cm左右，每穴栽2 ~ 3苗。④中等肥力田块施纯氮165 ~ 195.0kg/hm^2，每公顷最高茎数控制在420万之内，回水后及时追穗肥，以提高成穗率，增加穗粒重。⑤注意施用钾肥以壮秆，并防胡麻斑病。

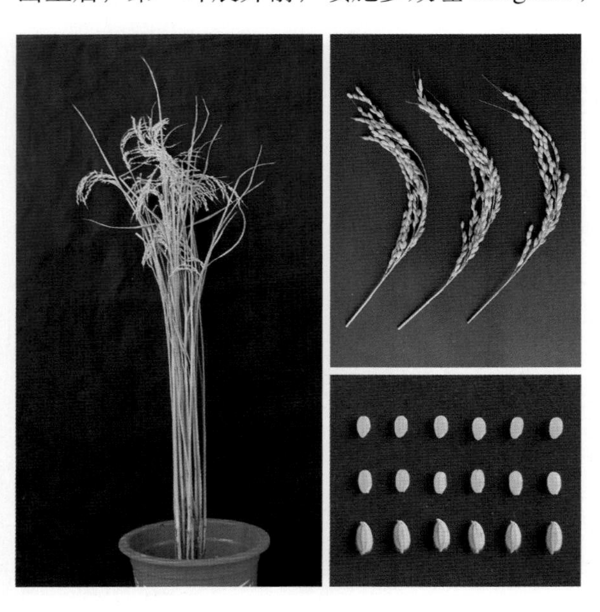

京稻24（Jingdao 24）

品种来源：北京市农林科学院作物研究所以幸实A/月光//C93010，1999年育成，原代号：京7506。2002年通过北京市农作物品种审定委员会审定。

形态特征和生物学特性：属常规中粳早熟。在北京平原地区作春中稻全生育期155d（5月上旬播）到165d（4月中旬播），株高110cm。株型紧凑，叶片挺直，叶色较淡，分蘖力中。有效穗数292.5万穗/hm^2，成穗率78.9%，平均穗粒数126粒，结实率87.2%，属穗数粒数兼顾的中间型品种。穗呈纺锤形，穗长20cm左右，着粒密度中等，谷粒椭圆形，颖及颖尖色黄白，无芒或有微顶芒，颖毛短而少，千粒重25.5g。

品质特性：糙米率82.3%，精米率74.2%，整精米率69.5%，垩白粒率7.0%，垩白度1.3%，透明度2级，碱消值7级，胶稠度52mm，直链淀粉含量16.4%，蛋白质含量9.1%，谷粒长宽比2.35，糙米长宽比1.9。

抗性：抗穗颈瘟、条纹叶枯病和胡麻斑病，中抗白叶枯病，感小粒菌核病。耐旱耐低温，落黄好，抗倒伏较强。

产量及适宜地区：区试平均单产8 296.5kg/hm^2，在良种良法配套的条件下，有单产10 500.0kg/hm^2的潜力。适宜在北京地区作春中稻或麦茬稻老秧栽培。

栽培技术要点：①适宜播插期可比中晚熟春稻品种推迟15d左右，便于育苗，有利于节水栽培。作一季春稻宜在4月25—30日播种，6月上旬插秧；作中稻或麦茬稻可在5月上旬播种，力争早插，秧龄不宜超过50d。②要求稀播育壮秧，播种量100g/m^2左右。插秧规格：行距25～30cm，株距15cm，每穴栽2～3苗。③肥水管理采取平稳促进原则，在总茎数达到计划穗数，即可落干控制，在中等肥力田块，纯氮用量180～210kg/hm^2。④小粒菌核病的预防：前期管理避免一次氮肥过重或灌水过深。中期注意落干，使秧苗茎基部粗硬。防治方法与纹枯病相似。病区可在7月下旬到8月初喷施1～2次井冈霉素。

京稻25（Jingdao 25）

品种来源：北京市农林科学院作物研究所、北京市朝阳区黑庄户乡科技站以京花101/京稻19育成。2004年通过天津市农作物品种审定委员会审定。

形态特征和生物学特性：属常规中粳早熟。在京津地区作中稻栽培，全生育期155 ～ 160d；作麦茬稻全生育期150 ～ 155d。株高105 ～ 110cm，叶色较淡，剑叶长25 ～ 30cm，叶角30°左右。分蘖力中。穗长20 ～ 21cm，呈纺锤形，枝梗顶端谷粒有短或中芒。平均每穗粒数120粒左右，结实率85%～ 90%，谷粒长约7mm、长宽比2.15，阔卵形，颖及颖尖色黄白，千粒重26 ～ 27g。

品质特性：2004年农业部食品质量监督检测中心品质分析结果：糙米率83.0%，精米率71.5%，整精米率68.0%，垩白粒率12.0%，垩白度1.2%，透明度1级，碱消值7.0级，胶稠度70mm，直链淀粉含量18.5%，水分含量12.6%，粒长5.2mm，长宽比1.8。达到国标优质稻谷二级标准。

抗性：2004年天津市植物保护研究所人工接种抗病性鉴定：中抗苗瘟，抗叶瘟，中抗穗颈瘟。田间表现中抗条纹叶枯病和白背飞虱，轻感稻瘟病，中抗倒伏，后期耐寒，落黄好。

产量及适宜地区：2003年参加天津市麦茬稻区域试验，平均单产8 470.5kg/hm²，比对照津稻490增产8.53%，居4个品种第一位。2004年参加天津市春稻区域试验，平均单产7 952.5kg/hm²，比对照中作93减产4.79%，居16个参试材料的第八位。2004年参加天津市春稻生产试验，平均单产8 054.4kg/hm²，比对照中作93增产3.79%，居6个参试品种第二位。适宜在天津市用作中稻品种种植。

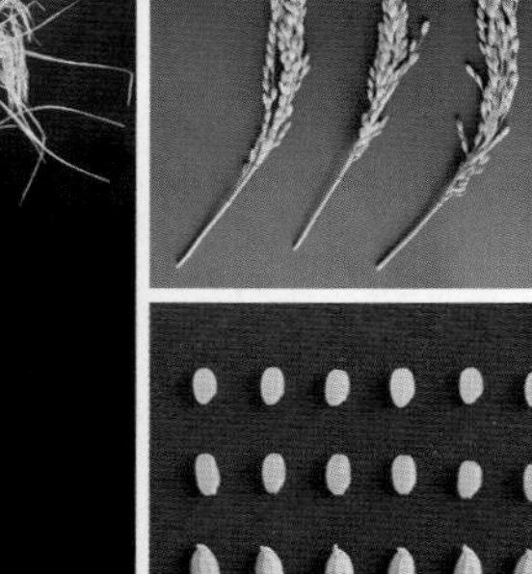

栽培技术要点：①作春稻可在5月1日前后播种，6月10日前后插秧；作麦茬稻5月5—10日播种，力争早插秧。稀播种，育壮苗，秧田下种100g/m²。②插秧规格。行距25cm左右，株距15cm，每穴栽2 ～ 3苗。③肥水管理采取平稳促进原则，防止一次追肥过重和后期施用氮肥，以免诱发穗颈瘟。注意中期落干控制，以防倒伏。在穗颈瘟易发地区可在始穗前和齐穗后各喷一次三环唑预防。

京稻3号（Jingdao 3）

品种来源：北京市农林科学院作物研究所以68-412///3373/IR24//68-412育成。1988年和1990年分别通过北京市和天津市农作物品种审定委员会审定。

形态特征和生物学特性：属常规中早粳晚熟稻。在天津市作麦茬稻种植（老壮秧及嫩秧均可），全生育期135 ～ 145d。株高100cm左右。株型紧凑，叶片直立上冲，叶片稍短，剑叶角度小。分蘖力中等，繁茂性好，叶色清秀，后期转色好。穗长15 ～ 16cm，每穗粒数100粒左右，穗呈弧形，柱头不外露。谷粒椭圆形，颖及颖壳为秆黄色，谷粒金黄色，千粒重25 ～ 26g。缺点为成熟期灌浆阶段营养转移快，适割期较短。

品质特性：米质中等。

抗性：中抗稻瘟病和白叶枯病，较抗倒伏，苗期耐旱性好，耐盐碱。

产量及适宜地区：1988—1989年参加天津市麦茬稻区域试验，平均单产分别为7 074.0kg/hm^{2}和7 020.0kg/hm^2，分别较对照品种津粳3号增产0.8%和2.8%，均居第四位。1989年天津市麦茬稻生产试验，平均单产7 189.5kg/hm^2，较对照品种津粳3号增产11.3%，居第二位。生产上一般单产6 000 ～ 6 750.0kg/hm^2，高产达7 500 ～ 7 800.0kg/hm^2。适宜在天津地区作麦茬稻（包括老壮秧和嫩秧）种植。

栽培技术要点：①作麦茬老壮秧种植，宜于5月10日前后播种，秧龄40 ～ 50d；作麦茬嫩秧种植，宜于5月20—25日播种，秧龄30 ～ 35d。②播种量975.0 ～ 1 125.0kg/hm^2。③增施底肥，严禁前期大肥猛促，防止后期早衰。

京稻选一（Jingdaoxuanyi）

品种来源：1989年中国农业大学植物科技学院和中国农业科学院作物育种栽培研究所由中作8714中选择变异单株，经系统选育而成。1996年通过天津市农作物品种审定委员会审定。

形态特征和生物学特性：属常规中粳早熟。全生育期160d左右。株高100 ～ 110cm，茎秆粗壮。上三叶叶面积大。叶片16片，5个伸展节间。营养生长较快，生殖生长开始后较慢，后期灌浆快，增产潜力大。播种、插秧过迟，灌浆期遇低温易贪青晚熟而造成减产。穗长21cm，每穗粒数130 ～ 150粒，结实率89%～ 97%，千粒重28 ～ 30g。

品质特性：米质中上等，食口性好，品质分析结果：糙米率81.9%，精米率73.7%，整精米率66.1%，垩白度2.6%，碱消值7级，直链淀粉含量16.0%，蛋白质含量7.54%。

抗性：高抗穗颈稻瘟病，中抗稻曲病，易感恶苗病，抗倒伏性和耐盐碱性强。

产量及适宜地区：1992年参加天津市春稻区域试验，5个试点平均单产7 849.5kg/hm^2，较对照津稻1187增产5.4%，增产差异显著。1994年天津市春稻区域试验，4个试点平均单产7 918.5kg/hm^2，较对照津稻1187增产10.5%，增产差异显著。1992年天津市春稻生产试验，5个试点平均单产7 939.5kg/hm^2，较对照津稻1187增产6.9%。1994年天津市春稻生产试验，5个试点平均单产7 408.5kg/hm^2，较对照津稻1187增产1.5%。1992—1994年22个点次试验结果，平均单产7 851.3kg/hm^2，较对照津稻1187平均增产7.0%。适宜在天津市高肥或中上肥地区一季春稻栽培利用。

栽培技术要点：①稀播育壮秧。秧田播量1 100kg/hm^2。②4月中旬播种，5月底以前插秧，插秧规格行株距29.97cm × 13.32cm，每穴栽4 ～ 5苗。③氮磷钾配合，氮肥蘖肥占60%，穗粒肥占40%。④灌水要求：浅水分蘖，移苗晒田7 ～ 10d，后期间歇灌溉，收割前7 ～ 10d停水。⑤注意防治恶苗病和稻曲病。

京光651（Jingguang 651）

品种来源：北京市农林科学院作物研究所以C9162-3/京花106，1996年育成。2000年通过北京市农作物品种审定委员会审定。

形态特征和生物学特性：属常规中早粳中熟稻。在北京平原地区作麦茬稻全生育期130～135d，比中作37长3d。在延庆作一季稻160～170d。株高89.4cm，秆硬，抗倒伏。叶片挺直，叶色偏深。对光照反应不敏感，后期遇低温有枝梗变黑现象。分蘖力中等。穗颈极短，穗较大，无芒、光叶、光壳，谷粒卵圆形。有效穗数325.5万穗/hm^2，每穗粒数106.2粒，结实率85.3%，千粒重24.6g。

品质特性：糙米率82.1%，精米率75.4%，整精米率71.9%，垩白粒率10.0%，垩白度1.2%，透明度2级，碱消值7级，胶稠度68mm，直链淀粉含量16.6%，蛋白质含量9.4%，粒长5.1mm，长宽比1.7，其中6项达到部颁食用稻品种品质一级标准，4项达到部颁食用稻品种品质二级标准。

抗性：田间表现抗条纹叶枯病，中感苗瘟。

产量及适宜地区：1997年参加北京区域试验，平均产量为5 790kg/hm^2，比秋光增产14.5%；1998年和1999年平均产量分别为7 340kg/hm^{2}和7 010kg/hm^2，增产率分别为9.0%和16.0%。在后两年区域试验中有5个点次产量超过7 500kg/hm^2（最高为8 640kg/hm^2）；三年区域试验平均产量为6 710kg/hm^2，比秋光增产12.9%。适宜在京津地区作麦茬稻或迟插中稻，在其他秋光栽培区作一季稻。适合在肥力水平高的地块种植。

栽培技术要点：①作麦茬稻适宜播期为5月中旬，力争早插。要求稀播育壮秧，播种量1 000kg/hm^{2}左右，播前要严格种子消毒，以防恶苗病。作中稻可以在5月初播种，麦收前插完。②插秧规格一般可采用行距20～25cm，株距15cm左右，每穴栽2～3苗。③本品种高产的关键是争取穗数，其要害是提高成穗率。一般可在每公顷总茎数达到计划穗数时落干，颖花分化期及时回水，适量追肥，以提高成穗率。④抽穗期应保持水层，以免产生或加重包颈现象。⑤作中稻栽培要重视纹枯病的防治。在穗颈瘟多发区要注意该病的检测和预防。注意白背飞虱和螟害的防治。

京花101（Jinghua 101）

品种来源：北京市农林科学院作物研究所以（中花9号/京稻2号）F_2花粉培养育成。1991年通过北京市农作物品种审定委员会审定。

形态特征和生物学特性：属常规中粳早熟。全生育期约175d，需活动积温4 000℃。株高115cm，株型紧凑，分蘖力中等。剑叶稍长、夹角小。主茎叶18片。穗长22cm，每穗粒数135粒。谷粒椭圆形，有顶芒，千粒重29g。米半透明。

品质特性：糙米率82.6%，垩白粒率22.5%，糊化温度6级，胶稠度72mm，直链淀粉含量20.0%，蛋白质含量10.4%，米质一般。

抗性：感稻曲病，中感稻瘟病、白叶枯病，高抗条纹叶枯病。茎秆高而坚韧，抗倒伏性较强，较耐肥。

产量及适宜地区：一般产量9 000kg/hm^2，栽培面积2 000hm^2。适宜在京津地区作一季晚熟春稻栽培。

栽培技术要点：①旱育稀植。②4月上旬播种，5月中旬插秧，行株距30cm×17cm，每穴栽1 ～ 3苗。③施纯氮150kg/hm^2。湿润灌溉为主。

京花103（Jinghua 103）

品种来源：北京市农林科学院作物研究所与北京植物细胞工程实验室合作用京稻2号/越富F_2花粉培养育成。1992年北京市农作物品种审定委员会审定通过。

形态特征和生物学特性：属常规中早粳中熟稻。芽鞘顶土力强，分蘖力较强。生育期135d，需活动积温3 200℃。株高100cm，株型紧凑。叶片直立上冲，叶色稍浅，主茎叶13片。穗长20cm，每穗粒数100 ~ 120粒，结实率85% ~ 90%。谷粒椭圆形，无芒或稀短顶芒。千粒重26g。

品质特性：糙米率81.4%，整精米率61.6%，垩白粒率28.0%，碱消值3级，直链淀粉含量15.9%，胶稠度软。米半透明，米质中等。

抗性：抗稻瘟病，耐肥，抗倒伏，耐旱性强。

产量及适宜地区：一般单产6 750kg/hm^2，栽培面积达600hm^2。适宜在北京、天津一带作麦茬稻种植。

栽培技术要点：①5月中旬播种，6月下旬插秧。②行株距23cm × 13cm，每穴栽3 ~ 5苗。③施纯氮2 250.0kg/hm^2。④浅水、湿润灌溉相结合。

京糯11（Jingnuo 11）

品种来源：北京农业生物技术研究中心以京稻21/// 中作92-101//H602/H654育成。2008年通过天津市农作物品种审定委员会审定。

形态特征和生物学特性：属常规中粳早熟（糯稻）。在北京、天津、河北唐山地区种植，全生育期172.3d，比对照中作93晚熟2.7d。株高118.8cm，穗长22.2cm，每穗粒数130.2粒，结实率93.9%，千粒重24.6g。

品质特性：整精米率69.5%，胶稠度100mm，直链淀粉含量1.4%，达到国标优质稻谷糯稻标准。

抗性：苗瘟4级，叶瘟5级，穗颈瘟发病率5级，穗颈瘟损失率2级，综合抗性指数3.3，中感稻瘟病。

产量及适宜地区：2006年参加京津唐粳稻组区域试验，平均单产8 614.5kg/hm^2，比对照中作93增产14.1%；2007年续试，平均单产8 814kg/hm^2，比对照中作93增产16.9%；两年区域试验平均单产8 724kg/hm^2，比对照中作93增产15.6%，增产点比例90.9%。2007年生产试验，平均单产8 760kg/hm^2，较对照中作93增产20.1%。熟期适中，产量高，米质优，适宜在北京、天津、河北东部及中北部的一季春稻区种植。

栽培技术要点：①育秧。北京、天津、河北唐山一季春稻区根据当地生产情况适时播种，播种前做好晒种与消毒，防治干尖线虫病和恶苗病，要求稀播育壮苗。②移栽。秧龄35d左右插秧，行株距30cm×15cm，每穴栽2 ～ 3苗。③肥水管理。高肥田块要注意防倒，田间管理前期掌握平稳促进原则，在基本苗数达到285.0万～ 300万/hm^{2}即可控制灌水，最高茎蘖数不超过6 075万/hm^2，到减数分裂期前，应回水，看苗情酌量施穗肥。④病虫防治。注意对稻瘟病和二化螟的防治。

京糯8号（Jingnuo 8）

品种来源：北京市农林科学院作物研究所以东方红2号/京糯1号//京引88育成。1987年通过北京市农作物品种审定委员会审定。

形态特征和生物学特性：属常规中粳早熟（糯稻），生育期165d，需活动积温3 600℃。株高85cm。苗期叶色深绿，株型紧凑，分蘖力中等。叶片上举，剑叶夹角小。穗颈短，穗长18cm，每穗粒数100粒。谷粒阔卵形，红短顶芒。千粒重25g。米乳白色。

品质特性：糙米率80.9%，精米率73.1%，碱消值7级，胶稠度100mm，直链淀粉含量1.1%，支链淀粉含量86.3%，蛋白质含量9%，米质优，糯性佳。

抗性：高抗稻瘟病，抗条纹叶枯病，感白叶枯病；较耐寒，耐肥，抗倒伏，苗期对低温的忍耐性强。

产量及适宜地区：一般单产7 500kg/hm^2。适宜在京津一带作春稻种植，特别适于冷凉井灌区种植。

栽培技术要点：①适于早播、早插，在北京郊区及华北地区宜作一季春稻，于4月上旬播种，秧田用种量不宜超过1 500.0kg/hm^2，采用塑料薄膜保温育秧，5月中旬插秧，行距23cm，株距12cm，约插37.5万穴/hm^2，每穴插秧3 ～ 4苗为宜。②由于京糯8号植株矮壮，根系发达，具有吸肥力较强的特性，宜使用硫酸铵900 ～ 1 125kg/hm^2，追肥宜前重后轻。

京香636（Jingxiang 636）

品种来源：北京市农林科学院作物所以91897-2A/T5850-1//h9418199育成，2001年通过北京市农作物品种审定委员会审定。

形态特征和生物学特性：属常规中早粳晚熟（香稻）。在北京平原地区作中稻或麦茬稻老秧栽培，全生育期150～155d，株高100～110cm，叶色青绿，茎秆较粗，在低温条件下灌浆较慢，穗颈部秕粒较多。对IR24质型的不育系有较高的恢复度（>70%），分蘖力中等，穗型较大，无芒。有效穗数309万穗/hm^2，每穗总粒数141.0粒，结实率81.2%，千粒重23.4g。

品质特性：糙米率83.0%，精米率74.3%，整精米率58.5%，垩白粒率12.0%，垩白度1.4%，透明度2级，碱消值7.0级，胶稠度58mm，直链淀粉含量16.9%，蛋白质含量8.5%。与原有的香粳品种比较，整精米率明显提高，垩白粒率大幅度降低，外观品质显著改良。

抗性：1999年鉴定稻瘟病苗瘟（6级），白叶枯（5级），均为中感，2000年鉴定稻瘟病与白叶枯病均为中抗（4级），感恶苗病。抗倒伏较强，后期耐寒性中等。

产量及适宜地区：试验单产可达6 750.0kg/hm^2。1992—2000年参加北京市水稻区域试验，1999年平均单产7 092kg/hm^2，比金珠1号增产3.7%，2000年平均产量7 119kg/hm^2，增产2.2%，两年平均增产2.9%。适宜在北京地区作一季中稻或麦茬稻，早插田块的老秧栽培。

栽培技术要点：①播前严格种子消毒，预防恶苗病。②作中稻栽培适宜播期为5月初，6月10日前后插秧；作麦茬稻可在5月5—10日播种，力争早插，秧龄不超过50d。要求稀播种，育壮秧。③插秧规格为行距25cm左右，株距10～15cm。每穴苗数为中稻2～3苗，麦茬稻3～4苗。④管理上以提高成穗率和结实率为中心；蘖肥上增加保蘖肥的比例（40%）；穗肥推迟到减数分裂期前，即中期落干不要过长，到剑叶抽出前3～5d回水追肥，增施磷钾肥；后期断水比穗数型品种晚7d。⑤注意螟害防治。高肥田块注意稻瘟病的监控和穗颈瘟的预防。

京香糯10号（Jingxiangnuo 10）

品种来源：北京市农林科学院作物研究所以91-646（京香糯5号）/繁22（辽粳287的后代）育成，1995年选育而成。1999年通过北京市农作物品种审定委员会审定。

形态特征和生物学特性：属常规中早粳晚熟（糯稻）。在北京平原稻区作中稻全生育期155d，作麦茬稻150d。株高104.3cm，叶色较淡，对光照敏感性中等，耐低温，落黄好，每穗粒数110粒，结实率81.4%，千粒重23.6g。作春稻株高110cm，结实率85%以上，千粒重24 ～ 25g。分蘖力中等。谷粒卵圆形。

品质特性：糙米率80.3%，精米率73.7%，整精米率47.6%，糊化温度7级，胶稠度100mm，直链淀粉含量1.2%，蛋白质含量8.8%，粒长4.9mm，长宽比1.8。

抗性：抗倒伏中偏强，高抗条纹叶枯病，中抗白叶枯病和稻瘟病，恶苗病极轻。

产量及适宜地区：三年区域试验平均单产5 925.0kg/hm^2。河北高阳县新生农场1998年种植1hm^2，单产6 945.0kg/hm^2。适宜在北京、天津、河北唐山地区作中稻栽培，两年三熟或适合种晚播麦的一年两熟地区可作麦茬老秧栽培。

栽培技术要点：①作中稻可在4月下旬播种，6月上旬移栽，作麦茬稻5月上旬播种，力争早插。插秧规格：行距25cm，株距10 ～ 15cm，中稻每穴2 ～ 3苗，麦茬稻每穴3 ～ 4苗。②水肥管理采用平稳促进原则，中肥田块纯氮用量掌握在187.5kg/hm^{2}左右。通过育壮苗，本田早施肥促进早期分蘖，在分蘖达到计划穗数时开始落干，到颖花分化期适时回水，看苗追肥，以提高成穗率增加穗粒数。③高肥田块中期应适当延长落干时间，以防倒伏。但挑旗（减数分裂）前必须回水。高温年孕穗期应保持水层。④后期断水不要过早，以免降低整精米率。

京越1号（Jingyue 1）

品种来源：中国农业科学院作物育种栽培研究所以水原300粒/越路早生育成。1986年、1987年和1990年分别通过辽宁省、天津市和国家农作物品种审定委员会审定和认定。

形态特征和生物学特性：属常规中早粳晚熟。生育期160d，株高105cm左右。分蘖力强，成穗率高。根系发达，幼苗粗壮，株型紧凑。主茎叶17～18片，叶形长宽适中，叶色稍淡，剑叶稍短。茎秆强韧。穗长20～25cm，每穗粒数100粒左右，结实率95%，千粒重25g。后期停水过早易早衰。

品质特性：糙米率83%，直链淀粉含量中低，垩白少，透明度好，食味佳，米饭有光泽，清香可口，软而不糊，冷而不硬，米质优良。

抗性：抗白叶枯病和稻曲病，对稻瘟病具有较好的田间抗性。耐盐碱、耐寒性好。

产量及适宜地区：适宜在北京、天津、河北及辽宁南部等地作一季稻种植，一般产量6 750～8 255kg/hm^2，高的可达9 750kg/hm^2。

栽培技术要点：①生育前期早生快发，后期要求肥力平稳。②增施基肥以保后劲。灌溉干湿交替，乳熟期不宜过早停水，达到以根保叶，以肥水保穗粒数，活秆成熟。

香糯12（Xiangnuo 12）

品种来源：北京农业生物技术研究中心以香糯5号//京稻21/香糯10号育成。2006年通过天津市农作物品种审定委员会审定。

形态特征和生物学特性：属常规中粳早熟（糯稻），全生育期172d，株高116cm，叶色较淡，分蘖力较强，植株繁茂。穗呈纺锤形，枝梗顶端有短或中芒，颖及颖尖黄色，后期耐低温，抗倒伏力中。穗长20.2cm，每穗粒数147.3粒，结实率93%，千粒重22.8g。

品质特性：2006年经农业部食品质量监督检验测试中心（武汉）检测：糙米率82.5%，精米率74.7%，整精米率70.8%，碱消值7级，胶稠度100mm，直链淀粉含量1.6%，谷粒长宽比1.7。达到国标优质稻谷标准。

抗性：2006年经天津市植物保护研究所稻瘟病人工接种鉴定，苗瘟表现中抗，穗颈瘟表现中感。

产量及适宜地区：2005年参加天津市春稻区域试验，平均单产8 032.5kg/hm^2，比对照中作93增产4.4%。2006年参加天津市春稻区域试验，平均单产8 517.0kg/hm^2，比对照中作93增产17.8%。2006年参加天津市春稻生产试验，平均单产7 899.0kg/hm^2，比对照中作93增产16.7%。适宜在天津地区作一季春稻种植。

栽培技术要点：①4月10—15日播种，5月下旬移栽。要求稀播，育壮秧。秧田播净谷100g/m^{2}左右。②插秧规格，行距25 ~ 30cm，株距15cm，每穴栽2苗。③本品种分蘖力较强，长势繁茂，前期促进要适宜，肥力较高的田块，总分蘖300万 ~ 330万/hm^{2}即应落干控制。④注意稻瘟病的监控和防治。

玉泉39（Yuquan 39）

品种来源：北京市农林科学院作物研究所以11536-31/京糯8号，1988年育成。2004年通过天津市农作物品种审定委员会审定。

形态特征和生物学特性：属常规中粳早熟。生育期170d，需活动积温3 600℃。株高105cm，主茎叶片17片，植株健壮，叶色深绿，根系发达，吸收力和支撑力强。抗早衰性好，活棵成熟。分蘖力中等，成穗数少于目前的主栽品种。穗长22cm，每穗粒数140粒，空秕率低，顶红芒。千粒重25g。

品质特性：糙米率83.4%，精米率72.6%，整精米率71.0%，垩白粒率4.0%，垩白度0.8%，透明度1级，碱消值7.0级，胶稠度81mm，直链淀粉含量16.8%。达到国标优质稻谷一级标准。

抗性：中抗苗瘟，抗叶瘟，中抗穗颈瘟。

产量及适宜地区：2003年参加天津市春稻区域试验，平均单产485.6kg/hm^2，比对照中作93减产4.55%。2004年参加天津市春稻区域试验，平均单产8 405.8kg/hm^2，比对照中作93增产0.64%。适宜在天津市作春稻种植。

栽培技术要点：①播种前用菌虫清浸种120h以上。用旱育小苗，叶龄3.5片叶，4月上旬育秧，5月上、中旬插秧。普通湿润秧4月中旬育秧，5月中、下旬插秧（不宜进入6月插秧）。插秧行株距30cm×15cm，每穴栽3（小苗）～6苗（大苗）。②施肥应重施底肥，前攻，适当增施早穗肥。底施磷酸二铵150～225kg/hm^2，尿素150～225kg/hm^{2}或碳酸氢铵6 750.0kg/hm^2。返青分蘖肥追施尿素150～225kg/hm^2，拌除草剂混合均匀后撒施。分蘖盛期施尿素150～225kg/hm^2。早中穗肥75～150kg/hm^2。不要因为叶色深绿减免氮肥用量。③与其他品种种植时植株壮、叶色深，注意防治水稻二化螟。可用杀虫双拌入化肥撒施。④活棵成熟，籽粒灌浆进入蜡熟期枝梗仍呈绿色，应根据籽粒灌浆掌握适宜的收获期。

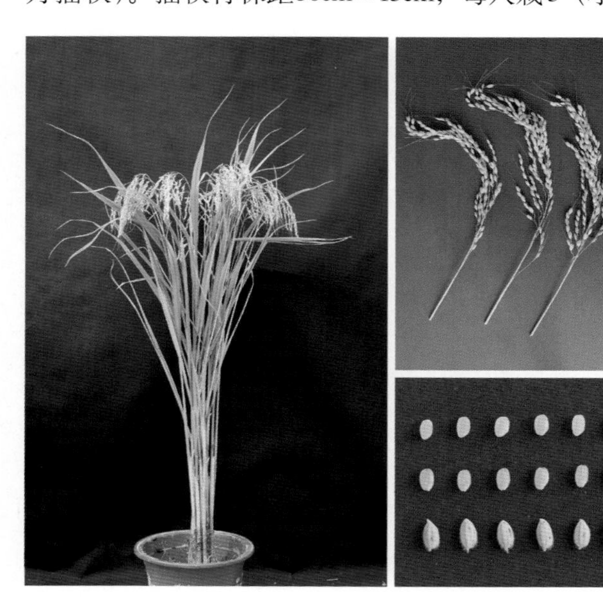

中百4号（Zhongbai 4）

品种来源：中国农业科学院作物育种栽培研究所以喜峰/南粳15育成。1989年和1991年分别通过北京市和国家农作物品种审定委员会审定。

形态特征和生物学特性：属常规中粳早熟。全生育期约170d。株高约110cm。叶片较长，叶色清秀，叶片宽窄适中。主茎叶18片。剑叶上举，株型紧凑。散穗，穗长19cm左右，每穗粒数115粒。颖尖秆黄色，短顶芒。千粒重约26g。米白色。分蘖力较强，活秆成熟。较喜肥。

品质特性：糙米率83.8%，垩白粒率2.1%，直链淀粉含量20.4%。

抗性：中抗稻瘟病，高抗白叶枯病，抗倒伏性较差，较耐旱，耐盐碱，后期耐寒。

产量及适宜地区：在北京、天津、河北唐山等地产量为6 750.0 ～ 9 000.0kg/hm^2，最高产量11 287.5kg/hm^2。在山东、河南、江苏北部作麦茬稻，产量6 000 ～ 7 500kg/hm^2。适宜在北京、天津、河北唐山地区，尤其是白叶枯病重发稻区作一季春稻栽培，亦适于河南、山东、江苏作早熟麦茬稻种植。

栽培技术要点：①播种前做好种子消毒处理，防治干尖线虫病和恶苗病。旱育稀植，培育壮秧。一季春稻4月上、中旬播种，播种量650kg/hm^2。1叶1心期喷多效唑，育成带蘖壮秧。②秧龄45 ～ 50d移栽，行株距30cm × 13cm，每穴栽3 ～ 4苗。③施足本田基肥，早施分蘖肥，看苗适当晚施重施穗肥。一般肥力条件下施纯氮210kg/hm^{2}左右为宜。④生育中后期间歇灌溉防止倒伏。⑤注意防治稻飞虱。抽穗前用25%三环唑对水喷雾，防治穗颈瘟。

中丹2号（Zhongdan 2）

品种来源：中国农业科学院作物育种栽培研究所以Pi5/喜峰，1976年育成。1981年、1984年和1987年分别通过辽宁省、河北省和天津市农作物品种审定委员会审定和认定。

形态特征和生物学特性：属常规中早粳晚熟。对光照不敏感，对温度反应较敏感。在辽宁省南部作一季春稻栽培，全生育期164d；在北京、天津作麦茬老秧栽培，全生育期145 ~ 150d。株高约105cm，株型紧凑。叶片长、窄而直立，叶色较深，剑叶上举，主茎叶15 ~ 16片。秧龄弹性大。分蘖力中等，成穗率高。散穗，穗长20 ~ 25cm，每穗粒数120粒左右。颖及颖尖黄白色，稀顶芒。千粒重26 ~ 27g。

品质特性：糙米率83.0%，精米率80.2%，垩白粒率5.3%，透明度1级，碱消值7级，胶稠度72.5mm，直链淀粉含量18.2%，蛋白质含量7.26%，脂肪含量1.87%。适口性好，米质优。

抗性：中抗稻瘟病和白叶枯病。较耐盐碱、较耐旱，喜肥，抗倒伏，生育后期耐寒，转色好。

产量及适宜地区：一般单产6 750 ~ 7 500kg/hm^2，高产栽培可达9 000 ~ 9 750kg/hm^2。适宜在辽南作一季春稻，北京、天津、河北、山东、河南作麦茬稻，江南丘陵山区作一季稻。

栽培技术要点：①因地制宜，适时播种，培育壮秧。湿润育苗秧田播种量1 100kg/km^2；旱育稀植，播种量650kg/hm^2。②培育带蘖壮秧。行株距27cm × 13cm，每穴栽3 ~ 4苗为宜。③施足基肥，早施分蘖肥，视苗情适当晚施、重施穗肥，注意氮、磷、钾配合。④抽穗前用25%的三环唑对水喷雾，防治穗颈瘟。

中花10号（Zhonghua 10）

品种来源：中国农业科学院作物育种栽培研究所用Tetep/南65的F_2单株花粉培养育成。1987年通过天津市农作物品种审定委员会审定。

形态特征和生物学特性：属常规中早粳晚熟。在北京、天津、河北唐山地区生育期160～170d，需活动积温4 275℃。株高115cm。出苗快，幼苗长势茁壮。叶色较浓绿，叶片直立，株型紧凑，分蘖力上中等，主茎叶17.5片。穗长24cm，每穗粒数150～200粒。颖及颖尖淡黄色，少短顶芒。千粒重28g以上。

品质特性：结实率85.0%，糙米率85.0%，直链淀粉含量19.2%。饭质柔软，涨性大，味香可口，米质优良。

抗性：高抗稻瘟病，中抗白叶枯病，耐寒性好，抗旱，耐盐碱，耐污水灌溉。

产量及适宜地区：经3年品比试验，单产7 500kg/hm^{2}以上，比越富、京越1号增产15%以上。在北京、天津、河北唐山地区及辽南各县均可作一季稻栽培。

栽培技术要点：①在北京地区育秧，一般采用半旱覆膜方式。4月上中旬播种，播种900kg/hm^2，播种前用4%的石灰水浸种48h。②秧龄30～50d移栽，一般行株距30cm×18cm，每穴栽1～2苗。③9月底至10月初成熟。适宜中上等肥力，浅水勤灌。

中花11（Zhonghua 11）

品种来源：中国农业科学院作物育种栽培研究所1979年用京风五号/特特普//福锦进行花培，于1984年育成。1989年通过天津市品种审定委员会审定。

形态特征和生物学特性：属常规中早粳晚熟。全生育期160d左右。株高110 ～ 115cm，株型较紧凑，繁茂性好，叶色浓绿。穗大、码密，穗颈长，有弯腰现象，穗长20cm左右，属大穗型品种。平均穗粒数115 ～ 120粒。结实率80% ～ 85%，谷粒呈椭圆形，颖及颖尖秆黄色，短顶芒，千粒重26 ～ 27g。

品质特性：糙米率81.2%，糊化温度低，胶稠变软，直链淀粉含量17.4%，蛋白质含量7.62%。食味佳，米质优，垩白少，透明度好。

抗性：分蘖力强，耐肥，抗倒伏性和抗病性较强，抗寒，抗盐碱。

产量及适宜地区：1986年引种试验，平均单产8 341.5kg/hm^2，较对照品种中花9号增产7.9%；1987年区域试验，平均单产7 086.0kg/hm^2，较对照品种中花9号增产5.3%；1988年区域试验，平均单产7 404.0kg/hm^2，较对照品种中花10号增产0.6%；1988年生产试验，平均单产7 219.5kg/hm^2，较对照品种中花10号增产1.1%。生产上一般单产7 500kg/hm^2，高产达9 300.0kg/hm^{2}以上。在天津地区主要作春稻栽培，也可兼作麦茬稻（老壮秧）栽培。适宜种植中花10号和津稻1187地区均可种植。适宜在中等或中上等肥力地块种植。

栽培技术要点：①严格进行种子处理，防止恶苗和干尖线虫病。②稀播种育壮秧。播量1 200 ～ 1 500kg/hm^2，育带蘖壮秧，春稻4月上中旬薄膜育秧，麦茬稻（老壮秧）4月底至5月上旬，秧龄40 ～ 50d。③移栽行株距。一般23.31cm×13.32cm或26.64cm×13.32cm，每穴栽4 ～ 6苗。④施肥灌溉。前期肥够不过量，一般地块分蘖末期或拔节初期落干蹲苗，以控制倒伏。

中花12（Zhonghua 12）

品种来源：中国农业科学院作物育种栽培研究所以中花9号/中花5号经花培选育而成。1993年通过天津市农作物品种审定委员会审定。

形态特征和生物学特性：属常规中粳早熟。全生育期165d左右。株高110cm左右，株型紧凑，分蘖力中上等，成穗力高。穗纺锤形，穗长19 ~ 22cm，每穗粒数120 ~ 125粒，结实率83%~ 85%，千粒重26g左右。

品质特性：1989年农业部品质监督检测中心分析结果：糙米率为85.2%，精米率77.7%，整精米率67.8%，垩白度2.5%，透明度1级，碱消值7级，胶稠度77mm，直链淀粉含量19.6%。

抗性：高抗稻瘟病，耐盐碱、耐旱。后期抗倒伏性差，前期感恶苗病。

产量及适宜地区：1990—1992年三年参加天津市春稻区域试验和生产试验，19个点次试验结果，中花12平均单产7 314.0kg/hm^2，较对照品种津稻1187减产3.5%。生产上一般单产7 500.0 ~ 8 250.0kg/hm^2。适宜在天津地区作一季春稻种植。

栽培技术要点：①天津地区4月上中旬播种，5月下旬插秧。②稀播育壮秧，栽插行株距以29.97cm × 13.32cm为宜，每穴栽3苗。③全生育期总氮量不超过195kg/hm^2，增施磷、钾、锌肥，重施基肥（60%），稳施蘖肥。④湿润管理，后期不积水，干干湿湿，使土壤通透气良好，防止倒伏，严格种子处理，预防恶苗病发生。

中花14（Zhonghua 14）

品种来源：中国农业科学院作物育种栽培研究所以中花8号//沈农1033/IR20育成。2000年通过北京市农作物品种审定委员会审定。

形态特征和生物学特性：属常规中粳早熟。北京地区生育期165d。株高95cm，苗期生长茁壮，矮丛型，根系发达，根层深广。分蘖早、多，很快进入分蘖盛期。叶色浓绿，叶片内卷，挺立上举，剑叶和倒2叶较其下部叶片拉长两倍。抽穗期穗颈伸长不包茎，茎秆粗壮、紧凑、坚韧；中下部茎节短粗，此期植株呈塔形。成熟期转色好，青秆黄穗，粒粒充实饱满，穗弯枝梗橙，稀少短顶芒。茎粗1cm多，抗倒伏。单株成穗15个左右，穗长26cm，每穗粒数190粒左右，结实率92%以上，谷粒卵圆形，千粒重31.54g。

品质特性：谷色淡黄，糙米油亮，糙米率80.6%。精米无垩白、透明，整精米率76.2%。胶稠度100mm，直链淀粉含量13.8%，蛋白质含量10.2%，赖氨酸含量0.43%。饭质好，清香可口。

抗性：在各地试种，均未发现稻瘟病、白叶枯病和稻曲病，表现出较好的田间抗性。多点试验和试种中表现抗干旱，耐盐碱，耐瘠，更耐肥，抗倒伏力强，适合机械作业。

产量及适宜地区：区域试验产量6 750kg/hm^2。中花14生育期155 ~ 165d，可作单季稻（中稻）栽培。在华北稻区北部宜作单季稻种植；南部或云贵高原的坡地和梯田可作麦茬稻（中稻）栽培；黄海沿岸滩涂地也宜作麦茬稻。

栽培技术要点：①育秧。播种前需要进行种子消毒，以防恶苗病和干尖线虫病。要求旱育稀植增育壮秧，按大田用种量计60 ~ 75kg/hm^2。②移栽。本田要施足基肥有机肥搭配适量磷酸二铵。小苗带土抛秧，机插、人插均可。视土壤肥力水平合理密植，行株距26.7cm × 10cm或23.3cm × 10cm，每穴栽1 ~ 3苗为好。③施肥。栽培中应注意氮、磷、钾配合施用，前期基肥足，中期肥跟上，后期不脱肥，确保多蘖、成穗、大穗、大粒的需要。④水层管理。以浅水层湿润灌溉即可。⑤收获。成熟期适时收获，能保证大米品质。

中花17（Zhonghua 17）

品种来源：中国农业科学院作物科学研究所以中花8号//沈农1033/IR20育成。2004年通过国家农作物品种审定委员会审定。

形态特征和生物学特性：属常规中粳早熟。在北京、天津、河北唐山地区种植全生育期173.8d，与对照中作93相当。株高104.7cm，每穗粒数120.1粒，结实率89%，千粒重24.1g。

品质特性：整精米率72.2%，垩白粒率7.0%，垩白度0.9%，胶稠度78mm，直链淀粉含量15.4%。

抗性：稻瘟病5级，中感稻瘟病。

产量及适宜地区：2002年参加北方稻区中作93区域试验，平均单产8 220.0kg/hm^2，比对照中作93增产2.2%（不显著）；2003年续试，平均单产8 158.5kg/hm^2，比对照中作93减产0.3%（不显著）；两年区域试验平均单产8 190kg/hm^2，比对照中作93增产0.9%。2003年生产试验平均单产7 791.0kg/hm^2，比对照中作93减产3.7%。适宜在北京、天津、河北中北部一季春稻区种植。

栽培技术要点：①培育壮秧。根据当地种植习惯与中作93同期播种，秧龄45d左右。②移栽。栽插行株距为26.7cm × 10cm，19.5万～22.5万穴/hm^2，每穴栽1～3苗。③肥水管理。一般施纯氮240kg/hm^{2}左右，底肥施五氧化二磷6kg/hm^2，配合施用钾肥；水浆管理要做到浅水勤灌，适时晒田，齐穗后10d干干湿湿，收获前7d停水。④防治病虫害。注意防治稻瘟病。

中花18（Zhonghua 18）

品种来源：中国农业科学院作物科学研究所以皮泰/IR36//中系8215/DV85育成。2008年通过国家农作物品种审定委员会审定。

形态特征和生物学特性：属常规中粳早熟。在北京、天津、河北唐山地区种植，全生育期169.7d，比对照中作93晚熟2.3d。株高114.5cm，穗长18.9cm，每穗粒数119.4粒，结实率88.9%，千粒重25.6g。

品质特性：整精米率67.8%，垩白粒率10.0%，垩白度0.7%，胶稠度82mm，直链淀粉含量16.8%，达到国标优质稻谷一级标准。

抗性：苗瘟5级，叶瘟4级，穗颈瘟3级，综合抗性指数3.5。

产量及适宜地区：2005年参加北京、天津、河北唐山粳稻组品种区域试验，平均单产8 371.5kg/hm^2，比对照中作93增产4.6%（极显著）；2006年续试，平均单产7 579.5kg/hm^2，比对照中作93增产0.4%（不显著）；两年区域试验平均单产8 010kg/hm^2，比对照中作93增产2.7%，增产点比例63.6%。2007年生产试验，平均单产7 960.5kg/hm^2，比对照中作93增产9.1%。适宜在北京、天津、河北东部及中北部的一季春稻区种植。

栽培技术要点：①育秧。北京、天津、河北唐山一季春稻区根据当地生产情况适时播种，播种前做好晒种与消毒，防治干尖线虫病和恶苗病。②移栽。秧龄45d左右移栽，栽插行株距为26.7cm×10cm左右，每穴栽1～3苗。③肥水管理。一般施肥总量为纯氮180kg/hm^2、五氧化二磷90kg/hm^2，配合施用钾、锌肥。水浆管理做到浅水栽秧，深水护苗，薄水分蘖，够苗晒田，齐穗后10d干干湿湿，收获前7d左右停水。④病虫害防治。稻穗破口期注意防治稻曲病，抽穗期预防一次稻瘟病。

中花8号（Zhonghua 8）

品种来源：中国农业科学院作物育种栽培研究所1977年从砦2号/京系17//京系17花粉培养育成。1985年和1987年分别通过北京市和天津市农作物品种审定委员会审定。

形态特征和生物学特性：属常规中粳早熟，株高115cm。苗期长势苗壮，叶色绿，叶鞘、叶缘、叶枕均为绿色。主茎叶17片，株型紧凑。穗长26.4cm，每穗平均124粒。稀顶短芒。兼具亲本品种砦2号的抗病性和京系17的丰产性及双亲的优良米质。穗大粒多（平均每穗粒数200粒左右），结实率高（87%以上），千粒重27g。

品质特性：糙米率82.4%，精米率78.0%，垩白粒率4.0%，糊化温度低，直链淀粉含量18.0%，蛋白质含量8.33%。饭质柔软清香可口。

抗性：中抗稻瘟病，高抗白叶枯病，抗倒伏性较差，较耐旱，耐盐碱，后期耐寒。

产量及适宜地区：1979年产量比较试验结果，中花8号产量比对照京越1号增产13.3%，居第一位。一般单产7 500kg/hm^{2}左右，最高产量可达11 010kg/hm^2。适宜在北京、天津、河北唐山稻区，尤其是白叶枯病重发稻区作一季春稻栽培，在河南、山东作早熟麦茬稻种植。

栽培技术要点：①播前做好种子消毒处理，防治干尖线虫病和恶苗病。②旱育稀植，培育壮秧。一季春稻4月上中旬播种，播种量650kg/hm^2。1叶1心期喷多效唑，育成带蘖壮秧。秧龄45 ~ 50d移栽，行株距30cm × 13cm，每穴栽3 ~ 4苗。③施足本田基肥，早施分蘖肥，看苗适当晚施重施穗肥。一般肥力条件下施纯氮210kg/hm^{2}左右为宜。④生育中后期间歇灌溉防止倒伏。注意防治稻飞虱。抽穗前用25%三环唑对水喷雾防治穗颈瘟。

中花9号（Zhonghua 9）

品种来源：中花9号是中国农业科学院作物育种栽培研究所以京系17//砦2号/京系$17B_1F_1$花粉培养育成。1986年和1987年通过辽宁省和天津市农作物品种审定委员会审定。

形态特征和生物学特性：属常规中早粳晚熟。全生育期165d，株高约100cm。根系发达，早生快发，繁茂性强。叶绿色，主茎叶17片，叶鞘、叶缘、叶枕均为绿色。株型紧凑。成穗率78.3%，结实率87%左右。穗长23cm，每穗粒数平均125粒，千粒重28.5g。

品质特性：糙米率84.0%，精米率76.0%，垩白粒率1.0%，直链淀粉含量18.5%，蛋白质含量7.9%。米粒透明，饭质柔软，味香可口，米质优良。

抗性：高抗稻瘟病，中抗白叶枯病，抗纹枯病，抗旱且耐盐碱。

产量及适宜地区：一般产量7 500kg/hm^2，最高可达11 700kg/hm^2。1985年种植面积达18万hm^2。适宜在华北中部、辽南等地作一季春稻栽培。

栽培技术要点：①在北京、天津地区采取半旱薄膜育秧。4月上中旬播种，播种量900kg/hm^2。播种期种子进行消毒处理。②5月中下旬移栽，行株距27cm×15cm。9月下旬成熟。③本田施纯氮225kg/hm^2，钾肥165kg/hm^2，磷肥67.5kg/hm^2。④注意湿润灌溉。

中津1号（Zhongjin 1）

品种来源：中国农业科学院作物科学研究所以中作321/丹繁4号育成。2003年通过国家农作物品种审定委员会审定。

形态特征和生物学特性：属常规中粳早熟。全生育期平均为172d，与对照中作93相当，株高103cm。有效穗数337.5万穗/hm^2，株型紧凑，剑叶直立较长，叶下禾，茎秆坚韧，后期转色好，穗长19.4cm，平均每穗总粒数122.4粒，结实率91.6%，千粒重26.6g。

品质特性：整精米率72.2%，垩白粒率34.0%，垩白度3.7%，胶稠度91mm，直链淀粉含量16.1%。米质较优。

抗性：苗瘟2级，叶瘟1级，叶瘟发病率0.9%，穗颈瘟3级，穗瘟发病率10.2%。较耐肥，抗倒伏。

产量及适宜地区：2000年参加北方稻区中作93熟期组区域试验，平均单产8 208.0kg/hm^2，比对照中作93增产13.1%，不显著；2001年续试，平均单产8 683.5kg/hm^2，比对照中作93增产10.4%，不显著；2001年生产试验，平均单产8 803.5kg/hm^2，比对照中作93增产1.7%。适宜在北京、天津、河北东部和中北部稻区作一季春稻种植。

栽培技术要点：①播种前进行种子消毒，防治恶苗病。②适时早播，稀播育壮秧。京津唐地区作一季春稻种植，宜4月上旬播种，盘育或旱育秧秧田播种量3 450.0 ～ 3 750.0kg/hm^2；湿润育秧播种量750 ～ 1 125.0kg/hm^2，秧龄35 ～ 45d。③适时移栽，合理密植。5月下旬移栽，栽插行株距为27cm × 13.5cm，每穴栽3 ～ 4苗，基本苗90万～ 120万/hm^2。④本田要施足底肥，全层施肥，增施磷、钾肥和有机肥，早施蘖肥促早发，增苗数和穗数，后期适当增施穗粒肥增粒重，做到前促、中控、后补，总施肥量为纯氮225kg/hm^2，磷150kg/hm^2，钾75kg/hm^2。⑤防治病虫害。注意防治各类螟虫和稻飞虱危害。

中津2号（Zhongjin 2）

品种来源：中国农业科学院作物科学研究所以密阳85/辽盐2号育成。2002年通过北京市农作物品种审定委员会审定。

形态特征和生物学特性：属常规中粳早熟。在北京地区作春稻全生育期170d左右，株高103cm。幼苗较粗壮，株型紧凑，茎秆较坚韧。穗无芒，穗长20cm左右，每穗粒数126粒，结实率86.4%左右，千粒重24.3g。

品质特性：糙米率84.4%，整精米率75.3%，垩白粒率6.0%，垩白度0.3%，胶稠度79mm，直链淀粉含量15.2%。

抗性：中抗稻瘟、白叶枯病，轻感条纹叶枯病。较耐肥，抗倒伏。

产量及适宜地区：区域试验平均单产8 028.0kg/hm^2。适宜在北京地区作春稻种植。

栽培技术要点：①播种前严格做好种子消毒，防治恶苗病。4月10日前后播种，750 ~ 1 125kg/hm^{2}育壮秧，5月底前移栽。②大田施足基肥，全层施肥，氮、磷、钾配合，早施蘖肥，促早发增穗数，适当早施穗肥，适当增施粒肥增粒重。

中农稻1号（Zhongnongdao 1）

品种来源：中国农业科学院作物育种栽培研究所以垦系2号/中系8121育成。1999年通过国家农作物品种审定委员会审定。

形态特征和生物学特性：属常规中粳早熟。该品种在北京、天津、河北唐山地区全生育期165d左右。株型紧凑，株高90cm左右，叶片较宽而直立，叶色较深，分蘖力中等，成穗率高，茎秆粗壮；半紧穗，顶白芒，穗长17.3cm，每穗粒数150粒以上，结实率80%以上，千粒重26g左右。

品质特性：糙米率83.7%，精米率74.7%，整精米率66.1%，垩白粒率8.0%，垩白度2.4%，透明度1级，碱消值6.8级，胶稠度72mm，直链淀粉含量17.4%，蛋白质含量8%。米质优良，食味佳。

抗性：抗稻瘟病，耐盐碱，轻感条纹叶枯病和白叶枯病。

产量及适宜地区：1995—1997年三年参加北方区域试验，比对照津稻1187增产10.1%，1998年参加北方生产试验，比当地对照津稻1187增产12%～14.8%，一般单产8 250.0kg/hm^{2}左右。适宜在北京、天津、河北唐山、山东省东营和临沂以及河南省郑州以北地区推广种植。

栽培技术要点：①播前严格进行种子消毒，防治恶苗病和干尖线虫病。②增施底肥，全层施肥，分次施用蘖肥，适当增施穗、粒肥和磷、钾肥。③以水层管理为主，不宜重晒田，收获前10d停水，以防早衰。④中后期及时防治螟害、白叶枯病和条纹叶枯病。⑤适宜肥水条件较好的地区种植，白叶枯病重病区慎用。

中系5号（Zhongxi 5）

品种来源：中国农业科学院作物育种栽培研究所以中丹2号/中系7709育成。1989年通过天津市农作物品种审定委员会审定，1992年通过北京市农作物品种审定委员会审定。

形态特征和生物学特性：属常规中粳早熟。在北京、天津、河北唐山作春稻全生育期165d，株高约105cm。苗期耐盐碱，缓苗快。主茎叶片18片，叶片较长且直立，叶色清秀，叶片宽窄适中，剑叶上举，株型紧凑。分蘖力中等，成穗率较高。活秆成熟，籽粒饱满。散穗短顶芒，穗长约18cm，每穗粒数100粒左右，千粒重约26g。米白色。

品质特性：糙米率83.1%，垩白粒率1.2%，直链淀粉含量19.3%。米粒大而透明，米质优良。

抗性：中抗稻瘟病和白叶枯病，较感干尖线虫病和稻曲病，较耐肥，抗倒伏，后期耐寒。

产量及适宜地区：一般单产7 200 ～ 7 725kg/hm^2。适宜在北京、天津、河北唐山地区作一季春稻，山东、河南作麦茬稻种植。

栽培技术要点：①播前做好种子消毒处理，防治干尖线虫病和恶苗病。②因地制宜，适时播种，稀播育壮秧。京津唐地区春稻4月上中旬播种，播种量1 650.0kg/hm^2，5月中下旬移栽，行株距30cm × 13cm，每穴栽4 ～ 5苗为宜。一般肥力条件下，施纯氮210kg/hm^2。③注意增施底肥，早施分蘖肥，巧施穗肥。氮磷钾配合施用，前中后期施肥比例为50 ∶ 20 ∶ 30为宜。④做到中期烤田，后期间歇灌溉。⑤做好病虫害防治工作。抽穗前后用25%三环唑加DT杀菌剂对水喷雾防治穗颈瘟和稻曲病。

中系8121（Zhongxi 8121）

品种来源：中国农业科学院作物育种栽培研究所以喜峰/城堡1号杂交选育而成。1989年通过天津市农作物品种审定委员会审定。

形态特征和生物学特性：属常规中粳早熟，生育期163d，株高约105cm。株型紧凑，分蘖力中等。剑叶上举，叶片较窄，叶色较淡，主茎叶17 ～ 18片。茎秆韧性好。散穗，穗长17 ～ 18cm，每穗粒数85粒左右。谷粒有短顶芒。千粒重约26g。米白色。

品质特性：米粒透明度1级，垩白粒率0.7%，直链淀粉含量19.0%。米质优良。

抗性：抗稻瘟病和抗白叶枯病，较感稻曲病，耐盐碱，耐旱，后期耐寒。活秆成熟。

产量及适宜地区：1987年区域试验，平均产量7 003.5kg/hm^2，比对照中花9号增产4.1%，1988年区域试验，平均产量7 239kg/hm^2，比对照中花10号增产1.7%；1988年生产试验，平均产量7 066.5kg/hm^2，比对照中花10号增产1%。适宜在北京、天津、河北唐山地区作一季春稻栽培及冀南、鲁南和豫北作早熟麦茬稻种植。一般单产6 750kg/hm^{2}左右，最高产量可达8 255kg/hm^{2}以上。

栽培技术要点：①一季春稻4月上中旬播种，旱育稀植，秧田播种量975kg/hm^2。②5月下旬移栽，行株距30cm × 13cm，每穴栽4 ～ 5苗。③一般肥力地块，施纯氮210kg/hm^2。注意增施底肥，早施分蘖肥，巧施穗肥。前中后期施肥比例为50 ： 20 ： 30。中期烤田，后期间歇灌溉。④抽穗前后用25%三环唑加DT杀菌剂对水喷雾防治穗颈瘟和稻曲病。

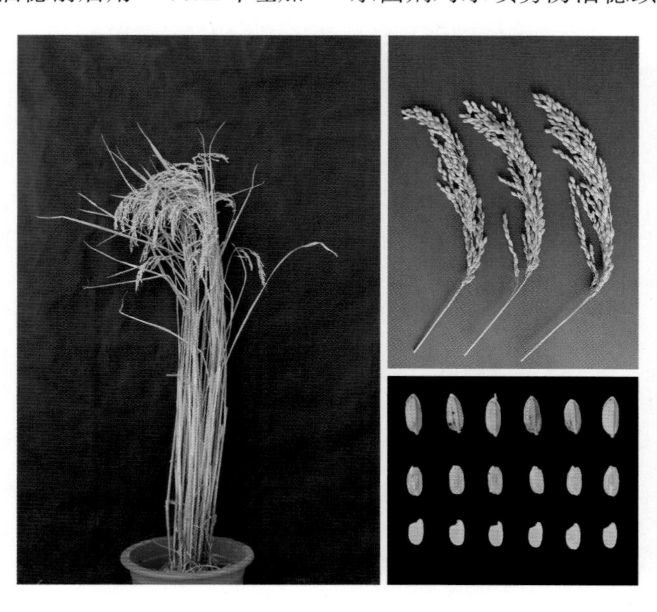

中系8215（Zhongxi 8215）

品种来源：由中国农业科学院作物育种栽培研究所1977年用中系7608（中丹2号）/中系7709，1982年育成。1989年通过天津市农作物品种审定委员会审定。

形态特征和生物学特性：属常规中粳早熟。全生育期165d左右，株高100 ～ 105cm，株型紧凑，叶片上举，前期生长繁茂，后期转色好，活秆成熟。分蘖力中上等，秧龄弹性较大（45 ～ 60d），适应性强，丰产性和稳产性好。穗中等，穗长17 ～ 18cm，每穗粒数95粒左右，结实率高，空秕率低，一般为5% ～ 8%。谷粒呈椭圆形，颖及颖尖秆黄色，稀间短芒，千粒重25 ～ 26g。

品质特性：糙米率72.1%，直链淀粉含量17.4%，蛋白质含量8.14%，胶稠变软，糊化温度底，垩白极少，透明度好。食味佳，米质优。

抗性：抗稻瘟病和白叶枯病，感稻曲病；茎秆有韧性抗倒伏，抗寒，抗盐碱。

产量及适宜地区：1986年区域试验，平均单产7 318.5kg/hm^2，居10个品种首位，较对照品种中花9号增产9.1%，增产极显著；1987年区域试验，平均单产7 279.5kg/hm^2，居9个品种第二位，较对照品种中花9号增产8.2%，增产显著。1987年生产试验，平均单产7 726.5kg/hm^2，居4个品种首位，较对照品种中花9号增产12.7%；1988年生产试验，平均单产7 231.5kg/hm^2，居6个品种首位，较对照品种中花10号增产1.3%。生产上一般单产7 500kg/hm^{2}左右，高产达9 000kg/hm^{2}以上。在天津地区主要作春稻栽培也可兼作麦茬稻（老壮秧）栽培。适宜在中等或中等偏上地块种植。适宜种植中花10号、津稻1187地区均可种植。

栽培技术要点：①适用于中等或中上等肥力地块种植。②稀播种育壮秧，播种量1 200 ～ 1 500kg/hm^2。春稻4月上中旬薄膜育秧；麦茬稻4月底至5月上旬育秧，秧龄40 ～ 50d为宜。③插秧行株距。一般23.31cm × 16.65cm或26.64cm × 13.32cm。每穴栽4 ～ 5苗，基本苗120万～ 150万/hm^2。④施肥和灌溉。增施底肥，早施分蘖肥，重施颖花肥分化肥。前中后期施肥比例为40 ：20 ：40为宜。中期落干烤田。后期间歇灌溉，黄熟末期停水。⑤注意防治稻曲病。

中新1号（Zhongxin 1）

品种来源：中国农业科学院作物育种栽培研究所用84-15/喜峰，1986年育成。1993年通过北京市农作物品种审定委员会审定。

形态特征和生物学特性：属常规中粳早熟。生育期约155d，需活动积温3 500℃。株高95cm。茎秆粗壮，株型紧凑。主茎叶17片，叶色深绿，剑叶长而直立。分蘖力中等。穗大，穗长26cm，每穗粒数145粒。上部枝梗有秃尖现象。无芒或短顶芒。千粒重28g。米半透明。

品质特性：糙米率82.0%，垩白粒率6.0%，碱消值6.9级，胶稠度75mm，直链淀粉含量17.1%，蛋白质含量9.09%。米质优。

抗性：高抗稻瘟病，中抗白叶枯病和稻飞虱。耐寒性差，耐肥，抗倒伏。

产量及适宜地区：一般单产9 000kg/hm^2。适宜在北京、天津一带作中稻或晚熟麦茬稻种植。

栽培技术要点：①北京作中稻4月下旬播种，5月底6月初栽秧；作麦茬稻4月底5月初播种，6月下旬栽秧。②行株距30cm×10cm，每穴栽2～3苗。③施纯氮125kg/hm^{2}左右。④以浅水灌溉为主，切忌中期落干蹲苗。⑤注意防治二化螟、稻飞虱及白叶枯病。

中远1号（Zhongyuan 1）

品种来源：中国农业科学院作物育种栽培研究所以高粱稻D7846/南31育成。1988年通过北京市农作物品种审定委员会审定。

形态特征和生物学特性：属常规中粳早熟。生育期150d，株高100cm，下部叶片松散，上部叶片较宽，内卷上冲，叶色浓绿，分蘖力中等。穗长21cm，每穗粒数120粒，无芒。结实率80%，千粒重27g。

品质特性：糙米率82.5%，整精米率70.7%，垩白粒率13.8%，碱消值7级，胶稠度89mm，直链淀粉含量22.9%，蛋白质含量7.9%。

抗性：抗稻瘟病，中抗白叶枯病，较耐盐碱，抗旱性强，抗倒伏性稍差。

产量及适宜地区：1986—1988年参加北京市旱种区域试验，产量均居前列，三年产量分别是6 645kg/hm^2、6 579kg/hm^{2}和5 931kg/hm^2，平均6 385.5kg/hm^2。北京、天津、河北等地大面积种植一般产量水平与上述区域产量相近，高产地块9 000kg/hm^{2}左右。适宜在北京地区旱种，一般单产6 750kg/hm^2。

栽培技术要点：①5月播种。因顶土能力稍差，播种深度不宜超过2.5cm。播种量125kg/hm^2，行距25cm左右为宜。②施纯氮应控制在120kg/hm^{2}以内，并增施磷肥。③注意防治二化螟与白叶枯病。

中作0201（Zhongzuo 0201）

品种来源：中国农业科学院作物育种栽培研究所以中花15/京稻21育成。2007年通过国家农作物品种审定委员会审定。

形态特征和生物学特性：属常规中粳早熟。在北京、天津、河北地区种植全生育期平均175.9d，比对照中作93晚熟5.1d。株高132.2cm，穗长22cm，每穗粒数148.5粒，结实率85.9%，千粒重25.5g。

品质特性：整精米率64.3%，垩白粒率5.0%，垩白度0.8%，胶稠度84mm，直链淀粉含量15.7%。达到国标优质稻谷二级标准。

抗性：苗瘟3级，叶瘟2级，穗颈瘟3级，抗稻瘟病，抗白叶枯病，抗寒，抗盐碱性差，耐肥，抗倒伏。

产量及适宜地区：2004年参加中作93组品种区域试验，平均单产9 492kg/hm^2，比对照中作93增产4.4%；2005年续试，平均单产9 220.5kg/hm^2，比对照中作93增产15.2%；两年区域试验平均单产9 357.0kg/hm^2，比对照中作93增产9.4%。2006年生产试验，平均单产9 355.5kg/hm^2，比对照中作93增产30.1%。适宜在北京、天津、河北东部及中北部的一季春稻区种植。

栽培技术要点：①育秧。北京、天津、河北唐山一季春稻区根据当地生产情况适时播种，播种前做好晒种与消毒，防治干尖线虫病和恶苗病。②移栽。秧龄45d左右移栽，适当密植，行株距26.7cm×13.3cm左右，栽插27万穴/hm^2，每穴3～5粒谷苗。③肥水管理。中等地力需施纯氮240.0kg/hm^2，遵循“前促、中控、后保”原则，配合施用磷、钾、锌肥。水浆管理上做到浅水栽秧，深水护苗，薄水分蘖，够苗晒田，孕穗期至齐穗期不能缺水，灌浆后期间歇灌溉，收割前7d左右停水。④病虫害防治。稻穗破口期注意防治稻曲病，抽穗期预防一次稻瘟病。

中作17（Zhongzuo 17）

品种来源：中国农业科学院作物育种栽培研究所以福光/中作318//秋风育成。1997年通过天津市农作物品种审定委员会审定。

形态特征和生物学特性：属常规中粳早熟。春播生育期170d左右。株高96 ~ 121cm，变异系数较大。株型较紧凑，分蘖力强，有效分蘖一般3 ~ 5个。穗松散型，大穗大粒。着粒密度大，每穗粒数130粒。籽粒无芒，千粒重25 ~ 28g。

品质特性：糙米率83.5%，精米率75.8%，整精米率71.74%，垩白粒率2.4%，碱消值7.0级，胶稠度78mm，直链淀粉含量17.0%，蛋白质含量9.8%。适口性好。

抗性：经接种鉴定，叶瘟4级，白叶枯病3级，田间鉴定，中抗稻瘟病、纹枯病和白叶枯病。前期生长繁茂，后期不早衰，活棵成熟。耐肥，抗倒伏，灌浆快，感恶苗病。

产量及适宜地区：1992年中国农业科学院作物育种栽培研究所品比试验，折合产量8 376kg/hm^2，较对照中作321增产11.5%。1994年、1995年天津市春稻区域试验，平均单产分别为7 309.5kg/hm^2、8 128.5kg/hm^2。1995—1996年天津市春稻生产试验，平均单产分别为7 973kg/hm^2、7 972kg/hm^2，分别较对照津稻1187增产5.7%、8.6%。适宜在天津稻区种植。

栽培技术要点：①严格进行种子消毒，防治干尖线虫病和恶苗病。②大垄稀植，平稳施肥。③秧龄不超过60d。抽穗期注意防治穗颈瘟。

中作180（Zhongzuo 180）

品种来源：中国农业科学院作物育种栽培研究所以丰锦//京丰5号/C4-63育成。1987年和1988年通过天津市和北京市农作物品种审定委员会审定。

形态特征和生物学特性：属常规中早粳晚熟。全生育期约145d，株高约100cm。根系发达，旱种拱土力强。营养生长期发棵快，繁茂性好。叶色淡，叶片直立，剑叶短，叶形长宽适度，功能叶片寿命长。茎秆粗壮，株型较紧凑，分蘖力中等。长相清秀。成穗率65%，散穗、无芒，穗长25 ~ 30cm，每穗粒数120粒左右。谷粒椭圆形，颖壳淡黄色。千粒重约26g，米白色。

品质特性：糙米率79.6%，直链淀粉含量10.9%。米质较好。

抗性：高抗条纹叶枯病和稻曲病，抗稻瘟病，中抗白叶枯病。抗倒伏性好，耐旱性强，可水旱两用，耐瘠薄，后期耐寒性强，耐盐碱，耐肥性中等。

产量及适宜地区：旱种一般单产6 750kg/hm^{2}左右；辽宁省沈阳作一季春稻单产7 500kg/hm^{2}左右；北京、天津、河北地区作中稻或麦茬稻单产7 500kg/hm^2；山东、江苏徐州等地作麦茬稻单产最高可达11 250kg/hm^2。适宜在北京地区种植。

栽培技术要点：①辽宁省作春稻种植，可于4月上中旬播种；北京、天津等地作中稻，可于4月底5月初播种；作麦茬稻于5月上旬播种。秧龄40 ~ 45d，栽秧行株距27cm × 12cm，每穴栽2 ~ 3苗。②前期应早促，以保证足够穗数；后期应看地、看苗增施穗肥、粒肥或喷施磷酸二氢钾，以保证籽粒饱满，结实率高。③抗逆性较强，但在白叶枯病重发区，移苗前及分蘖期应用叶枯净等药剂防治白叶枯病。

中作23（Zhongzuo 23）

品种来源：中国农业科学院作物育种栽培研究所用辽粳5号/中花9号，1989年选育而成。1997年通过天津市农作物品种审定委员会审定。

形态特征和生物学特性：属常规中粳早熟。春播生育期180d左右，高秆，株高100～115cm，株型较紧凑，分蘖力强，有效分蘖4～5个。灌浆快，后期不早衰，活棵成熟，省肥，适应性广，适宜水质较差的条件下种植。肥大易倒伏，感干尖线虫病。穗松散型，大穗大粒。籽粒饱满，长宽比1.8，有芒，壳薄，千粒重23～27g，出米率高。米质优，适口性好。

品质特性：糙米率82.6%，精米率76.0%。整精米率74.3%，垩白粒率15.0%，碱消值7.0级，胶稠度78mm，直链淀粉含量21.2%，蛋白质含量9.1%。

抗性：接种鉴定，叶瘟2级，白叶枯病3级；田间鉴定，稻瘟病中抗偏上，高抗白叶枯病和稻飞虱。抗寒性强，耐盐碱性强，秧龄弹性大。

产量及适宜地区：1991年中国农业科学院作物育种栽培研究所品比试验，平均单产6 918.0kg/hm^2，较对照中花8号增产14.1%。1992年天津市原种场品比试验，平均单产6 817.5kg/hm^2，较对照津稻1187增产2.7%。1994—1995年天津市春稻区域试验，平均单产分别为7 401.0kg/hm^2、7 419.0kg/hm^2，分别较对照津稻1187增产3.2%，减产2.2%。1995—1996年天津市春稻生产试验，平均单产分别为7 539.0kg/hm^2、8 094.0kg/hm^2，分别较对照津稻1187增产3.5%、10.2%。适宜在天津市中上肥力地区一季春稻栽培利用。

栽培技术要点：①严格进行种子消毒，防治干尖线虫病和恶苗病。②大垄稀植，全生育期氮肥（折合尿素）不能超过412.5kg/hm^2。以底肥为主，少施分蘖肥。③分蘖盛期烤田，控制旺长。后期不宜停水过早。

中作270（Zhongzuo 270）

品种来源：中国农业科学院作物育种栽培研究所以中作87/中丹3号，1982年育成。1987年通过北京市农作物品种审定委员会审定。

形态特征和生物学特性：属常规中早粳晚熟。全生育期160d，株高110cm。根系发达，幼苗粗壮。分蘖力强，成穗率高。主茎叶17～18片，叶形较长宽，叶色较绿。穗长25～30cm，每穗粒数110～150粒。谷粒椭圆形，无芒，颖及颖尖秆黄，千粒重26g。

品质特性：糙米率83.4%，垩白少，透明度好，米质好，食味佳。

抗性：中抗稻瘟病和白叶枯病，轻感稻曲病，较抗倒伏，耐贫瘠，耐寒。

产量及适宜地区：一般单产7 500～9 750kg/hm^2。北京、天津、辽宁南部等地可作一季春稻栽培，江苏徐州、河南等地可作麦茬稻栽培。

栽培技术要点：①稀播育带蘖壮秧。插秧行株距27cm×9cm，每穴栽2～3苗为宜。②施肥应前重后轻。③注意防治稻曲病。

中作321（Zhongzuo 321）

品种来源：中国农业科学院作物育种栽培研究所以白金/科情3号////台中39/水原300粒//白金///IR24育成。1989年通过天津市农作物品种审定委员会审定。

形态特征和生物学特性：属常规中粳早熟。生育期约165d，株高约95cm。根系较发达，叶片挺立上举，叶鞘刚健挺拔，叶色浓绿，营养生长期繁茂，后熟转色好，活秆成熟。剑叶直立，株型紧凑。分蘖力强，成穗率较高。结实率95%。穗形较松，穗长约18cm，平均每穗粒数100粒。谷粒椭圆形，谷壳秆黄色，无芒。千粒重约26g。米白色。

品质特性：糙米率83.0%，垩白少，米粒透明度好，出米率高，直链淀粉含量18.3%，蛋白质含量7.93%。食味佳，米质优。

抗性：抗稻瘟病和白叶枯病，易感恶苗病和褐飞虱。耐肥，抗倒伏，抗寒性强，耐盐碱性较差，对肥水条件要求较高。

产量及适宜地区：一般单产7 500kg/hm^2，高可达11 250kg/hm^2。北京、天津及河北的唐山、保定、秦皇岛、辽宁的丹东等地可作一季春稻栽培；在河北中南部、山东等地可作麦茬稻种植。

栽培技术要点：①因生育期偏长，对光温反应较敏感、苗期抗寒，可适当早播。京、津、唐地区作春稻薄膜育秧，可在4月中旬播种，播种前做好种子消毒处理，稀播育壮秧。秧龄40 ~ 45d移栽为宜。②插秧行株距27cm × 12cm，每穴栽3 ~ 4苗为宜。③施肥应前促、中控、后保。氮肥总量的40%用于底肥，全层施用；返青追施保蘖肥30%；中期控氮蹲苗；7月下旬进入颖花分化期，追施孕穗肥20%；抽穗前5d，追施齐穗肥10%。氮、磷、钾、锌肥配合施用，防止缩苗。施纯磷110kg/hm^2；返青期一次施入锌肥，施硫酸锌25kg/hm^2。④中期适时烤田，后期间歇灌溉，黄熟停水。高产田后期应注意防治稻瘟病、稻曲病和稻飞虱。

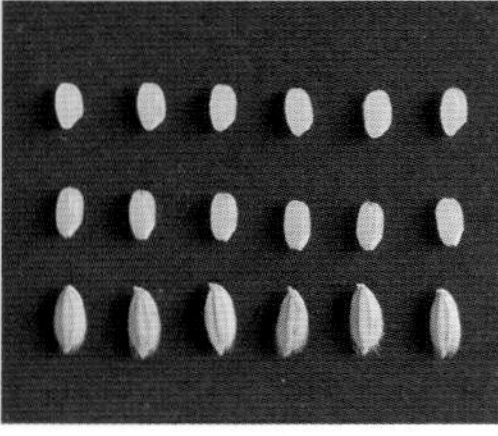

中作37（Zhongzuo 37）

品种来源：中国农业科学院作物科学研究所以庆丰/中作59//中作59///中花9号育成。1996年通过北京市农作物品种审定委员会审定。

形态特征和生物学特性：属常规中早粳中熟。在北京作麦茬老秧全生育期150d，作麦茬嫩秧全生育期130d。株高100cm左右，株型紧凑，分蘖率偏低，成穗率较高，散穗型，短顶芒。每穗粒数120粒左右，结实率90%以上，千粒重25g左右。

品质特性：糙米率83.0%，精米率75.3%，整精米率73.8%，垩白粒率7.5%，垩白度0.6%，透明度1级，碱消值7级，胶稠度68.5mm，直链淀粉含量16.3%，蛋白质含量10.0%。

抗性：1990—1993年连续4年对中作37进行了叶瘟和白叶枯病双抗性人工接种鉴定，其结果是抗稻瘟病为0～4级，具有较稳定的抗性；抗白叶枯病为3～8级，为中感水平。

产量及适宜地区：1992—1995年参加所内麦茬稻鉴定、品比试验和北京市麦茬稻组3年区域试验，平均产量较对照秋光增产8.0%。适宜在北京等地区种植。

栽培技术要点：①稀播育壮秧，移栽时适当增加基本苗数。②大田注意化肥打底，分次施好追肥，平稳促进，特别要注意施好颖花分化肥。③中期轻搁田，不需重晒，以防秃尖，以充分发挥大重穗的增产优势。

中作59（Zhongzuo 59）

品种来源：中国农业科学院作物育种栽培研究所以C57-2/旱丰，1979年育成。2004年通过国家农作物品种审定委员会审定。

形态特征和生物学特性：属常规中早粳晚熟（旱稻）。全生育期平均150d，比对照旱72迟熟4d。株高73cm，株型紧凑。茎秆坚韧。叶片较厚且上举，叶色较深。有效穗数478.5万穗/hm^2，成穗率78.7%，穗长17.4cm，每穗粒数110.6粒，结实率85.8%，千粒重25g。谷粒椭圆形，无芒。

品质特性：糙米率82.0%，精米率74.1%。米质中上。

抗性：抗旱性3.3级，叶瘟2.7级，穗颈瘟2.8级，抗稻瘟病，中抗白叶枯病。较耐肥，抗倒伏，后期耐寒，活秆成熟。

产量及适宜地区：2001年参加北方稻区中晚熟组旱稻区域试验，平均单产4 624.8kg/hm^2，比对照旱72增产10.6%；2002年续试，平均单产5 838.1kg/hm^2，比对照旱72增产18.9%（显著）；两年区域试验平均单产5 231.5kg/hm^2，比对照旱72增产15.1%。2003年生产试验平均单产5 605.5kg/hm^2，比对照旱72增产。适宜在辽宁中南部及北京、天津、河北唐山地区旱作种植。

栽培技术要点：①种子处理。播种前晾晒，用种衣剂包衣。②播种。播种前整平土地，施农家肥15 000kg/hm^2，随种施磷酸二铵150kg/hm^2，硫酸钾150kg/hm^2，硫酸铵225kg/hm^2。条播、穴播均可，播种量120～135kg/hm^2。行距30cm，播深2～3cm，播后镇压或踩格子。③化学除草。出苗后用快杀稗、60%丁草胺3.7kg/hm^2，农思它3.7kg/hm^2，混合对水喷雾。④田间管理。在出苗、分蘖、孕穗、灌浆期如遇干旱应及时灌溉，在拔节、孕穗至抽穗期视苗情追施硫酸铵150kg/hm^2左右。⑤防治病虫害。注意防治稻瘟病和稻曲病。

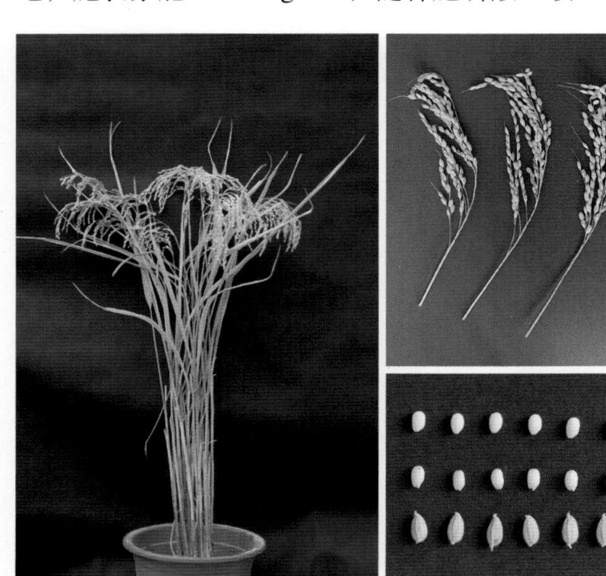

中作93（Zhongzuo 93）

品种来源：中国农业科学院作物科学研究所以（中作44/竹恢早）F_2为母本，恳丰10号为父本人工杂交，1985年育成。分别通过1992年北京市、1995年天津市和1998年国家农作物品种审定委员会审定。

形态特征和生物学特性：属常规中粳早熟。全生育期165 ~ 170d，株高95 ~ 100cm，株型紧凑，分蘖力较强，散穗无芒。每穗粒数95 ~ 120粒，结实率93%，千粒重25g。后期灌浆速度快，熟色好。

品质特性：据中国农业科学院品种资源研究所1990—1992年分析结果，平均为糙米率83.2%，精米率75.3%，整精米率70.6%，垩白粒率13.6%，垩白度1.37%，糊化温度低，胶稠度软，直链淀粉含量16.8%，蛋白质含量8.9%。

抗性：抗白叶枯病，中抗稻瘟病，感恶苗病和稻曲柄，中抗稻飞虱。

产量及适宜地区：1989—1991年参加北京市区域试验，1990年平均单产6 541.5kg/hm^2，较对照中百4号增产7.3%，达极显著水平；1991年平均单产7 515kg/hm^2，比对照中百4号增产10.8%，比第二对照京花101增产9.98%，达极显著水平。1992年天津市春稻（大穗型组）区域试验，6个试点平均单产7 366.5kg/hm^2，较对照津稻1187增产2.7%；1992年天津市春稻（大穗型组）生产试验，5个试点平均单产8 230.5kg/hm^2，较对照津稻1187增产1.4%；1994年天津市春稻区域试验，3个试点平均单产7 168.5kg/hm^2，较对照津稻1187减产6.8%；1994年天津市春稻生产试验，5个试点平均单产7 518kg/hm^2，较对照津稻1187减产2.8%。适宜在北京、天津、河北唐山地区作一季春稻；在豫北、鲁南等地可作麦茬稻种植。

栽培技术要点：①播种前严格做好种子消毒，防治恶苗病。②在京、津、唐地区4月10日前后播种，播种750.0 ~ 1 125.0kg/hm^{2}育壮秧，5月底前移栽。③大田施足基肥，全层施肥，氮、磷、钾配合，早施蘖肥，促早发增穗数，适当早施穗肥，适当增施粒肥增粒重。④保持根系活力，蜡熟期湿润灌溉，适当晚停水，利于提高米质。

中作9843（Zhongzuo 9843）

品种来源：中国农业科学院作物科学研究所以辽盐2号/中远32育成。2005年通过国家农作物品种审定委员会审定。

形态特征和生物学特性：属常规中粳早熟。在北京、天津、河北唐山地区种植全生育期173.2d，与对照中作93相当。株高104cm，穗长19.8cm，每穗粒数115.1粒，结实率88.7%，千粒重25.3g。

品质特性：整精米率66.3%，垩白粒率21.5%，垩白度3.1%，胶稠度90mm，直链淀粉含量16.7%。达到国标优质稻谷三级标准。

抗性：苗瘟5级，叶瘟1级，穗颈瘟3级。

产量及适宜地区：2002年参加北方稻区中作93组区域试验，平均单产8 632.5kg/hm^2，比对照中作93增产7.3%（不显著）；2003年续试，平均单产8 512.5kg/hm^2，比对照中作93增产4.1%（极显著）；两年区域试验平均单产8 572.5kg/hm^2，比对照中作93增产5.7%。2004年生产试验，平均单产9 498.0kg/hm^2，比对照中作93增产7.2%。适宜在北京、天津、河北唐山地区种植。

栽培技术要点：①种子处理。播种前严格做好种子浸种消毒，防治恶苗病。②播种。根据当地种植习惯与中作93同期播种，秧龄45d左右。③移栽。栽插密度一般为行距26.6 ~ 30cm，株距10 ~ 13.3cm，19.5万 ~ 22.5万穴/hm^2，每穴3 ~ 4粒谷苗。④肥水管理。采取前促、中控、后保的施肥原则，一般施纯氮240kg/hm^2，分期施用：40%作底肥，35%作返青和分蘖肥，25%作穗、粒肥。浅水灌溉为主，够苗及时晒田，出穗后干干湿湿，后期断水不宜过早。⑤注意防治稻瘟病等病虫害。

中作9936（Zhongzuo 9936）

品种来源：中国农业科学院作物科学研究所以中作9037/中作9059育成。2004年通过国家品种审定委员会审定。

形态特征和生物学特性：属常规中早粳晚熟。在北京、天津地区种植全生育期153d，比对照金株1号早熟3.5d。株高109.3cm，每穗总粒数111.9粒，结实率86%，千粒重25.9g。

品质特性：整精米率69.9%，垩白粒率9.0%，垩白度0.8%，胶稠度73mm，直链淀粉含量16.0%。米质优。

抗性：稻瘟病5级，中感稻瘟病。

产量及适宜地区：2002年参加北方稻区金珠1号组区域试验，平均单产8 913.0kg/hm^2，比对照金珠1号减产5.5%；2003年续试，平均单产8 998.5kg/hm^2，比对照金珠1号减产2.1%；两年区域试验平均单产8 956.5kg/hm^2，比对照金珠1号减产3.9%。2003年生产试验平均单产8 709.0kg/hm^2，比对照金珠1号减产1.6%。适宜在辽宁南部、新疆南部、北京、天津及河北中部稻瘟病轻发地区种植。

栽培技术要点：①培育壮秧。根据当地种植习惯与金珠1号同期播种，秧龄35～40d。②移栽。栽插行株距为20cm×16.7cm，每穴栽2～3苗。③施肥。全层施肥，60%～70%氮肥，50%钾肥和全部磷肥在整地前施，其余作追肥，全部追肥要在插秧苗后1个月内施完。④注意防治稻瘟病。

天津

东方红1号（Dongfanghong 1）

品种来源：天津市水稻研究所1967年由白金系选育成。

形态特征和生物学特性：属常规中早粳晚熟。全生育期150 ～ 160d，株高约100cm。株型紧凑。剑叶宽短、夹角中等。叶片、叶鞘、节间绿色。成穗率较高，耐盐力强。穗长19cm，每穗粒数85粒。谷粒阔卵形，无芒，护颖、颖尖、颖色秆黄。千粒重25g。种皮白色。

品质特性：灌浆速度快，米质优。

抗性：抗白叶枯病，中抗稻瘟病，抗倒伏性强。

产量及适宜地区：一般产量7 500kg/hm^2。适宜在北京、天津、河北唐山及辽宁部分地区作一季春稻栽培；河北南部、河南、安徽及山东部分地区作麦茬晚秧栽培。

栽培技术要点：①宜在盐碱地区和高肥地区种植。②稀播育壮秧，播种150g/m^2。秧龄40 ～ 45d，插秧行株距20cm × 16cm，每穴栽5 ～ 7苗。③施纯氮185kg/hm^2。

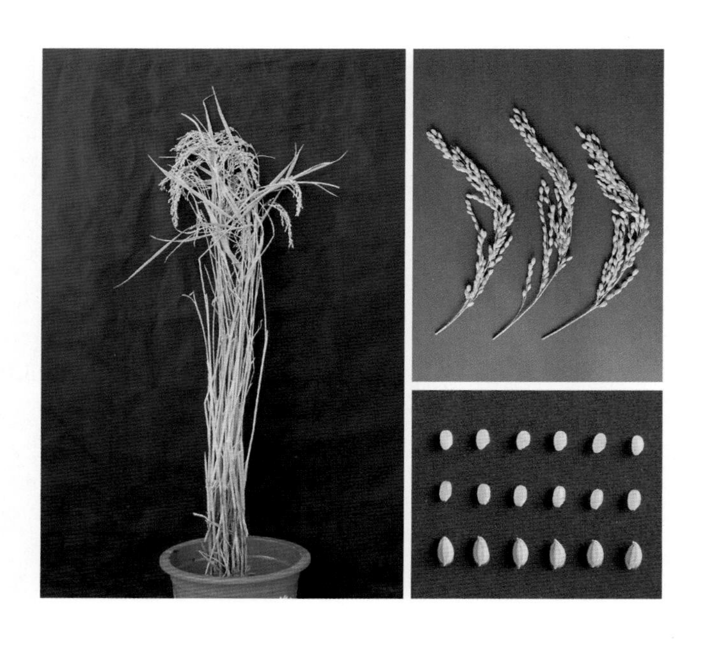

红旗1号（Hongqi 1）

品种来源：天津市水稻研究所1964年以藤板5号/清隅杂交，1967年育成。1968年定名为红旗1号。

形态特征和生物学特性：属常规中粳早熟。全生育期175d，株高约115cm。分蘖力中等。穗子较小，每穗粒数85粒，千粒重25g。

品质特性：米质优。

抗性：抗病，抗倒伏，耐盐碱。

产量及适宜地区：一般单产7 500kg/hm^2，高的可达8 250kg/hm^{2}以上。适宜在北京、天津、河北作一季春稻栽培；浙江、江苏等省作早稻栽培。

栽培技术要点：①4月上旬播种。5月下旬至6月初插秧，插秧行株距20 cm × 17cm，每穴栽7 ～ 8苗。②在高肥区或污水区种植要注意防治稻瘟病和螟虫。

红旗16（Hongqi 16）

品种来源：天津市水稻研究所以野地黄金//野地黄金/巴利拉杂交，1971年育成。

形态特征和生物学特性：属常规中粳早熟。全生育期165d，株高约105cm。株型紧凑。剑叶短、夹角小。叶片、叶鞘、节间绿色。分蘖力较强，成穗率高。结实率较低。穗长16cm，每穗粒数150粒。谷粒阔卵形，无芒。护颖、颖尖、颖均为黄色。千粒重23g。

品质特性：种皮白色，米白色。

抗性：中抗稻瘟病和纹枯病，高抗白叶枯病，茎秆粗壮抗倒伏，对温度反应较敏感。

产量及适宜地区：一般单产7 500kg/hm^2，高的可达9 000kg/hm^2。1980年种植面积1.2万hm^2。适宜在北京、天津、河北唐山地区作一季春稻栽培；河南及山东部分地区作麦茬晚秧、江苏作晚粳栽培。

栽培技术要点：①适宜中等肥力条件下种植。本田施肥应前重后轻，注意施用穗肥减少颖花退化，提高结实率。②插秧行株距24cm × 12cm，每穴栽3 ～ 5苗。③生育后期要注意防治穗颈瘟。

红旗23（Hongqi 23）

品种来源：天津市水稻研究所1968年以福稔/东方红1号，1979年育成。1987年通过天津市农作物品种审定委员会审定。

形态特征和生物学特性：属常规中粳早熟。全生育期170d，株高约110cm。株型较好。剑叶短、夹角小，叶片、叶鞘、节间绿色。穗长18cm，每穗粒数100粒以上。谷粒短阔卵形，护颖、颖尖色秆黄，颖色黄。无芒或顶芒。千粒重24g。种皮白色。

品质特性：米质优良，食味好。1985年被农牧渔业部评为国家优质米品种。

抗性：抗稻瘟病性，抗旱性，耐盐碱性均较强。生育后期耐低温，茎秆较软，抗倒伏力较差。

产量及适宜地区：一般单产7 500kg/hm^2。1983年种植面积0.17万hm^2。适宜在北京、天津、河北唐山地区作一季春稻栽培；在河北省南部、河南省北部及山东部分地区作麦茬稻栽培。

栽培技术要点：①适宜中等肥力条件下栽培。插秧行株距24cm×12cm，每穴栽3～4苗。②在施足底肥的基础上，追施氮肥150kg/hm^2。③生育前、后期植株生长过于繁茂，应注意烤田，防止倒伏。④全生育期以间歇灌溉为宜。

花育1号（Huayu 1）

品种来源：天津市水稻研究所与中国科学院遗传研究所协作，1970年以（日本晴/千钧棒）F_1花粉培养，1975年育成。1987年通过天津市农作物品种审定委员会审定。

形态特征和生物学特性：属常规中粳早熟。全生育期160d，株高约110cm。株型紧凑。剑叶夹角小，叶片、叶鞘、节间淡绿色。分蘖力强，结实率较高。穗长19cm，每穗粒数100粒。谷粒阔卵形，无芒，护颖、颖尖、颖色秆黄。千粒重23g。

品质特性：种皮白色，米质优。

抗性：耐低温，耐盐碱，抗旱，中抗稻瘟病及白叶枯病。

产量及适宜地区：一般产量7 500kg/hm^2。适宜在北京、天津、河北唐山地区作一季春稻栽培；河南及山东部分地区作麦茬稻栽培。

栽培技术要点：①适宜中等肥力条件下栽培。②播种前进行种子药剂处理，防治恶苗病和干尖线虫病。稀播育壮秧。③追肥前促、中控、后稳。④间歇灌溉，生长过于繁茂，要注意烤田，防止倒伏。

花育13（Huayu 13）

品种来源：天津市水稻研究所1991年用光敏不育系Cg-14S/681组配，1993年进行花培繁殖，经系统选育而成。1999年通过天津市农作物品种审定委员会审定。

形态特征和生物学特性：属常规中粳早熟。全生育期165～170d。株高100～110cm，主茎叶片数18片，分蘖力较强。穗型较大，短顶芒，稃尖黄色，口紧不落粒，平均穗长20cm，每穗平均129粒，结实率96%，千粒重25g，米粒品质优。叶色淡绿，活秆成熟。

品质特性：糙米率82.9%，精米率75.4%，整精米率75.4%，垩白粒率6.0%，直链淀粉含量16.6%，蛋白质含量8.93%。

抗性：抗稻瘟病，耐稻曲病和纹枯病，耐盐碱。

产量及适宜地区：1995—1998年两年16个点次试验，平均单产7 543.5kg/hm^2，较对照津稻1187减产0.9%。天津市一季春稻栽培，适宜在天津市中上水肥和大秧龄地区推广利用。

栽培技术要点：①4月中旬前后播种，5月下旬至6月上旬插秧。要求稀播育壮秧，秧田播750～900kg/hm^2，播种前必须进行药剂处理防治干尖线虫病和恶苗病。②栽秧密度坚持早播稀、晚播密；瘦地密、肥地稀的原则。一般行距30cm，株距13cm，每穴栽3～5苗较好。③施肥要氮磷钾配合，氮素总量控制在225kg/hm^{2}以内。实行全层施肥，本田耙地前将全部磷钾锌肥和40%的氮肥施入后再拉荒耙地；20%氮肥在分蘖期追施，最高分蘖控制在525.0万/hm^{2}以内，25%在穗分化期追施，15%在颖花分化期（7月底至8月初）追施。④水层管理。分蘖期灌浅水，即寸水不露泥，遇到水质不好时用深浅交替灌溉。分蘖375万～450万/hm^{2}时落干烤用3～5d。拔节至抽穗，保持浅水层。灌浆期用干干湿湿的灌水方法。⑤注意防治稻水象甲、二化螟、纵卷叶螟、稻飞虱等虫害和纹枯病、穗颈瘟等病害。

花育3号（Huayu 3）

品种来源：天津市水稻研究所以盐粳902A/C57-R的F_1花药培育育成。1997年通过天津市农作物品种审定委员会审定。

形态特征和生物学特性：属常规中粳早熟。春播生育期165 ~ 170d。株高105cm左右，茎秆坚硬而富有弹性。株型较紧凑，剑叶角度小，主茎叶片17 ~ 18片。穗纺锤形，平均穗长19cm，每穗粒数101粒，结实率95.6%。谷粒椭圆形，无芒，稃尖秆黄色，千粒重26 ~ 27g。

品质特性：经品质分析，糙米率82.4%，精米率74.2%、整精米率67.7%，垩白粒率10.0%，碱消值7.0级，胶稠度72mm，直链淀粉含量17.8%，蛋白质含量9.8%。米质优，食味佳。

抗性：中抗稻瘟病和稻飞虱，高抗稻曲病。耐碱性强，丰产性和稳产性好，抗倒伏性较强。

产量及适宜地区：1990年品比试验，折合单产分别为7 863.0kg/hm^2、8 301.0kg/hm^2，较对照津稻1187减产2.3%、增产3.5%。1991—1992年天津市春稻区域试验，平均单产分别为7 743.0kg/hm^2、7 705.5kg/hm^2，较对照津稻1187增产2.4%、减产1.1%。1991—1992年天津市春稻生产试验，平均单产分别为7 266.0kg/hm^2、8 128.5kg/hm^2，较对照津稻1187增产0.5%、3.8%。适宜在天津市中上肥力地区一季春稻栽培利用。

栽培技术要点：①稀播育壮秧，秧田播种量1 050 ~ 1 200kg/hm^2。②播种前药剂处理，防治干尖线虫病和恶苗病。③栽秧密度。肥地稀，瘦地密，一般行株距30.0cm × 13.3cm，每穴栽5 ~ 7苗。④要求最高茎数450万 ~ 600万/hm^2，有效穗420万/hm^{2}左右。⑤氮磷钾配合使用。全部氮磷钾肥和50%氮肥底施，30%氮肥分蘖期追施，20%氮肥抽穗前20d追施。⑥注意防治穗颈瘟和纹枯病。

花育446（Huayu 446）

品种来源：天津市水稻研究所1996年以农林201/菲-2杂交，1997年与中系8215复交，并对三交种F_1花药组织培养，1999年选出稳定株系99-446H。2004年通过天津市农作物品种审定委员会审定。

形态特征和生物学特性：属常规中粳早熟。天津地区全生育期165～170d，株高110cm左右，主茎叶片数17～18片，叶色浅绿，倒三叶夹角小，剑叶挺直，有利光合作用，灌浆快，活秆成熟，成熟期落黄好。无芒或短顶芒，稃尖黄色，不落粒，穗长21cm，有效穗数375万穗/hm^2，每穗粒数120粒，结实率95%，千粒重25～26g。

品质特性：2004年农业部稻米及制品质量监督检验测试中心品质分析，糙米率83.6%，精米率74.4%，整精米率67.4%，垩白粒率10%，垩白度1.5%，透明度1级，碱消值7.0级，胶稠度80mm，直链淀粉含量16.0%，粒长4.8mm，长宽比1.6。达到国标优质稻谷二级标准。

抗性：2004年天津市植物保护研究所鉴定，抗苗瘟，中抗叶瘟，中抗穗颈瘟。

产量及适宜地区：2003年参加天津市春稻区域试验，平均单产7 974.0kg/hm^2，比对照中作93增产4.6%。2004年参加天津市春稻区域试验，平均单产8 659.2kg/hm^2，比对照中作93增产3.7%。2004年参加天津市春稻生产试验，平均单产7 969.3kg/hm^2，比对照中作93增产2.8%。适宜在天津市用作春稻品种种植。

栽培技术要点：①4月上中旬播种，5月中下旬插秧较为适宜，要求稀播育壮秧，秧田播种750～900kg/hm^2，播种前种子必须进行药剂处理，预防干尖线虫病和恶苗病。②插秧密度应因地制宜，壮秧稀植，一般肥力行距30cm，株距14～15cm，每穴栽2～3苗。③施肥应以全层施肥为主，追肥为辅，氮、磷、钾配合使用，严格控制中后期氮素的用量，要求破口黄。④科学灌水。浅水插秧，深水缓苗，浅水分蘖。分蘖末期或总茎数达450万/hm^2时应落干烤田，幼穗分化期浅水灌溉，灌浆期应采用间歇灌溉。⑤加强病虫害防治。虫害主要是稻水象甲、二化螟、纵卷叶螟、稻飞虱等，坚持要治早、治小的原则。病害主要是纹枯病、穗颈瘟，要坚持综合防治和以防治为主的方针。

花育560（Huayu 560）

品种来源：天津市水稻研究所以C602/90-17为亲本系统选育而成。2002年和2004年分别通过天津市和国家农作物品种审定委员会审定。

形态特征和生物学特性：属常规中早粳晚熟。在辽宁南部、新疆南部及北京、天津地区种植全生育期160.1d，比对照金珠1号迟熟3.6d。株高97.4cm，每穗粒数104.8粒，结实率90.8%，千粒重27.1g。

品质特性：糙米率85.1%，精米率78.2%，整精米率73%，垩白粒率16.0，垩白度1.1%，直链淀粉含量16.2%，蛋白质含量9.1%。

抗性：稻瘟病3级，中抗稻瘟病，耐盐碱。

产量及适宜地区：2002年参加北方稻区金珠1号组区域试验，平均单产9 973.5kg/hm^2，比对照金珠1号增产5.7%（不显著）；2003年续试，平均单产9 646.5kg/hm^2，比对照金珠1号增产4.9%（极显著）；两年区域试验平均单产9 810.0kg/hm^2，比对照金珠1号增产5.3%。2003年生产试验平均单产8 407.5kg/hm^2，比对照金珠1号减产5%。适宜在辽宁南部、新疆中南部、北京、天津及河北北部稻区种植。

栽培技术要点：①培育壮秧。根据当地种植习惯与金珠1号同期播种，秧田播种600kg/hm^2，秧龄控制在30～35d。②合理密植。栽插行株距为20.0cm×16.7cm，每穴栽4～6苗。③施肥。全层施肥，60%～70%氮肥，50%钾肥和全部磷肥在整地前施，其余作追肥，全部追肥要在插秧苗后1个月内施完。④防治病虫害。注意防治稻瘟病和稻曲病。

津川1号（Jinchuan 1）

品种来源：天津农学院以绢光/津稻779，2003年育成。2005年通过天津市农作物品种审定委员会审定。

形态特征和生物学特性：属常规中粳早熟。全生育期170d左右，株高110cm，叶片长，叶色淡，散穗无芒，秆细，单株分蘖14个，活棵成熟不早衰，籽粒饱满，成熟后期茎秆倾斜，中感稻瘟病，食味品质好。穗长17.3cm，每穗粒数105粒，结实率93%，千粒重25.5g。

品质特性：糙米率86.4%，精米率75.4%，整精米率52.7%，垩白粒率13.0%，垩白度1.3%，碱消值7级，胶稠度70mm，直链淀粉含量16.3%。

抗性：抗苗瘟，中感穗颈瘟，综合评价中感稻瘟病。

产量及适宜地区：2004年春稻区域试验平均单产8 412.4kg/hm^2，比对照中作93（8 352.4kg/hm^2）增产0.7%，增产不显著。2005年春稻区域试验平均单产7 765.6kg/hm^2，比对照中作93（7 694.5kg/hm^2）增产0.9%，增产不显著。2005年春稻生产试验，平均单产7 541.2kg/hm^2，比对照中作93（7 420.0kg/hm^2）增产1.6%。适宜在天津市作一季春稻种植。

栽培技术要点：①4月中旬育秧，5月下旬移栽，秧龄40～45d，行距27cm，株距13.5cm，每穴栽3～5苗。②施肥采取平稳促进原则，氮肥50%作底肥，结合磷钾肥耙入泥内，分蘖肥占30%，分两次施入，孕穗肥占20%。③植保措施。菌虫清浸种96h，移栽前（秧苗）插秧后各喷一次吡虫啉和氯杀威，防治灰飞虱和稻水象甲，始穗期、齐穗期各喷一次三环唑防稻瘟病。

津稻1007（Jindao 1007）

品种来源：天津市水稻研究所以津稻521/武育粳3号为亲本杂交选育而成。2004年通过国家品种审定委员会审定。

形态特征和生物学特性：属常规中粳早熟。在黄淮地区种植全生育期156.6d，比对照豫粳6号迟熟1d。株高99cm，每穗粒数142.6粒，结实率84.5%，千粒重23.7g。

品质特性：整精米率67.3%，垩白粒率5.0%，垩白度0.2%，胶稠度85mm，直链淀粉含量17.2%。

抗性：中抗苗瘟，抗叶瘟，中抗穗颈瘟。

产量及适宜地区：2002年参加北方稻区豫粳6号组区域试验，平均单产9 021.0kg/hm^2，比对照豫粳6号减产0.6%（不显著）；2003年续试，平均单产7 147.5kg/hm^2，比对照豫粳6号增产3.3%（极显著）；两年区域试验平均单产8 085kg/hm^2，比对照豫粳6号增产1.1%。2003年生产试验平均单产7 770.0kg/hm^2，比对照豫粳6号增产9.3%。适宜在河南沿黄稻区、山东南部、江苏、安徽淮北及陕西关中稻区种植。

栽培技术要点：①培育壮秧。根据当地种植习惯与豫粳6号同期播种，秧田播种量为一般常规品种的2/3。②移栽。插基本苗120万～150万/hm^2。③肥水管理。施磷酸二铵225kg/hm^2，尿素225kg/hm^2，钾肥112.5kg/hm^{2}作底肥，返青后可追施尿素375.0kg/hm^2。④防治病虫害。注意防治稻曲病。

津稻1187（Jindao 1187）

品种来源：系天津市农作物研究所1975年以73-113/台南3号育成。1987年通过天津市农作物品种审定委员会审定。

形态特征和生物学特性：属常规中粳早熟。全生育期165 ~ 170d，株高100 ~ 111cm，秆硬，叶片上举。开张角度小，株型紧凑，分蘖力中等，分蘖势集中，成穗率高。穗长17cm，穗头整齐，活秆成熟，转色好，平均穗粒数85粒以上，结实率95%左右，谷粒金黄，颖及颖壳淡黄色，无芒，千粒重26 ~ 27g，米粒半透明。

品质特性：糙米率81.1%，精米率71.6%，糊化温度低，胶稠度软，直链淀粉含量17%，蛋白质含量9.7%，赖氨酸含量0.4%，粗脂肪含量3%。米质优，适口性好。

抗性：抗倒伏，耐肥性和耐旱性较强，中抗稻瘟病。

产量及适宜地区：1982—1983年，两年品比试验，平均增产14.7%，1982年开始在东郊、西郊肥水条件好的地区生产示范，产量均在7 500.0kg/hm^{2}以上。适宜在天津市各稻区种植，用于春稻插秧。

栽培技术要点：①适期播种。稀播育壮秧，天津地区4月中下旬播种，播种量2 700kg/hm^2，盐碱地播量3 000kg/hm^2，秧龄40 ~ 45d，壮苗带蘖移栽。②合理密植，30万~ 37.5万穴/hm^{2}为宜，污水区适当稀植，行株距20.0cm × 13.3cm或23.3cm × 10.0cm，每穴栽3 ~ 5苗。③施肥。底肥施粗肥45 ~ 60m^3/hm^2，过磷酸钙1 500kg/hm^2，及时追肥，栽秧后6 ~ 10d即可追肥硫酸铵450 ~ 600kg/hm^2，促其早生快发要求前重、中控、后轻，追施总量为硫铵1 000 ~ 1 200kg/hm^2。④灌水。清水区要求浅水插秧，寸水保苗后浅水灌溉，分蘖盛期适当烤田，切忌后期大水猛灌造成繁茂贪青。污水灌区，分蘖后期最好间歇灌溉。⑤防治病虫害。播种前进行种子处理，防治恶苗病和干尖线虫病，7月中旬后注意防治稻飞虱等害虫。

津稻1189（Jindao 1189）

品种来源：天津市水稻研究所1975年以66151/八重垣//台南3号杂交，1979年育成（代号79-1189）。1988年通过天津市农作物品种审定委员会审定。

形态特征和生物学特性：属常规中粳早熟。全生育期170d，株高100cm。株型紧凑。剑叶短、夹角小。叶片、叶鞘、节间绿色。穗长18cm，每穗约100粒。种皮白色，结实率高，谷粒阔卵形，无芒，护颖、颖尖、颖色秆黄，千粒重25g。

品质特性：糙米率83.0%，精米率76.0%，垩白少，糊化温度低，胶稠度软，直链淀粉含量18.0%，蛋白质含量9.2%。米质优。

抗性：中抗稻瘟病，强耐盐碱，后期耐低温，成熟时落黄好，不早衰。

产量及适宜地区：一般单产8 250kg/hm^2。适宜在北京、天津、河北唐山地区作一季春稻或麦茬老壮秧栽培；河北南部、河南北部及山东部分地区作麦茬晚秧栽培。

栽培技术要点：①该品种茎秆软，生育前期生长慢，生育后期分蘖多易过旺，要求稀播育壮秧。插秧行株距24cm×15cm。②重施底肥，追肥前促、中控。

津稻1229（Jindao 1229）

品种来源：天津市水稻研究所于1989年用FH-541A/金珠1号//84-11育成，2000年和2003年通过天津市和宁夏回族自治区农作物品种审定委员会审定。

形态特征和生物学特性：属常规中粳早熟。全生育期145d，株高110～120cm。剑叶大部分直立。主茎叶片15片，叶色淡绿。分蘖力强，成穗率高。颖壳秆黄色，穗颈偏长，不落粒。灌浆较快，活秆成熟。穗大着粒稀，结实率85%～91%，每穗粒数124粒，粒椭圆形，无芒，千粒重26～27g。

品质特性：糙米率84.0%，精米率75.6%，整精米率74.3%，垩白粒率0，透明度0.83级，碱消值7级，胶稠度80mm，直链淀粉含量17.3%，粒长5.2mm，粒宽2.8mm，长宽比1.9。

抗性：中抗稻瘟病，高抗稻曲病，耐盐碱，抗倒伏性中等，对包台型及滇一型不育系具有很强的恢复能力。

产量及适宜地区：据1997—1999年两年区域试验、两年生产试验共14个点试验结果，平均单产7 174.5kg/hm^2，较对照津稻490减产1%。适宜在天津中稻或麦茬稻栽培范围内推广种植。

栽培技术要点：①京、津地区作中稻或麦茬稻种植，适于中等肥力栽培，5月上中旬播种，6月中下旬插秧。播种前必须进行药剂处理，预防干尖线虫病和恶苗病，可用菌虫清浸种2～3d，然后用清水冲净后催芽至破肚播种。②稀播育壮秧。秧田播种量450～750kg/hm^{2}为宜。③短秧龄。从播种至插秧一般30～40d为宜。育秧方法以改良水床为好，严禁覆盖尼龙膜，否则容易烤死稻苗。④化控苗。出苗后至1叶前，秧田用多效唑3 000.0g/hm^{2}加水1 500kg/hm^2，落干后均匀喷洒，可有效控制徒长，增加分蘖，延长秧龄。⑤早追肥。全部磷肥和60%～70%氮肥应作为全层肥在耙地前施用。⑥科学灌水，防止倒伏。缓苗期灌大水，分蘖期灌小水，拔节期落干烤田，后期间歇灌溉。⑦防治病虫害。注意对稻水象甲、潜叶蝇、二化螟、纵卷叶螟、稻飞虱、稻瘟病等病虫害的防治。

津稻1244（Jindao 1244）

品种来源：天津市水稻研究所以红旗8号/C57-10//初胜育成。1989年通过天津市农作物品种审定委员会审定。

形态特征和生物学特性：属常规中粳早熟。全生育期159d，株高102cm。剑叶长、夹角中。叶片、叶鞘、节间绿色。对红21A、红12A、辽5A、辽10A、力A等BT型及滇型不育系均有很好的恢复能力。结实率95%，穗长19cm，每穗粒数120粒。谷粒阔卵形，中芒，护颖、颖尖、颖色秆黄。千粒重27g。种皮白色。

品质特性：糙米率83.0%，精米率75.0%，胶稠度软，糊化温度低，直链淀粉含量16.1%，蛋白质含量7%以上，脂肪含量2.7%。米的外观品质、碾米品质、营养品质均达到部颁食用稻品种品质一级标准。

抗性：中抗稻瘟病，耐旱，耐寒，耐盐碱。

产量及适宜地区：一般单产6 000 ～ 7 500kg/hm^2。适宜在北京、天津、河北唐山地区春稻旱种，河南及山东部分地区作麦茬稻旱种。

栽培技术要点：①要求土地平整，足墒浅播，播后镇压，除草及时。②水栽要稀播育壮秧，插秧行株距18cm × 12cm，每穴栽5 ～ 7苗。③施肥以全层施肥为主（70%全层施肥），追肥要早，防止后期贪青。拔节后期注意落干烤田。加强病虫害的及时防治。

津稻291（Jindao 291）

品种来源：天津农学院以冀粳24/C418育成。2004年通过天津市农作物品种审定委员会审定。

形态特征和生物学特性：属常规中粳早熟。天津地区全生育期145d左右，株高116cm，主茎叶片16片，株型紧凑，剑叶挺直，长40cm左右，分蘖力中等，叶片较挺，叶色较绿，无芒，稃尖秆黄色，穗长23.3cm，每穗粒数177粒，结实率88%左右，千粒重22.2g。

品质特性：2003年农业部稻米及制品质量监督检验测试中心品质分析，精米率73.2%，整精米率70.2%，垩白粒率4.0%，垩白度1.0%，透明度1级，碱消值7.0级，直链淀粉含量15.5%，蛋白质含量11.9%。符合部颁食用稻品种品质二级标准。

抗性：2003年天津市植物保护研究所鉴定，苗瘟高抗，叶瘟高抗，穗颈瘟中抗。耐肥，抗倒伏。

产量及适宜地区：2001年参加天津市麦茬稻区域试验，平均单产8 926.5kg/hm^2，较对照津稻490增产1.7%，居9个参试品种第六位。2002年参加天津市麦茬稻区域试验，平均单产7 966.5kg/hm^2，比对照津稻490减产6.3%，居6个参试品种第六位。2002年参加天津市麦茬稻生产试验，平均单产6 838.5kg/hm^2，较对照津稻490（7 698.0kg/hm^2）平均减产11.2%，居4个参试品种第四位。2004年在天津市消防局农场生产试验2.7hm^2，平均单产8 100.0kg/hm^2，比对照津稻490增产4.4%。适宜在天津市作麦茬稻种植。

栽培技术要点：①5月5日左右适时播种，培育壮秧。②6月上旬小苗早插，宽窄行[30.0cm×（5～13.2）cm]处理。③中等偏上施肥水平。④按常规方法防治病虫害，其他也按大穗型高潜力品种栽培管理。

津稻308（Jindao 308）

品种来源：天津市农作物研究所从自育品系85-1235中系统选育而成，1990年参加单株系比较，田间区号为90-308。1996年通过天津市农作物品种审定委员会审定。

形态特征和生物学特性：属常规中粳早熟。株高100～110cm，全生育期165～170d。天津地区4月上、中旬播种，5月下旬至6月初插秧，8月20日左右抽齐穗，10月上、中旬成熟。茎秆坚硬，叶片宽厚上举，株型紧凑透光性好，分蘖力较强。大穗大粒品种，每穗粒数120粒左右，颖尖褐色，无芒或顶芒。千粒重27～28g。缺点是不实率较高，肥力条件差的地块生长不良。

品质特性：糙米率81.9%，精米率74.6%，整精米率69.6%，垩白面积5.6%，垩白粒率8.5%，垩白度0.3%。

抗性：经天津市植物保护研究所稻瘟病接种鉴定，苗期抗，穗期中抗。对稻飞虱的危害忍耐力强，抗旱性和耐盐碱能力强，抗倒伏性强，丰产性和稳产性好。

产量及适宜地区：1992年天津市春稻区域试验，6个试点平均单产7 854.0kg/hm^2，较对照津稻1187增产6.6%。1993年天津市春稻生产试验，4个试点平均单产9 490.0kg/hm^2，较对照津稻1187增产12.8%。1994年天津市春稻区域试验，3个试点平均单产8 062.5kg/hm^2，较对照津稻1187增产12.5%。1994年天津市春稻生产试验，5个试点平均单产7 725.0kg/hm^2，较对照津稻1187增产2.9%。1990—1994年22个点次试验结果，平均单产7 998.9kg/hm^2，较对照津稻1187平均增产8.4%。适宜在天津市高肥地区一季春稻栽培利用。

栽培技术要点：①稀播育壮秧，苗床上增施有机底肥。4月上、中旬播种，播种量1 050kg/hm^2。秧龄40～50d，有条件的地区最好采用旱育秧。播种前种子必须用药剂浸种或拌种。②秧苗行株距30.0cm×13.3cm至30.0cm×20.0cm，每穴栽2～3苗或插单株。③科学施肥。要求底肥足，苗肥穗肥温施，④小水勤灌。渗水快的地块要晚撤水。⑤注意防治穗瘟和稻曲病。

津稻341-2（Jindao 341-2）

品种来源：天津市水稻研究所以红旗16/罗码杂交，1976年育成。

形态特征和生物学特性：属常规中粳早熟。全生育期155d，株高95cm。株型紧凑。剑叶短、夹角小。叶片宽厚上举，叶片、叶鞘、节间绿色。分蘖力较强，穗长14cm，每穗120粒。谷粒阔卵形，间有顶芒，护颖、颖尖、颖色秆黄。千粒重26g。

品质特性：糙米率84.3%，精米率77.6%，整精米率71.8%，垩白小，米质优。种皮白色。

抗性：中抗稻瘟病，抗白叶枯病。喜肥，耐旱，抗倒伏。

产量及适宜地区：一般单产7 500kg/hm^2，高的可达9 000kg/hm^{2}以上。适宜在北京、天津、河北唐山地区作一季春稻或晚季稻栽培。

栽培技术要点：①京津唐作一季春稻，4月中下旬播种，5月底至6月初插秧。作晚稻，5月下旬播种，6月中下旬插秧。插秧行株距21cm×9cm，每穴栽2～3苗。②追肥前促、中控、后补。③分蘖后期，如生长过旺注意落干烤田。干湿交替灌溉，收获前1周停水。

津稻490（Jindao 490）

品种来源：天津市农作物研究所以（红25A/H5）F_1/IR54//81-342育成。分别通过1990年天津市、1993年北京市和1995年国家农作物品种审定委员会审定。

形态特征和生物学特性：常规中早粳迟熟。在天津地区作中稻和麦茬稻种植，全生育期140～145d，株高90～100cm，株型紧凑，生长清秀，穗长18cm左右，每穗粒数90～100粒，结实率94%左右，无芒或短顶芒，千粒重25～26g，籽粒饱满，后期转色好。

品质特性：糙米率83.8%，精米率77.0%，整精米率67.5%，垩白粒率67.5%，胶稠度81mm，直链淀粉含量19.2%，蛋白质含量9.3%。米质优。

抗性：抗稻瘟病、白叶枯病和稻曲病。中抗稻飞虱。耐肥性较强、分蘖力较强，抗倒伏，抗病能力强，稳产性好，耐盐碱。

产量及适宜地区：1988—1989年天津市麦茬稻（老秧）区域试验，4个点平均单产分别为7 158kg/hm^{2}和7 110kg/hm^2，分别较对照品种津粳3号增产1.6%和4.1%，分别居第二位和第三位；1989年天津市麦茬稻（老秧）区域试验，津稻490平均单产7 044kg/hm^2，较对照品种津粳3号增产8.5%，居第三位。生产上一般单产6 000～6 750kg/hm^2，高产达7 500～7 800kg/hm^2。适宜在天津地区宜作中稻和麦茬稻种植。

栽培技术要点：①严格进行种子消毒，预防恶苗病和干尖线虫病。②5月中旬播种，6月中下旬插秧，秧龄40～45d。插秧行株距26.6cm×13.3cm或20.0cm×13.3cm为宜。③适宜在中等以上肥力地区种植，采用全层施肥法，并注意氮磷肥配合施用。④7月中旬施杀虫双颗粒剂22.5～30.0kg/hm^{2}防治二化螟。

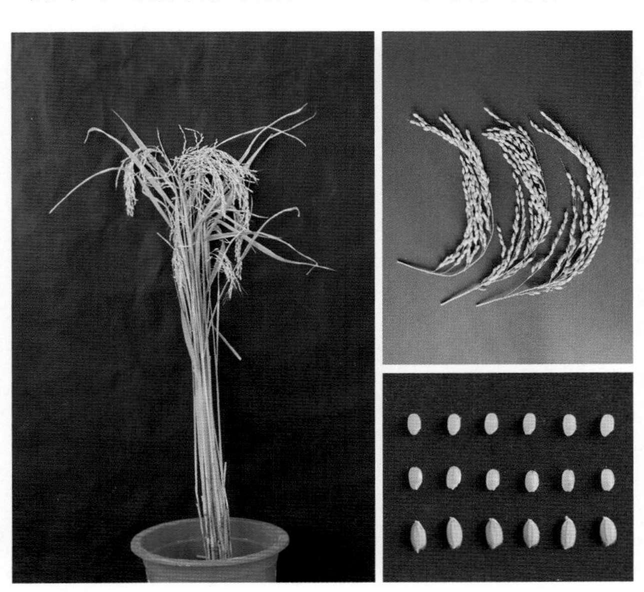

津稻5号（Jindao 5）

品种来源：天津市水稻研究所由津稻521变异株系选而成。2001年通过天津市农作物品种审定委员会审定。

形态特征和生物学特性：属常规中粳早熟。全生育期176d，株高110cm，株型紧凑，分蘖力中等，后期熟色好，轻度落粒。每穗粒数133粒，结实率85%，无芒，千粒重25g。

品质特性：糙米率85.4%，精米率77.6%，整精米率74.8%，垩白粒率15%，垩白度1.4%，透明度1级，碱消值7.0级，胶稠度68mm，直链淀粉含量16.9%，蛋白质含量8.6%，谷粒长4.5mm，谷粒长宽比1.6。

抗性：抗穗颈瘟病，中抗枝梗瘟病。抗倒伏。

产量及适宜地区：1998—1999年参加天津市春稻区域试验，平均单产8 833.5kg/hm^2，比对照津稻1187增产12.3%。1999年生产试验，平均单产8 299.5kg/hm^2，比津稻1187增产11.6%。适宜在天津市作一季春稻种植。

栽培技术要点：①药剂浸种，防治干尖线虫病和恶苗病。②稀播育壮秧，少本稀植。③施足底肥、早追肥，氮、磷、钾、锌肥配合施用。④分蘖期小水勤灌，中后期深浅交替。⑤注意防治稻曲病和纹枯病。

津稻521（Jindao 521）

品种来源：天津市农作物研究所以红旗21/喜峰育成。1990年通过天津市农作物品种审定委员会审定。

形态特征和生物学特性：属常规中粳早熟。在天津地区作麦茬稻（老秧）种植，全生育期140 ~ 150d。株高90 ~ 105cm，茎秆硬，叶片厚宽上举，株型紧凑。分蘖力中等，穗长17cm左右，每穗粒数120粒左右，结实率较高，码密，属紧穗型品种。粒椭圆形，颖尖紫色，无芒，籽粒饱满，千粒重28 ~ 29g。

品质特性：糙米率83.4%，精米率75.4%，整精米率70.5%，垩白面积10.0%。食味较好。

抗性：耐旱、耐盐碱，耐肥抗倒伏，抗稻瘟病较强，中抗白叶枯病，感稻曲病。

产量及适宜地区：1987—1988年，天津市麦茬稻（老秧）区域试验，4个试点平均单产分别为6 826.5kg/hm^{2}和7 870.5kg/hm^2，分别较对照品种津粳3号增产4.3%和12.2%，均居首位；1988—1989年天津市麦茬稻生产试验，4个试点平均单产分别为6 823.5kg/hm^{2}和6 921.0kg/hm^2，分别较对照品种津粳3号增产0.9%和6.6%，居首位和第四位。生产上一般单产6 750.0 ~ 7 500.0kg/hm^2，高产达8 250.0kg/hm^2。适宜在天津地区作麦茬稻（老秧）种植。

栽培技术要点：①严格进行种子处理，预防恶苗病和干尖线虫病。②稀薄种育壮秧，最好采用旱育秧。③合理密植，插秧行株距26.6cm × 3.3cm或30.0cm × 3.3cm，每穴栽3 ~ 5苗。④氮磷配合施用，底肥足，蘖肥够，穗肥和粒肥不能多。⑤渗水差的地，采用间歇灌溉。⑥抽穗前后注意防治稻曲病。

津稻681（Jindao 681）

品种来源：天津市水稻研究所于1981年以城1A/79-88//C57-88育成。1992年通过天津市农作物品种审定委员会审定。

形态特征和生物学特性：属常规中粳早熟。全生育期165d左右，株高90cm左右。秧苗健壮，主茎总叶片数16～17片。叶片上冲，株型紧凑。分蘖力较强，适于中上等肥力水平种植。穗长15cm左右，密穗型，着粒较密，无芒，平均每穗粒数135粒，结实率80%左右，千粒重23g。

品质特性：品质好，糙米率82.3%，精米率72.9%，整精米率57.2%，蛋白质含量90.3%，垩白少，碱消值低，胶稠度软，食味好。

抗性：中抗稻瘟病，耐盐碱，较抗倒伏。

产量及适宜地区：1988年天津市春稻区域试验，6个试点平均单产7 827.0kg/hm^2，较对照品种中花10号增产6.3%；1989年天津市春稻区域试验和生产试验，平均单产分别为7 534.5kg/hm^{2}和7 393.5kg/hm^2，分别较对照品种津稻1187增产0.1%和1.1%；1990年天津市春稻生产试验，7个试点平均单产8 082.0kg/hm^2，较对照品种津稻1187增产3%。生产上一般单产7 500.0～8 250.0kg/hm^2，高产达9 750.0kg/hm^2。适宜在天津地区作春稻中上等肥力地块种植。

栽培技术要点：①种子严格进行消毒处理，预防恶苗病和干尖线虫病发生。②在天津地区作春稻栽培，4月中、下旬播种，5月下旬至6月上旬插秧，行距30.0cm，株距10.0～13.3cm。③本田施氮素总量187.5～225.0kg/hm^2，五氧化二磷7.5～150kg/hm^2，控制后期氮肥用量，要求做到破口黄。④抽穗前后防治稻瘟病各一次。

津稻779（Jindao 779）

品种来源：天津市农作物研究所于1974年以取手1号/红旗16，1980年育成。1994年通过天津市农作物品种审定委员会审定。

形态特征和生物学特性：属常规中粳早熟。全生育期170～175d，株高90～105cm，茎秆坚硬，叶片上冲，株型紧凑，主茎叶片18～19片。成穗率高，有效穗数390万～450万穗/hm^2，每穗粒数90粒左右，千粒重25g。

品质特性：经农业部食品质量监督检验测试中心（武汉）分析结果，米粒半透明，糙米率74.5%，整精米率70.4%，垩白少，碱消值低，胶稠度80mm，直链淀粉含量14.9%，蛋白质含量6.5%。

抗性：中抗稻瘟病，耐肥，抗倒伏，耐盐碱，缓苗快分蘖多。

产量及适宜地区：1989年天津市春稻区域试验，8个试点平均单产7 095.0kg/hm^2，较第一对照品种中花10号减产2.7%；较第二对照品种津稻1187减产5.8%。同年天津市春稻生产试验，6个试点平均单产7 282.5kg/hm^2，较第一对照中花10号增产3.4%，较第二对照津稻1187减产0.4%。1990年天津市春稻区域试验，4个试点平均单产7 651.5kg/hm^2，较对照津稻1187减产3%。同年天津市春稻生产试验，5个试点平均单产7 933.5kg/hm^2，较对照津稻1187增产2.6%。1992年天津市春稻品种大区生产示范，津稻779单产8 199.0kg/hm^2，较对照品种津稻1187增产4.3%。1993年天津市春稻品种大区生产示范，津稻779单产7 552.5kg/hm^2，较对照津稻1187增产7.6%。生产上一般单产7 500.0～8 250.0kg/hm^2，高产达9 450.0kg/hm^2。适宜在天津地区的高水肥和污水灌溉地区作春稻种植。

栽培技术要点：①播种前，种子严格进行消毒处理，防治恶苗病及干尖线虫病。②早播、早插、4月上旬播种，5月中旬插秧。③插秧密度，行株距30.0cm×13.3cm，每穴栽2～3苗。④插秧至幼穗分化要小水灌溉，生长过旺适当烤田，后期采取间歇灌溉。⑤施足底肥，追肥平稳促进。⑥抽穗始期和齐穗期各喷一次三环唑防治穗颈瘟。

津稻937（Jindao 937）

品种来源：天津市农作物研究所1999年以冀粳14/中作321育成，2002年通过天津市农作物品种审定委员会审定。

形态特征和生物学特性：属常规中粳早熟。全生育期175d左右，株高120cm，株型较紧凑，植株生长旺盛，叶色浓绿，叶片挺立上举，分蘖力、成穗率中等。半紧穗型，穗长18cm，每穗粒数130 ~ 140粒，结实率90%，谷粒黄色、阔卵形，颖尖秆黄色，无芒，千粒重25g。

品质特性：经农业部食品质量监督检验测试中心（武汉）测试分析结果：糙米率85.2%，整精米率67.8%，垩白粒率14.0%，垩白度0.7%，胶稠度98mm，直链淀粉含量17.2%，粒形长宽比1.7，品质优良。

抗性：经天津市植物保护研究所鉴定中抗苗瘟、穗颈瘟，抗叶瘟病，耐肥力中等。

产量及适宜地区：2001年参加天津市春稻区域试验，平均单产9 288.0kg/hm^2，比对照品种中作93（7 968.0kg/hm^2）增产8.1%。2002年区域试验，平均单产9 075.0kg/hm^2，比对照品种中作93（8 116.5kg/hm^2）增产11.8%。2002年参加天津市春稻生产试验，4个试点年平均单产8 286.0kg/hm^2，比对照中作93（7 683.0kg/hm^2）增产603.0kg/hm^2，增幅为7.8%。适宜在天津地区做春稻栽培。

栽培技术要点：①在天津地区4月上中旬播种，5月15—25日插秧，栽培行株距30.0cm × 16.7cm，每穴栽3 ~ 4苗，前期要施足底肥，促进早返青，早分蘖，中期要平稳促进，灌水要间歇灌溉。②中后期生长过旺要落干烤田，孕穗肥在7月中旬施用，施肥过晚引起贪青晚熟，本田氮肥控制纯氮150kg/hm^2，后期灌水要干湿结合，提高根的活力，做到活株成熟。③抽穗始期与齐穗期分别各喷一次三环唑防治穗颈瘟。

津稻9618（Jindao 9618）

品种来源：天津市水稻研究所以朝之光为亲本系选育成。分别通过2003年天津市和2008年国家农作物品种审定委员会审定。

形态特征和生物学特性：属常规中粳早熟。在京、津、唐地区种植全生育期172.3d，与对照中作93相当。株高97.2cm，穗长19.7cm，每穗粒数102粒，结实率93.8%，千粒重25.9g。

品质特性：整精米率68.1%，垩白粒率8.5%，垩白度0.8%，胶稠度83mm，直链淀粉含量16.2%。达到国标优质稻谷一级标准。

抗性：苗瘟3级，叶瘟4级，穗颈瘟3级。

产量及适宜地区：2004年参加北京、天津、河北唐山粳稻组品种区域试验，平均单产9 391.5kg/hm²，比对照中作93增产3.2%（极显著）；2005年续试，平均单产8 625kg/hm²，比对照中作93增产7.8%（极显著）；两年区域试验平均单产9 009kg/hm²，比对照中作93增产5.4%，增产点比例83.3%。2006年生产试验，平均单产9 243kg/hm²，比对照中作93增产28.5%。适宜在北京、天津、河北东部及中北部的一季春稻区种植。

栽培技术要点：①育秧。北京、天津、河北一季春稻区根据当地生产情况适时播种，播种前用菌虫清（或浸种灵）浸种6～7d，防治干尖线虫病和恶苗病，播种量控制在1 125kg/hm²以内。②移栽。秧龄45d左右，行株距30.0cm×13.3cm，每穴栽3～4苗。③肥水管理。氮、磷、钾、锌配合使用，中等地力用尿素562.5kg/hm²，磷酸二铵187.5kg/hm²，硫酸钾150kg/hm²，硫酸锌18.75kg/hm²。插秧期大水护苗，分蘖期浅水分蘖，分蘖末期适当晒田，齐穗后间歇灌溉。④防治病虫害。注意对水稻象甲、二化螟及胡麻叶斑病的防治，其他病虫草害防治同一般品种。

津稻9901（Jindao 9901）

品种来源：天津市农作物研究所从绢光中发现早熟变异系。2004年通过天津市农作物品种审定委员会审定。

形态特征和生物学特性：属常规中粳早熟。全生育期145d，株高100cm，叶色淡绿，叶片挺立上举，活秆成熟，为散穗型品种，叶下禾，无芒。株型紧凑，分蘖力、成穗率中等。穗长18cm，每穗粒数110粒，结实率90%左右，谷粒黄色、阔卵形，千粒重25g。

品质特性：2004年农业部食品质量监督检验测试中心品质分析结果：糙米率83.8%，精米率73.2%，整精米率68.8%，垩白粒率4.0%，垩白度0.6%，透明度1级，碱消值7.0级，胶稠度80mm，直链淀粉含量17.2%，粒长5.1mm，长宽比1.9，水分12.4%。达到国标优质稻谷一级标准。

抗性：2004年天津市植物保护研究所人工接种抗病性鉴定：抗苗瘟，抗叶瘟，中抗穗颈瘟。

产量及适宜地区：2002年参加天津市麦茬稻区域试验，平均单产8 299.5kg/hm^2，比对照津稻490减产2.4%。2003年参加天津市麦茬稻区域试验，平均单产7 336.5kg/hm^2，比对照津稻490减产6.0%。2004年参加天津市麦茬稻生产试验，平均单产7 174.8kg/hm^2，比对照津稻490减产3.1%。适宜在天津市作麦茬稻种植。

栽培技术要点：①作为麦茬稻，5月上旬播种，6月上旬插秧，每穴栽3 ~ 5苗。②在中等肥力水平稻田，全生育期施纯氮120 ~ 150kg/hm^2，氮、磷、钾比例为1 ∶ 0.5 ∶ 0.5。有条件的地方，施优质有机肥15m^3/hm^{2}以上，适当减少氮素化肥用量可提高稻米的食味品质。有机肥、磷钾肥和氮肥70% ~ 80%用做底肥，其余作蘖肥穗肥，注意减少后期追肥比例。③在抽穗期如遇高湿低温年份注意防治稻穗颈瘟。

津辐1号（Jinfu 1）

品种来源：天津市水稻研究所1966年用草笛经^{60}Co辐射，1968年育成（原编号68-1024）。1970年定名反修1号，1972年改为津辐1号。

形态特征和生物学特性：属常规中粳早熟，全生育期175d。株高约115cm，茎秆较粗，叶片稍长。分蘖力强，穗长21cm，每穗粒数100粒以上。无芒。千粒重25g。

品质特性：米粒半透明，糙米率82.8%，蛋白质含量8.4%，米质优。

抗性：耐肥水，抗倒伏力强，耐盐碱，抗旱性强，抗稻瘟病。

产量及适宜地区：一般单产7 500kg/hm^2。1972年种植面积达1.7万hm^2。适宜在北京、天津、河北唐山作一季春稻，河北南部、山东、河南作麦茬稻。

栽培技术要点：①稀播育壮秧，播种量不超过150g/m^2。插秧行株距27cm × 13cm，每穴栽4 ~ 5苗。②该品种植株较高，分蘖盛期后注意严格烤田。③底肥要充足，氮、磷、钾配合，追肥注意一次用量不要过多，分次平稳追施。

津粳3号（Jingeng 3）

品种来源：系天津师范大学生物系于1973年以pi5/喜峰杂交。1987年通过天津市农作物品种审定委员会审定。

形态特征和生物学特性：属常规中粳早熟。感光性弱，感温性中等，该品种在天津地区作一季春稻栽培，全生育期130 ～ 140d，株高102 ～ 114cm，分蘖力中等。颖尖无色，剑叶长26cm，宽1.3cm。穗长17 ～ 18cm，每穗实粒数70 ～ 100粒，空秕率6% ～ 8%，千粒重26 ～ 27g。

品质特性：米质优，糙米率82.0%，精米率77.5%，糊化温度低，胶稠度中等，直链淀粉含量16.0%，蛋白质含量8.5%，赖氨酸含量0.3%。食味佳。

抗性：耐肥性中等，在高肥条件下易发生倒伏，抗叶稻瘟强，抗穗颈瘟及白叶枯病中等。

产量及适宜地区：1978—1983年的3年品比试验，平均产量在7 500kg/hm^{2}左右，比对照品种增产12.4%，产量变异幅度为7 072.5 ～ 8 287.5kg/hm^2；1981—1984年生产示范平均单产6 150.0kg/hm^2，比对照品种增产16.5%。天津市种植水稻地区均可使用，但主要用于麦茬稻插秧。

栽培技术要点：①适期播种，一季春稻栽培，在天津地区4月下旬播种，8月上中旬抽穗；麦茬稻栽培，5月中下旬播种，6月底至7月初插秧，8月20—25日抽穗，该品种适于麦茬稻栽培。秧龄30 ～ 50d。②合理密植，麦茬稻可“栽密长密”，42万～ 45万穴/hm^2，每穴栽8 ～ 10苗，基本苗不少于375万/hm^2。③在肥源较少的地区，可用“化肥打底”，追肥宁早勿晚。在土壤肥力较高地区，追肥重点应放在7月10日前有效分蘖期，7月底根据苗情施一次穗肥，抽穗时酌施粒肥，做到攻头顾尾，增穗增粒。

津宁901（Jinning 901）

品种来源：天津市宁河县农业技术推广中心以红旗21/IR育成。2002年通过天津市农作物品种审定委员会审定。

形态特征和生物学特性：属常规中粳早熟。全生育期170d，株高95 ～ 110cm，株型较紧凑，茎秆粗壮，叶片较窄，稍内卷，直立，坚挺，不下披，透光好，光合效率高；分蘖势强，成穗率高。

品质特性：经农业部谷物品质监督检验测试中心检验，整精米率73.9%，垩白粒率8.0%，直链淀粉含量17.1%。米质优良。

抗性：经天津市植物保护研究所鉴定中抗稻瘟病。耐盐碱，抗旱，较抗倒伏。

产量及适宜地区：1998年参加天津市春稻区域试验，平均单产9 388.5kg/hm^2，比对照津稻1187（8 221.5kg/hm^2）增产14.2%。1999年续试，平均单产8 448.0kg/hm^2，比对照津稻1187（7 513.5kg/hm^2）增产12.4%，比对照中作93增产6.0%。2000年参加天津市春稻生产试验，平均单产9 078.0kg/hm^2，比对照中作93（8 163.0kg/hm^2）增产11.2%。适宜在天津市作春稻栽培。

栽培技术要点：①适宜拱棚育秧或湿润育秧，播期4月初至4月中旬。②盘育秧秧龄30 ～ 40d，叶龄3.5 ～ 4.0叶，苗高13 ～ 15cm。③盘育秧插秧期为5月10日至5月25日，行距30cm，株距20cm。④施肥前期平稳促进，中期注意促蘖，尤其注意穗肥的施用，提高成穗率，增加穗粒数；结合使用磷、钾肥。

津糯1号（Jinnuo 1）

品种来源：天津市原种场以月之光/中作321//辽盐4号育成。2008年通过国家品种审定委员会审定。

形态特征和生物学特性：属常规中粳早熟（糯稻）。在北京、天津、河北唐山地区种植全生育期175.2d，比对照中作93晚熟5.4d。株高108.4cm，穗长18.7cm，每穗粒数123.8粒，结实率93.9%，千粒重25.4g。

品质特性：农业部谷物品质监督检验测试中心（武汉）检测，整精米率68.5%，胶稠度100mm，直链淀粉含量1.4%，达到国标优质稻谷糯稻标准。

抗性：苗瘟2级，叶瘟5级，穗颈瘟发病率5级，穗颈瘟损失率1级，综合抗性指数2.6。

产量及适宜地区：2006年参加京津唐粳稻组品种区域试验，平均单产8 845.5kg/hm²，比对照中作93增产17.2%（极显著）；2007年续试，平均单产8 934kg/hm²，比对照中作93增产18.5%（极显著），较对照津原45增产1%（不显著）；两年区域试验平均单产8 893.5kg/hm²，比对照中作93增产17.9%，增产点比例100%。2007年生产试验，平均单产8 929.5kg/hm²，比对照中作93增产22.4%。适宜在北京、天津、河北东部及中北部的一季春稻区种植。

栽培技术要点：①育秧。北京、天津、河北唐山一季春稻区一般4月上中旬播种，播种前做好晒种与消毒，防治干尖线虫病和恶苗病。②移栽。秧龄45d插秧，行株距30.0cm×16.6cm。③肥水管理。氮肥配合施用钾、锌肥。氮肥以前促为主，力争早分蘖，早发快长。插秧后至分蘖期一般上水6～10cm，分蘖末期依据苗情晒田5～7d，孕穗期至齐穗期不能缺水，灌浆后期间歇灌溉，收割前7d左右停水。④病虫害防治。注意防治稻瘟病、水稻胡麻斑病和稻飞虱等病虫害。

津糯2号（Jinnuo 2）

品种来源：天津市原种场以津糯1号/津原45育成，代号D61-3。2008年通过天津市农作物品种审定委员会审定。

形态特征和生物学特性：属常规中粳早熟（糯稻）。全生育期179d，熟期转色好，株高118.9cm，穗长19.3cm，每穗粒数115.4粒，结实率95.0%，千粒重26.5g。

品质特性：2008年经农业部谷物品质监督检验测试中心（武汉）检测：糙米率82.6%，精米率74.6%，整精米率72.9%，碱消值6.9级，胶稠度100mm，直链淀粉含量1.4%，粒长5.5mm，长宽比2.0，水分9.4%。达到国标优质稻谷标准。

抗性：2008年经天津市植物保护研究所鉴定：条纹叶枯病免疫；抗苗瘟，抗叶瘟，中抗穗颈瘟，综合抗性中。

产量及适宜地区：2007年参加天津市春稻区域试验，平均单产8 652.0kg/hm^2，4个试点全部增产；比对照津原45（8 542.5kg/hm^2）增产1.3%，4个试点其中3个试点增产1个试点减产；居17个参试品种第五位。2008年参加天津市春稻区试，平均单产8 026.5kg/hm^2，比对照津原45（8 328.0kg/hm^2）减产3.6%，2个试点增产，2个试点减产；居16个参试品种第九位。2008年参加天津市春稻生产试验，平均单产7 674.0kg/hm^2，比对照津原45（8 094.0kg/hm^2）减产5.2%，居6个参试品种第六位。适宜在天津市作一季春稻种植。

栽培技术要点：①做好播种前晒种与消毒，浸种灵浸种6～7d。②适宜播种期4月上旬，插秧期5月中下旬。③宽行稀植，行距可采用30cm，株距15cm，每穴栽3～5苗。④中等地力需施纯氮225kg/hm^2、磷肥90kg/hm^2，配合施用钾、锌肥。早施分蘖肥及孕穗肥。⑤及时防治各种虫害，适当预防稻瘟病。

津糯5号（Jinnuo 5）

品种来源：天津市原种场于1984年从京粳5号粳型品种中系选而成。1993年通过天津市农作物品种审定委员会审定。

形态特征和生物学特性：属常规中粳早熟（糯稻），全生育期165 ～ 170d。株高110cm左右，株型紧凑，分蘖力强，成穗力高。后期不早衰，活棵成熟，谷粒饱满。穗长21cm，每穗粒数127粒，结实率79%。白芒、黄壳、粒长圆形，千粒重24g。

品质特性：米色乳白，煮饭黏度大，食味好。

抗性：抗稻瘟病，耐旱，耐盐碱，苗期耐寒性较差，中抗倒伏。

产量及适宜地区：1990—1992年天津市春稻区域试验和生产试验，19个试点试验结果，津糯5号平均单产7 146.0kg/hm^2，较对照品种津稻1187减产6.2%（因天津市未专门设置糯稻品种区试和生产试验，只好将该品种放入一般常规品种中参试，故产量受到一定的影响）。生产上一般单产6 750.0 ～ 7 500.0kg/hm^2。适宜在天津地区作一季春稻栽培。

栽培技术要点：①天津地区4月上旬薄膜育秧，播种量1 050kg/hm^2，5月中、下旬稀栽。插秧行株距以30.0cm × 16.7cm为宜。②全生育期施纯氮2 700kg/hm^2，底肥50%，前后期施肥比例为7 ： 3。中期控氮防止倒伏。③灌浆期间歇灌溉。

津糯6号（Jinnuo 6）

品种来源：天津市原种场于1992年用津糯5号种穗为材料进行组织培养育成。2000年通过天津市农作物品种审定委员会审定。

形态特征和生物学特性：属常规中粳早熟（糯稻）。全生育期175d。前期生长繁茂，株高110cm，株型紧凑，叶片上举，茎秆粗壮，根系发达，分蘖力强，有效分蘖期偏短。穗长19.5cm，长白芒，每穗粒数130粒，结实率92%，千粒重24g。米质洁白，黏度大，适口性好。

品质特性：糙米率81.8%，精米率74.2%，整精米率74.0%，碱消值7.0级，胶稠度92mm，精米直链淀粉含量0，糙米蛋白质含量8.12%，谷粒长宽比1.5。

抗性：接种鉴定结果：抗苗稻瘟、枝梗稻瘟和穗颈瘟。经田间调查，稻瘟病发病率为0，稻曲病发病率低于0.5%，耐盐碱，后期抗早衰，活秆成熟。

产量及适宜地区：据1996—1998年两年区域试验和两年生产试验16个点次试验结果，平均单产7 426.5kg/hm^2，较对照津稻1187减产1.9%。适宜在天津作一季春稻栽培范围内推广种植。

栽培技术要点：①适时播种，培育多蘖壮秧。用多效唑0.75kg/hm^{2}浸种48h。4月10日播种，播种量750kg/hm^2。②宽行稀植，组成高效群体。5月20日栽插，秧龄50d，行距30cm，株距16cm，每穴栽3～5苗，基本苗75万～90万/hm^2。分蘖高峰期总茎数不超过7 875万/hm^2，成穗率60%～70%，有效穗数270.0～300.0万穗/hm^2。③施肥方法。底肥尿素150kg/hm^2，耙入泥内全层施肥，磷酸二铵150kg/hm^{2}播前表施。栽插后10d追尿素75kg/hm^{2}作蘖肥，栽后25d追尿素90kg/hm^{2}作保蘖肥，分蘖高峰期适当落干晒田。7月22—25日施尿素112.5kg/hm^{2}作孕穗肥，齐穗后再施45kg/hm^{2}尿素作粒肥。全生育期施肥总量折尿素450～480kg/hm^2。

津香黑38（Jinxianghei 38）

品种来源：天津市原种场于1993年用（香血-4×红珍珠）F_2代为材料进行花培，1994年育成。2000年通过天津市农作物品种审定委员会审定。

形态特征和生物学特性：属中晚熟粳稻（香糯稻）。全生育期160d，株高105cm。出苗快，芽鞘无色，叶色深绿，叶片长而挺立，分蘖发生早，主蘖整齐，分蘖消长明显。主茎16片叶，下长上短呈塔形。散穗型，穗长26cm，每穗粒数121粒，成熟期颖壳灰色，短顶芒，不落粒，穗脖长，灌浆后期谷穗下垂，结实率86%。粒长圆形，千粒重27g。

品质特性：经米粒品质分析，糙米率81.9%，碱消值10.0级，胶稠度68mm，精米直链淀粉含量11.6%，糙米蛋白质含量9.85%，长宽比2.1。糙米油光黑亮，米饭有香味。

抗性：高抗纹枯病，抗白叶枯病、立枯病、稻瘟病和稻曲病。苗期抗寒，耐盐碱，顶土能力强。

产量及适宜地区：据1997—1999年两年区域试验、两年生产试验14个试点试验结果，平均单产5 380.5kg/hm^2，较对照津稻490减产12.3%。适宜在天津地区麦茬稻栽培范围内推广种植。

栽培技术要点：该品种本田营养期短，应在壮秧的基础上争取多穗，早施分蘖肥促早发快长，争取大蘖成穗；延长营养期，增加有效穗。要求：①4月下旬育秧，播种量不超过1 050kg/hm^2，并严格浸种消毒。②6月上旬栽插，秧龄45～50d，行株距26.6cm×16.7cm，每穴栽5苗。③全生育期施氮肥（折尿素）450kg/hm^2，磷酸二铵150kg/hm^2。氮肥60%作底肥，15%作返青肥，10%作分蘖肥，15%作孕穗肥。④分蘖期、始穗期各施一次杀虫双，防治二化螟危害。

津香糯1号（Jinxiangnuo 1）

品种来源：天津市原种场于1988年从香血糯品种经系统选育而成，1993年通过成果鉴定，定名为津香糯1号。1994年通过天津市农作物品种审定委员会审定。

形态特征和生物学特性：属常规中粳早熟（糯稻）。全生育期160d左右，株高90cm，株型紧凑，叶片上冲，叶色浓绿。分蘖力中等，成穗率70%，结实率95%，穗长15cm，每穗粒数100粒左右，紧穗短顶芒，颖壳多毛，稃尖紫色黄壳，谷粒长卵形，千粒重27～28g。

品质特性：糙米率80.0%，整精米率68.0%。品质好，米粒洁白，黏度大、香味浓、食味性好。

抗性：抗旱耐盐碱，高抗稻瘟病（三年试验平均田间发病率为0.8%），抗恶苗病及干尖线虫病。秆硬抗倒伏，不缩苗不早衰，后期清秀活棵成熟。苗期不抗寒，对温度敏感，施肥多量晚蘖多。

产量及适宜地区：1993年天津市糯稻品比试验，单产7 440.0kg/hm^2，较对照品种津糯5号减产8.1%，居8个参试品种之第四位。同年，以津香糯1号为对照，27个特种稻的品比试验，单产7 005.0kg/hm^2。1992年天津市中晚熟组区域试验，平均单产6 393.0kg/hm^2，较对照品种津稻1187减产20%。1993年天津市中熟组区域试验，平均单产7 260.0kg/hm^2，较对照品种津稻490减产26%。同年参加天津市中熟组生产试验，平均单产7 590.0kg/hm^2，较对照品种津稻490减产1.9%。适宜在天津地区作一季春稻或麦茬老壮秧种植。

栽培技术要点：①培育适龄壮秧，4月20日至5月10日育秧，播种量750kg/hm^2，秧龄40～45d。②插秧行株距，高肥地26.6cm×13.3cm，瘠薄地23.3cm×13.3cm，每穴栽3～5苗。③施肥水平，施纯氮共240kg/hm^2，五氧化二磷共75kg/hm^2，以前促（40%）、中保（10%）、后补（20%）并在分蘖期追施硫酸锌30kg/hm^2。④灌水原则，插秧至返青期大水护苗，浅水分蘖，总茎数达到450万/hm^{2}时控水烤田，抽穗扬花期不可缺水，灌浆期间歇灌溉。

津星1号（Jinxing 1）

品种来源：天津市农作物研究所于1986年以津稻521/中花8号育成。1996年和2000年分别通过天津市和国家农作物品种审定委员会审定。

形态特征和生物学特性：属常规中粳早熟。全生育期170～175d。株高105cm，茎秆粗壮。叶色深绿，叶片直立，剑叶与茎秆夹角小，株型紧凑，主茎叶片19片。分蘖力中等偏上，成穗率70%以上。稳产性好，增产潜力大。穗棒型，半散穗，大穗大粒品种。穗长16cm，每穗粒数169粒左右，着粒密度10粒/cm左右，颖尖红色，有稀顶芒。谷粒成阔卵形，粒长中等，千粒重28～29g。

品质特性：糙米率84.5%，精米率75%，整精米率68.9%，垩白粒率12%，垩白度0.9%，直链淀粉含量17.7%。米质优。

抗性：稻瘟病人工接种鉴定为抗，田间表现为中抗偏上。纹枯病及稻曲病田间发病率为一级。抗盐碱性较强，抗倒伏性强。

产量及适宜地区：1994年天津市春稻区域试验，4个试点平均单产8 041.5kg/hm^2，较对照津稻1187增产12.2%，增产显著。1995年天津市春稻生产试验，4个试点平均单产7 353.0kg/hm^2，较对照津稻1187增产3.0%，增产不显著。1994年天津市春稻生产试验，4个试点平均单产9 660.0kg/hm^2，较对照津稻1187增产24.4%。1995年天津市春稻生产试验，5个试点平均单产7 798.5kg/hm^2，较对照津稻1187增产7.0%。1992—1995年19个试点试验结果，平均单产8 404.5kg/hm^2，较对照津稻1187平均增产10.94%。适宜在天津市高肥或中上肥地区作一季春稻栽培。

栽培技术要点：①早播、稀播育壮秧。播种量1 125.0kg/hm^2，4月初播种。②早插、稀插。宜在5月15—20日插秧，行株距30.0cm×13.3cm或30.0cm×16.7cm，每穴栽3苗，基本苗75万/hm^{2}左右。③合理施肥。以氮肥为主，根据土壤养分状况增施磷、钾锌肥。重施底肥，稳施蘖肥，巧施穗肥，酌情补施粒肥。

津星2号（Jinxing 2）

品种来源：天津市水稻研究所1986年用津稻521/中花8号育成。1999年通过天津市农作物品种审定委员会审定。

形态特征和生物学特性：属常规中粳早熟，全生育期170d，株高106cm，茎秆粗壮，植株清秀紧凑，叶片与茎秆夹角小。叶色深绿，叶片宽厚，功能期长，主茎总叶片19片，分蘖力强，成穗率80%左右。半散穗，口紧不落粒。穗长16cm，每穗粒数160粒左右，颖尖红色，有稀顶芒，谷粒呈阔卵形，千粒重26 ～ 27g。

品质特性：糙米率81.7%，精米率72.0%，整精米率67.5%，垩白粒率5.0%，直链淀粉含量15.6%，蛋白质含量7.5%。米质优，适口性好。

抗性：经接种鉴定稻瘟病中抗偏上，田间调查耐纹枯病和稻曲病。抗倒伏性强，耐盐碱性和抗旱性较强。

产量及适宜地区：1992—1995年19个点次试验，平均单产8 284.5kg/hm^2，较对照津稻1187增产12.2%，高产稳产。适宜在天津市作一季春稻栽培，可以作为高产优质品种推广利用。

栽培技术要点：①要求早播、早插，早育小苗。清明节播种，立夏至小满节插秧。播种前必须进行药剂处理防治干尖线虫病和恶苗病。②插秧行株距采取30.0cm × 13.3cm或30.0cm × 16.7cm，基本苗75万/hm^{2}左右，最高茎数控制在450万/hm^2，成穗数300万穗/hm^2。③重施底肥，要重视蘖肥，穗肥不能偏晚。④注意对稻曲病的防治。

津星4号（Jinxing 4）

品种来源：天津市农作物研究所于1986年以津341-2/中花8号，后代连续选择而成。2002年通过天津市农作物品种审定委员会审定。

形态特征和生物学特性：属常规中粳早熟。全生育期170d左右，株高110cm，茎秆粗壮、抗倒，株型紧凑，叶片宽厚与茎秆夹角小，剑叶上举。半散穗、大穗型品种，分蘖力中上，成穗率80%以上，穗长17cm，每穗粒数160粒左右，千粒重26 ～ 27g。

品质特性：经农业部食品质量监督检验测试中心检验，该品种糙米率80.7%，整精米率70.7%，垩白粒率16.0%，垩白度2.4%，胶稠度90mm，直链淀粉含量16.4%，谷粒长宽比1.7。米质优，适口性好。

抗性：稻瘟病中抗，纹枯病、稻曲病田间发病轻。

产量及适宜地区：1999年参加天津市春稻区域试验，平均单产8 194.5kg/hm^2，比对照中作93（7 968.0kg/hm^2）增产2.8%。2000年续试，平均单产8 332.5kg/hm^2，比对照中作93（7 533.0kg/hm^2）增产10.6%。2001年参加天津市春稻生产试验，平均单产9 433.5kg/hm^2，比对照中作93（8 673.0kg/hm^2）增产8.8%。适宜在天津市作春稻栽培。

栽培技术要点：①宜在4月上、中旬播种，5月中、下旬插秧，尤以旱育小苗最佳。②施用农家肥或水稻专用肥做底肥，重施底肥和蘖肥，稳施、早施穗肥。③插秧密度每穴3 ～ 4苗，基本苗75万～ 90万/hm^2，最高茎数420万～ 450万/hm^2，成穗数300 ～ 330万穗/hm^2。④注意田间杂草及病虫害防治。

津原101（Jinyuan 101）

品种来源：天津市原种场以中作321/S16育成。2001年通过国家品种审定委员会审定。

形态特征和生物学特性：属常规中早粳晚熟。全生育期160d，株高101cm左右，茎秆粗壮，根系发达，苗期叶色浓绿，叶片宽长，节间短，后三叶平均长度41.6cm，开张角度中等，受光姿态好，散穗无芒，灌浆后期穗部弯曲呈叶下禾，长相似辽盐2号，每穗粒数96粒，结实率90.2%，谷壳橙黄，谷粒饱满，后期不早衰，千粒重26.2g。该品种出苗快，顶土力强，插秧后返青早，生长迅速，没有败苗现象。

品质特性：整精米率67.9%，垩白粒率2%，垩白度1.0%，胶稠度89mm，直链淀粉含量16.2%。米质优良。

抗性：叶瘟0～5级、穗瘟0级，中抗稻瘟病、稻曲病，轻感纹枯病、干尖线虫病。

产量及适宜地区：1998—1999年参加北方稻区国家区域试验，两年平均单产8 943.0kg/hm^2，比对照中丹2号增产12.3%，2000年生产试验平均单产8 056.5kg/hm^2，比中丹2号增产12.8%。适宜在北京、天津、河北稻区，辽宁省丹东地区，山东省东营、滨州地区，新疆库尔勒地区种植。

栽培技术要点：①播种与移栽。在北京、天津、河北唐山地区4月底5月初育秧，播种量1 050kg/hm^2，6月上旬移栽，秧龄40～45d，移栽密度行株距为26.5cm×13.5cm，每穴栽3～5苗。②施肥方法。全生育期施氮素225kg/hm^2，基肥占80%，结合磷钾肥混入土中，其余肥料在分蘖、孕穗期分别施入。③防治病虫害。播种前用菌虫清浸种96h，拔节期喷井冈霉素2.3kg/hm^2，分蘖期和抽穗期各施一次杀虫双颗粒剂，每次撒施15kg/hm^2。

津原13（Jinyuan 13）

品种来源：天津市原种场用秀水04/黄金光育成。2003年通过天津市农作物品种审定委员会审定。

形态特征和生物学特性：属常规中粳早熟。全生育期173d，株高115cm，苗期叶色黄绿，根系发达，插秧后返青快，分蘖早，单株分蘖12个，主茎18.5片叶，株型紧凑，叶片上举，茎秆略细，韧性强，散穗短芒，穗长20cm，每穗粒数120粒，谷粒圆珠形，结实率96%，灌浆快，籽粒金黄，千粒重24g。

品质特性：经农业部食品质量监督检验测试中心（武汉）米质分析，糙米率84.7%，精米率76.3%，整精米率77.0%，垩白粒率0，垩白度0，透明度1级，直链淀粉含量18.2%。综合评分65分。达到国标优质稻谷二级标准。

抗性：经天津市植物保护研究所鉴定中感苗瘟，中抗叶瘟，中抗穗颈瘟；耐盐碱。

产量及适宜地区：2002年参加天津市春稻区域试验，4个试点平均单产8 155.5kg/hm^2，比对照中作93增产0.5%；2003年参加天津市春稻区域试验，4个试点平均单产8 539.5kg/hm^2，比对照中作93增产12.2%。2003年参加天津市春稻生产试验，因稻飞虱严重，4个参加试点平均单产7 431.0kg/hm^2，比对照中作93减产2.1%。适宜在天津地区作一季春稻栽培。

栽培技术要点：①稀播育壮秧，4月上旬旱育秧或半湿润育秧播种量1 050kg/hm^2，5月中下旬移栽秧龄45 ～ 60d，移栽行株距30cm × 15cm，每穴栽3 ～ 5苗。②本田全期施纯氮240.0kg/hm^2，磷酸二氢钾90kg/hm^2，其中氮肥、底肥占40%，分蘖肥占30%，拔节肥占10%，孕穗肥占20%。③分蘖期适当烤田，灌浆期间歇灌溉。④注意防治稻飞虱。

津原17（Jinyuan 17）

品种来源：天津市原种场以95-337/中作93育成。2006年通过国家品种审定委员会审定。

形态特征和生物学特性：属常规中粳早熟。在北京、天津、河北唐山地区种植全生育期176.9d，比对照中作93晚熟6.1d。株高111.5cm，穗长18.7cm，每穗粒数136.4粒，结实率84.9%，千粒重23g。

品质特性：整精米率68.7%，垩白粒率11.5%，垩白度1.3%，胶稠度81mm，直链淀粉含量16.3%。达到国标优质稻谷二级标准。

抗性：中感稻瘟病，抗性：苗瘟5级，叶瘟4级，穗颈瘟3级。

产量及适宜地区：2004年参加中作93组品种区域试验，平均单产9 702.0kg/hm^2，比对照中作93增产6.7%（极显著）；2005年续试，平均单产9 001.5kg/hm^2，比对照中作93增产12.5%（极显著）；两年区域试验平均单产9 352.5kg/hm^2，比对照中作93增产9.4%。2005年生产试验，平均单产9 390.0kg/hm^2，比对照中作93增产22.8%。适宜在北京、天津、河北冀东及中北部的一季春稻区种植。

栽培技术要点：①育秧。北京、天津、河北唐山一季春稻区根据当地生产情况适时播种，播种前做好晒种与消毒，防治干尖线虫病和恶苗病。②移栽。秧龄40d左右移栽，宽行稀植，行株距（30 ～ 33）cm×15cm左右，18万穴/hm^2，每穴3 ～ 5粒谷苗。③肥水管理。中等地力需施纯氮247.5kg/hm^2、五氧化二磷90kg/hm^2，配合施用钾、锌肥；氮肥以基肥为主，早施分蘖肥、晚施孕穗肥（孕穗中期）。插秧后至分蘖期一般上水6 ～ 10cm，分蘖末期依据苗情晒田5 ～ 7d，孕穗期至齐穗期不能缺水，灌浆后期间歇灌溉，收割前7d左右停水。④病虫害防治。稻穗破口期注意防治稻曲病，抽穗期预防一次稻瘟病。

津原24（Jinyuan 24）

品种来源：1997年天津市原种场组WD1S/中作321单交组合，1998年以中作321为轮回亲本进行回交。2006年通过天津市农作物品种审定委员会审定。

形态特征和生物学特性：属常规中粳早熟。全生育期175d，株高120cm，叶片宽长，叶色浓绿，全株19片叶，叶形略披。苗期耐寒耐盐碱，插秧后返青快分蘖早，单株分蘖5个，成穗率79.2%，耐肥，抗倒伏，不早衰，活棵成熟。散穗无芒，穗长26.8cm，一次枝梗占90%，每穗粒数152粒，结实率85%，粒长圆形，千粒重27.5g。

品质特性：2006年经农业部食品质量监督检验测试中心（武汉）检测：糙米率82.4%，精米率75.0%，整精米率73.1%，垩白粒率5%，垩白度0.3%，碱消值7级，胶稠度80mm，直链淀粉含量16.7%，谷粒长宽比2.0。达到国标优质稻谷一级标准。

抗性：2006年经天津市植物保护研究所稻瘟病人工接种鉴定，其结果：苗瘟表现高抗（HR），穗颈瘟表现抗（R）。田间抗条纹叶枯病。

产量及适宜地区：2004年参加天津市春稻区域试验，4个试点平均单产8 493.0kg/hm^2，比对照中作93（8 352.0kg/hm^2）增产1.7%，居16个参试品种第三位。2005年参加天津市春稻区域试验，4个试点平均单产8 274.0kg/hm^2，比对照中作93（7 695.0kg/hm^2）增产7.5%。2005年参加天津市春稻生产试验，4个试点平均单产7 779.0kg/hm^2，比对照中作93（7 420.5kg/hm^2）增产4.8%。2006年继续参加天津市春稻生产试验，4个试点平均单产7 938.0kg/hm^2，比对照中作93（6 768.0kg/hm^2）增产17.3%。适宜在天津地区作一季春稻种植。

栽培技术要点：①培育带蘖壮秧。4月上旬播种，旱育秧播种量1 125.0kg/hm^2，秧龄45d。②宽行少本拉线插秧。行距30cm、株距15cm，稀植栽培发挥大穗大粒优势，要求每穴栽2～3苗，基本苗60万/hm^2。③重施基肥、早施分蘖肥、巧施孕穗肥，全生育期总氮量240kg/hm^2。④植保措施。做好种子消毒工作，菌虫清浸种96h，预防种传病害，分蘖盛期、始穗期各施一次杀虫双颗粒剂，防治二化螟危害。全生育期喷3～4次氯杀威防治稻水象甲。

津原27（Jinyuan 27）

品种来源：天津市原种场与天津农学院1999年以中作9128/中作23//日之光经花粉组织培养育成。2004年通过天津市农作物品种审定委员会审定。

形态特征和生物学特性：属常规中粳早熟。感光性强，全生育期175d，株高110cm，长芒，半紧穗，半直立型，叶片短、宽、厚，株型紧凑，受光姿态好，分蘖力中等，不早衰，活棵成熟，食味品质好。穗长20.2cm，每穗粒数147粒，结实率90%，千粒重24g。缺点：出苗慢，易受立枯病危害。

品质特性：2004年农业部稻米及制品质量监督检验测试中心品质分析，糙米率82.0%，精米率73.4%，整精米率70.2%，垩白粒率4.0%，垩白度0.4%，透明度1级，碱消值7.0级，胶稠度70mm，直链淀粉含量17.7%。达到国标优质稻谷一级标准。

抗性：2004年天津市植物保护研究所鉴定，苗瘟高抗，叶瘟高抗，穗颈瘟高抗。

产量及适宜地区：2003年参加天津市春稻区域试验，平均单产8 520.0kg/hm^2，较对照中作93（7 623.7kg/hm^2）增产11.8%。2004年参加天津市春稻区域试验，平均单产8 299.2kg/hm^2，比对照中作93(8 352.4kg/hm^2）减产0.6%。2004年参加天津市春稻生产试验，平均单产8 322.6kg/hm^2，较对照中作93（7 760.1kg/hm^2）增产7.3%。适宜在天津市作春稻品种种植。

栽培技术要点：①稀播育壮秧。4月上旬薄膜湿润育秧，播种量1 050kg/hm^2，拱棚旱育秧播种量2 250.0kg/hm^2，秧龄45 ～ 55d。②前促后控施肥原则。氮肥70%底座、20%促蘖肥，10%早穗肥，磷钾肥插秧前表施。③植保措施。菌虫清浸种96h，拔秧前插秧后喷吡虫啉，抽穗始期喷曲净灵防治稻曲病。

津原28（Jinyuan 28）

品种来源：天津市原种场1992年从日本品种“月之光”中选择变异优良单穗，于1996年选育而成。1999年通过天津市农作物品种审定委员会审定。

形态特征和生物学特性：属常规中粳早熟。全生育期168d，株高105cm，茎秆粗壮韧性强，根系发达。叶色淡绿，叶片前期偏垂，后期直立。分蘖力中等，前期分蘖偏缓。颖壳淡黄色，中芒，口紧不落粒。活棵成熟。大穗大粒品种，穗长22cm，每穗粒数120粒左右，结实率93%，千粒重28g。

品质特性：糙米率83.3%，精米率75.9%，整精米率75.2%，垩白粒率2.0%，直链淀粉含量16.0%，蛋白质含量10.3%。米质优，食口性好。

抗性：经接种鉴定高抗稻瘟病，田间调查耐稻曲病和纹枯病、感干尖线虫病。抗倒伏性和耐寒力强，中耐盐碱。

产量及适宜地区：1997—1998年14个点次试验，平均单产8 044.5kg/hm^2，较对照津稻1187增产3.6%。适宜在天津市作一季春稻栽培，可以作为优质稻品种推广利用。

栽培技术要点：①严格种子消毒防治干尖线虫病。播种前用菌虫清浸种4d以上。②苗期管理。苗期色淡，苗架大喜肥水，要施足基肥，追施揭膜肥、接力肥和送嫁肥，每次施尿素112.5 ~ 150.0kg/hm^2。③适龄、规格插秧。秧龄为40 ~ 50d，不宜早于40d。行距30cm，株距16 ~ 18cm，18万 ~ 21万苗/hm^2。④本田施肥在平稳施肥的前提下，重施分蘖肥。施尿素525kg/hm^2，其中基肥112.5kg/hm^2（同时施用磷肥和锌肥）；蘖肥分3次追施，插秧一周后每10d施一次，每次75 ~ 90kg/hm^2；酌情施保蘖肥；7月15日左右施孕穗肥75 ~ 112.5kg/hm^2。⑤水层管理。插秧后一般上水6 ~ 10cm，拔节后（7月初）依据苗情适当晒田。抽穗后渗水田持续上水，地软、长势繁茂地块可间歇上水。收割前一周停水。⑥除草。秧田揭膜后喷“神锄”600g/hm^2。本田在耙地上水后用60%丁草胺1 500mL/hm^{2}泼浇防治稗草；结合第一次、第三次分蘖肥，用稻无草375g/hm^{2}除治水生莎草。⑦治虫。应重点做好稻蝗、二化螟和稻水象甲的综合防治工作。秧田在揭膜后与移栽前各喷洒氯杀威1 500mL/hm^2，本田在6月20日前后、8月初各施3.5%杀虫双颗粒剂22.5kg/hm^2，可以除治多种虫害。

津原38（Jinyuan 38）

品种来源：天津市原种场由中作17系统选育而成。2001年和2003年分别通过天津市和山东省农作物品种审定委员会审定。

形态特征和生物学特性：属常规中粳早熟。生育期176d，株高110cm，散穗、无芒，穗长20cm，每穗粒数130粒，结实率89.6%，千粒重26g。

品质特性：糙米率84.0%，整精米率75.0%，垩白粒率25.0%，垩白度2.0%，胶稠度89mm，直链淀粉含量15.0%。达到国标优质稻谷三级标准。

抗性：抗苗瘟病、中抗穗颈瘟，易感恶苗病，轻感条纹叶枯病。分蘖早，耐旱、耐盐碱，抗早衰，种子发芽势弱，出苗不整齐。

产量及适宜地区：2001年参加天津市春稻区域试验，平均单产8 866.5kg/hm^2，比对照中作93增产3.1%；2001年生产试验，平均单产9 325.5kg/hm^2，比中作93增产7.5%。适宜在天津市作春稻种植。

栽培技术要点：①4月上旬育秧，菌虫清等药剂浸种预防恶苗病，5月下旬至6月上旬移栽，秧龄45 ~ 50d，不超过50d。②移栽行距26.5cm，株距13.5cm。③平稳施肥，全生育期施纯氮240kg/hm^2，施肥比例为：底肥占40%，蘖肥占30%，拔节肥占10%，孕穗肥占20%。④撒施杀虫双防治二化螟，始穗期、齐穗期喷三环唑，预防穗颈瘟。

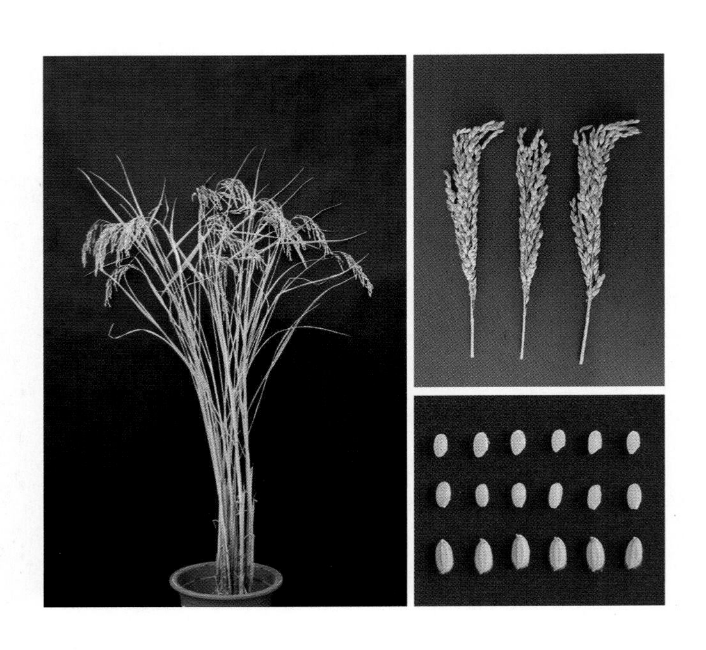

津原402（Jinyuan 402）

品种来源：1992年天津市原种场以c602和L422杂交，1995年用c602与L422杂交的F_3代与中花15杂交，1997年用三交F_2代与H004-173回交，1998年用四交F_1代南繁加代，2000年入选4个大穗大粒株系，经南繁北育于2004年趋于稳定（编号04-02）。2007年通过天津市农作物品种审定委员会审定。

形态特征和生物学特性：属常规粳稻。全生育期170d，株高108cm，上三叶平均长度46.7cm、叶片挺立内卷，旗叶夹角<10°，叶色深绿，分蘖力中等，成穗率86.19%，活秆成熟，不早衰。穗长28cm，每穗粒数173.1粒，结实率91.1%，千粒重30g。

品质特性：2007年经农业部谷物品质监督检验测试中心（武汉）检测，糙米率81.3%，精米率70.3%，整精米率62.0%，垩白粒率19.0%，垩白度1.9%，透明度1级，碱消值7.0级，胶稠度88mm，直链淀粉含量16.0%，谷粒长宽比2.0。达到国标优质稻谷三级标准。

抗性：2007年经天津市植物保护研究所鉴定，抗苗瘟、中抗穗颈瘟、高抗条纹叶枯病，耐肥，抗倒伏。

产量及适宜地区：2006年在天津市区域试验平均产量8 326.2kg/hm^2，比对照中作93增产15.2%，极显著；2007年续试，平均产量9 009.9kg/hm^2，比对照中作93增产49.9%，极显著，比对照津原45增产5.5%，增产显著；2007年参加天津市生产试验，平均产量8 623.5kg/hm^2，比对照中作93增产44.6%，比对照津原45增产5.0%，均达到显著水平。适宜在天津市种植。

栽培技术要点：①做好种子消毒处理。浸种前晒种1d，每4kg种子用2mL浸种灵1支，对水5kg浸种7d。②适期播种，培育带蘖壮秧。播种适期为4月5—15日，播种量750 ~ 1 000kg/hm^2，秧龄不超过45d。③采用宽行少本插秧，插秧行株距30cm×15cm，每穴栽2 ~ 3苗。④重施底肥，早施分蘖肥，巧施孕穗肥。基肥施尿素225kg/hm^2、磷酸二铵112.5kg/hm^2、硫酸钾75kg/hm^2。⑤水层管理要做到浅水移栽，深水分蘖，分蘖盛期看苗晒田。⑥病虫害防治。秧苗期与分蘖期防治稻飞虱和稻水象甲；分蘖盛期、孕穗后期施15kg/hm^2 3.6%杀虫双颗粒剂；孕穗期至始穗期喷井冈霉素2 ~ 3次防治纹枯病。

津原45（Jinyuan 45）

品种来源：天津市原种场以日本月之光品种系选而成。2003年通过国家品种审定委员会审定。

形态特征和生物学特性：属常规中粳早熟。在北京、天津、河北唐山地区种植全生育期178.8d，比对照中作93晚熟7d。株高115.4cm，茎秆粗壮，剑叶长，直立，叶下禾。每穗粒数132.6粒，结实率84.7%，千粒重24.75g。

品质特性：整精米率71.6%，垩白粒率11.5%，垩白度1.1%，胶稠度91mm，直链淀粉含量16.6%。米质较优，达到国标优质稻谷二级标准。

抗性：中抗稻瘟病。苗瘟3级，叶瘟1级，穗颈瘟3级。

产量及适宜地区：2001年参加北方稻区国家水稻品种区域试验，平均单产8 334.0kg/hm^2，比对照中作93增产6.0%（不显著）；2002年续试，平均单产8 542.5kg/hm^2，比对照中作93增产6.2%（不显著）。2002年生产试验平均单产7 530.0kg/hm^2，比对照中作93减产7.2%。适宜在北京、天津以及河北省中部、北部沿海地区作一季春稻种植。

栽培技术要点：①适时播种。4月上中旬播种，秧龄45d左右。②栽插密度。栽插行株距为30cm×（15～18）cm，每穴栽3～4苗。③肥水管理。一般肥力田块施纯氮225kg/hm^2，其中50%结合磷、钾肥用作基肥，其余30%作为分蘖肥，20%作为孕穗肥。水浆管理要做到浅水移栽，深水活棵，依据苗情适时晒田，复水后浅水勤灌，齐穗10d后采取间歇灌溉，干干湿湿，收割前7d断水。④防治病虫害。注意防治干尖线虫病和二化螟等病虫的危害。

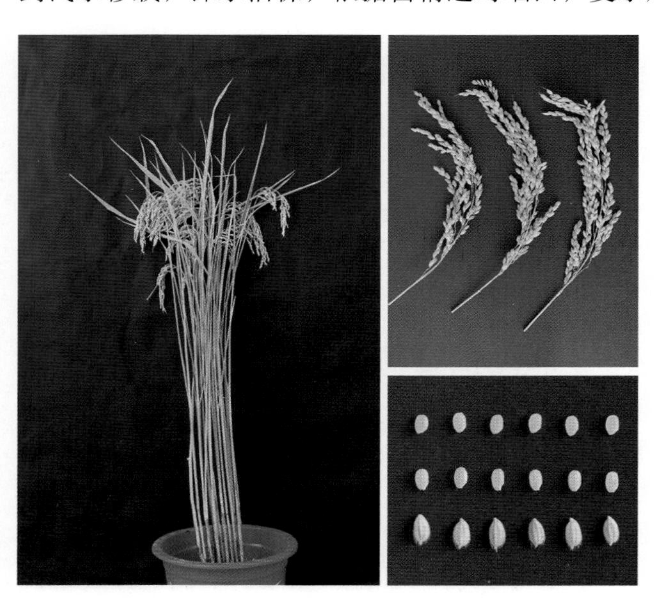

津原5号（Jinyuan 5）

品种来源：天津市原种场以中作17自然分离株，经过多代连续育成。2003年通过天津市农作物品种审定委员会审定。

形态特征和生物学特性：属常规中粳早熟。全生育期172d，株高100cm，耐盐碱，分蘖力强，耐寒，叶片直立，株型紧凑，穗紧、着粒密。出苗快、整齐，后期不早衰，活棵成熟。穗长20.3cm，平均穗粒数129粒，结实率93%，无芒。千粒重26g。

品质特性：经农业部食品质量监督检验测试中心（武汉）米质分析结果：糙米率85.2%，精米率76.7%，整精米率74.4%，垩白粒率17.0%，垩白度4.2%，胶稠度85mm，直链淀粉含量18.6%，粒长48mm，长宽比1.7，综合评分70分。达到国标优质稻谷三级标准。

抗性：经天津市植物保护研究所接种鉴定：中感苗瘟，中抗叶瘟，中感穗瘟。

产量及适宜地区：2002年参加天津市春稻区域试验，4个试点平均单产9 042.0kg/hm^2，比对照中作93增产11.4%。2003年参加天津市春稻区域试验，4个试点平均单产8 776.5kg/hm^2，比对照中作93增产15.3%。2003年参加天津市春稻生产试验，4个试点平均单产8 520.0kg/hm^2，比对照中作93增产12.2%。适宜在天津地区作一季春稻种植。

栽培技术要点：①做好种子消毒处理。②适宜播种期为4月10日左右，插秧期5月中下旬。③适宜的行株距为30cm×15cm。④平稳施肥，避免大促大控。⑤抽穗始期与齐穗期各喷一次三环唑，预防穗颈瘟。

津原85（Jinyuan 85）

品种来源：天津市原种场以中作321/辽盐2号育成。2001年通过国家品种审定委员会审定。

形态特征和生物学特性：属常规中早粳晚熟。在辽南、南疆及京、津地区种植全生育期157.2d，与对照金珠1号相当。株高89.7cm，穗长19.8cm，每穗粒数97.2粒，结实率93.6%，千粒重26.2g。

品质特性：整精米率61.8%，垩白粒率13.5%，垩白度1.6%，胶稠度81mm，直链淀粉含量14.8%。

抗性：中抗稻瘟，苗瘟3级，叶瘟3级，穗颈瘟3级。

产量及适宜地区：2002年参加北方稻区金珠1号组区域试验，平均单产10 242.0kg/hm^2，比对照金珠1号增产8.5%（不显著）；2003年续试，平均单产9 762.0kg/hm^2，比对照金珠1号增产6.2%（极显著）；两年区域试验平均单产10 018.5kg/hm^2，比对照金珠1号增产7.4%。2004年生产试验，平均单产8 706.0kg/hm^2，比对照金珠1号增产3.4%。适宜在辽宁南部稻区、新疆南部、北京、天津地区种植。

栽培技术要点：①育秧。适时播种，秧田播种量1 050kg/hm^2，秧龄40 ~ 50d。②移栽。行距26.5cm，株距13.5cm，每穴栽3 ~ 5苗。③肥水管理。底肥氮肥占总肥量的50%，结合磷、钾肥混入土内；分蘖肥占30%，分两次施入，孕穗肥占总量的20%。④病虫害防治。注意防治稻瘟病、干尖线虫病、纹枯病等病虫害。

津原D1（Jinyuan D1）

品种来源：天津市原种场由月之光自然变异株系选成。2006年和2009年分别通过天津市和国家农作物品种审定委员会审定。

形态特征和生物学特性：属常规中粳早熟。在北京、天津、河北唐山地区种植全生育期平均175.9d，与对照津原45相当。株高117.6cm，穗长19.8cm，有效穗数312万穗/hm^2，每穗粒数105.7粒，结实率94.2%，千粒重29.2g。

品质特性：整精米率72.7%，垩白粒率6.5%，垩白度0.4%，直链淀粉含量17.2%，胶稠度83.5mm。达到国标优质稻谷一级标准。

抗性：稻瘟病综合抗性指数4.5，穗颈瘟损失率最高级5级。

产量及适宜地区：2007年参加北京、天津、河北唐山粳稻组品种区域试验，平均单产8 922kg/hm^2，比对照津原45增产0.9%（不显著）；2008年续试平均单产8 640kg/hm^2，比对照津原45增产1.1%（不显著）；两年区域试验平均单产8 781kg/hm^2，比对照津原45增产1%，增产点比例75%。2008年生产试验，平均单产8 502kg/hm^2，比对照津原45增产3.3%。适宜在北京、天津、河北省东部及中北部的一季春稻区种植。

栽培技术要点：①育秧。北京、天津、河北唐山一季春稻区一般4月上旬播种，播种前做好晒种与消毒，防治干尖线虫病和恶苗病。②移栽。秧龄45d进行移栽，行距30cm，株距15～20cm，每穴栽2～3苗。③肥水管理。中等地力需施纯氮247.5kg/hm^2、五氧化二磷90kg/hm^2，配合施用钾肥、锌肥。氮肥以前促为主，力争早分蘖，早发快长。插秧后至分蘖期一般上水6～10cm，分蘖末期依据苗情晒田5～7d，孕穗期至齐穗期不能缺水，后期间歇灌溉，收割前7d左右停水。④病虫害防治。抽穗期防治稻瘟病两次，其他病虫草害防治同一般大田生产。

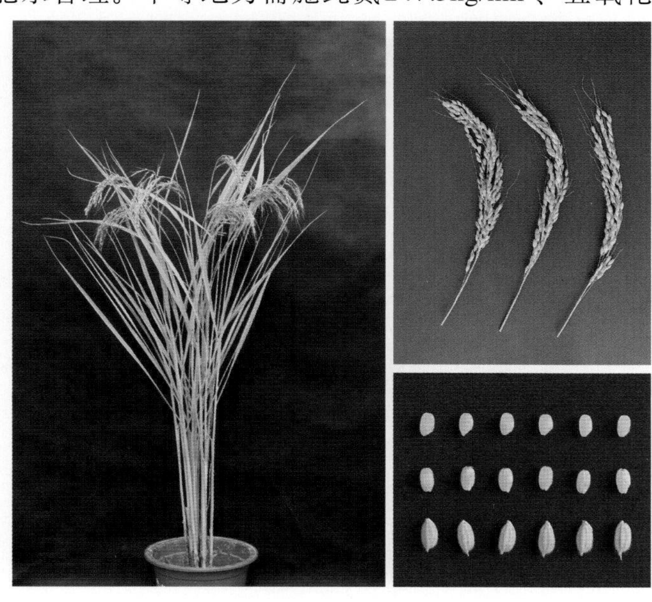

津原E28（Jinyuan E28）

品种来源：天津市原种场以津原45/中花15育成，试验用名：4515。2009年通过天津市农作物品种审定委员会审定。

形态特征和生物学特性：属常规中粳早熟。全生育期177d，株高117.3cm，叶色绿，分蘖率392.4%，有效穗数289.5万穗/hm^2，成穗率85.2%。抗早衰，活秆成熟。穗长22.0cm，每穗粒数134粒，结实率94.5%，无芒，粒大饱满，千粒重30.2g。

品质特性：经农业部谷物品质监督检验测试中心（武汉）检测：糙米率83.8%，精米率76.3%，整精米率71.2%，垩白粒率9%，垩白度0.7%，透明度1级，碱消值7.0级，胶稠度82mm，直链淀粉含量15.0%，粒长6.0mm，长宽比2.2，水分9.3%。达到国标优质稻谷一级标准。

抗性：2009年经天津市植物保护研究所鉴定，条纹叶枯病表现高抗，稻瘟病表现中抗。

产量及适宜地区：2008年平均单产8 206.8kg/hm^2，比对照津原45（8 327.2kg/hm^2）减产1.5%，4个试点中3个试点增产1个试点减产。2009年平均单产10 210.5kg/hm^2，比对照津原45增产7.8%，4个试点全部增产，增产极显著。2009年天津市春稻生产试验，平均单产9 615.0kg/hm^2，比对照津原45（9 170.4kg/hm^2）增产4.9%。适宜在天津市作一季春稻种植。

栽培技术要点：①做好播种前晒种与消毒，浸种灵浸种6 ~ 7d。②适宜播种期4月上旬，插秧期5月中下旬。③适度密植，最适合机插秧栽培。④施好、施足孕穗初期的颖花分化肥。⑤科学管水，水质含盐量高勤换水。⑥及时防治各种虫害，适当预防稻瘟病。

丽稻1号（Lidao 1）

品种来源：天津市东丽区农技中心以中国91/中作321育成。2001年通过天津市农作物品种审定委员会审定。

形态特征和生物学特性：属常规中粳早熟。全生育期170d，株高115cm，8月上旬抽穗，抽穗整齐，灌浆速度快，可充分利用9月有效积温和光照，剑叶上冲，活棵成熟。大穗大粒，分蘖力较强。穗长22cm，平均每穗粒数120粒，结实率90%左右，千粒重28g。

品质特性：糙米率82.3%，精米率75.0%，整精米率73.6%，垩白米率30.0%，垩白度1.2%，垩白大小4.0%，透明度0.8级，胶稠度100mm，直链淀粉含量17.6%，蛋白质含量9.1%，水分含量12.0%，谷粒长宽比1.7。

抗性：1998—2000年连续3年委托天津市植物保护研究所进行抗病性鉴定，抗苗瘟，抗穗颈稻瘟，抗叶瘟，感枝梗瘟，中抗纹枯病。

产量及适宜地区：1998年天津市区域试验，平均单产8 848.5kg/hm^2，比对照津稻1187增产615.0kg/hm^2，增产7.5%。1999年天津市区域试验，平均单产8 114.4kg/hm^2，比对照津稻1187增产600kg/hm^2，增加8%，比对照中作93增产147.0kg/hm^2，增产1.8%。2000年参加市水稻生产试验，平均单产7 977.0kg/hm^2，比对照中作93减产186.0kg/hm^2，减产2.3%。适宜在天津市作春稻种植。

栽培技术要点：①播前要进行种子消毒，防治种传病害。4月上中旬播种，5月中下旬插秧，秧田播种量为1 050kg/hm^{2}以下。②插秧行株距26cm×16cm或30cm×16cm，采用宽行稀植插秧技术，每穴栽4～5苗，基本苗78万～108万/hm^2，最高茎数300万～375万/hm^2，有效穗数285万～345万穗/hm^2。③采用前重施肥法，促进群体发育，前期施肥量占总纯氮量的65%。④注意防治水稻二化螟和枝梗稻瘟病。

辽盐2号（Liaoyan 2）

品种来源：辽宁省盐碱地利用研究所于1979年从丰锦中系统选育而成。1991年通过天津市农作物品种审定委员会审定。

形态特征和生物学特性：属常规中粳早熟。全生育期145 ~ 150d，株高80 ~ 90cm，秧苗健壮、叶色较浓、根系发达，缓秧快。株型紧凑，主茎16片叶，叶下禾。分蘖力强，成穗率高，有效穗数420万～480万穗/hm^2。穗长19 ~ 21cm，每穗粒数90 ~ 100粒，结实率90%～95%，着粒较疏，千粒重25 ~ 26g。

品质特性：糙米率84.5%，精米率75.2%，整精米率70%，垩白粒率20%，透明度1级，胶稠度85mm，直链淀粉含量18%，蛋白质含量8.2%，米质较优，饭柔软，食味好。

抗性：抗稻瘟病（接种鉴定为中抗，田间自然鉴定为抗）和白叶枯病（接种鉴定为一级，田间未发病）。耐肥，抗倒伏，抗盐碱性强，耐旱，感稻飞虱。

产量及适宜地区：1988年天津市麦茬老壮秧引种试验，2个试点分别折合单产7 228.5kg/hm^2和6 766.5kg/hm^2，分别较对照品种津粳3号增产5.2%和减产5.4%；1989—1990年两年天津市麦茬老壮秧15个点次区域试验平均单产7 683.0kg/hm^2，较对照品种增产4.8%；1989—1990年两年天津市麦茬老壮秧8个点次生产试验，平均单产7 701.0kg/hm^2，较对照品种增产14.6%；1990年天津市15个试点生产示范，平均单产8 311.5kg/hm^2，高者达10 567.5kg/hm^2。适宜在天津地区作麦茬稻种植，也可兼作一季春稻晚育晚播栽培。特别适宜盐碱地区种植。

栽培技术要点：①严格进行种子消毒处理，预防恶苗病和干尖线虫病发生。②稀播种育带蘖壮秧。播量750 ~ 1 125kg/hm^2，5月上旬播种，6月下旬插秧。③插秧行株距，一般地块23.3cm×13.3cm，肥力水平较高地块30.0cm×10.0cm，每穴栽3 ~ 5苗。④施肥原则。平稳促进，全生育期180 ~ 225kg/hm^2纯氮，总氮量的40%作底肥（同时施入磷肥和锌肥），30%作蘖肥，20%作穗肥。⑤水层管理。深水扶秧，浅水分蘖，抽穗至成熟期间歇灌溉。⑥注意防治稻飞虱。

明悦（Mingyue）

品种来源：天津市原种场以月之光/中作321//辽盐4号育成。2004年通过国家农作物品种审定委员会审定。

形态特征和生物学特性：属常规中粳早熟。在京津唐地区种植全生育期176.9d，比对照中作93迟熟4d。株高97.2cm，每穗粒数112.5粒，结实率84.5%，千粒重26.8g。

品质特性：整精米率69.1%，垩白粒率22.0%，垩白度2.2%，胶稠度85mm，直链淀粉含量16.7%。

抗性：稻瘟病3级，中抗稻瘟病。

产量及适宜地区：2002年参加北方稻区中作93组区域试验，平均单产8 988.0kg/hm^2，比对照中作93增产11.7%（显著）；2003年续试，平均单产8 769.0kg/hm^2，比对照中作93增产7.2%（极显著）；两年区域试验平均单产8 878.5kg/hm^2，比对照中作93增产9.4%。2003年生产试验，平均单产8 533.5kg/hm^2，比对照中作93增产5.4%。适宜在北京、天津、河北省中北部一季春稻区种植。

栽培技术要点：①培育壮秧。根据当地种植习惯与中作93同期播种，秧龄45d左右。②移栽。栽插行株距为27cm×18cm或30cm×15cm，19.5万～22.5万穴/hm^2，每穴栽3～4苗。③肥水管理。一般施纯氮240kg/hm^{2}左右，底肥施五氧化二磷90kg/hm^2，配合施用钾肥；水浆管理要做到浅水勤灌，适时晒田，齐穗后10d干干湿湿，收获前7d停水。④防治病虫害。注意防治稻曲病。

秦爱（Qin'ai）

品种来源：北京农业大学1974年以秦农2号/爱新杂交育成。分别通过1984年河北省、1985年北京市和山东省、1987年天津市农作物品种审定委员会审定。

形态特征和生物学特性：属常规中粳早熟。全生育期100 ~ 105d，株高90cm。作麦茬旱直播，需活动积温2 370℃。株型较紧凑，主茎叶11片，长势繁茂。分蘖力较差，穗长25cm，每穗粒数75粒。有短顶芒。千粒重26g。米白色，透明度较差。

品质特性：糙米率79%，碱消值7级，胶稠度65mm，直链淀粉含量18.4%，蛋白质含量12.6%，赖氨酸含量0.4%。米饭口感较硬。

抗性：感稻瘟病、稻飞虱与稻蓟马，不耐肥，不抗倒伏。

产量及适宜地区：一般单产4 500kg/hm^2。适宜在华北平原地区作麦茬旱稻直播。

栽培技术要点：①夏至前播种，播种量90kg/hm^2。②施纯氮105kg/hm^2。③全生育期浇3 ~ 4次水即可。④注意防治稻瘟病及各种害虫。

通特1号（Tongte 1）

品种来源：通辽市农业科学研究所由红粒稻系统选育而成。2003年通过内蒙古自治区农作物品种审定委员会审定。

形态特征和生物学特性：属常规中粳早熟。生育期138d，株高95 ~ 100cm。幼苗深绿色，单株有效分蘖3 ~ 5个。穗长20cm，小穗分枝8 ~ 12个，每穗粒数95 ~ 100粒。颖壳浅黄色，米皮（种皮）棕红色，谷粒椭圆形，中粒，平均单穗粒重1.8 ~ 2.0g，千粒重22 ~ 24g。

品质特性：经中国农业科学院沈阳分院理化测试中心测试，直链淀粉含量11.5%，蛋白质含量6.2%，赖氨酸含量0.3%。米饭气味芳香、浓郁、香味不退。

抗性：中感苗瘟、叶瘟、穗瘟病，抗倒伏，耐低温。

产量及适宜地区：2001年内蒙古水稻品种区域试验平均单产8 170.5kg/hm²，较对照龙锦1号增产13.7%，较对照吉优1号增产13.3%。生产试验平均单产7 938.0kg/hm²，较对照龙锦1号增产13.9%，较对照吉优1号增产11.5%。2002年区域试验，平均单产8 119.5kg/hm²，较对照龙锦1号增产12.7%，较对照吉优1号增产12.3%。生产试验平均单产7 800.0kg/hm²，较对照龙锦1号增产12.1%，较对照吉优1号增产10.7%。2001—2002年二年区域试验，平均单产8 145.0kg/hm²，较对照龙锦1号增产13.2%，较对照吉优1号增产12.8%。适宜在≥10℃活动积温2 800 ~ 3 000℃的东北南部、华北地区种植。

栽培技术要点：①播种期。4月1日播种育秧，5月中旬插秧。②床土调酸。在土壤盐碱较重，pH偏高的秧田，必须进行土壤酸化处理，播种前3 ~ 4h用25 ~ 40g/m²浓硫酸加水50倍均匀浇在床面，pH调到4.5 ~ 5.5。③密度。25.65万穴/hm²，每穴栽2 ~ 3苗，插秧行株距按30.3cm × 20.0cm。④施肥。把握前重后轻，重磷钾的施肥原则。本田底肥：施优质腐熟猪粪30 000.0kg/hm²，尿素150kg/hm²，磷酸二铵225kg/hm²，硫酸钾150kg/hm²，磷肥30kg/hm²。⑤灌水。同一般水稻管理进行。前期要确保水层，抽穗前至灌浆期深水层，成熟期保持浅水层即可。

通特2号（Tongte 2）

品种来源：通辽市国家安全局引进，由通辽市农业研究所、通辽市科左后旗原种场育成。2003年通过内蒙古自治区农作物品种审定委员会审定。

形态特征和生物学特性：属常规中粳早熟。生育期145d。株高110 ~ 115cm，幼苗深绿色，植株生长势似剑草，单株有效分蘖6个。平均穗长21cm，小穗分枝12个，每穗粒数120 ~ 140粒。谷粒细长，长宽比2 ：6，颖壳浅黄色，米皮（种皮）白色带有微绿色，米质透明，腹白少。平均单穗粒重2.0g，千粒重20g。

品质特性：直链淀粉含量17.5%，蛋白质含量8.62%，赖氨酸含量0.3%。米饭清香，口感好，肉透。

抗性：经吉林省农业科学院植物保护研究所抗性鉴定，中感苗瘟、叶瘟，中抗穗瘟。

产量及适宜地区：2001年内蒙古水稻品种区域试验：平均单产7 995.0kg/hm^2，较对照龙锦1号增产13.3%，较对照吉优1号增产12.9%。生产试验平均单产7 836.0kg/hm^2，平均较对照龙锦1号增产12.4%，较对照吉优1号增产10.0%。2002年内蒙古水稻品种区域试验：平均单产7 860.0kg/hm^2，较对照龙锦1号增产10.9%，较对照吉优1号增产10.5%。生产试验平均单产7 767.0kg/hm^2，较对照龙锦1号增产12%，较对照吉优1号增产10.2%。2001—2002年两年区域试验，平均单产7 927.5kg/hm^2，较对照龙锦1号增产12.1%，较对照吉优1号增产11.7%。2002年两年区域试验平均单产7 801.5kg/hm^2，较对照龙锦1号增产12.0%，较对照吉优1号增产10.2%。适宜在≥10℃活动积温3 100 ~ 3 200℃的通辽市东南部种植。

栽培技术要点：①播种期。3月25日播种育秧，5月10日插秧。②床土调酸。在土壤盐碱较重,pH偏高的秧田，必须进行土壤酸化处理。③密度。24万穴/hm^2，每穴栽2 ~ 3苗，插秧行株距按30.0cm×20.0cm，浅插，深度不超过3cm。④施肥。前促后控，平稳促进水稻生长发育。本田底肥施优质猪粪37 500.0kg/hm^2，氮肥60kg/hm^2，磷酸二铵225kg/hm^2，钾肥225kg/hm^2。⑤灌水。插秧后可采用浅水灌，保持水层1 ~ 2cm。分蘖至幼穗分化期采用深水层3 ~ 5cm。抽穗至乳熟期可采用浅水。在分足蘖后可适当晾田，控制植株高度，防倒伏。

喜峰（Xifeng）

品种来源：日本引进品种，银河/藤板5号//秋晴育成。1988年通过天津市农作物品种审定委员会审定。

形态特征和生物学特性：属常规中粳早熟。全生育期140～150d，株高95cm，株型紧凑，叶色淡绿，叶片挺直、较宽，生长清秀、整齐，分蘖力中等，秆较硬，后期灌浆速度快，成穗率高，成熟时转色好。穗较小，结实率高。穗长22.3cm，平均每穗粒数128.2粒，结实率94.5%，谷粒呈阔卵形。千粒重24.5g，间有稀顶芒。

品质特性：糊化温度中等（5级），胶稠度110mm，直链淀粉含量16.0%，支链淀粉含量68.2%，蛋白质含量7.8%。

抗性：中抗稻瘟病，中抗白叶枯病，抗倒伏。

产量及适宜地区：1983年北京东郊农场种植，平均单产7 050～7 500kg/hm^2。适宜在河北、山东、天津等地种植，平均单产7 500kg/hm^{2}左右。

栽培技术要点：①该品种在北京地区作为中稻或麦茬老秧品种。②适宜高肥水平栽培，要培育壮秧，密度37.5万穴/hm^{2}以上，基本苗不少于225万/hm^2。③要施足底肥，追肥要注意前重后轻，促进早生快长，提高成穗率。

小站101（Xiaozhan 101）

品种来源：天津市水稻研究所由日本品种万两系选育成。

形态特征和生物学特性：属常规中粳早熟。全生育期约175d，株高110cm。叶色稍浓，剑叶直立。穗颈较短，穗呈弧形，穗长17cm，每穗平均粒数75粒。谷粒长扁形偶有短顶芒，颖及护颖秆黄色，千粒重26g。

品质特性：米质优。

抗性：中抗稻瘟病，不抗白叶枯病，茎秆短壮抗倒伏。

产量及适宜地区：一般单产7 500kg/hm^2。1972年种植2.66万hm^2。适宜在北京、天津地区做一季春稻栽培；山东、河南做麦稻种植。

栽培技术要点：①适于中肥和多肥地区栽培。一般中等肥力地块施纯氮187.5kg/hm^2。为了增加穗粒数，应适当增加后期追肥。应早播早插。②播种前进行变温浸种或药剂拌种，防治干尖线虫和恶苗病。③插秧行株距27cm × 13cm，每穴栽5 ～ 7苗。

兴粳2号（Xinggeng 2）

品种来源：辽宁省沈阳市新城子区兴隆台农业站由秀岭变异株系统选育而成。1991年和1992年分别通过辽宁省和内蒙古农作物品种审定委员会审定。

形态特征和生物学特性：属常规中早粳晚熟。株高100cm，幼苗长势较强，秧苗素质好。叶色浓绿，叶片短、宽、厚、直立上冲，株型紧凑。主茎15片叶。穗长18cm，平均每穗粒数130粒，结实率90%，千粒重26g。

品质特性：米质中等。

抗性：抗白叶枯病，中抗稻瘟病，抗倒伏性较差，较耐盐碱，后期抗寒性强。

产量及适宜地区：一般产量9 000kg/hm^2，高产可达11 250kg/hm^2。适宜在辽宁省中西部沈阳、鞍山、锦江及辽河流域平肥地区种植。

栽培技术要点：①稀播育壮秧。适时早插，行株距30cm × 13cm，每穴栽2 ~ 3苗。②施纯氮75kg/hm^2，纯磷75kg/hm^2，纯钾90kg/hm^2。前重、中控、后养平稳促进。③浅湿干交替灌溉，收获前7d左右停水。

早花2号（Zaohua 2）

品种来源：天津市农作物研究所从花育2号中选出的早熟、抗病的变异株系。1995年通过天津市农作物品种审定委员会审定。

形态特征和生物学特性：属常规中粳早熟。全生育期155 ~ 160d，株高95cm左右。株型紧凑，叶片较短上冲，叶色较绿。分蘖力强，成穗率高。穗长17cm，紧凑，着粒较密，平均每穗粒数110粒左右，结实率94%。粒椭圆形，无芒或短顶芒，千粒重23g。

品质特性：米质好，垩白少，半透明。

抗性：抗稻瘟病中等偏下，中抗白叶枯病，耐盐碱，茎秆粗壮抗倒伏。

产量及适宜地区：1992年天津市春稻（穗数型组）区域试验5个试点平均单产7 500.0kg/hm^2，较对照津稻1187减产5.1%；1992年天津市春稻（穗数型组）生产试验5个试点平均单产7 668.0kg/hm^2，较对照津稻1187增产3.2%；1994年天津市春稻区域4个试点平均单产7 041.0kg/hm^2，较对照津稻1187减产1.8%；1994年天津市春稻生产试验5个试点平均单产6 952.5kg/hm^2，较对照津稻1187减产7.5%。适宜在天津地区高肥和污水灌溉地区作春稻一季种植，也可作麦茬老壮秧种植。

栽培技术要点：①在天津地区主要作一季春稻栽培，4月中下旬播种，播前用药剂种子处理防治恶苗病和干尖线虫病。6月上中旬插秧，壮苗稀植30cm × 10cm为宜，每穴栽3 ~ 5苗。②施肥原则为前促、中稳、后促，氮磷钾配合。施肥方法为全层施肥为主，将全部磷、钾肥和50% ~ 70%的氮肥在耙地前施入，15% ~ 25%在成穗前20 ~ 25d施入。③注意防治稻瘟病、纹枯病和稻曲病。

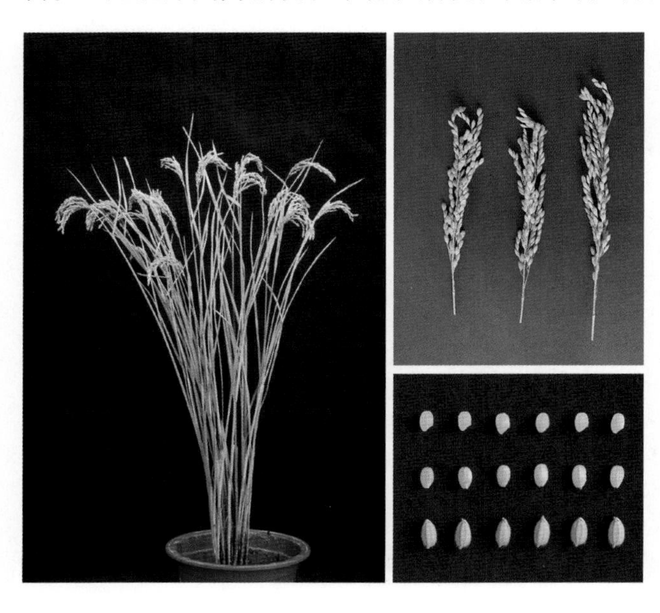

河北

9204（9204）

品种来源：河北省稻作研究所以京越1号/8204杂交选育而成。1998年通过河北省农作物品种审定委员会审定。

形态特征和生物学特性：属常规中粳早熟。感光性弱，全生育期145d，株高85.0cm。叶片宽厚，直立上举，叶色绿，分蘖力中上。成熟时叶里藏花，穗型散，每穗粒数95.0粒，穗尖带短芒，结实率87.6%，千粒重25.2g。

品质特性：糙米率83.7%，精米率75.0%，整精米率73.2%，垩白粒率14.0%，垩白度1.7%，碱消值6.0级，胶稠度94mm，糙米蛋白质含量7.4%，赖氨酸含量0.3%。

抗性：耐盐碱、耐旱性强，抗倒伏性强；高抗稻瘟病、稻曲病和白叶枯病；感纹枯病。

产量及适宜地区：大田生产一般产量7 500kg/hm^{2}左右，高的产量可达9 000kg/hm^2。适宜在冀东、冀中地区作麦茬稻种植。

栽培技术要点：①采用旱育秧方式，5月中旬播种，秧田播种量1 500kg/hm^{2}左右，培育秧龄35d左右的带蘖壮秧。②6月25日前插完秧，密度37.5万穴/hm^2，每穴栽5～6苗。③采取前稳、中保、后养的方法施肥。④若遇持续高温、高湿天气，注意对纹枯病的预防。

冀粳10号（Jigeng 10）

品种来源：河北省农垦科学研究所以日本晴/千钧棒杂交选育而成，原名“花76-49”。1988年通过河北省农作物品种审定委员会审定。

形态特征和生物学特性：属常规中粳早熟。全生育期171.2d，株高105.4cm。株型较紧凑，叶片直立上举，叶色绿，后期熟色好。密穗偏散型，分蘖力强，有效穗数394.5万穗/hm^2，穗长16.0cm，每穗粒数96.7粒，千粒重25.5g。

品质特性：糙米率82.5%，精米率73.6%，整精米率64.9%，垩白粒率5.0%，垩白度2.5%，透明度1级，碱消值7.0级，胶稠度80mm，直链淀粉含量18.3%，糙米蛋白质含量7.5%。

抗性：高抗穗颈瘟病和稻曲病，抗倒伏性强。

产量及适宜地区：1985—1987年参加河北省区域试验，三年平均较对照京越1号增产12.3%，比冀粳8号增产7.0%；1986—1987年两年生产试验，1986年平均产量8 788.5kg/hm^2，较对照冀粳8号增产2.8%，1987年比冀粳8号增产11.0%。适宜在河北中部作一季稻栽培，在河北省南部作麦茬稻种植。

栽培技术要点：①早播种早插秧，为灌浆期赢得最佳光温条件。②培育壮秧，氮、磷、粗肥底肥，培肥床土，稀播种，早炼苗、早追肥、前促后蹲，促进苗齐苗壮。③肥料施用上，深施与表施相结合，以施360 ~ 375kg/hm^{2}纯氮为好。④加强后期管理，浅水勤灌，干干湿湿，前水不接后水，做到保证水分供应。增施粒肥，适当晚停水和晚收割。

冀粳11（Jigeng 11）

品种来源：河北省农垦科学研究所以垦77-9/地1号//杰雅杂交选育而成，原名“晚品28”。1992年通过河北省农作物品种审定委员会认定。

形态特征和生物学特性：属常规中粳早熟。全生育期170.8d，株高104.4cm。株型适中，茎秆坚韧，叶片直立，叶色绿，活棵成熟不早衰，穗型密穗偏散，分蘖力强，成穗率高，有效穗数396万穗/hm^2，穗长17.0cm，每穗粒数95.8粒，千粒重25.0g。

品质特性：糙米率85.7%，精米率77.6%，整精米率73.0%，垩白粒率2.0%，垩白度1.5%，胶稠度79mm，直链淀粉含量18.8%，蛋白质含量7.3%，赖氨酸含量0.3%。达到国标优质稻谷标准。

抗性：高抗穗颈瘟病和稻曲病，中抗白叶枯病和纹枯病，抗倒伏性强，耐干旱和盐碱能力强。

产量及适宜地区：1986—1987年参加河北省水稻区域试验，两年平均产量8 350.5kg/hm^2。适宜在冀东、保定地区作一季稻种植，冀南作麦茬稻种植。

栽培技术要点：①在冀东作一季稻栽培时，4月上中旬播种，5月中下旬移栽为宜。②培育壮秧，播种前种子进行药剂处理。稀播种，早炼苗，早施肥，带蘖插秧。③施足底肥，一般底施纯氮375kg/hm^2。④种植密度30.0万～37.5万穴/hm^2，每穴栽3～5苗。⑤加强灌浆期管理，既要保证肥水供应，防止脱肥，又要注意养根保叶。

冀粳13（Jigeng 13）

品种来源：河北省稻作研究所以山彦/冀粳1号杂交选育而成，原名“垦育2号”。1994年通过河北省农作物品种审定委员会认定。

形态特征和生物学特性：属常规中粳早熟。全生育期162.0d，株高98.4cm。株型紧凑，茎秆坚韧，叶片直立，叶色绿，灌浆快，落黄好。穗型小，主蘖穗整齐一致，分蘖力强，有效穗数399万穗/hm^2，穗长15.0cm，每穗粒数98.8粒，部分谷粒有短芒，结实率90.0%，千粒重24.9g。

品质特性：糙米率83.4%，精米率74.6%，整精米率63.6%，垩白粒率5.0%，垩白度0.9%，碱消值7.0级，胶稠度65mm，直链淀粉含量17.0%，糙米蛋白质含量7.5%。达到国标优质稻谷二级标准。

抗性：高抗稻曲病，田间抗穗颈瘟病，感条纹叶枯病，耐旱，耐寒性强，抗倒伏性强。

产量及适宜地区：1990—1991年参加河北省区域试验，两年平均产量8 149.5kg/hm^2，较对照冀粳8号增产14.3%。适宜在冀东地区作一季稻种植，冀中南地区作麦茬稻种植。

栽培技术要点：①栽培方法与密度。插秧行株距25cm×10cm，每穴栽3 ~ 5苗；旱播旱长栽培时，以187.5kg/hm^2播种量为宜，覆土深度2 ~ 3cm，镇压踩实。②施肥。一般施纯氮210 ~ 240kg/hm^2为宜，底肥占总量的40% ~ 50%，蘖肥占30% ~ 40%，穗肥占20%；麦茬稻底肥占总量的60%，蘖肥和穗肥视苗情而定。沙性土壤注意中期施用钾肥，以防后期早衰。③水层管理上以深浅干湿结合，后期湿润为原则；旱播旱管时可在分蘖、孕穗、灌浆期视具体情况浇水1 ~ 2次。

冀粳14（Jigeng 14）

品种来源：河北省稻作研究所以日本水稻山光变异株系选，原名“90-3”。1996年通过河北省农作物品种审定委员会审定。

形态特征和生物学特性：属常规中粳早熟。全生育期176d，株高102.4cm。株型紧凑，茎秆坚韧，叶片直立，叶色绿，落黄好。大穗大粒，分蘖力一般，有效穗数430.5万穗/hm^2，穗长16.0cm，每穗粒数103.2粒，结实率90.0%，千粒重25.8g。

品质特性：糙米率83.3%，精米率75.3%，整精米率64.9%，垩白粒率15.0%，垩白度3.8%，碱消值7.0级，胶稠度89mm，直链淀粉含量14.4%，糙米蛋白质含量6.9%。

抗性：中抗稻瘟病，感稻曲病和条纹叶枯病，耐盐碱，耐寒性强，抗倒伏性强。

产量及适宜地区：河北省区域试验，平均产量8 989.5kg/hm^2；河北省生产试验平均较对照冀粳8号增产16.7%；1994年北方区域试验（京津唐组），较对照津稻1187增产18.2%。1993年河北省农业厅组织的高额丰产竞赛，最高单产13 780.5kg/hm^2。适宜在冀东地区作一季稻种植，冀南地区也可种大秧麦茬稻。

栽培技术要点：①适时早播，早插。一般4月上旬播种，5月中下旬插秧，行株距30cm×15cm为宜，每穴栽3～4苗，②施纯氮450kg/hm^2，施肥管理应注重基肥，早施蘖肥，巧施穗肥。③浅水灌溉，干湿结合，中期适时烤田控制无效分蘖，后期适当晾田。④播种前需用浸种灵进行种子处理，防治恶苗病和干尖线虫病。⑤需特别注意稻曲病、条纹叶枯病、二化螟等病虫害防治。

冀粳15（Jigeng 15）

品种来源：河北省稻作研究所以冀粳8号/中系8215杂交选育而成，原名“9109”。1996年通过河北省农作物品种审定委员会认定。

形态特征和生物学特性：属常规中粳早熟。全生育期175.0d，株高92.8cm。株型紧凑，茎秆坚韧，叶片直立，叶色绿，灌浆快，落黄好，穗散型，主蘖穗整齐一致，分蘖力极强，有效穗数529.5万穗/hm^2，穗长13.3cm，每穗粒数87.1粒，谷粒颖尖褐色；结实率90.0%以上，千粒重23.5g。

品质特性：糙米率83.9%，精米率76.2%，整精米率71.4%，垩白粒率25.0%，垩白度6.6%，碱消值7.0级，胶稠度65mm，直链淀粉含量18.2%，糙米蛋白质含量7.1%。

抗性：高抗稻曲病和稻瘟病，抗细菌性条斑病。抗倒性强，耐旱和耐寒性强，抗早衰。

产量及适宜地区：1992—1993年参加河北省区域试验，两年平均产量8 410.1kg/hm^2，较对照冀粳8号增产6.7%；1993年生产试验平均产量9 867kg/hm^2，较对照冀粳8号增产8.9%。适宜在河北省长城以南一季稻区种植，尤其适宜易早衰的沙土地上种植。

栽培技术要点：①适时播种，合理稀植。以4月上旬播种，5月中旬插秧为宜；采用宽行窄穴栽插，高产田行株距30cm × 13cm，每穴3 ～ 4苗，中低产田行株距30cm × 10cm，每穴栽4 ～ 5苗。旱直播为4月22日至5月5日，行距25 ～ 28cm，株距13 ～ 16cm，每穴栽6 ～ 8苗。②施肥。一般施纯氮225kg/hm^{2}为宜，应重视前期施肥，后期少施肥，沙土地施硫酸钾187.5kg/hm^2。③水层管理。前期浅水促蘖，当苗数达到要求时适当晒田；幼穗分化期、抽穗期和灌浆期采取浅水灌溉，灌浆成熟期要求干湿交替，适当晚停水，晚收获。

冀粳16（Jigeng 16）

品种来源：河北省稻作研究所以京越1号/冀粳10号，通过花药培养方法选育而成，原名“晚88-1”。1997年通过河北省农作物品种审定委员会审定。

形态特征和生物学特性：属常规中粳早熟。全生育期175d，株高102.5cm。株型紧凑，茎秆坚韧，叶片宽厚直立，叶色浓绿，活棵成熟，不早衰，落黄好。密穗型，分蘖力强，有效穗数435万穗/hm^2，穗长17cm，每穗粒数105.5粒，有短芒，千粒重27.2g。

品质特性：糙米率84.7%，精米率75.7%，整精米率74.0%，垩白粒率8.0%，垩白度0.8%，碱消值7.0级，胶稠度100mm，直链淀粉含量15.7%，糙米蛋白质含量7.3%。

抗性：抗稻曲病和稻瘟病，中抗纹枯病和白叶枯病，耐盐碱、耐旱性强，抗倒性强。

产量及适宜地区：1995—1996年参加河北省区域试验，平均产量8 630.4kg/hm^2。适宜在河北省长城以南作一季稻栽培。

栽培技术要点：①播种前进行种子处理，稀播种，4月上旬播种。②5月中旬插秧为宜，高产田行株距30cm×13cm，每穴栽3～4苗，中低产田行株距30cm×10cm，每穴栽4～5苗。③施碳酸氢铵不超过1 275kg/hm^2、磷酸二铵75kg/hm^2、硫酸钾30kg/hm^2。④加强灌浆期肥水管理，适当晚停水，晚收获。

冀糯1号（Jinuo 1）

品种来源：河北省农垦科学研究所以JG954（糯58/农虎6号//BL-7）变异株系统选育而成，原名“垦糯1号”。1994年通过河北省农作物品种审定委员会认定。

形态特征和生物学特性：属常规中粳早熟（糯稻）。全生育期174.7d，株高100.1cm。株型紧凑，茎秆坚韧，叶片直立，叶色浓绿，灌浆极快，落黄好，对光温反应较敏感，大粒穗数型，分蘖力强，成穗率高，有效穗数393万穗/hm^2，穗长16.1cm，每穗粒数110.3粒；结实率92.0%，千粒重28.0g。

品质特性：糙米率84.5%，精米率75.9%，整精米率65.8%，碱消值7.0级，胶稠度95mm，直链淀粉含量1.2%，蛋白质含量7.4%。达到国家优质糯稻标准。

抗性：高抗稻曲病，抗穗颈瘟病和白背飞虱，中抗白叶枯病，不抗褐飞虱，感条纹叶枯病，易感恶苗病，抗倒伏性强。

产量及适宜地区：1992—1993年参加国家北方水稻区域试验，两年平均产量8 217kg/hm^2，较对照中花8号增产12.4%。适宜在北京、天津、河北稻区作一季稻种植。

栽培技术要点：①旱育，培育带蘖秧苗。4月上旬播种，培育3.5叶秧龄播种量2 401.2 ~ 2 601.3kg/hm^2，4.5叶秧龄的播种量1 600.8 ~ 2 001.0kg/hm^2。②早插秧，稀植。插秧行株距30cm × 15cm，每穴栽3 ~ 4苗。③科学施肥。一般底施纯氮210kg/hm^2，配合施用磷、钾肥，做到“前促、中控、后稳”，重施基肥，早施分蘖肥，穗肥以促花肥为主。④水层管理上，插秧、缓秧期浅水，分蘖期湿润灌溉，孕穗、抽穗期保持3 ~ 5cm，灌浆期干干湿湿。特别要注意防治条纹叶枯病，浸种防治恶苗病。

冀糯2号（Jinuo 2）

品种来源：河北省农林科学院滨海研究所以冀粳13/冀糯1号杂交选育而成，原名“垦糯2号”。2006年通过国家农作物品种审定委员会审定。

形态特征和生物学特性：属常规中粳早熟（糯稻）。全生育期170.8d，株高108.1cm。茎秆坚韧，叶片直立上举，叶色绿，分蘖力极强，有效穗数396万穗/hm^2，穗长17.1cm，每穗粒数127.4粒，部分谷粒有芒，灌浆快，落黄性好；结实率86.6%，千粒重23.0g。

品质特性：整精米率66.6%，胶稠度100mm，直链淀粉含量1.2%。达到国标优质稻谷粳糯标准。

抗性：苗瘟5级，叶瘟3级，穗颈瘟5级；感条纹叶枯病，抗倒伏性强。

产量及适宜地区：2004—2005年参加国家北方水稻区域试验，两年平均产量9 252kg/hm^2，较对照中作93增产8.2%；2005年生产试验平均产量8 887.5kg/hm^2，较对照中作93增产16.3%。适宜在北京、天津、河北东部及中北部的一季春稻区种植。

栽培技术要点：①育秧。京、津、冀一季春稻区根据当地生产情况适时播种，旱育秧田播种量在300kg/hm^2为宜。②移栽。秧龄35～40d进行移栽，行株距30cm×15cm，每穴栽2～3苗。③肥水管理。全生育期施纯氮量255kg/hm^2左右，基肥、蘖肥、穗粒肥比例以4：4：2为宜；除插秧、分蘖、孕穗三个时期保持水层外，其余时期采用湿湿干干即可。④病虫害防治。播种前用药剂浸种，防治干尖线虫病及恶苗病；7月初注意大田二化螟的防治，特别要注意防治水稻条纹叶枯病。

冀香糯1号（Jixiangnuo 1）

品种来源：河北省农林科学院滨海农业研究所以新香糯/冀糯1号杂交选育而成。2009年通过河北省农作物品种审定委员会审定。

形态特征和生物学特性：属常规中粳早熟（糯稻）。全生育期169.0d，株高111.0cm。茎秆坚韧，叶片直立上举，叶色浓绿，大穗大粒，分蘖力一般，穗长18.6cm，每穗粒数150.4粒，部分谷粒有芒，灌浆快，后期脱肥易早衰；结实率83.0%，千粒重29.9g。

品质特性：糙米率82.5%，精米率74.3%，整精米率38.0%，碱消值6.0级，胶稠度99mm，糙米蛋白质含量9.8%，糙米长宽比2.0。

抗性：2008天津市植物保护研究所鉴定，中感苗瘟，抗叶瘟，中感穗颈瘟；田间表现抗稻瘟病、纹枯病和条纹叶枯病；感稻曲病，抗倒伏性强。

产量及适宜地区：2007—2008年参加河北省水稻区域试验，两年平均产量8 706kg/hm^2，较对照垦育20增产8.5%；2008年生产试验平均产量8 293.5kg/hm^2，较对照垦育20增产1.8%。适宜在河北省秦皇岛、唐山市稻区作糯性专用品种种植。

栽培技术要点：①4月中下旬播种，秧龄35～40d，5月中下旬到6月上旬插秧，行株距30cm×15cm，每穴栽3～4苗。②全生育期施纯氮225～255kg/hm^2，分底肥、蘖肥、穗粒肥施入，比例以4：3：3为宜。③除插秧、分蘖、孕穗三个时期保持5cm浅水层外，其他时期湿湿干干，适当晚停水。④注意使用药剂防治稻曲病和穗颈瘟。

金穗1号（Jinsui 1）

品种来源：河北省稻作研究所以早花2号/中粳1660杂交选育而成。2003年通过河北省农作物品种审定委员会审定。

形态特征和生物学特性：属常规中粳早熟。全生育期172.6d，株高106.5cm。茎秆弹性好，基部节间短，穗颈节长，叶片直立，分蘖力强，有效穗数351万穗/hm^2，穗长14.8cm，每穗粒数121.7粒，谷粒无芒，千粒重23.4g。

品质特性：糙米率83.6%，精米率77.9%，整精米率62.6%，垩白粒率2.0%，垩白度0.2%，透明度2级，碱消值7.0级，胶稠度83mm，直链淀粉含量16.9%，糙米蛋白质含量10.0%。

抗性：高抗穗颈瘟，中抗稻曲病，感条纹叶枯病，耐盐碱，抗倒伏性较强。

产量及适宜地区：2001—2002年参加河北省水稻区域试验，两年平均产量8 721kg/hm^2，较对照增产8.5%；2002年生产试验平均产量9 139.5kg/hm^2，较对照垦育12增产7.6%。适宜在河北省长城以南唐山、秦皇岛、保定稻区作一季稻种植。

栽培技术要点：①4月上旬播种，播种前种子药剂浸种。秧田播种量1 125 ～ 1 500kg/hm^2。5月下旬插秧。行株距30cm×（15 ～ 20）cm，每穴栽2 ～ 3苗。②适当加大施肥量，施碳酸氢铵1 200kg/hm^2，磷酸二铵150kg/hm^2，钾肥75kg/hm^2，锌肥15kg/hm^2，肥量分配前重后轻。③浅水插秧，分蘖末期适当烤苗，后期间歇灌溉、干干湿湿。

金穗8号（Jinsui 8）

品种来源：河北省农林科学院滨海农业研究所以京越1号/冀粳14//中作93杂交选育而成。2007年通过国家农作物品种审定委员会审定。

形态特征和生物学特性：属常规中粳早熟。全生育期166.2d，株高106.3cm。茎秆坚韧，叶片直立上举，叶色绿，穗长17.1cm，每穗粒数159.4粒，部分谷粒有芒，灌浆快，落黄性好；结实率81.7%，千粒重24.3g。

品质特性：整精米率59.2%，垩白粒率32.5%，垩白度4.2%，胶稠度74.5mm，直链淀粉含量15.8%。

抗性：苗瘟5级，叶瘟4级，穗颈瘟5级，综合抗性指数5；感条纹叶枯病，抗倒伏性强。

产量及适宜地区：2005—2006年参加河北省水稻区域试验，两年平均产量569.5kg/hm^2，较对照中作93增产9.6%；2006年生产试验，平均产量7 681.5kg，较对照中作93增产6.8%。适宜在河北省长城以南稻区做一季稻栽培。

栽培技术要点：①育秧。北京、天津、河北唐山一季春稻区一般4月上中旬播种，旱育秧播种量3 000kg/hm^{2}左右。②移栽。秧龄35 ~ 40d进行移栽，行株距30cm × 15cm，每穴栽2 ~ 3苗，插秧要求达到浅、直、匀。③肥水管理。施肥前重后轻，全生育期施纯氮225kg/hm^{2}左右，底肥：蘖肥：穗粒肥 = 4 ：4 ：2为宜。除插秧、分蘖、孕穗三个时期保持水层外，其他湿湿干干即可。④病虫害防治。播种前用浸种灵、线菌清浸种6 ~ 7d，防治干尖线虫病及恶苗病。大田7月初注意二化螟的防治。

垦稻2012（Kendao 2012）

品种来源：河北省农林科学院滨海农业研究所以冀粳14/春42杂交选育而成。2005年通过河北省农作物品种审定委员会审定。

形态特征和生物学特性：属常规中粳早熟。全生育期174.2d，株高112.3cm。茎秆较高，叶色绿，大穗大粒，分蘖力强，有效穗数342万穗/hm^2，穗长17.9cm，每穗粒数145.6粒，结实率82.5%，千粒重27.2g。

品质特性：糙米率83.6%，精米率76.3%，整精米率53.6%，垩白粒率38.0%，垩白度2.7%，胶稠度90mm，直链淀粉含量18.4%。

抗性：抗穗颈瘟、纹枯病，中抗稻曲病，耐旱性强，抗倒性较强。

产量及适宜地区：2003—2004年参加河北省水稻区域试验，两年平均产量9 220.5kg/hm^2，较对照中作93增产6.3%；2004年生产试验平均产量8 872.5kg/hm^2，较对照中作93增产5.8%。适宜在河北省长城以南稻区作一季稻栽培。

栽培技术要点：①4月上中旬播种，播前种子药剂浸种，防治干尖线虫病和恶苗病。②适宜旱育稀植，秧田播量3 000kg/hm^2。5月中下旬插秧，行株距30cm×15cm，每穴栽3～4苗。③施纯氮255kg/hm^2，分底肥、蘖肥、穗粒肥施入，施肥比例为4：4：2。④注意防止倒伏和防治稻曲病。

垦稻2015（Kendao 2015）

品种来源：河北省农林科学院滨海农业研究所以冀粳14/意大利4号//春42/中花8号杂交选育而成。2008年通过河北省农作物品种审定委员会审定。

形态特征和生物学特性：属常规中粳早熟。全生育期171.0d，株高126.0cm。茎秆坚韧，叶片直立上举，叶色绿，大穗型，分蘖力弱，穗长19.3cm，每穗粒数212.0粒，灌浆较慢；结实率87.6%，千粒重26.0g。

品质特性：糙米率83.2%，精米率75.3%，整精米率63.3%，垩白粒率20%，垩白度2.3%，胶稠度76mm，直链淀粉含量20.2%，蛋白质含量7.9%，糙米长宽比1.7。

抗性：2007年天津市植物保护研究所接种鉴定，中抗苗瘟，感穗颈瘟；田间表现抗稻瘟病、纹枯病和条纹叶枯病，感稻曲病，抗倒伏性强。

产量及适宜地区：2006—2007年参加河北省水稻区域试验，两年平均产量9 010.5kg/hm^2，较对照中作93增产13.8%；2007年生产试验平均产量9 439.5kg/hm^2，较对照中作93增产11.5%。适宜在河北省长城以南唐山、秦皇岛、保定作一季稻种植。

栽培技术要点：①适宜播种期在4月上中旬，秧田播种量2 250～2 625kg/hm^2，秧龄35～40d。②5月中下旬插秧，行株距30cm×15cm，每穴栽3～4苗。③全生育期施纯氮量225～255kg/hm^2，分底肥、蘖肥、穗粒肥施入，比例以4∶4∶2为宜。④除插秧、分蘖、孕穗三个时期保持水层外，其他时期湿湿干干即可。⑤播种前用浸种灵、线菌清浸种6d，防治干尖线虫病及恶苗病，7月初防治二化螟，后期注意防治稻曲病和穗颈瘟。

垦稻2016（Kendao 2016）

品种来源：河北省农林科学院滨海农业研究所以冀粳14/意大利4号//春42杂交选育而成。2008年通过国家农作物品种审定委员会审定。

形态特征和生物学特性：属常规中粳早熟。全生育期174.1d，株高130.7cm。茎秆坚韧，叶片直立上举，叶色绿，大穗型，分蘖力一般，穗长20.0cm，每穗粒数194.2粒；结实率87.3%，千粒重26.5g。

品质特性：整精米率64.7%，垩白粒率32.0%，垩白度2.6%，胶稠度81mm，直链淀粉含量16.8%。

抗性：苗瘟4级，叶瘟3级，穗颈瘟发病率5级，穗颈瘟损失率2级，综合抗性指数3.1；抗条纹叶枯病，抗倒伏性强。

产量及适宜地区：2006—2007年参加国家北方水稻区域试验，两年平均产量8 605.5kg/hm^2，较对照中作93增产14.1%；2007年生产试验，平均产量8 859kg/hm^2，较对照中作93增产21.4%。适宜在北京市、天津市、河北省东部及中北部的一季春稻区种植。

栽培技术要点：①育秧。北京、天津、河北一季春稻区根据当地生产情况适时播种，播种前做好晒种与消毒，防治干尖线虫病和恶苗病。秧田播种量以3 000kg/hm^{2}为宜。②移栽。秧龄35 ~ 40d插秧，行株距30cm × 15cm，每穴栽3 ~ 4苗。③肥水管理。施肥前重后轻，全生育期施纯氮量255kg/hm^{2}左右，底肥、蘖肥、穗粒肥比例以4 ∶ 4 ∶ 2为宜。水层管理：除插秧、分蘖、孕穗三个时期保持水层外，其他湿湿干干即可。④病虫害防治。注意防治稻瘟病，大田7月初注意二化螟的防治。

垦稻2017（Kendao 2017）

品种来源：河北省农林科学院滨海农业研究所以冀粳14//关东100/春4杂交选育而成。2009年通过河北省农作物品种审定委员会审定。

形态特征和生物学特性：属常规中粳早熟。全生育期175.0d，株高124.2cm。茎秆坚韧，叶片直立上举，叶色绿，大穗型，分蘖力较弱，穗长18.0cm，每穗粒数169.3粒；结实率84.6%，千粒重26.4g。

品质特性：糙米率83.4%，精米率75.3%，整精米率61.7%，垩白粒率33.0%，垩白度11.2%，碱消值7.0级，胶稠度99mm，直链淀粉含量18.9%，糙米蛋白质含量7.2%，谷粒长宽比1.9。

抗性：2008年天津市植物保护研究所鉴定，中感苗瘟，抗叶瘟，中感穗颈瘟；田间表现抗稻瘟病、纹枯病和条纹叶枯病；感稻曲病，抗倒伏性强。

产量及适宜地区：2007—2008年参加河北省水稻区域试验，两年平均产量9 125.3kg/hm^2，较对照垦育20增产6.6%；2008年生产试验平均产量8 565kg/hm^2，较对照垦育20增产5.2%。适宜在河北省长城以南唐山、秦皇岛、保定作一季稻种植。

栽培技术要点：①4月上中旬播种，秧龄35～40d，5月中旬插秧，行株距30cm×10cm，每穴栽3～4苗。②全生育期肥料施用掌握前重后轻原则。③除插秧、分蘖、孕穗三个时期保持浅水层外，出穗后采取浅、湿、干间歇灌溉法。停水不要过早，以防早衰。④注意使用药剂防治稻曲病和穗颈瘟。

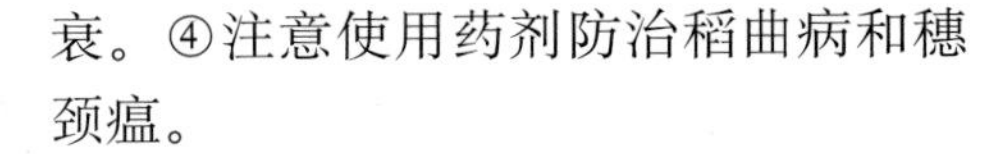

垦稻2018（Kendao 2018）

品种来源：河北省农林科学院滨海农业研究所以冀粳14//冀粳13/春42杂交选育而成。2011年通过河北省农作物品种审定委员会审定。

形态特征和生物学特性：属常规中粳早熟。全生育期174.0d，株高118.0cm。茎秆坚韧，叶片直立上举，叶色绿，大穗型，分蘖力较弱，穗长18.0cm，每穗粒数152.9粒；结实率84.6%，千粒重25.7g。

品质特性：糙米率83.0%，精米率78.0%，垩白粒率30.0%，垩白大小30.0%，垩白度10.2%，碱消值7.0级，胶稠度95mm，直链淀粉含量19.4%，糙米蛋白质含量7.38%，糙米长宽比1.8。

抗性：2010年天津市植物保护研究所鉴定，感稻瘟病，抗条纹叶枯病，中感稻曲病，抗倒伏性强。

产量及适宜地区：2009—2010年参加河北省区域试验，平均产量8 370kg/hm^2；2010年生产试验，平均产量7 830kg/hm^2。适宜在河北省长城以南唐山、秦皇岛和保定市作一季稻种植。

栽培技术要点：①育秧适宜播种期在4月上中旬，秧田播种量1 700.9 ～ 2 001kg/hm^2，秧龄35 ～ 40d。5月中旬插秧，行株距30cm × 10cm，每穴栽4 ～ 5苗。②全生育期施纯氮225 ～ 270kg/hm^2、钾肥225kg/hm^2、锌肥22.5kg/hm^2，重施底肥和蘖肥，少施穗粒肥。③灌水以浅灌为主，出穗后采取浅、湿、干间歇灌溉方式，注意防早衰。④病虫害防治。播种前药剂浸种，6月底至7月初和7月底至8月初防治二化螟2次，孕穗后将破口时及时用药防治稻曲病、纹枯病、穗颈瘟等。

垦稻95-4（Kendao 95-4）

品种来源：河北省农垦科学研究所以冀粳14/中花8号杂交选育而成。1999年通过河北省农作物品种审定委员会审定。

形态特征和生物学特性：属常规中粳早熟。全生育期174.4d，株高105.0cm。茎秆坚硬，叶片上举，叶色浓绿，灌浆快，落黄好，穗型中紧，有效穗数331.5万穗/hm^2，穗长17.0cm，每穗粒数132.4粒，千粒重25.8g。

品质特性：糙米率83.4%，精米率76.2%，整精米率64.9%，垩白粒率16.0%，垩白度3.2%，透明度1级，碱消值7.0级，胶稠度96mm，直链淀粉含量18.3%。达到国标优质稻谷二级标准。

抗性：抗稻瘟病和白叶枯病，感稻曲病和条纹叶枯病，轻感纹枯病，耐盐碱、耐肥水，抗倒伏性强。

产量及适宜地区：1996—1997年参加河北省区域试验，两年平均产量7 801.1kg/hm^2，较对照冀粳14增产6.6%；1998年生产试验平均产量9 028.5kg/hm^2，较对照冀粳14增产2.4%。适宜在河北省长城以南稻区作一季稻种植。

栽培技术要点：①冀东一季稻区4月上旬播种，5月中旬插秧，行株距30cm×20cm，每穴栽3苗。②后期肥量不宜过大。③水层管理除插秧、分蘖、孕穗三个时期保持水层外，其他时期湿湿干干。

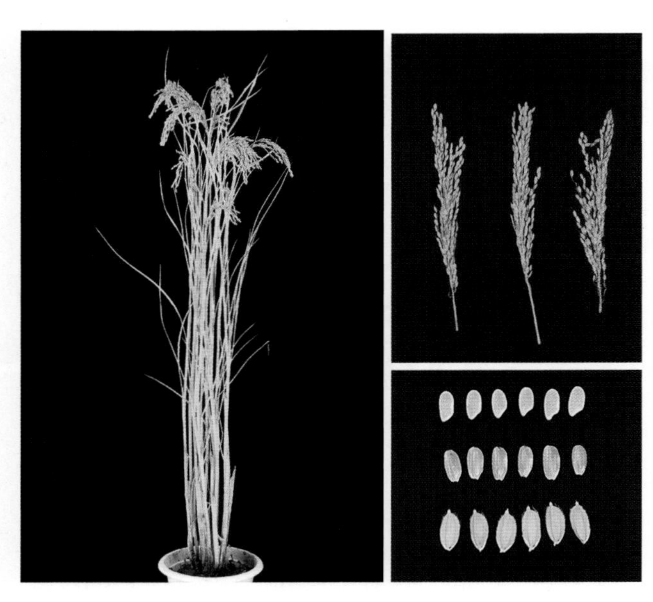

垦稻98-1（Kendao 98-1）

品种来源：河北省稻作研究所以冀粳14//春42/02428杂交选育而成。2003年通过国家农作物品种审定委员会审定。

形态特征和生物学特性：属常规中粳早熟。全生育期173.4d，株高108.8cm；叶色浓绿，有效穗数322.5万穗/hm^2，穗长15.6cm，每穗粒数98.8粒。落黄好，结实率90.0%，千粒重24.9g。

品质特性：糙米率84.2%，精米率75.9%，整精米率63.6%，垩白粒率13.0%，垩白度0.5%，碱消值7.0级，胶稠度72mm，直链淀粉含量18.0%，糙米蛋白质含量8.3%。

抗性：苗瘟、叶瘟抗，穗颈瘟中抗，穗颈瘟发病率9.6%，感条纹叶枯病，抗倒伏性强。

产量及适宜地区：1999—2000年参加国家北方水稻区域试验，两年平均产量8 192.3kg/hm^2，较对照中作93增产11.2%；2001年生产试验，平均产量8 628kg/hm^2，较对照中作93减产0.4%。适宜在北京、天津、河北省东部和中北部稻区作一季春稻种植。

栽培技术要点：①适期播种，培育壮秧。4月上、中旬播种，采用旱育稀植，秧田播种量控制在3 000 ～ 3 450kg/hm^2，秧龄35 ～ 40d。②合理稀植。大田插秧行株距30cm×15cm，每穴栽3 ～ 4苗，插秧要达到浅、直、匀。③施肥。底肥施碳铵1 425kg/hm^2，磷酸二铵112.5kg/hm^2，插秧后7d、14d、25d左右追施蘖肥及穗肥，一般施碳铵分别为300kg/hm^2、375kg/hm^2、225kg/hm^2，后期看情况酌施粒肥。④水层管理。除插秧、分蘖、孕穗三个时期保持水层外，其他时期干干湿湿，分蘖末期根据稻苗长势适当落干控苗。⑤病虫害防治。注意防治干尖线虫病、恶苗病及二化螟。

垦优0702（Kenyou 0702）

品种来源：河北省农林科学院滨海农业研究所以冀粳14/垦优94-7杂交选育而成。2010年通过河北省农作物品种审定委员会审定。

形态特征和生物学特性：属常规中粳早熟。全生育期176.3d，株高114.3cm。茎秆坚韧，叶片直立上举，叶色绿，分蘖力强，穗长16.1cm，每穗粒数117.1粒；结实率91.0%，千粒重25.4g。

品质特性：糙米率75.6%，精米率68.0%，整精米率56.8%，垩白粒率1%，垩白度0.1%，碱消值7.0级，胶稠度71mm，直链淀粉含量17.4%，糙米蛋白质含量8.1%。达到国标优质稻谷一级标准。

抗性：天津市植物保护研究所抗病鉴定，2007年中感穗颈瘟，2009年中抗穗颈瘟，抗条纹叶枯病和稻曲病，抗倒伏性强。

产量及适宜地区：2007—2008年参加河北省水稻区试试验，平均产量9 345kg/hm^2，较对照垦育20增产5.6%；2009年生产试验，平均产量8 946kg/hm^2，较对照垦育20增产3.5%。适宜在河北省唐山、秦皇岛和保定市作一季稻种植。

栽培技术要点：①适宜播期在4月上中旬，秧田播种量2 250 ～ 2 625kg/hm^{2}为宜，秧龄35 ～ 40d，5月中下旬插秧，行株距30cm×10cm，每穴栽3 ～ 4苗。②全生育期施纯氮量240kg/hm^2、磷酸二铵150kg/hm^2、钾肥150kg/hm^2、锌肥37.5kg/hm^2，氮肥分底肥、蘖肥、穗粒肥施入，以4 ：4 ：2的比例为宜，其他肥料作底肥一次施入。③水层管理。插秧至分蘖保持2 ～ 3cm水层，分蘖后期适当晾田；孕穗至开花保持3 ～ 5cm水层。灌浆期间歇灌溉，灌浆后不宜停水过早。④病虫害防治。播种前药剂浸种，7月初防治二化螟。

垦优2000（Kenyou 2000）

品种来源：河北省稻作研究所以京越1号/冀粳1号//意大利3号杂交选育而成。2002年通过河北省农作物品种审定委员会审定。

形态特征和生物学特性：属常规中粳早熟。全生育期170d，株高102.2cm。茎秆坚韧，叶片直立上举，穗型偏紧，分蘖力较强，有效穗数300万穗/hm^2，穗长17.6cm，每穗粒数140.0粒；结实率90.0%，千粒重24.7g。

品质特性：糙米率82.5%，精米率76.0%，整精米率72.4%，垩白粒率2.0%，垩白度0.4%，碱消值7.0级，胶稠度89mm，直链淀粉含量16.5%，糙米蛋白质含量10.8%。

抗性：中抗稻瘟病、稻曲病和纹枯病，感条纹叶枯病，耐盐碱、耐旱，抗倒伏性较强。

产量及适宜地区：2000—2001年参加河北省水稻区域试验，两年平均产量8 350.5kg/hm^2，较对照中作93增产10.1%；2001年生产试验平均产量9 786kg/hm^2，较对照中作93增产4.8%。适宜在河北省长城以南唐山、秦皇岛、保定稻区作一季稻种植。

栽培技术要点：①播种前晾晒种子，严格种子消毒。秧田播种量1 125kg/hm^2，出苗后适时通风炼苗，以防立枯病的发生。②合理密植，行株距30cm×（13～20）cm，每穴栽2～3苗。③施肥要前重后轻，纯氮210kg/hm^2左右。④浅水插秧，分蘖末期适当烤苗，后期间歇灌溉、干干湿湿，不能过早断水。

垦优94-7（Kenyou 94-7）

品种来源：河北省稻作研究所以京越1号/8204杂交选育而成。2000年通过河北省农作物品种审定委员会审定。

形态特征和生物学特性：属常规中粳早熟。全生育期174.8d，株高98.9cm。叶片稍窄长，内卷，叶色绿，落黄好，有效穗数334.5万穗/hm^2，穗长15.8cm，每穗粒数127.9粒，谷粒颖尖褐色，千粒重23.5g。

品质特性：糙米率84.9%，精米率76.4%，整精米率75.8%，垩白粒率4.0%，垩白度0.9%，透明度0.8级，碱消值7.0级，胶稠度74mm，直链淀粉含量16.7%，糙米蛋白质含量8.1%，赖氨酸含量0.3%。

抗性：中抗稻瘟病和白叶枯病，抗稻曲病，感条纹叶枯病，耐盐碱、耐旱性较好，抗倒伏性强。

产量及适宜地区：1998—1999年参加河北省水稻区域试验，两年平均产量9 030kg/hm^2；1999年生产试验平均产量8 815.5kg/hm^2，较对照增产11.4%。适宜在河北省唐山、秦皇岛稻区作一季稻种植。

栽培技术要点：①适宜稀植，行株距30cm × 13cm，每穴栽2 ～ 3苗。②合理施肥，施用氮肥要前重后轻，适当酌减穗肥用量。③科学管水，浅湿灌溉为主，浅水插秧，缓青期及有效分蘖期保持3cm左右水层，有效分蘖期至穗分化前控水晒田，穗分化至抽穗开花期保持3 ～ 5cm水层，灌浆期实行浅水间歇灌溉，后期适当晚停水。

垦育12（Kenyu 12）

品种来源：河北省稻作研究所以冀粳8号/中花8号//关东100杂交选育而成。1997年通过河北省农作物品种审定委员会审定；1999年通过国家农作物品种审定委员会审定。

形态特征和生物学特性：属常规中粳早熟。全生育期172d，株高118.5cm。株型紧凑，茎秆坚韧，叶片直立，叶色绿，落黄好，穗型中小，分蘖力强，有效穗数376.5万穗/hm^2，穗长16.2cm，每穗粒数125.8粒，谷粒颖尖褐色；千粒重24.6g。

品质特性：糙米率83.4%，精米率75.5%，整精米率73.0%，垩白粒率20.0%，垩白度1.5%，透明度1级，碱消值7.0级，胶稠度85mm，直链淀粉含量24.1%，糙米蛋白质含量7.4%。

抗性：中抗穗颈瘟病，抗白叶枯病，轻感稻曲病和纹枯病，感条纹叶枯病，耐盐碱、耐低温，抗倒伏性强。

产量及适宜地区：1995—1996年参加国家北方水稻区域试验，两年平均产量8 100kg/hm^2，较对照津稻1187增产11.2%；1998年生产试验，较对照津稻1187增产10.9%。适宜在北京、天津稻区，河北省唐山、秦皇岛稻区做一季稻栽培。

栽培技术要点：①适时播种，稀植栽培。一般4月上旬播种，5月中下旬插秧，每穴栽3～4苗，行株距30cm×20cm为宜。②施纯氮225kg/hm^2，有效磷67.5kg/hm^2，有效钾67.5kg/hm^2，在盐碱较重地块增施30kg/hm^{2}锌肥。③浅水灌溉，干湿结合，中期适时烤田控制无效分蘖，后期适当晾田。④播种前需用浸种灵进行种子处理，防治恶苗病和干尖线虫病。⑤注意稻曲病、二化螟等病虫害防治。

垦育16（Kenyu 16）

品种来源：河北省稻作研究所以冀粳8号/中花8号//关东100杂交选育而成。1999年通过河北省农作物品种审定委员会审定；2003年通过国家农作物品种审定委员会审定。

形态特征和生物学特性：属常规中粳早熟。全生育期174.6d，株高102.2cm。株型紧凑，茎秆坚韧，叶片直立，叶色绿，灌浆快，落黄好，穗型中，分蘖力强，有效穗数379.5万穗/hm^2，穗长15.8cm，每穗粒数127.9粒，千粒重25.3g。

品质特性：糙米率83.2%，精米率74.6%，整精米率68.6%，垩白粒率2.0%，垩白大小0.2%，垩白度0.003%，碱消值7.0级，胶稠度100mm，直链淀粉含量17.7%，糙米蛋白质含量7.7%。达到国家一级优质稻谷标准。

抗性：抗苗瘟、抗叶瘟、中抗穗颈瘟病；抗稻曲病、白叶枯和纹枯病；感条纹叶枯病，耐盐碱、耐低温，耐旱，抗倒伏性强。

产量及适宜地区：1996—1997年参加河北省水稻区域试验，两年平均产量8 020.5kg/hm^2，较对照冀粳14增产8.8%；1998年生产试验，较对照冀粳14增产0.4%。1999—2000年国家北方水稻区域试验，两年平均产量8 022kg/hm^2，较对照中作93增产8.8%；2001年生产试验，平均产量9 438kg/hm^2，较对照中作93增产9.0%。适宜在北京、天津稻区，河北省唐山、秦皇岛稻区作一季稻栽培。

栽培技术要点：①适时播种，稀植栽培。一般4月上旬播种，5月中下旬插秧，每穴栽4～5苗，行株距为30cm×15cm为宜。②施纯氮225～270kg/hm^2，有效磷60～75kg/hm^2，有效钾60～75kg/hm^2，在盐碱较重地块增施30kg/hm^2锌肥。③浅水灌溉，干湿结合，中期适时烤田控制无效分蘖，后期适当晾田。④播种前需用浸种灵进行种子处理，防治恶苗病和干尖线虫病。⑤注意二化螟等虫害防治。

垦育20（Kenyu 20）

品种来源：河北省农林科学院滨海农业研究所以品1/冀粳13杂交选育而成。2005年通过河北省农作物品种审定委员会审定。

形态特征和生物学特性：属常规中粳早熟。全生育期170.5d，株高96.0cm。茎秆坚韧，叶片直立上举，叶色浓绿，穗型紧，分蘖力较强，有效穗数366万穗/hm^2，穗长15.8cm，每穗粒数122.7粒，无芒，落黄好；结实率90.5%，千粒重23.9g。

品质特性：糙米率82.1%，精米率75.2%，整精米率56.5%，垩白粒率61.0%，垩白度1.8%，胶稠度85mm，直链淀粉含量17.9%。

抗性：田间高抗穗颈瘟，抗纹枯病和条纹叶枯病，中抗稻曲病，耐寒性强，抗倒伏性强。

产量及适宜地区：2003—2004年参加河北省水稻区域试验，两年平均产量9 232.5kg/hm^2，较对照中作93增产6.4%；2004年生产试验，平均产量9 177kg/hm^2，较对照中作93增产9.4%。适宜在河北省长城以南稻区作一季稻栽培。

栽培技术要点：①4月上中旬播种，播前种子药剂浸种，防治干尖线虫病和恶苗病。秧田播种量3 000kg/hm^2。②5月中下旬插秧，行株距30cm×15cm，每穴栽2～3苗。也可采用水稻抛秧或旱直播。③施纯氮262.5kg/hm^2，并注意氮、磷、钾配合施用。盐碱地较重地块施锌肥22.5kg/hm^{2}防缩苗。④6月中旬后及时防治稻水象甲、二化螟，阴雨较多年份还应注意防治稻瘟病和稻曲病。

垦育28（Kenyu 28）

品种来源：河北省农林科学院滨海农业研究所以冀粳14/垦育12杂交选育而成。2004年通过河北省农作物品种审定委员会审定。

形态特征和生物学特性：属常规中粳早熟。全生育期173.4d，株高103.7cm。茎秆坚韧，叶片直立上举，叶色浓绿，分蘖力强，有效穗数376.5万穗/hm^2，穗长16.9cm，每穗粒数126.2粒，部分谷粒有芒，落黄好；千粒重24.4g。

品质特性：糙米率83.9%，整精米率62.7%，垩白度4.2%，胶稠度83mm，直链淀粉含量17.6%。

抗性：中抗稻瘟病，抗稻曲病和纹枯病，感条纹叶枯病，抗倒伏性强。

产量及适宜地区：2002—2003年参加河北省水稻区域试验，两年平均产量9 064.5kg/hm^2，较对照垦育12增产5.2%；2003年生产试验，平均产量8 859kg/hm^2，较对照垦育12增产2.9%。适宜在河北省长城以南唐山、保定、秦皇岛稻区作一季稻种植。

栽培技术要点：①4月上中旬播种，播前种子药剂浸种，防治干尖线虫病和恶苗病。秧田播种量750～1 500kg/hm^2。②5月中下旬插秧，行株距30cm×15cm，每穴栽2～3苗。③施碳酸氢铵1 200～1 350kg/hm^2、磷酸二铵150kg/hm^2、钾肥75kg/hm^2、锌肥15kg/hm^2。肥量分配前重后轻。④注意防治条纹叶枯病。

垦育29（Kenyu 29）

品种来源：河北省农林科学院滨海农业研究所以冀粳14/冀粳13//冀粳13杂交选育而成，原名“优质2号”。2006年通过河北省农作物品种审定委员会审定。

形态特征和生物学特性：属常规中粳早熟。全生育期176.1d，株高105.1cm。茎秆坚韧，叶片直立上举，叶色绿，分蘖力强，穗长16.1cm，每穗粒数137.2粒，部分谷粒有芒，灌浆快，落黄性好；结实率90.2%，千粒重25.6g。

品质特性：糙米率83.3%，精米率75.3%，整精米率73.3%，胶稠度80mm，直链淀粉含量20.2%，粗蛋白质含量8.1%，糙米长宽比1.8。

抗性：经2005年天津市植物保护研究所接种鉴定：中抗苗瘟、叶瘟，高抗穗颈瘟，抗纹枯病和条纹叶枯病，中抗稻曲病，抗倒伏性强。

产量及适宜地区：2004—2005年参加河北省水稻区域试验，两年平均产量8 685kg/hm^2，较对照中作93增产1.6%，2005年生产试验，平均产量8 337kg/hm^2，较对照中作93增产9.1%。适宜在河北省长城以南稻区作一季稻栽培。

栽培技术要点：①冀东稻区4月上中旬播种。适宜旱育稀植，秧田播种量以3 000kg/hm^{2}为宜。秧龄控制在35～40d，一般5月中下旬插秧，行株距30cm×15cm，每穴栽3～4苗。②施肥前重后轻，全生育期施纯氮量255kg/hm^{2}左右，分底肥、蘖肥、穗粒肥，比例以4∶4∶2为宜。③除插秧、分蘖、孕穗三个时期保持水层外，其他时间湿湿干干即可。④播种前必须用浸种灵、线菌清浸种6～7d，防治干尖线虫病及恶苗病。大田7月初注意二化螟的防治。在高水肥条件下，注意防治稻曲病。

垦育38（Kenyu 38）

品种来源：河北省农林科学院滨海农业研究所以盐丰47变异株系统法选育而成。2009年通过河北省农作物品种审定委员会审定。

形态特征和生物学特性：属常规中粳早熟。全生育期163.0d，株高101.5cm。茎秆坚韧，叶片直立上举，叶色绿，分蘖力强，穗长16.5cm，每穗粒数122.1粒，灌浆快，活棵成熟；结实率91.5%，千粒重24.8g。

品质特性：糙米率83.6%，精米率74.7%，整精米率56.2%，垩白粒率38.0%，垩白度10.0%，碱消值7.0级，胶稠度94mm，直链淀粉含量15.7%，糙米蛋白质含量9.1%，谷粒长宽比1.7。

抗性：2008年天津市植物保护研究所鉴定，中抗苗瘟和叶瘟，中感穗颈瘟；田间表现抗稻瘟病、纹枯病和条纹叶枯病；感稻曲病，抗倒伏性强。

产量及适宜地区：2007—2008年参加河北省水稻区域试验，两年平均产量9 158.0kg/hm^2，较对照垦育20增产7.0%；2008年生产试验，平均产量9 006.6kg/hm^2，较对照垦育20增产10.6%。适宜在河北省唐山、秦皇岛、保定作一季稻种植。

栽培技术要点：①4月中下旬播种，秧龄35～40d。5月中下旬插秧，行株距30cm×15cm，每穴栽3～4苗。②全生育期施纯氮300kg/hm^2，分底肥、蘖肥、穗粒肥施入，比例以4：4：2为宜。③除插秧、分蘖、孕穗三个时期保持水层外，其他时期湿湿干干即可。出穗前7～10d注意使用药剂防治稻曲病和穗颈瘟。

垦育8号（Kenyu 8）

品种来源：河北省稻作研究所以冀粳14//冀粳8号/冀粳13杂交选育而成。2002年通过河北省农作物品种审定委员会审定。

形态特征和生物学特性：属常规中粳早熟。全生育期166d，株高104.8cm。叶片宽厚浓绿，落黄好，分蘖力一般，有效穗数277.5万穗/hm^2，穗长17.0cm，每穗粒数163.8粒，谷粒颖尖褐色有短芒；结实率92.0%，千粒重25.6g。

品质特性：糙米率83.2%，精米率73.3%，整精米率59.3%，透明度0.6级，碱消值7.0级，胶稠度100mm，直链淀粉含量16.3%，糙米蛋白质含量7.9%。

抗性：抗稻瘟病、稻曲病和纹枯病；感条纹叶枯病，耐早衰，耐盐性、耐旱性强，抗倒伏性强。

产量及适宜地区：2000—2001年参加河北省水稻区域试验，两年平均产量8 604kg/hm^2，较对照中作93增产13.3%；2001年生产试验，平均产量9 791.4kg/hm^2，较对照中作93增产4.9%。适宜在河北省唐山、秦皇岛、保定稻区作一季稻种植。

栽培技术要点：①适宜旱育稀植及水稻抛秧栽培，行株距30cm×（13 ~ 16）cm，每穴栽5 ~ 6苗。②适当加大施肥量，施纯氮255 ~ 270kg/hm^2为宜，采取前重后轻施肥原则。

垦育88（Kenyu 88）

品种来源：河北省农林科学院滨海农业研究所以中花8号/冀粳13//冀粳14杂交选育而成。2010年通过河北省农作物品种审定委员会审定。

形态特征和生物学特性：属常规中粳早熟。全生育期178.8d，株高115.6cm。茎秆坚韧，叶片直立上举，叶色浓绿，大粒，分蘖力强，穗长18.3cm，每穗粒数122.4粒；结实率84.2%，千粒重28.4g。

品质特性：糙米率78.8%，精米率71.0%，整精米率56.9%，垩白粒率15.0%，垩白度0.9%，碱消值7.0级，胶稠度66.5mm，直链淀粉含量18.5%，糙米蛋白质含量8.0%。

抗性：2008—2009年天津市植物保护研究所抗病鉴定，感穗颈瘟，抗条纹叶枯病，田间易发生稻曲病，抗倒伏性强。

产量及适宜地区：2008—2009年参加河北省水稻区域试验，两年平均产量9 307.2kg/hm^2，较对照品种垦育20增产8.0%；2009年生产试验，平均产量9 767.1kg/hm^2，较对照品种垦育20增产13.0%。适宜在河北省唐山、秦皇岛和保定市作一季稻种植。

栽培技术要点：①适宜播期在4月上中旬，秧田播种量2 550 ～ 3 000kg/hm^{2}为宜，秧龄35 ～ 40d，5月中下旬插秧，行株距30cm × 15cm，每穴栽4 ～ 5苗。②全生育期施氮量225 ～ 270kg/hm^2，分底肥、蘖肥、穗粒肥施入，以前重中适后轻为宜。③中前期注意适度晒田，以控制无效蘖，灌浆期保持水层。④病虫害防治。播种前药剂浸种，7月初防治二化螟，孕穗后将要破口时喷施络氨铜或DT一次，间隔7d连喷2次井冈霉素与三环唑混合液，防治稻曲病、纹枯病、穗颈瘟等，特别要注意稻曲病的防治。

新90-3（Xin 90-3）

品种来源：河北省农林科学院滨海农业研究所以北陆129//冀粳14/春42杂交选育而成。2005年通过河北省农作物品种审定委员会审定。

形态特征和生物学特性：属常规中粳早熟。全生育期161d，株高103.0cm。茎秆较高，叶色绿，大粒，分蘖力弱，有效穗数312万穗/hm^2，穗长18.5cm，每穗粒数130.0粒，结实率79.3%，千粒重27.9g。

品质特性：糙米率83.3%，精米率75.3%，整精米率72.9%，垩白度0.7%，胶稠度89mm，直链淀粉含量24.7%。

抗性：抗穗颈瘟、纹枯病、稻曲病和条纹叶枯病，耐旱性强，抗倒伏性较强。

产量及适宜地区：2003—2004年参加河北省水稻区域试验，两年平均产量8 767.5kg/hm^2，较对照中作93增产1.0%；2004年生产试验，平均产量8 661kg/hm^2，较对照中作93增产3.3%。适宜在河北省长城以南稻区作一季稻栽培。

栽培技术要点：①该品种为早熟、大粒品种，播种期控制在4月底至5月初，播前种子药剂浸种，防治干尖线虫病和恶苗病。湿床育秧播种量为3 600 ～ 3 900kg/hm^2。②6月上中旬插秧，行株距20cm×10cm，每穴栽4 ～ 5苗。③施纯氮255kg/hm^{2}左右，分底肥、蘖肥、穗粒肥施入，比例为4 ：4 ：2。

优质8号（Youzhi 8）

品种来源：河北省稻作研究所以关东100//中花8号/冀粳8号杂交选育而成。2002年通过河北省农作物品种审定委员会审定。

形态特征和生物学特性：属常规中粳早熟。全生育期167d，株高119.1cm。茎秆坚韧，叶片直立上举，落黄好，穗型中紧，分蘖力较强，有效穗数283.5万穗/hm^2，穗长17.5cm，每穗粒数137.0粒，谷粒细长，无芒；千粒重25.4g。

品质特性：糙米率84.3%，精米率75.9%，整精米率72.2%，垩白粒率5.0%，垩白度0.2%，碱消值7.0级，胶稠度78mm，直链淀粉含量18.4%，糙米蛋白质含量8.8%。

抗性：抗稻瘟病和稻曲病，感条纹叶枯病，耐早衰，耐盐性好，抗倒伏性较强。

产量及适宜地区：2000—2001年参加河北省水稻区域试验，两年平均产量8 418kg/hm^2，较对照中作93增产10.9%；2001年生产试验，平均产量9 330.3kg/hm^2，较对照中作93减产0.1%。适宜在河北省唐山、秦皇岛、保定稻区作一季稻种植。

栽培技术要点：①行株距30cm × 13cm，每穴栽3 ～ 4苗。②施纯氮375kg/hm^2左右，后期肥量不宜过大。③水层管理除插秧、分蘖、孕穗三个时期保持水层外，其他时期湿湿干干。④在病虫害防治方面，播种前进行药剂处理，破口期注意防治稻瘟病。

山西

晋80-184（Jin 80-184）

品种来源：山西省农业科学院作物遗传研究所1976年以京系17/立穗波//垂穗波///BL3配组杂交，经系谱法选育而成，原品系名790195。1988年山西省农作物品种审定委员会认定。

形态特征和生物学特性：属常规中早粳中熟。感光性弱，感温性强，全生育期158d。株高100cm，分蘖力中等，株型紧凑，叶色黄绿，抽穗整齐，每穗85粒左右，谷粒椭圆形，颖色秆黄，无芒，千粒重25g，米白色。

品质特性：糙米率85.8%，精米率78.9%，整精米率77.0%，垩白粒少，垩白度0.2%，碱消值5.0级，胶稠度49.5mm，直链淀粉含量16.2%，蛋白质含量7.1%，粒长5.0mm，谷粒长宽比1.9。米质优良。

抗性：抗倒伏性较强，抗稻瘟病及恶苗病。

产量及适宜地区：山西省水稻区域试验，平均单产8 043kg/hm^2，比对照平均增产11.8%；山西省生产试验，平均单产8 317.5kg/hm^2，比对照平均增产4.3%。1988—1993年累计推广种植面积1万hm^2。适宜在山西省忻州以南等地种植。

栽培技术要点：①播前进行种子消毒，早播育壮秧，适时早插。②分蘖后期注意适时晒田。③在施足基肥的基础上，适当增施蘖肥和穗肥。

晋稻（糯）7号[Jindao（nuo）7]

品种来源：山西省农业科学院作物遗传研究所1986年以涟香1号/840495杂交，经异地生态连续优势型定向选择培育而成，原品系名910061。2000年通过山西省农作物品种审定委员会审定。

形态特征和生物学特性：属常规中早粳中晚熟（糯稻）。感光性弱，感温性强，全生育期157d。株高90cm，幼苗健壮，根系发达，分蘖力强，单株分蘖15穗左右，成穗率高，叶片直立，主茎16片叶，茎秆坚韧，剑叶角度中，株型紧凑，属多穗型品种，穗长15～20cm，每穗平均85粒左右，着粒疏密适中，灌浆快，落粒性中，结实率91.6%；粒色淡褐黄，粒形短圆形，无芒，千粒重25g左右，米白色。

品质特性：糙米率83.2%，精米率75.3%，整精米率54.5%，碱消值7.0级，胶稠度100mm，直链淀粉含量1.4%，蛋白质含量10.7%，粒长4.6mm，谷粒长宽比1.6。其中有6项指标达到部颁食用稻品质品种一级标准，2项指标达到部颁食用稻品种品质二级标准，米饭品尝综合评定较好。

抗性：中感稻瘟病，抗恶苗病，中抗纹枯病。茎秆坚韧，抗倒伏。

产量及适宜地区：1995—1997年参加山西省水稻区域试验，平均单产7 371kg/hm^2，比对照京引174平均增产7.8%；1998—1999年山西省生产试验，平均单产7 968kg/hm^2，比对照京引174平均增产10.6%；大面积示范最高单产9 750kg/hm^2。2000—2013年累计推广种植面积1.5万hm^2。适宜在北方稻区无霜期145d以上的稻区种植。

栽培技术要点：①严格种子消毒，稀播培育壮秧，早育早栽，实行稀植。②科学施肥，有机肥和无机肥相结合，氮磷钾配合使用，严格控制氮肥总量，以产定量，一般纯氮总量不超过200kg/hm^2，氮肥采取底、蘖、穗肥比例4：5：1的方法施入。③合理灌溉，采用“浅—深—浅—间断湿润—湿润”模式。移栽期浅水立苗，分蘖期浅灌促分蘖，幼穗分化至抽穗期浅水间断湿润灌溉。后期干湿交替灌溉，切记不可断水过早，一般收获前10d左右断水为宜。④病虫草害防治。坚持预防为主，综合防治的方针，及时做好病虫害的防治工作。⑤适时收获。稻谷在黄熟期适时抢晴收割、脱粒，确保丰产丰收。

晋稻1号（Jindao 1）

品种来源：山西省农业科学院作物遗传研究所与山西省生物研究所合作以58-59/68-3的F_1经花药离体培养选育而成，原品系名770925。1983年通过山西省农作物品种审定委员会审定。

形态特征和生物学特性：属常规中早粳中晚熟。感光性弱，感温性强，生育期160d。株高110cm，株型紧凑，分蘖力弱，熟期转色好。单株有效穗8.5穗，穗斜弯，主穗高，穗长19.8cm，每穗粒数95粒。粒椭圆形，不落粒，短芒，千粒重27.6g。

品质特性：糙米率79.9%，精米率68.4%，整精米率56.1%，垩白粒率65%，垩白度4.6%，碱消值7.0级，胶稠度87mm，直链淀粉含量17.8%，蛋白质含量10.2%，精米粒长5.1mm，精米长宽比1.8。稻米品质一般。

抗性：抗稻瘟病，易感恶苗病。耐寒性强，抗倒伏性较强。

产量及适宜地区：1980—1982年参加山西省水稻区域试验，平均单产7 867.5kg/hm^2，比对照秋丰平均增产8.2%。1982年多点生产示范，平均单产7 587.8kg/hm^2，比对照辽丰8号平均增产16.2%。1982—2002年累计推广种植面积13万hm^2。适宜在山西省无霜期150d左右的稻区种植。

栽培技术要点：①在太原、晋东南、晋中、忻州等地区塑料薄膜育秧，4月上旬育秧，5月中、下旬移栽；晋南地区可作单季稻种植，也可作麦茬稻，麦茬稻以5月中旬播种较好。该品种易感恶苗病，播前种子用3%的生石灰水浸种消毒72h。②针对其分蘖力弱栽秧时应适当增加每穴基本苗。在分蘖中后期，旺苗田块要及时排水晒田，控制株高。③该品种耐肥，在施足基肥的同时，适当增加分蘖肥和穗肥，以达增穗保粒获高产的目的。

晋稻10号（Jindao 10）

品种来源：山西省农业科学院作物遗传研究所于1997年春，用晚熟日本品种日本晴干种子进行N+束（A80、30keV）注入的诱变高效育种新技术选育而成，原品系名990162。2006年通过山西省农作物品种审定委员会审定。

形态特征和生物学特性：属常规中早粳中熟。感光性弱，感温性强，全生育期155d。株高90cm，幼苗健壮，根系发达，分蘖力强，成穗率高，单株成穗18穗，茎秆坚韧，叶片直立，植株整齐，剑叶上举，生长后期青枝绿叶，散穗，斜弯穗；穗长18.5cm，平均穗粒数110粒左右，着粒疏密适中，灌浆快，熟期转色好，结实率高，不落粒；谷粒椭圆形、黄色，短芒，千粒重26g，米白色。

品质特性：糙米率84.0%，整精米率73.0%，垩白粒率15%，垩白度0.8%，透明度0.7级，糊化温度7级，胶稠度80mm，直链淀粉含量17.4%，谷粒长宽比1.8，不完善粒率0.2%，黄米粒0%，含水量10.8%。色泽、气味正常，达到国标优质稻谷二级标准。

抗性：对苗、叶、穗瘟均表现为中感（MS），中抗纹枯病，抗恶苗病。抗倒伏，耐盐碱、耐寒。

产量及适宜地区：2002—2004年参加山西省中晚熟水稻区域试验，平均单产8 213.6kg/hm^2，比对照平均增产6.6%；2005年山西省生产试验，平均单产9 375kg/hm^2，比对照平均增产9.3%。2006—2011年累计推广种植面积0.7万hm^2。适宜在山西省无霜期145d以上的稻区种植。

栽培技术要点：①播种前种子严格消毒。②稀播旱育壮秧。稀植少插，田间不可过密。③加强中后期施肥，氮、磷、钾配合施用。④分蘖中后期一定要晒好田，增强田间透光透风。⑤生长后期间断灌溉，保持干干湿湿，严禁深水泡田，成熟时撤水不可过早，确保活秆收割。⑥适时收获。

晋稻11（Jindao 11）

品种来源：山西省农业科学院作物遗传研究所以930022/950496//辽盐6号（雨田7号）复交。经连续多年自交6代优势定向系选而成，原品系名030038。2009年通过山西省农作物品种审定委员会审定。

形态特征和生物学特性：属常规中早粳中熟。感光性弱，感温性强，全生育期160d。株高105cm，分蘖力中上等，成穗率高，叶色浅绿，茎秆粗，剑叶长、上冲，株型适中，后期长相青枝绿叶，散穗型，粒转色好；穗长22.5cm，穗大、粒多，每穗粒数153粒，着粒疏密适中，结实率高，不落粒；谷粒椭圆形、黄色，芒少且短；千粒重25.3g，米白色。

品质特性：糙米率81.8%，整精米率67.0%，垩白粒率26%，垩白度1.8%，透明度1级，碱消值6.5级，胶稠度82mm，直链淀粉含量17.4%，谷粒长宽比1.7，含水量11.0%。色泽、气味正常，达到国标优质稻谷三级标准，适口性强。

抗性：对苗瘟表现为中感（MS），叶瘟表现抗病（R），穗瘟表现中抗（MR），苗、叶、穗瘟综合评价表现为中抗（MR）。穗瘟最高损失率病级3级。抗倒伏性强，耐寒性强，耐盐碱。

产量及适宜地区：2006—2007年参加山西省中晚熟水稻区域试验，平均单产9 448.5kg/hm^2，比对照平均增产9.1%；2008年山西省生产试验，平均单产9 406.1kg/hm^2，比对照平均增产12.58%。2009—2013年累计推广种植面积0.5万hm^2。适宜在山西省无霜期150d以上的稻区种植。

栽培技术要点：①播前种子严格消毒。②稀播早育壮秧。稀植少插。③增施有机肥，重施分蘖肥，少施穗肥，尽量不施粒肥，氮、磷、钾配合施用。管理实行“前促、中控、后保”的原则，防止后期倒伏。④分蘖中后期适时晒田；拔节抽穗期浅、间断湿润灌溉；生长后期间断灌溉，保持干干湿湿，严禁深水泡田；成熟时撤水不可过早，确保活秆收割。⑤适时收获。

晋稻12（Jindao 12）

品种来源：山西省农业科学院作物科学研究所以930022/辽207杂交，经连续多年自交7代优势定向系选而成。原品系名030015。2011年通过山西省农作物品种审定委员会审定。

形态特征和生物学特性：属常规中早粳中熟。感光性弱，感温性强，全生育期155d。株高103cm，幼苗健壮，分蘖力中上等，成穗率高，叶色深绿，茎秆粗，剑叶长、直立、反卷，株型适中，后期长相青枝绿叶；主穗稍高，穗颈短，穗型散，穗斜弯，穗长21.6cm，二次分枝较多，穗大、粒多，每穗粒数152粒，穗基部着粒稍密，整穗着粒疏密适中，结实率88.7%，不落粒，粒转色好；谷粒椭圆形、黄色，无芒，千粒重25.7g，米白色。

品质特性：糙米率83.0%，精米率74.2%，整精米率68.0%，垩白粒率4%，垩白度2.5%，透明度1级，碱消值6.3级，胶稠度81mm，直链淀粉含量16.4%，粒长5.3mm，长宽比1.9，含水量13.3%。色泽、气味正常，达到国标优质稻谷二级标准，适口性强。

抗性：对苗瘟表现为高抗（HR），叶瘟表现抗病（R），穗瘟表现中感（MS），苗、叶、穗瘟综合抗性指数3.1，综合评价表现为中抗（MR）。抗倒伏性强，耐寒性强，耐盐碱。

产量及适宜地区：2006—2008年参加山西省中晚熟水稻区域试验，平均单产9 448.5kg/hm^2，比对照平均增产8.5%；2009年山西省生产试验，平均单产9 861kg/hm^2，比对照平均增产10.1%。2011—2013年累计推广种植面积0.4万hm^2。适宜在山西省无霜期145d以上的稻区种植。

栽培技术要点：①播前种子要严格消毒。②精量播种，旱育壮秧。早移少插，扩行稀植。③增施有机肥，精确有效施肥，氮磷钾配合，底、蘖、穗肥并重。④定量控苗，及时晒田。⑤浅、深、浅、浅湿间断，湿润节水灌溉，即浅水插秧，深水护苗，浅水分蘖，拔节抽穗期浅、间断湿润灌溉，生长后期间断灌溉，断水不可过早，保持干干湿湿，确保活秆收割。⑥综合防治病虫害。⑦适时收获。

晋稻2号（Jindao 2）

品种来源：山西省农业科学院作物遗传研究所和太原南郊区晋祠乡王郭村科研组合作，以秋丰（京引30）/BL1杂交选育而成，原品系名79-1749。1985年通过山西省农作物品种审定委员会审定。

形态特征和生物学特性：属常规中早粳中熟。感光性弱，感温性强，生育期153d。株高95cm，幼苗粗壮，生长较快，叶色稍深，分蘖力较强，成穗率较高，成株下部叶片披散，旗叶直立，株型紧凑，植株整齐；穗型散，穗斜弯，单株有效穗11穗，穗长17cm，每穗粒数80 ~ 90粒，灌浆快，落黄好，不落粒；粒椭圆形，颖尖无色无芒，千粒重25g。

品质特性：糙米率82%，整精米率62%，垩白粒率28%，垩白度2.3%，碱消值7.0，胶稠度85mm，直链淀粉含量18.3%，蛋白质含量8.71%。米质较优。

抗性：抗恶苗病，中抗穗颈瘟，中感叶瘟。耐寒性强；秆高细弱，不耐肥，抗倒力差。

产量及适宜地区：1982—1984年参加山西省水稻中熟组区域试验，平均单产7 778.25kg/hm^2，比对照黎明增产12.6%。1983—1984年多点生产示范，平均单产8 194.5kg/hm^2，比对照增产9.2%。1986—1991年累计推广种植面积0.8万hm^2。适宜在山西省无霜期150d左右的中等肥力的地块种植。

栽培技术要点：①育秧时间。早育秧，育壮秧。在忻州地区清明前后利用棚架塑料薄膜育秧；在太原、长治、晋中等地区采用地膜平铺于4月10—15日育秧；在晋南地区育秧时间5月初。②育秧时的播种量。应掌握培育壮秧，适当稀播的原则，拔秧移栽，播种量1 125 ~ 1 350kg/hm^2；铲秧移栽，播种量1 875 ~ 2 250kg/hm^2。③适时早栽，合理密植。在忻州地区，以5月上中旬为宜；太原、长治、晋中等地以5月下旬至6月下旬栽秧为宜，因该品种分蘖力强，穗较大，密度不宜过大，早栽的、肥力较差的大田，42万穴/hm^2，一般每穴栽4 ~ 6苗为宜。④控制肥水，防腐防倒。该品种对氮肥敏感，不耐肥，在抽穗前25 ~ 30d，施尿素75 ~ 112.5kg/hm^2，最多不超过150kg/hm^2。⑤分蘖中后期，对旺苗田块要及时排水晒田，拔节至孕穗初期，宜采用湿润管水，控制植株高度，增强抗倒能力。

晋稻3号（Jindao 3）

品种来源：山西省农业科学院作物遗传研究所和太原南郊区晋祠乡王郭村科研组合作，以京系17/南81//秋丰（京引30）配组杂交选育而成，原品系名810323。1988年通过山西省农作物品种审定委员会审定。

形态特征和生物学特性：属常规中早粳中早熟。感光性弱，感温性强，生育期150d。株高90cm，幼苗粗壮，叶色绿，分蘖力较强，成穗率较高，剑叶直立，株型紧凑，植株整齐；穗粒重协调，穗型散，穗斜弯，单株有效穗11.5穗，穗长18cm，每穗粒数90粒，熟期转色好，不落粒；粒椭圆形，颖尖无色无芒，千粒重25.5g。

品质特性：糙米率82.5%，精米率69.5%，整精米率58.9%，垩白粒率70%，垩白度1.9%，碱消值7.0级，胶稠度85mm，直链淀粉含量17.7%，蛋白质含量10.6%，精米粒长5.2mm，精米长宽比1.9。米质中等。

抗性：抗稻瘟病，中感纹枯病。苗期耐寒，成熟后期长相不太清秀，易早衰，抗倒伏性强。

产量及适宜地区：1984—1986年参加山西省水稻中早熟组区域试验，平均单产7 617kg/hm^2，比对照黎明增产11.6%。两年多点生产试验，平均单产7 606.5kg/hm^2，比对照京系21增产12.1%。1989—1995年累计推广种植面积2.4万hm^2。适宜在山西省无霜期140d以上的稻区种植。

栽培技术要点：①适时育秧和栽秧，该品种早熟，育秧偏早，抽穗成熟期易受鸟害。太原地区以4月中旬地膜平铺育秧，5月下旬栽秧为宜；忻州地区4月上旬育秧，5月中旬栽秧为好。②合理密植，该品种分蘖力较强，穗子较大，为发挥大穗作用，移栽密度不宜过大，一般肥力地37.5万～45万穴/hm^2，每穴栽3～5苗。③注意水的管理，在成熟后期叶片转色较差，宜在成熟期间采用湿润管水，干湿结合，收获前7～10d停水，以保持根系和叶片活力。

晋稻4号（Jindao 4）

品种来源：山西省农业科学院作物遗传研究所以京系17/南81//秋丰（京引30）配组杂交选育而成，原品系名842563。1992年通过山西省农作物品种审定委员会审定。

形态特征和生物学特征：属常规中早粳中熟。感光性弱，感温性强，生育期157d。株高95cm，幼苗健壮，根系发达，分蘖力强，叶色淡绿，抽穗整齐，成穗率80%，株型紧凑，植株整齐，穗型散，穗弯垂，单株有效穗14.3穗，穗长18.5cm，平均每穗粒数93粒，结实率93%以上，不落粒；粒椭圆形，颖尖无色无芒，千粒重25 ~ 26g。

品质特性：糙米率82.3%，精米率74.4%，整精米率68.8%，垩白粒率65%，垩白度5.9%，透明度0.6级，碱消值7.0级，胶稠度83mm，直链淀粉含量17.8%，蛋白质含量8.3%。米质中等。

抗性：抗稻瘟病及纹枯病，高抗恶苗病。苗期耐盐碱、耐低温；抗倒伏性较强。

产量及适宜地区：1987—1989年参加山西省水稻联合区域试验，平均单产9 010.5kg/hm^2，比对照晋稻2号增产11.1%。两年多点生产试验，平均单产8 833.5kg/hm^2，比对照增产13.5%。1992—1998年累计推广种植面积0.8万hm^2。适宜在山西省无霜期145d以上的稻区种植。

栽培技术要点：①播前种子用3%的生石灰水浸种72h，然后用清水冲净再播种。太原地区4月中旬播种，5月中下旬栽秧为宜，栽秧密度以24cm × 10.4cm或30cm × 10cm为好，每穴栽2 ~ 4苗。②施足底肥，适量施用分蘖肥，抽穗前15d左右看叶色巧施穗肥。③水管理要坚持深、浅、干相结合，分蘖中后期适度晒田，生长后期要间歇灌溉，做到5d有水，2d无水，收割前10d左右撤水，以确保活秆收割。

晋稻5号（Jindao 5）

品种来源：山西省农业科学院作物遗传研究所以C290/770304杂交，经连续不断地优势选择培育而成，原品系名840163。1993年通过山西省农作物品种审定委员会审定。

形态特征和生物学特征：属常规中早粳中熟。感光性弱，感温性强，生育期155d。株高97cm，苗健壮，根系发达，分蘖力较强，成穗率高，单株有效穗12.5穗，叶色浅绿，株型紧凑，主穗先抽，穗颈稍短，穗型散，穗斜弯，穗长20cm，着粒较密，穗大粒多，每穗粒数115粒，不落粒，结实率95%；粒椭圆形，颖尖无色，芒少且短，千粒重26g左右。

品质特性：糙米率82.8%，精米率74.5%，整精米率65%，垩白粒率43%，碱消值7.0级，胶稠度91mm，直链淀粉含量18.8%，蛋白质含量10.5%。米质较好。

抗性：抗稻瘟病，中抗纹枯病和稻曲病，感恶苗病。抗倒伏性强。

产量及适宜地区：参加三年山西省水稻联合区域试验，平均单产9034.5kg/hm^2，比对照晋稻2号增产12.8%。两年多点生产试验，平均单产9 630kg/hm^2，比对照增产16.7%。1992—2005年累计推广种植面积7.7万hm^2。适宜在山西省无霜期145d以上的稻区种植。

栽培技术要点：①适期稀播育壮秧，注意播前种子用3%的生石灰水浸种72h，然后用清水冲净再播种。争取早播早插，5月中下旬栽秧为宜，栽秧密度以24cm×10.4cm至30cm×10cm为好，每穴栽3～5苗。②施足底肥，适量施用分蘖肥，抽穗前15d左右看叶色巧施穗肥。③水管理要求分蘖中后期适度晒田，抽穗开花期建适度水层，生长后期间歇灌溉，成熟前10d左右撤水，以确保活秆收割。

晋稻6号（Jindao 6）

品种来源：山西省农业科学院作物遗传研究所以800157/喜丰//79-178修饰复交，经连续多年优势定向选择培育而成，原品系名900160。1999年通过山西省农作物品种审定委员会审定。

形态特征和生物学特性：属常规中早粳中熟。感光性弱，感温性强，全生育期160d。株高96cm，苗期抗逆性强，叶片上挺，分蘖力强，分蘖角度小，抽穗集中、整齐，叶色深绿，株型紧凑，剑叶短，穗上位、穗斜；生育后期生理优势明显，灌浆快，籽粒饱满，转色好；属散穗、多穗型品种，单株有效穗15.9穗，穗长18 ~ 22cm，着粒疏密适中，每穗粒数100粒，结实率90%，不落粒；谷粒淡黄、椭圆形，稀短芒，米白色，千粒重27g。

品质特性：糙米率83.6%，精米率75.6%，整精米率73.7%，胶稠度88mm，直链淀粉含量15.4%，糙米蛋白质含量10.2%，长宽比1.7（粒长4.8mm，粒宽2.8mm）等7项指标达到或超过部颁食用稻品种品质一级标准，垩白度1.5%（垩白粒率13%），透明度0.7级，碱消值6级等3项指标达到部颁食用稻品种品质二级标准，且食味佳。

抗性：中抗稻瘟病及纹枯病，抗恶苗病。茎秆坚韧，抗倒伏。

产量及适宜地区：1994—1996年参加山西省水稻区域试验，三年平均单产8 032kg/hm^2，比对照晋稻3号平均增产10.0%；1997年进行生产试验，平均单产8 137kg/hm^2，比对照晋稻3号增产18.3%，最高单产达12 250kg/hm^2。1998—2005年累计推广种植面积3.5万hm^2。适宜在山西省无霜期150d以上的稻区种植及华北、西北、东北南部等大部分稻区种植。

栽培技术要点：①稀播培育壮秧。早育早插，栽秧行株距以（37 ~ 30）cm × 10cm为宜，每穴栽3 ~ 5苗。②氮、磷、钾配合使用，在施足基肥的基础上，重视穗肥。③前期建立浅水层，分蘖中后期必须适度晒田，抽穗期建立水层，生长后期间断灌溉，收割前10d左右撤水。

晋稻8号（Jindao 8）

品种来源：山西省农业科学院作物遗传研究所以晋稻3号/79-227杂交，经过连续多年自交定向选育而成，原品系名970006。2004年和2005年分别通过山西省和国家农作物品种审定委员会审定。

形态特征和生物学特征：属常规中早粳中熟。感光性弱，感温性强，全生育期158d。株高95cm，幼苗健壮，根系发达，分蘖力强，成穗率高，主茎15～16片叶，茎秆坚韧，叶片直立，株型紧凑。成熟后绿叶发点红，散穗，剑叶较长上举，成熟时叶里藏花，斜弯穗，单株有效穗19穗，穗长18.3cm，每穗实粒数80～100粒，着粒疏密适中，结实率高，不落粒；粒大、谷粒较长，谷粒椭圆形、黄色，稀短芒，千粒重27.5g，米白色。

品质特性：糙米率85.3%，整精米率71.4%，垩白粒率13%，垩白度0.6%，透明度0.7级，糊化温度7级，胶稠度80mm，直链淀粉含量18.6%，谷粒长宽比1.9，不完善粒率0.2%，黄米粒0%，含水量11.3%，色泽、气味正常。达到国标优质稻谷二级标准。

抗性：对苗瘟表现抗病（R），对叶瘟和穗瘟均表现中抗（MR），抗纹枯病，轻感恶苗病。抗倒伏，耐盐碱、耐寒。

产量及适宜地区：2000—2002年参加山西省水稻联合区域试验，平均单产8 415kg/hm^2，比对照平均增产9.3%；2002—2003年山西省生产试验，平均单产8 433kg/hm^2，比对照平均增产11.3%。参加北方稻区国家水稻品种区试，两年加权平均单产10 461kg/hm^2，较对照秋光增产3.7%；2004年北方稻区国家水稻生产试验平均单产8 974.5kg/hm^2，比对照秋光增产2.6%。2004—2013年累计推广面积13万hm^2。适宜在山西省无霜期145d以上的稻区种植，以及新疆、宁夏、辽宁、吉林晚熟稻区，陕西榆林、贵州毕节粳稻区和河北、河南、山东等麦茬稻区种植。

栽培技术要点：①播前种子严格消毒。②稀播早育壮秧。③早移栽、稀植少插。④施肥原则。前促、中控、后补，氮、磷、钾配合施用。⑤分蘖中后期晒田要早、要彻底。⑥生长后期干干湿湿间断灌溉，成熟时撤水不可过早，确保活秆收割。⑦适时收获。

晋稻9号（Jindao 9）

品种来源：山西省农业科学院作物遗传研究所1995年以辽盐28/ 0KI-6杂交，经过连续多年定向选育而成，原品系名980172。2005年通过山西省农作物品种审定委员会审定。

形态特征和生物学特性：属常规中早粳中早熟。感光性弱，感温性强，全生育期150d。株高87cm，幼苗健壮，根系发达，分蘖力强，成穗率高，主茎15片叶，茎秆坚韧，叶片直立，株型好，植株整齐，散穗，斜弯穗，单株有效穗14.5穗，生长后期青枝绿叶；穗长18.4cm，平均穗粒数110粒左右，着粒疏密适中，灌浆快，熟期转色好，结实率高，不落粒；谷粒椭圆形、黄色，稀少短芒，千粒重26g，米白色。

品质特性：糙米率83.2%，整精米率70.8%，垩白粒率16%，垩白度1.3%，透明度0.7级，碱消值7级，胶稠度85mm，直链淀粉含量17.3%，谷粒长宽比1.8，不完善粒率0.3%，黄米粒0%，含水量11.1%，色泽、气味正常。达到国标优质稻谷二级标准。

抗性：中感稻瘟病，中抗纹枯病，抗恶苗病。抗倒伏性较强，耐寒性强，耐盐碱。

产量及适宜地区：2001—2003年参加山西省中晚熟水稻区域试验，平均单产8 437.5kg/hm^2，比对照平均增产8.7%；2004年山西省生产试验，平均单产7 914kg/hm^2，比对照平均增产9.4%。参加北方稻区国家水稻品种区试，两年加权平均单产9 996kg/hm^2，较对照秋光增产2.1%。2007年北方稻区国家水稻生产试验平均单产9 846kg/hm^2，比对照秋光增产6.1%。2005—2013年累计推广种植面积2万hm^2。适宜在山西省无霜期140d以上的稻区种植。

栽培技术要点：①育秧。播种前种子严格消毒，稀播早育壮秧。②移栽。适当早移栽，少本稀植。③肥水管理。氮、磷、钾配合施用，施足底肥，追肥遵照前促、中控、后补的原则。分蘖中后期适度晒田，生长后期间断灌溉，保持干干湿湿，严禁深水泡田，成熟时撤水不可过早，确保活秆收割。④病虫害防治。注意防治稻瘟病、纹枯病和二化螟等病虫害。⑤适时早收获。

京系21（Jingxi 21）

品种来源：北京市农林科学院以滨稔（京引134）/科情3号杂交育成。1978年引入山西省太原市试种，1987年5月，经山西省农作物品种审定委员会第13次会议认定。

形态特征和生物学特性：属常规中早粳中熟。生育期在太原市150～155d，忻州地区160～165d，临汾地区130～135d。株高100cm，幼苗生长健壮，苗期耐寒，分蘖力中，成穗率高，单株成穗10个左右，主茎叶15片，叶片稍长，叶宽中等且较直立，叶色绿，株型紧凑，茎秆粗。穗长中等，穗端黄色，穗型散，每穗80粒，不落粒，无芒，千粒重27g，米白色。

品质特性：糙米率82%，米质中等，有腹白，适口性好。

抗性：茎秆有弹性，抗倒伏，中感稻瘟病，适应性强。

产量及适宜地区：1978—1979年，在山西省太原市南郊王郭村评比试验，比对照京系17分别增产12.4%、47.7%；1980—1982年，参加山西省水稻中熟区试，单产7 305kg/hm^2，比对照黎明增产7.7%，名列第一，一般单产7 500kg/hm^2，最高单产可达9 000kg/hm^2。适宜在山西省太原市、忻州、临汾等地（市）中上等肥地种植及晋南可作麦茬稻种植。

栽培技术要点：①无霜期150d的地区，最好采用塑料膜覆盖，早播早栽，以保证正常成熟。②栽秧密度以23cm×10cm为宜，42.75万～45万穴/hm^2，每穴栽4～5苗，迟栽时每穴可栽5～7苗。③注意烤田，干干湿湿，不宜大肥大水。

早丰（Zaofeng）

品种来源：1972年由河北省杨阁庄农垦所引入山西太原市试种。亲本来源可能是用“下北”^{60}Co辐射育成。1987年5月，经山西省农作物品种审定委员会第13次会议认定。

形态特征和生物学特性：属常规中早粳中早熟。在太原生育期144d，成熟比松辽4号长9d左右，株高85cm，分蘖力较强，成穗率高。叶片直立，株型紧凑，茎秆细而坚韧，穗小，粒少，结实率高，千粒重23 ～ 25g。

品质特性：米质好。

抗性：抗倒性较强，高抗稻瘟病。

产量及适宜地区：1973年在山西省太原市南郊区晋祠乡南大寺麦茬试验，单产4 783.5kg/hm^2，比对照松辽4号增产36.3%；1974年晋祠乡王郭村麦茬稻品比试验，单产5 265kg/hm^2，比对照松辽4号增产2.9%，同时，作一季稻示范种植0.08hm^2，单产7 887kg/hm^2。左权县上麻田村麦收后种植0.33hm^2，平均单产7 500kg/hm^2。适宜在山西省太原市、晋中、临汾地区麦茬稻移栽。

栽培技术要点：①适期稀播，育壮苗。壮秧是高产的基础，稀播是壮秧的关键，为了培育壮秧，最好在5月底移栽，45万穴/hm^{2}为宜。②因分蘖力较强，成穗率高，栽植田要施足底肥，分蘖肥施尿素225kg/hm^2，穗肥（抽穗前25 ～ 30d施）施尿素52.5kg/hm^2。③早管勤管，合理用水，插秧后正值山西高温季节，蒸发量大，栽培后要立即灌深水护苗，第一次耕田后放水露一露田，以利发根促苗。

山东

80-473

品种来源：山东省水稻研究所以金林31/喜峰杂交，采用系谱法选育而成，原代号为80-473-1。1990年通过山东省农作物品种审定委员会审定。

形态特征和生物学特性：属常规中粳中熟。全生育期145d，株高95.0cm，分蘖力中等偏强，株型紧凑，茎秆坚实，韧性好。每穗实粒数103粒，结实率91.2%，千粒重25.6g。

品质特性：糙米率82.6%，精米率74.4%，腹白小，无心白，米半透明，适口性好。经湖北省农业科学院农业测试中心分析测定，达到部颁食用稻品种品质一级标准。

抗性：中抗白叶枯病，中抗稻瘟病，耐纹枯病，不抗条纹叶枯病，耐污水灌溉，耐高肥水，抗倒伏。

产量及适宜地区：1984—1985年参加山东省水稻品种区域试验，两年平均产量6 700.5kg/hm^2，比对照日本晴增产7.5%，比对照京引119增产25.0%，列第一位。1985年生产试验，产量6 732.0kg/hm^2，列第一位，比日本晴增产9.2%，比京引119增产9.1%。1985—1997年，累计推广面积达3.1万hm^2。适宜在菏泽、济宁、临沂南部、枣庄市及济南市作麦茬稻种植和黄河三角洲作春茬种植。

栽培技术要点：①春稻薄膜育秧，4月5日开始播种；麦茬稻5月2日播种，秧龄40d。移栽密度33.0万～37.5万穴/hm^2，每穴栽3～4苗。②氮、磷、钾配方施肥，施纯氮145.0～185.0kg/hm^2，五氧化二磷60.0～75.0kg/hm^2（作底肥），氧化钾90.0～112.5kg/hm^2（作底肥和追肥）。前期促早发、中期增穗粒、后期保壮健。③结合灌水，适时适量追肥，以水调肥，以水控长。要求返青肥、促蘖肥占总追肥量的60%，穗肥、粒肥占总肥量的40%，孕穗、扬花、灌浆期，确保水足肥足，蜡熟后期，停止灌水。④浸种剂浸种防恶苗病，秧田注意防治灰飞虱、稻蓟马、苗瘟，7月中旬至8月上旬、8月下旬注意防治纹枯病、稻瘟病。

临稻10号（Lindao 10）

品种来源：临沂市水稻研究所以临89-27-1/日本晴杂交，采用系谱法选育而成，原代号94-7。2002年通过山东省农作物品种审定委员会审定。

形态特征和生物学特性：属常规中粳中熟。全生育期157d，株高95.0cm，分蘖力较强，株型紧凑，剑叶宽短，上举，叶色浓绿。直穗，每穗实粒数107粒，结实率92.1%，千粒重24.8g。

品质特性：整精米率65.2%，碱消值7.0级、胶稠度77.0mm，直链淀粉含量16.5%，蛋白质含量11.9%，谷粒长宽比1.7，6项指标达到部颁一级优质米标准；糙米率82.9%、精米率73.9%、垩白度1.8%，3项指标达到部颁食用稻品种品质二级标准。

抗性：稻瘟病轻度或中等发生，纹枯病轻度发生，抗条纹叶枯病，抗倒伏性强。

产量及适宜地区：1999—2000年参加山东省水稻品种区域试验，两年平均产量8 968.5kg/hm^2，比对照品种圣稻301增产17.8%。2001年参加生产试验，平均产量8 818.5kg/hm^2，比对照品种圣稻301增产24.2%，2001—2010年共种植10.4万hm^2。适宜在济宁滨湖稻区和临沂库灌稻区推广种植。

栽培技术要点：①药剂浸种，防止恶苗病发生，用种量600.0kg/hm^2，移栽密度27.0万～33.0万穴/hm^2。②重施底肥，轻施追肥，氮：五氧化二磷：氧化钾为15 ：8 ：10，中后期控制氮肥，多施钾肥。③注意防治纹枯病、稻瘟病、二化螟、稻纵卷叶螟，破口期前后，重点防治稻瘟病。

临稻11（Lindao 11）

品种来源：沂南县水稻研究所从镇稻88变异株选育而成。2004年通过山东省农作物品种审定委员会审定。

形态特征和生物学特性：属常规中粳中熟。全生育期152d，株高95cm，分蘖力较强，株型较好，生长清秀，叶片深绿。直穗型，穗长约16cm，结实率87.3%，谷粒较大，易落粒，成熟落黄较好，千粒重26.5g。

品质特性：糙米率85.2%，精米率75.9%，整精米率68.8%，垩白粒率29.0%，垩白度3.5%，透明度1级，碱消值7级，胶稠度62.0mm，直链淀粉含量18.0%，蛋白质含量10.1%，粒长4.8mm，谷粒长宽比1.7。测试的指标有8项达到部颁食用稻品种品质一级标准，1项达到部颁食用稻品种品质二级标准。

抗性：中抗苗瘟、穗颈瘟、白叶枯病，抗条纹叶枯病。

产量及适宜地区：2001—2002年参加山东省水稻品种区域试验，两年平均产量8 959.5kg/hm^2，比对照圣稻301增产20.6%，2002年区域试验比第二对照豫粳6号增产6.3%；2003年参加生产试验，平均产量7 188.8kg/hm^2，比对照豫粳6号增产7.2%。2006—2010年共种植面积14.0万hm^2。适宜在山东临沂库灌稻区、沿黄稻区推广利用。

栽培技术要点：①药剂浸种，防止恶苗病发生，移栽密度22.5万～33.0万穴/hm^2。②重施底肥，轻施追肥，中后期控制氮肥，多施钾肥。③收获前不能断水过早，防止早衰。④注意防治纹枯病、稻瘟病、二化螟、稻纵卷叶螟，破口期前后，重点防治稻瘟病。

临稻12（Lindao 12）

品种来源：临沂市水稻研究所用$^{60}Co\gamma$射线10.32C/kg辐射处理豫粳6号选育而成，原代号99-7。2006年通过山东省农作物品种审定委员会审定。

形态特征和生物学特性：属常规中粳中熟。生育期155d，株高102.0cm，株型紧凑，剑叶上冲，叶色淡绿，直穗型，穗长16.0cm，结实率79.2%，千粒重24.5g。

品质特性：糙米率83.9%，精米率76.8%，整精米率73.8%，垩白粒率34%，垩白度4.9%，透明度2级，碱消值7.0级，胶稠度65.0mm，直链淀粉含量18.2%，蛋白质含量10.2%，粒长5.2mm，长宽比1.9。达到部颁食用稻品种品质三级标准。

抗性：中感苗瘟、穗颈瘟，白叶枯病苗期感病、成株期中抗。抗倒伏性一般。

产量及适宜地区：2003—2004年参加山东省水稻区域试验，平均产量7 546.5kg/hm^2，比对照豫粳6号增产8.1%；2005年生产试验，平均产量7 627.5kg/hm^2，比对照豫粳6号增产2.6%。2006—2010年共种植面积1万hm^2。适宜在鲁南、鲁西南地区作为麦茬稻推广种植。

栽培技术要点：①药剂浸种，防治恶苗病。②移栽密度33.0万穴/hm^2，每穴栽3～4苗。③适宜“一炮轰”施肥法，大田底肥一般施纯氮225.0kg/hm^2，氮、磷、钾肥比例1∶0.5∶0.8。移栽后5～7d，追分蘖肥尿素150.0kg/hm^2，大田中后期尽量少施或不施氮肥，防止贪青晚熟。④苗期注意防治稻蓟马、条纹叶枯病。7月中下旬至8月上旬防治稻纵卷叶螟、稻飞虱、纹枯病；8月中、下旬至9月上旬防治穗颈瘟、稻曲病、稻飞虱。

临稻13（Lindao 13）

品种来源：临沂市水稻研究所以89-27-1/盘锦1号杂交，采用系谱法选育而成。2008年通过山东省农作物品种审定委员会审定。

形态特征和生物学特性：属常规中粳早熟。该品种中感光性和感温性，全生育期149d，株高87.6cm，株型紧凑，茎秆粗壮，弹性好，穗长13.7cm，结实率88.5%，谷粒呈阔卵形，谷粒较大，谷壳较薄，千粒重27.8g。

品质特性：糙米率84.4%，精米率75.1%，整精米率73.3%，垩白粒率30%，垩白度3.2%，胶稠度76.0mm，直链淀粉含量16.0%。达到部颁食用稻品种品质三级标准。

抗性：中感苗瘟，中抗穗颈瘟，中感白叶枯病。

产量及适宜地区：2005—2006年参加山东省水稻品种中粳早熟组区域试验，两年平均产量8 383.5kg/hm^2；2007年生产试验，平均产量8 787.0kg/hm^2。2008—2010年共种植面积0.2万hm^2。适宜在临沂库灌稻区、沿黄稻区推广利用。

栽培技术要点：①药剂浸种，防治恶苗病。②临稻13株型紧凑、分蘖力中等，移栽密度33.0万穴/hm^2，每穴栽3 ~ 5苗。③施肥以增加穗数和每穗粒数为主，以前促、中控、后补为原则，重施分蘖肥，控制最高分蘖，补足穗粒肥。④苗期注意防治稻蓟马、灰飞虱。7月中下旬至8月上旬防治稻纵卷叶螟、二化螟、灰飞虱、纹枯病；8月中、下旬至9月上旬防治穗颈瘟、稻曲病、灰飞虱。

临稻15（Lindao 15）

品种来源：临沂市水稻研究所以临稻10号/临稻4号杂交，采用系谱法选育而成。2008年通过山东省农作物品种审定委员会审定。

形态特征和生物学特性：属常规中粳中熟。全生育期156d，株高98.6cm，株型紧凑，剑叶上冲，根系发达，穗长15.0cm，结实率84.0%，谷粒椭圆形，长宽比2左右，间白色短芒，落色金黄，千粒重25.6g。

品质特性：糙米率86.7%，精米率77.9%，整精米率76.1%，垩白粒率11.0%，垩白度0.8%，胶稠度84.0mm，直链淀粉含量17.0%。达到部颁食用稻品种品质二级标准。

抗性：中感苗瘟、穗颈瘟；白叶枯病苗期感病，成株期中感。

产量及适宜地区：2005—2006年参加山东省水稻品种中粳中熟组区域试验，两年平均产量8 848.5kg/hm^2；2007年生产试验，平均产量8 841.0kg/hm^2，2008—2010年共种植面积0.3万hm^2。适宜在鲁南、鲁西南地区作为麦茬稻推广利用。

栽培技术要点：①药剂浸种，防治恶苗病。②稀谷培育壮秧，移栽密度30.0万～33.0万穴/hm^2。③施肥掌握前重后轻的原则，大田施足底肥，移栽后5～7d，追施分蘖肥，大田中后期尽量少施或不施氮肥，防止贪青晚熟。④苗期注意防治稻蓟马、灰飞虱。7月中下旬至8月上旬防治稻纵卷叶螟、二化螟、灰飞虱、纹枯病；8月中、下旬至9月上旬防治穗颈瘟、稻曲病、灰飞虱，重点防治穗颈瘟。

临稻16（Lindao 16）

品种来源：沂南县水稻研究所以临稻11/淮稻6号杂交，采用系谱法选育而成。2009年通过山东省农作物品种审定委员会审定。

形态特征和生物学特性：属常规中粳中熟。全生育期150d，株高101.5cm，株型集散适中，茎秆粗壮且富有弹性，穗长14.0cm，结实率92.1%，谷粒较大，壳薄，出米率高，千粒重27.8g。

品质特性：糙米率86.0%，精米率77.6%，整精米率76.1%，垩白粒率16.0%，垩白度2.2%，胶稠度78.0mm，直链淀粉含量18.0%。达到部颁食用稻品种品质二级标准。

抗性：感穗颈瘟，抗白叶枯病，抗倒伏性较强。

产量及适宜地区：2006年参加山东省水稻品种中粳中熟组区域试验，平均产量8 988.0kg/hm^2，2007年平均产量9 600.0kg/hm^2；2008年生产试验，平均产量9 639.0kg/hm^2。2009—2015年共种植19.1万hm^2。适宜在鲁南、鲁西南地区作为麦茬稻推广利用。

栽培技术要点：①药剂浸种，防治恶苗病和干尖线虫病。鲁西南，5月5日左右播种，6月中旬移栽。②总施氮量270.0kg/hm^2，基蘖肥与穗肥比例为6 ：4，做到有机无机相结合，氮磷钾平衡施用。通过节水模式灌溉，控制中期群体，提高成穗率，增强水稻的抗逆能力。③该品种适宜密度27.0万～30.0万穴/hm^2，每穴栽3～4苗。④苗期注意防治稻蓟马、灰飞虱。7月中下旬至8月上旬防治稻纵卷叶螟、二化螟、灰飞虱、纹枯病，8月中、下旬至9月上旬防治穗颈瘟、稻曲病、灰飞虱，由于该品种感穗颈瘟，在破口前后一周喷施防治穗颈瘟药剂，重点防治穗颈瘟。

临稻17（Lindao 17）

品种来源：沂南县水稻研究所以临稻11// 中粳315/临稻4号杂交，采用系谱法选育而成。2009年通过山东省农作物品种审定委员会审定。

形态特征和生物学特性：属常规中粳早熟。全生育期144d，株高95.5cm，株型紧凑，茎秆粗壮，穗长14.2cm，结实率87.4%，千粒重25.2g。

品质特性：糙米率83.7%，精米率76.1%，整精米率74.4%，垩白粒率4.0%，垩白度0.4%，胶稠度86.0mm，直链淀粉含量17.2%。达到部颁食用稻品种品质一级标准。

抗性：中抗穗颈瘟和白叶枯病，抗倒伏性较强。

产量及适宜地区：2006—2007年参加山东省水稻品种中粳早熟组区域试验，两年平均产量8 424.5kg/hm^2；2008年生产试验，平均产量8 022.0kg/hm^2。适宜在临沂库灌稻区、沿黄稻区推广利用。

栽培技术要点：①药剂浸种，防治恶苗病和干尖线虫病。②总施氮量300kg/hm^2，基蘖肥与穗肥比例为6 ∶ 4，做到有机无机相结合，氮磷钾平衡施用，收获前不能断水过早，防止早衰。③该品种适宜密度28.5万～31.5万穴/hm^2，每穴栽3 ～ 4苗。④苗期注意防治稻蓟马、灰飞虱。7月中下旬至8月上旬防治稻纵卷叶螟、二化螟、灰飞虱、纹枯病，8月中、下旬至9月上旬防治穗颈瘟、稻曲病。

临稻18（Lindao 18）

品种来源：沂南县水稻研究所以京稻23/临稻10号杂交，采用系谱法选育而成。2010年通过山东省农作物品种审定委员会审定。

形态特征和生物学特性：属常规中粳早熟。全生育期145d，株高97.0cm，株型松紧适中，叶片深绿，剑叶上举，略有反转，穗长15.7cm，结实率86.8%，千粒重24.9g。

品质特性：糙米率83.7%，整精米率71.5%，垩白粒率12.0%，垩白度1.7%，胶稠度61mm，直链淀粉含量16.8%。达到部颁食用稻品种品质二级标准。

抗性：中感稻瘟病。

产量及适宜地区：2007年参加山东省水稻品种中粳早熟组区域试验，平均产量8 217.0kg/hm^2，2008年平均产量8 544.0kg/hm^2；2009年生产试验，平均产量8 505.0kg/hm^2。适宜在临沂库灌稻区、沿黄稻区种植利用。

栽培技术要点：①药剂浸种，防治恶苗病。②施肥掌握前重后轻的原则，大田施足底肥，移栽后5～7d追施分蘖肥，大田中后期尽量少施或不施氮肥，防止贪青晚熟，后期断水不要太早，防止早衰。③该品种适宜密度30.0万～33.0万穴/hm^2，每穴栽3～4苗。④苗期注意防治稻蓟马、灰飞虱。7月中下旬至8月上旬防治稻纵卷叶螟、二化螟、灰飞虱、纹枯病，8月中、下旬至9月上旬防治穗颈瘟、灰飞虱，重点防治穗颈瘟。

临稻3号（Lindao 3）

品种来源：山东省临沂地区水稻试验站以山法师（京引119）/野地黄金杂交，采用系谱法选育而成。

形态特征和生物学特性：属常规中粳早熟。全生育期145d，株高105cm。株型紧凑，茎秆坚韧，叶片宽且挺直，穗颈较粗短，分蘖力中等，成穗率高，穗实粒85粒，微顶芒，千粒重27g。

品质特性：出米率高，米质优良，1985年被农牧渔业部评为优质米。

抗性：抗白叶枯病和胡麻叶斑病，中抗稻瘟病，中感纹枯病，不抗条纹叶枯病，抗倒性较差。

产量及适宜地区：一般产量6 500kg/hm^2，高产田块可达7 500kg/hm^2。适宜在鲁东南、鲁中作麦茬稻栽培。

栽培技术要点：①稀播育壮秧，秧龄45d左右。②行株距23cm×10cm，每穴栽3～4苗。③合理施肥，除氮磷钾搭配外，氮肥比例为基肥40%、蘖肥30%、穗肥30%。④前期浅水勤灌，分蘖后期间歇灌溉，干湿交替。

临稻4号（Lindao 4）

品种来源：山东省沂南县水稻研究所、临沂市水稻研究所以南粳15/京系66-204杂交，采用系统法选育而成。1992年通过山东省农作物品种审定委员会认定。

形态特征和生物学特性：属常规中粳中熟。春播生育期150 ~ 160d，夏播145 ~ 150d。株高110.0 ~ 120.0cm，株型紧凑，叶色浓绿，茎秆硬，有弹性。穗长18.0 ~ 20.0cm，穗码较稀，穗实粒数100粒左右，结实率92.3%，千粒重29.3g。

品质特性：糙米率85.0%，精米率75.0%，整精米率73.2%，垩白粒率23.0%，垩白度2.2%。达到部颁食用稻品种品质三级标准。

抗性：较耐干旱，抗倒伏。

产量及适宜地区：一般产量7 050.0kg/hm^2，1987—2010年共种植面积26.3万hm^2。适宜在济宁滨湖稻区、临沂库灌区推广种植。

栽培技术要点：①播种前进行种子消毒，防治稻恶苗病。②合理密植，秧龄45d左右，移栽密度30.0万～36.0万穴/hm^2，每穴栽3 ~ 4苗。③施足基肥，巧施追肥。④生育前期浅水勤灌，生育后期干湿相间，适时烤田。⑤生育中期和后期注意防治叶枯病、纹枯病和稻纵卷叶螟、二化螟、灰飞虱等病虫害。

临稻6号（Lindao 6）

品种来源：临沂市水稻研究所以71-6-10/青须稻杂交，采用系谱法选育而成，原代号8202。1999年通过山东省农作物品种审定委员会审定。

形态特征和生物学特性：属常规中粳早熟。全生育期145d，株高100.0cm，分蘖力中等，茎秆坚韧，富有弹性。每穗实粒数117粒，结实率92.5%。

品质特性：糙米率83.2%，精米率75.1%，整精米率74.3%，垩白粒率2%，垩白大小7.5%，垩白度0.15%，透明度1级，碱消值7.0级，胶稠度83mm，直链淀粉含量18.7%，蛋白质含量9.57%。各项指标均达到或超过部颁食用稻品种品质一级标准，为优质稻米。

抗性：稻瘟病、白叶枯病、纹枯病均表现中抗以上，抗倒伏性强。

产量及适宜地区：产量6 750～8 250kg/hm^2，适宜在济宁滨湖稻区和临沂库灌稻区推广种植。

栽培技术要点：①药剂浸种，防止恶苗病发生，用种量300～450kg/hm^2。②氮：五氧化二磷：氯化钾为16 ：8 ：15，遵循重前、保中、稳后原则。③注意防治纹枯病、稻瘟病、二化螟、稻纵卷叶螟，破口期前后重点防治稻瘟病。

临稻9号（Lindao 9）

品种来源：山东省临沂市水稻研究所从豫粳6号变异株中选育而成，原代号优系-2。2002年通过山东省农作物品种审定委员会审定。

形态特征和生物学特性：属常规中粳中熟。全生育期155d，株高95.0cm，株型紧凑，分蘖力强，叶色浓绿，剑叶宽短、上举。直穗，穗长15.2cm，结实率88.0%，谷粒长宽比1.7，千粒重25.5g。

品质特性：糙米率84.2%，精米率77.5%，整精米率76.9%，垩白粒率1.0%，垩白度0.2%，碱消值7.0级，胶稠度100.0mm，直链淀粉含量17.3%，蛋白质含量10.6%等指标达到部颁食用稻品种品质一级标准，透明度指标达到部颁食用稻品种品质二级标准。

抗性：中抗稻瘟病，抗倒伏性好。

产量及适宜地区：1999—2000年参加山东省水稻品种区域试验，1999年区域试验平均产量8 803.4kg/hm^2，比对照京引119增产17.8%，2000年平均产量8 724.8kg/hm^2，比对照京引119增产21.3%；2001年在山东省水稻生产试验中，平均产量8 271.0kg/hm^2，比对照增产16.5%。据山东省种子管理站统计，2002年和2007年两年种植面积0.5万hm^2。适宜在济宁滨湖稻区、临沂库灌区以及东营、枣庄等地推广种植。

栽培技术要点：①播种前进行种子消毒，防治恶苗病。②移栽密度30.0万～36.0万穴/hm^2，每穴栽2～3苗。③施足基肥，大田中后期少施氮肥。④生育后期，干湿相间，适时烤田。⑤苗期注意防治稻蓟马、烂秧病。7月中下旬至8月上旬防治稻纵卷叶螟、灰飞虱、纹枯病。生育中期和后期注意防治叶枯病、纹枯病和稻螟虫、稻飞虱等病虫害，8月中下旬至9月上旬防治穗颈瘟、稻曲病、灰飞虱。

临粳8号（Lingeng 8）

品种来源：临沂市河东区农业局、兰山区农业局以台中31/郑粳//36天杂交，选择优株，辐射诱变，选育而成，原代号92-14、叶藏金、D291、河粳1号及D291-98。2000年通过山东省农作物品种审定委员会审定。

形态特征和生物学特性：属常规中粳中熟。全生育期150d，株高106.0cm，株型紧凑，剑叶上举，茎秆粗壮，下部叶片直挺，与茎夹角大，倒2～4叶夹角小，剑叶垂直立于穗上，一般高出穗顶20～30cm，茎节不外露且鞘叶包被紧，穗颈节光滑，穗呈半圆形，结实率89.4%，千粒重28.0g。

品质特性：糙米率、精米率、整精米率、长宽比、透明度、碱消值、直链淀粉含量、蛋白质含量8项指标达到部颁食用稻品种品质一级标准。

抗性：较抗水稻纹枯病、白叶枯病、稻瘟病。

产量及适宜地区：1997—1998年参加山东省水稻区域试验，平均产量7 894.4kg/hm^2，比对照京引119增产7.7%；1999年生产试验，平均产量7 252.5kg/hm^2，比对照京引119增产1.0%，生育期比对照京引119长4d，2000—2001年共种植面积2.5万hm^2。适宜在济宁、临沂北部推广种植。

栽培技术要点：①一般在5月上旬播种，播种量450.0～525.0kg/hm^2；6月中下旬移栽完，移栽密度37.5万～52.5万穴/hm^2，行距25.0cm，株距12.0cm，每穴栽3～4苗。②全生育期施纯氮270.0kg/hm^2，大田底肥施纯氮195.0kg/hm^2，氮磷钾比例为1∶0.5∶0.8，移栽后5～7d，施尿素150.0kg/hm^{2}作返青分蘖肥，大田中后期尽量少施氮肥，酌施钾肥。③秧田期注意及时防治稻蓟马、叶蝉、灰飞虱及条纹叶枯病，大田期综合防治纹枯病、稻瘟病、稻曲病及稻纵卷叶螟、稻飞虱、二化螟等病虫害。

临沂塘稻（Linyitangdao）

品种来源：山东省地方水稻品种，产于山东省临沂市塘崖村一带，距今1 000多年栽种史。

形态特征和生物学特性：该品种属常规粳稻。全生育期130d左右，株高116.0cm，茎秆较硬，分蘖力弱，株型松散，叶鞘、节间和柱头为紫色，护颖尖和颖壳为紫褐色，种皮浅紫色，穗长25.6cm，每穗87.6粒，结实率77.0%，千粒重25.4g。

品质特性：出糙率73.2%。生米、熟米均有浓郁的香味，食味佳，是制作元宵、粽子和糕点等的上等原料。

抗性：苗期感稻瘟病，中抗白叶枯病，中感褐稻飞虱和白背飞虱。

适宜地区：适宜在济宁滨湖稻区和临沂库灌稻区推广种植。

栽培技术要点：①药剂浸种，防止恶苗病发生。②注意防治纹枯病、稻瘟病、二化螟、稻飞虱，重点防治稻瘟病。

鲁稻1号（Ludao 1）

品种来源：山东农业大学以日本晴//郑粳12/筑紫晴杂交，采用系谱法选育而成，原代号山农87-9。1993年通过山东省农作物品种审定委员会审定。

形态特征和生物学特性：属常规中粳中熟。全生育期151d，株高105.0cm，株型紧凑，叶片较窄，叶色绿，穗长20cm，平均每穗粒数95粒，结实率85%～90%，粒色淡黄，谷粒椭圆形，无芒，千粒重26g。

品质特性：垩白粒率37%，米质较好。

抗性：抗白叶枯病，轻感穗颈瘟和纹枯病，抗倒伏。

产量及适宜地区：一般产量7 500kg/hm^2，高产田块可达9 000kg/hm^2。适宜在鲁南滨湖地区和黄淮同类地区作麦茬稻栽培。

栽培技术要点：①稀播育壮秧。一般4月底至5月初播种，秧龄45d左右。②行株距25cm×12cm，每穴栽4～5苗，移栽前施足叶面肥。③合理施肥，除氮磷钾搭配外，前期追施总氮量的40%，促蘖早发。中期轻施促花、保花肥。④插秧后浅水促分蘖，注意适期晾田，控制无效分蘖，分蘖后期间歇灌溉，干湿交替，黄熟前5d左右停水。⑤注意防治稻纵卷叶螟、稻飞虱、穗颈瘟及纹枯病。

鲁粳1号（Lugeng 1）

品种来源：山东省水稻研究所以辐稔/桂花黄杂交，采用系谱法选育而成。

形态特征和生物学特性：属常规中粳早熟。生育期146d左右，株高116.2cm，茎秆粗壮，穗长16.3cm，穗粒数183.7粒，结实率89.2%，千粒重23.2g。

品质特性：糙米率82.0%，精米率74.0%，碱消值6.8级，胶稠度82.0mm，直链淀粉含量19.0%，支链淀粉含量67.1%，蛋白质含量8.6%，赖氨酸含量0.3%。

抗性：抗白叶枯病，中抗纹枯病，轻感稻瘟病，耐肥，抗倒伏。

产量及适宜地区：平均产量7 500kg/hm^2，1978—1992年累计种植面积8.0万hm^2。适宜在鲁南稻区作麦茬稻，鲁中稻区作麦茬或春稻，鲁北区作一季春稻种植。

栽培技术要点：①5月6日播种。②移栽密度37.5万穴/hm^2，每穴栽3～5苗，行距25cm，株距12cm。③施纯氮240.0kg/hm^2，氮、磷、钾比例1：0.5：0.63，重施基肥，大田中后期少施氮肥，移栽后5～7d，追分蘖肥施尿素150.0kg/hm^2，后期视苗情补施穗肥。防止追肥过多、过晚，造成贪青晚熟。④7月中、下旬至8月上旬防治稻纵卷叶螟、稻飞虱、纹枯病；8月中、下旬至9月上旬防治穗颈瘟、稻曲病、稻飞虱。

鲁粳12（Lugeng 12）

品种来源：山东省水稻研究所以零贵40/IR59606-119-3杂交，采用系谱法选育而成，原代号94-23。2000年通过山东省农作物品种审定委员会审定。

形态特征和生物学特性：属常规中粳中熟。株型紧凑，剑叶上举、宽短，叶色浓绿。分蘖力强，成穗率高，直穗，着粒密，全生育期155d左右，株高103.0cm，平均穗长16.6cm，每穗粒数158粒，结实率87.4%，千粒重23.0g。

品质特性：糙米率84.7%，精米率76.2%，米粒椭圆形，胶稠度50.0mm，直链淀粉含量18.2%，蛋白质含量9.1%。综合评分60分，达到部颁食用稻品种品质一级标准。

抗性：抗穗颈瘟，中抗白叶枯病菌株Ⅲ—Ⅷ型。生产示范田的纹枯病轻度发生。

产量及适宜地区：1997—1998年参加了山东省水稻区域试验，平均产量8 809.5kg/hm^2，比对照京引119增产20.1%。适宜在鲁南、鲁西南作麦茬稻、鲁北作一季春稻推广利用。

栽培技术要点：①4月25日至5月5日播种。播种前用药剂处理，播种量375.0 ~ 450kg/hm^2。②秧苗1叶1心至2叶1心喷多效唑控苗促蘖。6月25日前插完秧，行距25cm，株距13cm，每穴栽3 ~ 4苗。③插秧前施磷酸二铵225.0kg/hm^2、硫酸钾150.0kg/hm^2、硫酸锌30.0kg/hm^{2}和尿素150.0kg/hm^{2}作底肥；插完秧3 ~ 5d，施返青分蘖肥尿素375.0 ~ 450.0kg/hm^2，促蘖增穗。幼穗分化至扬花灌浆期，追施总肥量的35%，防止颖花退化，攻大穗，增粒重。防止追肥过多过晚，造成贪青晚熟。

鲁香粳1号（Luxianggeng 1）

品种来源：山东农业大学以明水香稻/京引99的F_1代//山农花106杂交，采用系谱法选育而成，原代号为农香83-2-1。1989年5月由山东省农作物品种审定委员会审定，审定编号鲁种审字0101号。

形态特征和生物学特性：属粳型常规水稻，中粳早熟。生育期110～118d，株高75～78cm，成穗率72.4%～75%，穗长19.7～22cm，每穗实粒数65～75粒，千粒重24～27.3g。株型紧凑，上3叶与主茎夹角较小，3叶面积较大，叶色深绿，分蘖力较强，成熟期落黄好，谷壳金黄。

品质特性：出糙率78%，米质上乘，食味佳，蒸煮香味较浓，为粳型香稻。

抗性：该品种抗性较强，稻瘟病、纹枯病、胡麻叶斑病等发生较轻。

产量及适宜地区：1987—1988年在山东省莒县、临沂等地的麦茬水稻旱直播品比试验中平均产量3 915kg/hm^2，比郑州早粳3 525kg/hm^2平均增产10.97%，比中远2号产量略高，1997—1998年共种植1133.3hm^2。

栽培要点：①5月1日至5月10日播种。播种前用药剂处理，播种量375～450kg/hm^2。②6月25日前插完秧。行距25cm，株距13cm，每穴栽3～4苗。③插秧前施磷酸二铵225kg/hm^2、硫酸钾150kg/hm^2、硫酸锌30kg/hm^2和尿素150kg/hm^2作底肥；插完秧3～5d，施返青分蘖肥尿素375～450kg/hm^2，促蘖增穗。防止追肥过多过晚，造成贪青晚熟。④注意防治灰飞虱、纹枯病、稻瘟病。

鲁香粳2号（Luxianggeng 2）

品种来源：山东省水稻研究所以曲阜香稻/农垦57//日本晴杂交，采用系谱法选育而成的浓香型粳稻品种，原代号86-295。1994年通过山东省农作物品种审定委员会审定。

形态特征和生物学特性：属常规中粳中熟。感光性弱，全生育期143～151d，株高105.5cm，茎秆粗壮，剑叶短，夹角小，株型紧凑，柱头紫色，颖尖紫褐色，谷粒阔卵形，穗长19.5cm，每穗110.6粒，结实率89.1%，千粒重26.3g。

品质特性：糙米率82.3%，精米率74.1%，整精米率67.1%，胶稠度65.0mm，直链淀粉含量13.0%，蛋白质含量8.5%，谷粒长宽比为1.7。该品种米粒晶莹洁白，半透明，具有浓郁香味，蒸煮时香味扑鼻，饭粒完整、有光泽、香软，适口性甚佳。

抗性：抗白叶枯病和叶瘟，轻感穗颈瘟，中感纹枯病。

产量及适宜地区：1992—1993年参加山东省水稻区域试验，平均产量6 525.0kg/hm^2。适宜在鲁中、鲁南及黄淮麦茬稻稻区种植，也适宜在黄河三角洲春稻区种植。

栽培技术要点：①5月中上旬播种，播种量450.0～525.0kg/hm^2，秧龄40～45d，6月20日前插秧，行距24cm，株距13cm。②生长中期节制肥水，防止植株过高造成倒伏。③生长后期注意及时防治褐飞虱和白背飞虱的为害。

明水香稻（mingshuixiangdao）

品种来源：明水香稻，也称大红芒，小红芒。因产于济南市章丘区明水镇而得名，是山东省的著名特产之一。其粒微黄、呈半透明状，颗粒饱满、米质坚硬、色泽透明、油润光亮；用来蒸米饭、煮稀饭即使盖锅盖，仍香气四溢，民间有“一株开花几里香，一家煮饭香全庄”的赞誉；米饭吃起来十分爽口，清香之气能令人食欲大增，回味无穷，所以济南百姓俗称“香米”。

形态特征和生物学特性：属粳型常规水稻，中粳中熟品种。全生育期约160d。大红芒株高130～150cm，剑叶长约40cm，芒红色，长约5cm，穗中间型，谷粒椭圆形，易倒伏。小红芒株高120～140cm，芒长、穗长短于大红芒，着粒密，抗倒性较好。

品质特性：大红芒主要品质指标：出糙率83.9%，精米率73.3%，直链淀粉含量16.5%，胶稠度65mm，透明度1级。香、优、鲜、爽、珍。明水香米含蛋白质含量8.83%，赖氨酸含量0.30%，淀粉含量69.73%，脂肪含量2.87%。

抗性：稻瘟病中度或重度发生。

产量及适宜地区：大红芒平均产量3 000kg/hm^2，小红芒平均产量6 000kg/hm^2。产地集中于百脉泉泉头下游，以泉水灌溉为主。

栽培技术要点：①5月上中旬播种，当地日均温度10℃以上播种。每公顷用种量600kg，每公顷秧田施用腐熟土杂肥15 000kg，或复合肥（N-P_2O_5-K_2O：15-15-15）225kg作底肥。②出苗至2.5叶期保持土壤湿润。③2.5叶期，每公顷追施尿素75kg，移栽前3～4d，施尿素45～75kg/hm^2，施肥时保持水层。④注意防治纹枯病、稻瘟病、二化螟、稻纵卷叶螟，破口期前后，重点防治稻瘟病。

曲阜香稻（qufuxiangdao）

品种来源：山东省地方水稻品种。产于山东省曲阜市城南门外的南泉、小泉一带。

形态特征和生物学特性：该品种属常规粳稻。全生育期165～175d，株高160.0cm，分蘖力强，叶色淡绿，剑叶长披，穗长23.7cm，平均每穗100粒左右，结实率86.0%，千粒重30g。

品质特性：出糙米率78%。米色青白，腹白小，米质优良，香味醇浓。氨基酸、粗蛋白质和粗脂肪含量分别为8.3%、9.1%、1.7%。

抗性：易感稻瘟病，秆软易倒伏。

产量及适宜地区：平均产量2 250kg/hm^{2}左右，适宜在济宁滨湖稻区和临沂库灌稻区推广种植。

栽培技术要点：①药剂浸种，防止恶苗病发生。②注意防治稻瘟病。

山农601（Shannong 601）

品种来源：山东农业大学与临沂市水稻研究所以临94-31-1/京引153杂交，采用系谱法选育而成。2009年通过山东省农作物品种审定委员会审定。

形态特征和生物学特性：属常规中粳早熟。生育期147d，株高102.3cm，穗长15.7cm，每穗总粒数123粒，结实率83.5%，千粒重25.1g。

品质特性：糙米率82.4%，精米率74.8%，整精米率73.3%，垩白粒率7.0%，垩白度0.6%，胶稠度72.0mm，直链淀粉含量16.5%。达到部颁食用稻品种品质一级标准。

抗性：感穗颈瘟，中抗白叶枯病。

产量及适宜地区：2006—2007年参加山东省水稻区域试验，两年平均产量7 894.5kg/hm^2，比对照香粳9407增产7.7%；2008年生产试验，平均产量8 044.5kg/hm^2，比对照津原45增产7.3%。适宜在临沂库灌稻区、沿黄稻区推广利用。

栽培技术要点：①严格药剂浸种，预防恶苗病。②移植壮秧，合理密植。行距25cm，株距12cm，每穴栽3～5苗。③合理施肥，大田总施纯氮300.0kg/hm^2、五氧化二磷120.0kg/hm^2、氧化钾150.0kg/hm^2，并酌施锌、硼、硅等微肥。④综合防治病虫害，中期注意防治纹枯病和稻飞虱，孕穗至齐穗期注意防治稻曲病。

圣稻13（Shengdao 13）

品种来源：山东省水稻研究所以武优34/T022杂交，采用系谱法选育而成。2006年通过山东省品种审定委员会审定。

形态特征和生物学特性：属常规中粳中熟。生育期156d，株高94.0cm，株型紧凑，生长清秀，叶色深绿，分蘖力中等，半直穗型，穗长16.0cm，穗实粒数124粒，结实率83.2%，落粒性中等，落黄较好，千粒重24.3g。

品质特性：糙米率84.0%，精米率76.1%，整精米率74.2%，垩白粒率23.0%，垩白度2.2%，透明度2级，碱消值7.0级，胶稠度61.0mm，直链淀粉含量16.3%，蛋白质含量10.3%，粒长4.9mm，长宽比1.8。达到部颁食用稻品种品质二级标准。

抗性：中抗苗瘟，高抗穗颈瘟，苗期高感白叶枯病、成株期中感白叶枯病。

产量及适宜地区：2004年参加山东省水稻区域试验，平均产量8 308.2kg/hm^2，比对照豫粳6号减产1.7%，2005年区域试验，平均产量9 219.9kg/hm^2，比对照豫粳6号增产9.3%；2006年生产试验，平均产量8 379.6kg/hm^2，比对照豫粳6号增产12.7%。2006—2010年共种植面积3.1万hm^2。适宜在鲁南、鲁西南地区作为麦茬稻推广种植。

栽培技术要点：①在鲁南、鲁西南作麦茬稻，于5月1—10日播种，6月中旬插秧，在鲁北作一季春稻栽培，于4月20日前后播种，5月底6月初插秧。②施纯氮270.0kg/hm^2，主要作底肥、分蘖肥，酌情施穗肥。③插秧后深水护苗，浅水分蘖，抽穗扬花期不能缺水，灌浆期干湿交替。④苗期注意防治稻蓟马、飞虱，6月下旬至7月上中旬防治条纹叶枯病，7月下旬至8月底防治螟虫。

圣稻14（Shengdao 14）

品种来源：山东省水稻研究所以武优34/T022杂交，采用系谱法选育而成，原代号为圣稻560。2007年通过山东省品种审定委员会审定。

形态特征和生物学特性：属常规中粳早熟。全生育期148d，株高85.8cm，株型紧凑、清秀，剑叶短、厚、挺。穗长14.1cm，每穗实粒数95.2粒，结实率92.0%，籽粒饱满，谷粒椭圆形，成熟度好，千粒重25.6g。

品质特性：糙米率84.7%，精米率76.3%，整精米率75.0%，垩白粒率2.0%，垩白度0.2%，胶稠度78.0mm，直链淀粉含量16.0%。达到部颁食用稻品种品质一级标准。

抗性：中抗稻瘟病，苗期中抗白叶枯病、成株期中感白叶枯病。

产量及适宜地区：2005—2006年参加山东省水稻中粳早熟组品种区域试验，两年平均产量8 313.0kg/hm^2，比对照香粳9407增产14.7%；在2006年生产试验中，平均产量7 620.0kg/hm^2，比对照香粳9407增产14.4%。2007—2010年共种植面积1.4万hm^2。适宜在山东沿黄稻区、临沂库灌稻区作为中早熟品种推广利用。

栽培技术要点：①该品种分蘖力较弱，移栽时适度密植，移栽密度33.0万穴/hm^2，每穴栽3～5苗。②大田注意防治穗颈瘟。

圣稻15（Shengdao 15）

品种来源：山东省水稻研究所以镇稻88/圣稻301杂交，采用系谱法选育而成，原代号圣稻806。2006年通过山东省农作物品种审定委员会审定，2008年通过国家农作物品种审定委员会审定。

形态特征和生物学特性：属常规中粳中熟。全生育期157d，株高101.6cm，叶色深绿，叶片厚，剑叶直而上举；分蘖力中等，半直穗，穗长15.3cm，每穗实粒数109.9粒，结实率81.9%，谷粒椭圆形，不落粒，后期落黄较好，千粒重26.6g。

品质特性：糙米率87.1%，精米率78.1%，整精米率76.7%，垩白粒率16.0%，垩白度1.5%，胶稠度79.0mm，直链淀粉含量15.7%。达到部颁食用稻品种品质二级标准。

抗性：中抗苗瘟、穗颈瘟，白叶枯病苗期中抗，成熟期中感。较耐寒，抗倒伏性强，田间表现抗条纹叶枯病。

产量及适宜地区：2005年参加山东省水稻区域试验，平均产量9 075.5kg/hm^2，比对照豫粳6号增产18.5%，2006年参加山东省水稻区域试验，平均产量9 106.2kg/hm^2，比对照豫粳6号增产7.9%，两年平均产量9 089.1kg/hm^2，比对照豫粳6号增产13.5%；2007年山东省水稻生产试验，平均产量9 105.6kg/hm^2，比对照临稻10号增产5.8%。2008—2010年共种植面积4.1万hm^2。适宜在河南沿黄、山东南部、江苏淮北、安徽沿淮及淮北、陕西关中地区种植。

栽培技术要点：①黄淮麦茬稻区一般5月上旬播种，严格浸种消毒，播种量450.0kg/hm^2，秧龄30 ~ 35d，行距23cm，株距13cm，移栽密度30.0万穴/hm^2，每穴栽4 ~ 5苗。②注意氮磷钾平衡施肥，磷酸二铵225.0 ~ 300.0kg/hm^{2}作基肥或面肥，移栽后15天左右施入150.0kg/hm^{2}钾肥，前期重施分蘖肥促苗早发，尿素总量控制在60.0kg/hm^2。③薄水栽秧，深水护苗，浅水分蘖、够苗晾田，烤田，浅水孕穗扬花，乳熟期后应干湿交替，成熟前5 ~ 7d断水。④加强对稻瘟病、稻纵卷叶螟、飞虱等虫害防治。

圣稻16（Shengdao 16）

品种来源：山东省水稻研究所以镇稻88/圣稻301为杂交组合，采用系谱法选育而成，原代号圣稻808。2009年通过山东省农作物品种审定委员会审定，2010年通过国家农作物品种审定委员会审定，审定编号分别为鲁农审[2009]027号和国审稻[2010]048。

形态特征和生物学特性：属粳型常规水稻，中熟中粳。叶片深绿色，倒数第二叶叶舌二裂，剑叶曲度很小，茎秆中长，直立，粗细适中；主茎叶片数多，剑叶长度、宽度中等，全生育期155d，有效穗数354万穗/hm^2，株高101.1cm，穗型属中间型，芒分布稀少，穗长15.5cm，每穗总粒数134粒，结实率84.8%，谷粒椭圆形，落粒性中等，千粒重26.4g。

品质特性：糙米率87.1%，精米率78.8%，整精米率77.1%，垩白粒率13%，垩白度1.5%，直链淀粉含量16.8%，胶稠度78mm。达到部颁食用稻品种品质二级标准。

抗性：中感穗颈瘟和白叶枯病。田间调查条纹叶枯病最重点病穴率4.1%，病株率0.3%，田间表现抗条纹叶枯病。较抗倒伏，耐寒转色较好。

产量及适宜地区：2006年参加山东省区域试验，平均产量9 322.5kg/hm^2，比对照豫粳6号增产20.9%，2007年平均单产9808.5kg/hm^2，比对照临稻10号增产2.9%；2008年生产试验平均单产9 650.3kg/hm^2，比对照临稻10号增产5.0%，丰产性和稳产性较好，2009—2010年共种植1.77万hm^2。适宜在河南沿黄、山东南部、江苏淮北、安徽沿淮及淮北地区种植。

栽培技术要点：播期5月1—10日，严格浸种消毒，播种量450kg/hm^2，1～2叶期、4叶期各施一次肥，每次每公顷施尿素150kg，温度低时肥量可加大。秧田要及时防治稻蓟马和稻飞虱。每公顷栽30万穴左右，每穴栽4～5苗。注意氮磷钾平衡施肥，每公顷施磷酸二铵225～300kg作基肥，钾肥150kg于插秧后15d左右施入，前期重施分蘖肥促苗早发，尿素总量控制在675kg/hm^2内。前期水层不能淹心，7月20日前后根据苗量开始晾田，每公顷最高分蘖控制在495万～510万个，有效穗数390万～420万穗/hm^2。深水护苗，浅水分蘖，够苗晾田、烤田，孕穗扬花期保持浅水层，乳熟期后干湿交替。后期不能断水过早，保证活棵成熟。注意防治稻纵卷叶螟、稻飞虱，破口前和抽穗后注意防治稻瘟病、稻曲病。抓好秧田期的灰飞虱防治，控制黑条矮缩病。

圣稻17（Shengdao 17）

品种来源：山东省水稻研究所以圣5227/圣930杂交，采用系谱法选育而成。2011年通过山东省品种审定委员会审定。

形态特征和生物学特性：属常规中粳中熟。全生育期156d，株高99.8cm，株型清秀紧凑，芽鞘白色，叶鞘、叶片绿色，叶耳浅绿色，叶舌白色，剑叶短、厚、直立；穗长15.6cm，每穗实粒数109.7粒，结实率86.5%，颖壳茸毛多，芒稀少，护颖白色，谷粒椭圆形，千粒重27.1g。

品质特性：糙米率84.5%，精米率75.2%，垩白粒率24.0%，垩白度3.7%，胶稠度80.0mm，直链淀粉含量19.0%。达到国标优质稻谷三级标准。

抗性：中抗苗瘟，抗叶瘟，中抗穗颈瘟，综合病级三级。白叶枯病苗期高感、成株期中感，表现高抗倒伏，后期抗低温。

产量及适宜地区：2008—2009年参加山东省水稻品种中粳中熟组区域试验，两年平均产量10 069.5kg/hm^2，比对照临稻10号增产4.3%；2010年生产试验，平均产量9 675.0kg/hm^2，比对照临稻10号增产8.8%。适宜在鲁南、鲁西南麦茬稻区及东营稻区春播种植利用。

栽培技术要点：①黄淮麦茬稻区一般5月上旬播种，严格浸种消毒，播种量450.0kg/hm^2，秧龄30～35d，行距23cm，株距13cm，移栽密度30.0万穴/hm^2，每穴栽4～5苗。②注意氮磷钾平衡施肥。③薄水栽秧、深水护苗，浅水分蘖，够苗晾田、烤田，浅水孕穗扬花，乳熟期后应干湿交替，成熟前5～7d断水。④加强对稻瘟病、稻纵卷叶螟、飞虱等病虫害防治。

圣稻2572（Shengdao 2572）

品种来源：山东省水稻研究所以辐香938/香粳9407杂交，采用系谱法选育而成。2011年通过山东省品种审定委员会审定。

形态特征和生物学特性：属常规中粳早熟。全生育期145d，株高91.9cm，株型紧凑，叶片绿色，倒二叶叶片形状二裂，剑叶直立，长、宽中等，棒穗、半直立，穗长16.0cm，每穗实粒数111.6粒，结实率85.0%，短顶芒，颖壳茸毛少，护颖黄色，颖尖抽穗时呈紫红色，谷粒椭圆形，千粒重26.9g。

品质特性：糙米率82.7%，整精米率70.2%，垩白粒率2.0%，垩白度0.2%，胶稠度62.0mm，直链淀粉含量15.9%。优质香米，达到国标优质稻谷一级标准。

抗性：中感稻瘟病。

产量及适宜地区：在山东省水稻品种中粳早熟组区域试验中，2007年平均产量8 884.5kg/hm^2，比对照香粳9407增产17.9%，2008年平均产量8 437.5kg/hm^2，比对照津原45增产6.3%；2010年生产试验，平均产量7 636.5kg/hm^2，比对照津原45增产9.8%，2011年至今种植面积2.7万hm^2。适宜在鲁南、鲁中麦茬稻区种植利用。

栽培技术要点：①5月5—10日育秧，6月上中旬插秧，移栽密度27.0万～30.0万穴/hm^2；育秧药剂浸种，防治恶苗病。②中后期预防倒伏，防治稻瘟病。③其他管理措施同一般大田。

圣稻301（Shengdao 301）

品种来源：山东省水稻研究所以80-473/中国91杂交，对F_1代进行花药组织培养选育而成，原代号H301。1998年通过山东省品种审定委员会审定。

形态特征和生物学特性：属常规中粳中熟。生育期150d左右，株高91.0 ~ 94.0cm，分蘖力强，株型紧凑，穗散型，每穗粒数100粒左右，穗实粒数70 ~ 80粒，千粒重24.5 ~ 25.0g。

品质特性：达到部颁食用稻品种品质一级标准。

抗性：高抗穗颈瘟病，中抗苗瘟病，抗倒伏性强。

产量及适宜地区：1995—1996年参加山东省水稻区域试验（济宁滨湖稻区），平均产量8 724.8kg/hm^2，比对照京引119增产36.6%；在1997年济宁滨湖稻区生产试验中，平均产量7 592.3kg/hm^2，比对照京引119增产22.9%。1996—2010年共种植面积10.8万hm^2。适宜在济宁滨湖稻区作麦茬稻推广利用。

栽培技术要点：①该品种株型紧凑、分蘖一般、耐肥，栽培目标是增粒促穗。苗1叶1心至2叶1心期喷多效唑，育带蘖秧。秧前治虫一次。②根据地力施总氮262.5 ~ 300.0kg/hm^2，前期配合磷钾肥，施总氮量的50% ~ 70%，促苗早生快发，孕穗期施总氮量的30%左右，适时早施，保花保大穗，后期酌情补施粒肥，以维持产量形成期功能叶较高的光合效率。

圣武糯0146（Shengwunuo 0146）

品种来源：山东省水稻研究所从江苏武进稻麦育种场引进，以95-16//南丛/盐粳6号杂交，采用系谱法选育而成。2008年通过山东省品种审定委员会审定。

形态特征和生物学特性：属常规中粳中熟（糯稻）。生育期154d，株高93.7cm，穗长16.0cm，每穗总粒数133粒，结实率87.7%，千粒重27.6g。

品质特性：糙米率86.6%，精米率77.1%，整精米率74.1%，阴糯米率2.0%。达到部颁食用稻品种品质二级标准。

抗性：中感苗瘟、穗颈瘟，白叶枯病苗期感病、成株期中感。田间调查条纹叶枯病最重点病穴率35.0%，病株率11.0%。

产量及适宜地区：2005—2006年参加山东省区域试验，两年平均产量9 357.0kg/hm^2，比对照豫粳6号增产16.9%；2007年生产试验，平均产量8 877.0kg/hm^2，比对照临稻10号增产3.1%。适宜在鲁南、鲁西南地区作为麦茬稻推广利用。

栽培技术要点：①移栽密度24.0万～27.0万穴/hm^2。②苗期注意防治灰飞虱，后期注意防治稻瘟病，尤其是穗颈瘟。

胜利黑糯（Shengliheinuo）

品种来源：胜利油田和东营种子管理站以中国91/香血糯杂交，采用系谱法选育而成的粳型常规水稻品种。2000年通过山东省农作物品种审定委员会审定。

形态特征和生物学特性：属常规中粳中熟。株型紧凑，叶色深绿，剑叶较长大，生育期169d，株高98.0cm，穗色抽穗始期为绿色，灌浆后转为紫色，成熟后颖壳为浅褐色。

品质特性：种皮黑色发亮，糙米营养丰富，粗蛋白质含量8.4%，粗脂肪含量1.7%。

抗性：抗倒伏，抗稻瘟病，轻感纹枯病。

适宜地区：适宜在黄河三角洲地区作单季黑糯专用稻推广种植。

栽培技术要点：①药剂浸种，防止恶苗病发生。②注意防治纹枯病、稻瘟病。

香粳9407（Xianggeng 9407）

品种来源：山东省水稻研究所以香粳1号/82-1244杂交，采用系谱法选育而成，原代号94-07。2002年通过山东省品种审定委员会审定。

形态特征和生物学特性：属常规中粳早熟。全生育期149d，株高约105.0cm，分蘖力中等，剑叶宽长，叶色淡绿，穗散型，每穗实粒数平均105.2粒，千粒重28.9g。

品质特性：糙米率84.6%，精米率77.0%，整精米率73.5%，粒长5.0mm，长宽比1.8，碱消值7.0级，胶稠度79.0mm，直链淀粉含量15.5%，蛋白质含量11.6%，9项指标达到部颁食用稻品种品质一级标准；垩白度1.4%，透明度2级，2项指标达到部颁食用稻品种品质二级标准，具浓郁香味。

抗性：稻瘟病轻，纹枯病中等发生，抗倒伏性一般。

产量及适宜地区：1999—2000年参加山东省区域试验，两年平均产量8 509.5kg/hm^2，比对照京引119增产16.1%，比对照圣稻301增产11.8%；2001年山东省生产试验，平均产量7 821.0kg/hm^2，比对照圣稻301增产10.2%。2000—2010年共种植5.8万hm^2。可在山东全省适宜地区推广利用。

栽培技术要点：①播种前晒种2d，于5月5—10日播种，播种量450.0～525.0kg/hm^2，稀植育秧，6月20日前后插秧；插秧前施足底肥。②施肥原则前重、中轻、后补。③移栽密度27.0万～30.0万穴/hm^2，每穴栽4～6苗。④注意防治稻飞虱及二化螟、三化螟，成熟后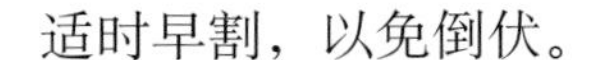适时早割，以免倒伏。

阳光200（Yangguang 200）

品种来源：山东省郯城县种子公司从淮稻6号变异株中系统选育而成，原代号郯粳200。2005年通过山东省农作物品种审定委员会审定，2008年通过国家农作物品种审定委员会审定。

形态特征和生物学特性：属常规中粳中熟。全生育期平均154d，株高95.0cm，株型紧凑，生长清秀，叶色浅绿，直穗型，穗长16.0cm，结实率81.6%，米粒较大，易落粒，落黄较好，千粒重27.3g。

品质特性：糙米率85.1%，精米率77.1%，整精米率72.0%，垩白粒率27.0%，垩白度2.1%，透明度1级，碱消值7.0级，胶稠度85.0mm，直链淀粉含量17.2%，蛋白质含量8.1%，粒长5.0mm，长宽比1 .7。7项达到部颁食用稻品种品质一级标准，2项达到部颁食用稻品种品质二级标准，1项达到部颁食用稻品种品质三级标准。

抗性：中抗稻瘟病，白叶枯病苗期抗病、成株期中抗。

产量及适宜地区：2005年参加黄淮粳稻组品种区域试验，平均产量8 316.0kg/hm^2，比对照豫粳6号增产14.4%；2006年续试，平均产量9 046.5kg/hm^2，比对照豫粳6号增产9.0%；两年区域试验平均产量576kg，比对照豫粳6号增产11.8%。2006年生产试验，平均产量8 640.0kg/hm^2，比对照豫粳6号增产5.5%。2006—2010年共种植面积9.1万hm^2。适宜在河南省沿黄、山东省南部、江苏省淮北、安徽省沿淮及淮北地区种植。

栽培技术要点：①黄淮麦茬稻区根据当地生产情况适时播种，选用高效杀菌剂浸种2～3d，防治干尖线虫病和恶苗病。一般行距25cm、株距14cm，每穴栽2～3苗。②增施有机肥，适当控制氮肥用量，增施磷钾肥，补施微肥。追肥上应早施促蘖肥，轻施保蘖肥，增施促花复合肥，酌施保花肥，喷施谷粒肥。③根据当地病虫预测预报及时防病治虫。

鱼农1号（Yunong 1）

品种来源：山东省鱼台县良种场1973年从国外粳稻品种金南风变异株中经系统选育而成。

形态特征和生物学特性：属常规中粳早熟。全生育期140d，株高95.0cm，茎秆坚韧，富弹性。穗长18.0～20.0cm，每穗总粒数100粒左右，实粒数80～85粒，结实率90.0%，着粒适中，不易落粒，千粒重25.0g。

品质特性：1986年7月经农牧渔业部批准为全国优质大米，糙米率83.4%，精米率74.5%，蒸煮时有清香，饭粒完整，洁白有光泽，其营养丰富，含有人体必需的8种氨基酸。

抗性：抗白叶枯病，中抗纹枯病，抗倒伏性较强。

产量及适宜地区：作夏稻栽培平均产量4 875.0～6 375.0kg/hm^2，高产栽培可达7 500.0kg/hm^{2}以上。1981—1997年共种植面积5.3万hm^2。适宜在山东济宁地区种植。

栽培技术要点：①该品种分蘖力强，耐肥性中等，适应中肥水种植。②应注意间歇灌水，防止倒伏。

远杂101（Yuanza 101）

品种来源：山东省鱼台县种子公司以农垦57/枯姜草为杂交组合，采用系谱法选育而成。1998年通过山东省农作物品种审定委员会审定，审定编号鲁种审字0260号。

形态特征和生物学特性：属粳型常规水稻，中粳中熟。株型紧凑，叶片上耸，后期落黄好，分蘖力强，成穗率高。全生育期150d，株高100cm，每穗总粒数124粒，结实率94.8%，千粒重27g。

品质特性：糙米率87.2%，精米率78.1%，整精米率76.1%，米粒晶莹无腹白。

抗性：中感穗颈瘟，耐肥，抗倒伏。

产量及适宜地区：在鱼台县经过多年大面积麦茬稻种植，产量7 500kg/hm^{2}以上，高产田块达9 750kg/hm^{2}以上。

栽培技术要点：播期5月1—10日，严格浸种消毒，播种量450kg/hm^2，播种前药剂浸种防治水稻恶苗病。秧田要及时防治稻蓟马和稻飞虱。每公顷栽30万穴左右，每穴栽4 ~ 5苗。注意氮磷钾平衡施肥，尿素总量控制在600kg/hm^{2}内。注意防治稻纵卷叶螟、稻飞虱，破口前和抽穗后注意防治稻瘟病、稻曲病，抓好秧田期的灰飞虱防治。

紫香糯2315（Zixiangnuo 2315）

品种来源：山东省水稻研究所以香血糯/日本晴杂交，第二代辐射，采用系谱法选育而成。1995年通过山东省农作物品种审定委员会审定。

形态特征和生物学特性：属常规中粳中熟（糯稻）。全生育期155d，株高90.0cm，株型紧凑，叶片宽短、挺直上举，叶色深绿，生长整齐旺盛。分蘖力强，茎秆粗壮。穗长15.0 ~ 17.5cm，着粒较密，平均每穗95 ~ 110粒，结实率87.0%，种皮呈紫褐色，米粒椭圆形，千粒重24.0g。

品质特性：糙米率81.5%，精米率73.4%，胶稠度100mm，直链淀粉含量1.1%，具浓郁香味，含有17种氨基酸和有益人体健康的微量元素。长期食用具有延年益寿、养颜黑发的作用。

抗性：感穗颈稻瘟病，轻感白叶枯病，耐肥，抗倒伏。

产量及适宜地区：1996年参加山东省水稻区域试验，平均产量6 786.0kg/hm^2，比对照香血糯增产9.6%。1997—1998年参加山东省生产示范，平均产量分别为7 660.5kg/hm^{2}和7 047.0kg/hm^2，分别比对照京引119增产12.4%和6.7%。1996—2002年共种植面积1.6万hm^2。适宜在鲁北作一季春稻栽培，在鲁南及苏北作麦茬稻栽培。

栽培技术要点：①在鲁北作一季春稻，4月下旬播种，在鲁南及苏北地区作麦茬稻于5月上旬播种。播种前晒种2d用药剂浸种消毒，防治恶苗病。育秧田施足有机肥，配施磷钾肥作底肥。播种量375.0 ~ 400.0kg/hm^2。②秧龄45d，移栽密度24.0万～ 27.0万穴/hm^2，每穴栽3 ～ 4苗，晚栽可适当增加密度。③注重氮、磷、钾的配合和使用微量元素。及时防治病虫害。

河南

方欣1号（Fangxin 1）

品种来源：河南农业大学农学院以郑754和豫粳4号为亲本杂交选育而成。2006年通过河南省农作物品种审定委员会审定。

形态特征和生物学特性：属常规中粳中熟。全生育期160d，株高102.8cm，剑叶长，叶片略披，分蘖力中等，茎秆弹性好，穗型散，着粒较稀，后期落色好。穗长19.7cm，每穗总粒数108.3粒，结实率90.6%，千粒重26.4g。

品质特性：糙米率84.2%，精米率76.3%，整精米率68.2%，垩白粒率3.5%，垩白度0.2%，透明度1.5级，碱消值7.0级，胶稠度83.5mm，直链淀粉含量15.8%，糙米粒长5.7mm，糙米长宽比1.8。米质达到国家一级优质米标准。

抗性：抗稻瘟病，高抗穗颈瘟病；对白叶枯病致病型菌株KS-6-6、JS-49-6表现为感病，对菌株浙173、PX079表现为抗病；抗纹枯病，抗倒伏能力强。

产量及适宜地区：2004—2005年参加河南省粳稻品种区域试验，两年区域试验平均产量7 026.0kg/hm^2。2005年参加河南省粳稻品种生产试验，平均单产7 240.5kg/hm^2。适宜在河南省沿黄粳稻区作优质稻种植。

栽培技术要点：①5月上旬播种，秧龄应控制在30 ~ 40d，稀播培育带蘖壮秧。②高产栽培田用种量450.0kg/hm^{2}左右，栽插行株距为26.0cm × 10.0cm，每穴栽3 ~ 4苗，基本苗112.5万 ~ 120.0万/hm^2。③秧苗1叶1心时追施断奶肥，秧田用尿素45.0 ~ 60.0kg/hm^2；移栽前4 ~ 5d追起身肥尿素30.0 ~ 45.0kg/hm^2；大田期注意氮磷钾肥配合施用，早施分蘖肥，促进分蘖早生快发；孕穗期适当施用钾肥。

方欣4号（Fangxin 4）

品种来源：河南农业大学农学院以武育粳3号和白香粳为亲本杂交选育而成。2008年通过河南省农作物品种审定委员会审定。

形态特征和生物学特性：属常规中粳中熟。全生育期159d，株高95.0cm，株型较紧凑，茎秆坚韧，分蘖力中等。穗长15.0cm，每穗总粒数119.1粒，结实率81.4%，千粒重24.4g。

品质特性：糙米率83.8%，整精米率69.2%，垩白粒率29.5%，垩白度3.0%，胶稠度79.0mm，直链淀粉含量15.7%，糙米粒长5.2mm，糙米长宽比1.8，米粒具香味，口感食味佳。米质达到部颁三级优质米标准。

抗性：对稻瘟病菌种ZB13、2A5、2C5、ZE3、ZF1、ZG1、ZD5表现为免疫，高抗穗颈瘟；对白叶枯病菌株PX079、JS-49-6表现中抗，对浙173表现为中感，对KS-6-6表现为抗病；抗纹枯病；抗倒伏能力较强。

产量及适宜地区：2006—2007年参加河南省区域试验，两年区域试验平均产量7 797.0kg/hm^2。2007年河南省生产试验，平均单产7 498.5kg/hm^2。适宜在河南省沿黄稻区和南部籼改粳稻区种植。

栽培技术要点：①5月上旬播种，浸种消毒；秧龄应控制在30～40d，稀播培育带蘖壮秧；高产栽培田用种量450.0kg/hm^{2}左右。②适当密植，栽插行株距为30.0cm×10.0cm，每穴栽3～4苗，基本苗120.0万～150.0万/hm^2。③秧田用尿素45.0～60.0kg/hm^2，移栽前4～5d追尿素30.0～45.0kg/hm^{2}起身肥；氮磷钾配合施用，早施分蘖肥，促进分蘖早生快发。④采取深水返青、浅水分蘖、够苗晒田、深水抽穗，灌浆前中期干干湿湿、以湿为主，灌浆后期干干湿湿、以干为主的灌溉方法。

光灿1号（Guangcan 1）

品种来源：河南省获嘉县友光农作物研究所和河南光灿种业有限公司以（豫粳6号//豫粳7号/黄金晴）F_1和东俊5号为亲本杂交选育而成。2010年、2014年分别通过河南省和国家农作物品种审定委员会审定。

形态特征和生物学特性：属常规中粳中熟。全生育期160d，株高99.6cm，株型紧凑，剑叶短而上举，叶色浓绿，茎秆粗壮，分蘖率、成穗率中等；有效穗数319.5万穗/hm^2，每穗粒数134.8粒，结实率85.4%，千粒重26.7g。

品质特性：糙米率83.0%，精米率72.4%，整精米率69.5%，垩白粒率42.8%，垩白度4.4%，透明度1.0级，胶稠度83.5mm，直链淀粉含量16.9%，糙米粒长5.2mm，糙米长宽比2.0。

抗性：抗稻瘟病，高抗条纹叶枯病，较抗倒伏。

产量及适宜地区：2011—2012年参加国家黄淮粳稻组区域试验，两年区域试验平均产量9 771.0kg/hm^2。2013年生产试验，平均单产9 459.0kg/hm^2，比徐稻3号增产8.0%。适宜在河南沿黄、山东南部、江苏淮北、安徽沿淮及淮北地区种植。

栽培技术要点：①黄淮麦茬稻区4月底至5月中旬播种。大田用种量45.0 ～ 60.0kg/hm^2。②秧龄35d左右，栽插行株距28cm × 14cm，每穴栽3 ～ 5苗。③一般施纯氮300.0kg/hm^{2}左右，基肥50%～ 60%，分蘖肥30%，穗肥10%～ 20%；配合施用磷、钾肥。栽后7d追施分蘖肥，早施孕穗肥。④薄水栽插、浅水护苗、活水促蘖、适时搁田、薄水孕穗，后期干湿交替，忌断水过早。⑤播前药剂浸种，防治干尖线虫病和恶苗病。注意及时防治纹枯病、稻曲病、黑条矮缩病、稻飞虱、螟虫等病虫害。

红光粳1号（Hongguanggeng 1）

品种来源：河南省新乡县新科麦稻研究所以豫粳7号和黄金晴为亲本杂交选育而成。2005年通过河南省农作物品种审定委员会审定。

形态特征和生物学特性：属常规中粳中熟。全生育期161d，株高101.3cm，株型紧凑，剑叶短，宽窄适中，叶势直立型；茎秆粗壮、坚韧有弹性，生长旺盛，分蘖力强，半散型穗，谷粒椭圆形，粒色淡黄，有红芒。穗长15.0cm，有效穗数379.5万穗/hm^2，每穗实粒数115.0粒，结实率86.1%，千粒重24.7g。

品质特性：糙米率84.5%，精米率75.7%，整精米率70.3%，垩白粒率3.0%，垩白度0.2%，胶稠度86.0mm，直链淀粉含量16.6%，糙米粒长5.2mm，糙米长宽比1.7。米质达到国家一级优质米标准。

抗性：中感穗颈瘟病，感稻瘟病；中抗纹枯病、白叶枯病；抗虫性中等，耐寒性较强，抗倒伏性强。

产量及适宜地区：2003—2004年参加河南省粳稻区域试验，两年区域试验平均产量7 731.8kg/hm^2。2004年参加河南省粳稻品种生产试验，平均单产7 822.5kg/hm^2。适宜在河南省沿黄稻区和南部籼改粳稻区种植。

栽培技术要点：①适播期为4月25日至5月10日。②秧田用种量450.0 ~ 600.0kg/hm^2，大田用种量37.5 ~ 45.0kg/hm^2。秧龄40 ~ 45d，6叶1心时移栽，大田行株距（25.0 ~ 30.0）cm×（12.0 ~ 15.0）cm，每穴栽2 ~ 3苗，27万 ~ 30万穴/hm^2。③氮、磷、钾、硅等元素配方施肥，氮肥前重、中补、后轻；前期浅水促苗发，中期湿润壮秆育大穗，后期晚停水、活秆成熟攻粒重。中后期及时防治病虫害。

黄金晴（Huangjinqing）

品种来源：河南省农牧厅1989年从日本引进（父母本分别为日本晴和喜峰）。1993年通过河南省农作物品种审定委员会审定。

形态特征和生物学特性：属常规中粳中熟。生育期142d，株高90.0cm，苗色浅绿，前期生长较慢，株型紧凑，分蘖能力较强，生长清秀，熟色好。穗散型，谷粒椭圆形，颖壳黄色，无芒。穗长16.0cm，每穗粒数87.0粒，结实率90.0%，千粒重25.0g。

品质特性：糙米率82.0%，精米率73.0%，直链淀粉含量13.5%，糙米蛋白质含量9.3%，脂肪含量2.6%，赖氨酸含量0.1%，糙米粒长5.1mm，糙米长宽比1.8。米粒晶莹透明，无垩白，有光泽，食味佳。米质达到部颁一级优质米标准。

抗性：抗稻瘟病及白叶枯病，中抗纹枯病，抗倒伏。

产量及适宜地区：一般单产6 750.0kg/hm^2，高产可达9 000.0kg/hm^2。适宜在豫北和豫中稻区作麦茬稻种植。

栽培技术要点：①5月初播种，湿润育秧。秧龄35～40d移栽，行株距26.0cm×15.0cm，每穴栽5苗。②施足底肥，早施返青肥，重施分蘖肥，巧施穗粒肥。全生育期追施纯氮185.0kg/hm^2。③及时防治病虫害。

焦旱1号（Jiaohan 1）

品种来源：河南省焦作市农林科学研究院以合系22-2和新稻68-11为亲本杂交选育而成。2009年通过国家农作物品种审定委员会审定。

形态特征和生物学特性：属常规中粳旱熟。全生育期118d，株高95.2cm，根系较发达，茎秆坚韧有弹性，剑叶中长，分蘖力较强，粒形略长，脱粒性适中，落色好。有效穗数369.75万穗/hm^2，穗型散，穗长18.6cm，每穗粒数90.5粒，结实率87.4%，千粒重25.6g。

品质特性：糙米率80.2%，精米率70.4%，整精米率67.4%，垩白粒率19.0%，垩白度1.2%，透明度2.0级，碱消值7.0级，胶稠度81.5mm，直链淀粉含量15.8%，糙米粒长5.5mm，糙米长宽比2.0。米质达到国家二级优质米标准。

抗性：中感稻瘟病，抗旱能力中等，抗倒伏。

产量及适宜地区：丰产稳产性好，2007—2008年参加国家旱稻区域试验（黄淮海麦茬稻区中晚熟组），两年区域试验平均产量5 452.5kg/hm^2，比对照旱稻277增产22.9%。2008年生产试验，平均产量5 638.5kg/hm^2，比对照旱稻277增产20.0%。适宜在河南省、江苏省、安徽省、山东省的黄淮流域作夏播旱稻种植。

栽培技术要点：①黄淮地区接麦茬、油菜茬于5月下旬至6月上旬旱直播，条播行距20.0～25.0cm，播深2.0～3.0cm，播前种衣剂拌种，播种量75.0～105.0kg/hm^2。②用旱稻田除草剂于播后出苗前实施“土壤封闭”或在幼苗期“茎叶处理”，并辅以人工除草。③氮、磷、钾肥以及硅、锌全量基肥配合施用。④齐苗后酌情补水，在孕穗期、灌浆期如遇干旱应及时补水。⑤注意防治稻纵卷叶螟、稻飞虱、纹枯病与稻曲病等。

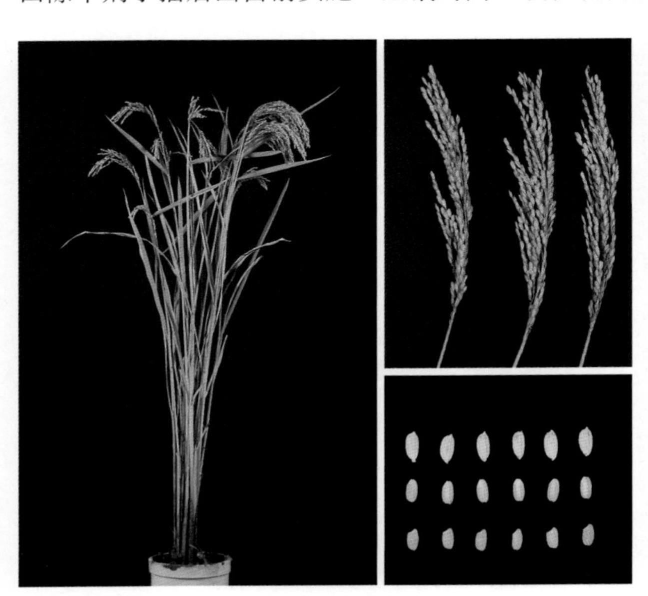

洛稻998（Luodao 998）

品种来源：河南省洛阳市农业科学研究所从旱稻277中经系统选育而成。2006年通过国家品种审定委员会审定。

形态特征和生物学特性：属常规中粳早熟。在黄淮海地区作麦茬旱稻种植，苗期抗寒性强，生育后期活秆成熟，不早衰，旱薄地种植全生育期为108d，株高94.6cm，株型紧凑，分蘖力中等，有效穗数294.0万穗/hm^2，成穗率64.8%，穗长18.1cm，每穗粒数96.7粒，结实率74.2%，千粒重27.0g。水肥地种植生育期110 ~ 120d，株高95.0 ~ 105.0cm，根系发达，主茎叶16.0片，叶片上冲，叶片宽厚，叶色浓绿，剑叶长度为25.0cm，剑叶宽1.9cm；半紧凑穗型，穗长16.0 ~ 19.0cm，每穗成粒数110.0 ~ 140.0粒，结实率90.0%；颖壳黄白色，穗顶部有芒，千粒重25.2g。

品质特性：糙米率81.3%，整精米率62.8%，垩白粒率61.0%，垩白度11.2%，胶稠度66.0mm，直链淀粉含量16.9%，糙米粒长5.6mm，糙米长宽比1.6。

抗性：中感叶瘟，感穗颈瘟；抗旱性3级；耐肥，抗倒伏性强。

产量及适宜地区：2004—2005年参加黄淮海麦茬稻区中晚熟组旱稻品种区域试验，平均产量4 617.0kg/hm^2。2005年生产试验，平均单产4 633.5kg/hm^2。适宜在河南、江苏、安徽、山东的黄淮流域和陕西汉中的稻瘟病轻发稻区作夏播旱稻种植。

栽培技术要点：①播前用药剂与微肥或种衣剂拌种，防治苗期病虫害。②黄淮地区一般6月上旬播种，播种量90.0 ~ 120.0kg/hm^2，播深2.0 ~ 3.0cm，行距20.0 ~ 25.0cm。③播种后至出苗前用除草剂进行土壤封闭，幼苗期出现杂草用适当除草剂进行茎叶处理，中后期田间杂草应采取人工及时拔除。④播种前施腐熟有机肥45 000.0 ~ 75 000.0kg/hm^{2}与复合肥600.0kg/hm^2，以及硫酸亚铁和硫酸锌各15.0 ~ 30.0kg/hm^2，5叶期结合灌水施尿素150.0kg/hm^2；拔节期结合灌水追施尿素105.0 ~ 150.0kg/hm^2；齐穗前后酌情追施尿素45.0 ~ 75.0kg/hm^2；生长期间遇旱时及时灌溉，一般年份需灌4 ~ 6次水。⑤播种前结合整地用杀虫剂防治地下害虫，幼苗期注意防治稻蓟马、菜青虫，分蘖期至抽穗期注意防治稻纵卷叶螟、稻飞虱，破口至齐穗期注意防治稻瘟病。

牟糯1号（Mounuo 1）

品种来源：河南省中牟县农业局农技站、城关镇西街三队农科组以田边10号变异株“651”为材料，于1971年用^{60}Coγ射线6.45C/kg辐射，1974年选育而成。1983年通过河南省农作物品种审定委员会审定。

形态特征和生物学特性：属常规中粳中熟（糯稻）。全生育期150d左右，夏稻140～145d，株高110.0～120.0cm，株型紧凑，叶色浓绿，剑叶直立，成熟时叶青，落黄好，植株长势强，穗较分散，穗颈长短中等，分枝较弱，穗大、码密，谷粒扁圆形，壳薄，红褐色，顶端有个别短芒。适合春、夏稻种植，对秧龄要求不严，灌浆速度快。穗长20.0～25.0cm，每穗春稻140.0粒左右，夏稻110.0粒左右。成穗率高，出米率72.0%，空壳率12.0%，秕子率8.0%～12.0%，千粒重21.0～24.0g。

品质特性：糙米粒长4.5mm，糙米长宽比1.5，米质较好，白角质，饭色发亮黏度大。

抗性：中感稻瘟病、纹枯病，抗胡麻叶斑病。

产量及适宜地区：一般产量6 000.0kg/hm^{2}左右，高产可达7 500.0kg/hm^2。适宜在河南省中、上等肥水田种植，特别适宜在河南省沿黄河稻区种植。

栽培技术要点：①育苗移栽。春稻4月中旬育苗，5月下旬移栽；夏稻5月上旬育苗，6月中旬移栽，适时早栽。②春稻秧龄35～40d，夏稻秧龄30～35d。春稻秧田播种量900.0～1 125.0kg/hm^2，夏稻秧田播种量750.0～900.0kg/hm^2，要确保壮苗移栽。③合理密植。密度不宜过小，壮苗移栽春稻33.0万～37.5万穴/hm^2，每穴栽4～5苗，行株距20.0cm×13.5cm等行或（26.0cm/13.5cm）×10.0cm宽窄行。夏稻37.5万～42.0万穴/hm^2，每穴栽6～7苗，行株距20.0cm×10.0cm等行或（26.0cm/13.5cm）×10.0cm宽窄行；基本苗225.0万～300.0万苗/hm^2。④科学用肥。施足底肥，栽后4～5d早施返青肥，施纯氮37.5～52.5kg/hm^2，重施分蘖肥，施纯氮52.5～67.5kg/hm^2。⑤合理用水。要做到栽后深水护苗，浅水分蘖，以后湿润管理，小水勤灌，拔节后适当晒田，后期不宜过早停水。

水晶3号（Shuijing 3）

品种来源：河南省农业科学院粮食作物研究所以郑稻5号和黄金晴为亲本杂交选育而成。2002年通过河南省农作物品种审定委员会审定。

形态特征和生物学特性：属常规中粳中熟。全生育期158d左右，株高102.7cm，生长旺盛，分蘖力强，剑叶中长，茎秆较细、坚韧有弹性，穗型散。穗长19.0cm，有效穗数420.0万～450.0万穗/hm^2，每穗实粒数85.1粒，结实率88.6%，千粒重25.5g。

品质特性：糙米率83.7%，整精米率77.6%，垩白粒率8.0%，垩白度0.7%，胶稠度81.0mm，直链淀粉含量17.2%，糙米蛋白质含量8.2%，糙米粒长5.2mm，糙米长宽比1.9。米质优良。

抗性：抗稻瘟病、白叶枯病，中感纹枯病。

产量及适宜地区：2000—2001年参加河南省中晚粳稻区域试验，两年区域试验平均产量8 128.5kg/hm^2。2000—2001年同时参加河南省粳稻生产试验，平均产量7 515.0kg/hm^2。适宜在河南省沿黄稻区种植，豫南稻区可作春稻种植。

栽培技术要点：①4月底至5月初播种，大田用种量45.0～60.0kg/hm^2。②行株距（27.0～30.0）cm×（11.0～13.0）cm，每穴栽2～3苗。③心叶期用300.0mg/kg多效唑壮根促蘖，移栽前10d可用缩节胺控制苗高，大田施有机肥和氮磷钾复合肥作基肥，追肥以前期分蘖肥为主，中期酌施穗肥，施氮总量控制在240.0kg/hm^{2}以下。前期浅水勤灌，中期超前烤田（最高分蘖期前），后期干湿交替，收获前1周左右断水。④秧苗3～4叶和移栽前5～7d用中生菌素等杀菌剂和杀虫双等杀虫剂各喷1次，可预防白叶枯病、恶苗病及二化螟、蓟马等；7月底8月初用扑虱灵+井冈霉素+Bt+杀虫双+中生菌素，防治飞虱、纹枯病、稻纵卷叶螟、二化螟、白叶枯病；8月底用Bt+杀虫双+三环唑+井冈霉素，防治稻纵卷叶螟、稻瘟病、纹枯病；9月上中旬注意防治稻飞虱。

新稻10号（Xindao 10）

品种来源：河南省新乡市农业科学院以豫粳6号和新稻89402为亲本杂交选育而成。2004年、2005年分别通过河南省和国家农作物品种审定委员会审定。

形态特征和生物学特性：属常规中粳中熟。全生育期河南沿黄稻区145d左右，北京、天津、河北唐山地区178d。株高100.0cm左右，幼苗叶较小，色淡，分蘖力较强，本田期株型紧凑、挺直，叶片上举，生长清秀，主茎19.0片叶，茎基部节间短；穗呈纺锤形，半直立，着顶芒，籽粒密度较大，谷粒椭圆形。穗长17.0 ~ 19.0cm，每穗枝梗数9.0 ~ 13.0个，每穗粒数120.0粒左右，成穗率80.0%左右，结实率90.0%左右，千粒重25.0g左右。

品质特性：糙米率84.1%，精米率75.3%，整精米率73.6%，透明度1.0级，碱消值7.0级，胶稠度81.0mm，糙米蛋白质含量8.9%，糙米粒长5.1mm，糙米长宽比1.8，这9项指标均达到部颁一级优质米标准；垩白度2.0%，直链淀粉含量18.4%，达到部颁二级优质米标准。

抗性：对稻瘟病菌ZB5、ZC5生理小种感病，对其他4个生理小种表现高抗病，高抗穗颈瘟；对白叶枯病菌KS-6-6感病，对其他白叶枯病菌表现为抗病；中抗纹枯病。

产量及适宜地区：2003—2004年参加北方稻区中作93组区域试验，两年区试平均产量9 270.0kg/hm^2。2004年生产试验，平均单产9 841.5kg/hm^2。适宜在豫北沿黄粳稻区和豫南籼改粳稻区以及北京、天津、河北（冀东、中北部）一季春稻稻瘟病轻发区种植。

栽培技术要点：①稀播培育适龄壮秧。5月1日前后播种，秧田播种量450.0kg/hm^2，秧龄40 ~ 45d。②宽行小墩插植，行距27 ~ 30cm，株距13.0cm，每穴栽2 ~ 3苗为宜。③合理施肥，在施磷酸二铵225.0kg/hm^{2}作底肥的基础上，一般再追纯氮210.0kg/hm^2（栽后15d内施入总氮量的80.0%左右）；中后期注意施好攻穗肥和保花增粒肥，灌浆期喷活力素、磷酸二氢钾，有利于保活熟增粒重。④科学灌水，前期浅水促苗，中期见湿见干，适当晾田控制无效分蘖，打苞孕穗期小水勤灌，灌浆成熟期勤灌跑马水，地皮不干。不要过早停水，以提高结实率和千粒重。⑤注意防治稻瘟病等病虫害。

新稻11（Xindao 11）

品种来源：河南省新乡市农业科学院以黄金晴和豫粳6号为亲本杂交选育而成，原名新粳11。2003年通过河南省农作物品种审定委员会审定。

形态特征和生物学特性：属常规中粳中熟。生育期155d，株高89.0cm，幼苗叶鞘绿色，株型较紧凑，叶片颜色浅绿色，形态剑形，叶宽窄中等，叶势竖叶型，半直立穗，穗纺锤形，每穗分枝数8.0 ~ 12.0个，谷粒黄色、椭圆形。穗长15.0 ~ 17.0cm，每穗粒数110.0粒，结实率90.0%，千粒重24.2g。

品质特性：糙米率83.1%，精米率75.4%，整精米率68.0%，垩白粒率17.0%，垩白度1.6%，胶稠度78.0mm，直链淀粉含量18.8%，蛋白质含量10.6%，糙米粒长4.6mm，糙米长宽比1.7。

抗性：抗白叶枯病、纹枯病，中抗苗瘟、叶瘟、穗颈瘟，感稻瘟病、颈瘟病。

产量及适宜地区：2000—2001年参加河南省区域试验，平均单产8 118.0kg/hm^2，最高点单产10 725.0kg/hm^2。2002年参加河南省生产试验，平均单产8 403.0kg/hm^2。2002年良种良法配套在原阳县种植，平均单产9 127.5kg/hm^2，单产最高达10 395kg/hm^2。适宜在河南省沿黄稻区和豫南籼改粳稻区种植。

栽培技术要点：①稀播培育适龄壮秧。一般于5月1日前后播种，秧田播种量450.0 ~ 600.0kg/hm^2，秧龄40 ~ 45d。②宽行小墩插植。新稻11分蘖力很强，成穗多，属典型多穗型品种。适当放宽行距、减少穴插苗数，易于发挥、协调穗数及穗粒数对产量的贡献。试验证明，以行距27.0 ~ 30.0cm，株距13.0cm，每穴栽2 ~ 3苗为宜。③合理施肥。在施磷酸二铵225.0kg/hm^{2}左右作底肥的基础上，一般再追纯氮210.0kg/hm^{2}左右（栽后15d内施入总氮量的80.0%左右）。中后期注意施好攻穗肥和保花增粒肥，灌浆期喷芸苔素、磷酸二氢钾，有利于保活熟增粒重。④科学灌水。前期浅水促苗，中期见湿见干，够苗适当晾田控制无效分蘖，灌浆成熟期勤灌跑马水，前水不见后水。不要过早停水。

新稻18（Xindao 18）

品种来源：河南省新乡市农业科学院以盐粳334-6//津星1号/豫粳6号杂交选育而成。2007年、2008年分别通过河南省和国家农作物品种审定委员会审定。

形态特征和生物学特性：属常规中粳中熟。在黄淮地区种植，全生育期160d左右。株高106.6cm，株型紧凑，茎秆粗壮，剑叶上举，叶鞘绿色，分蘖力较强，成熟落黄好。穗长15.5cm，成穗数366.0万穗/hm^2，每穗粒数138.3粒，结实率85.5%，千粒重25.6g。

品质特性：精米率77.2%，整精米率65.1%，垩白粒率38.0%，垩白度3.7%，透明度2.0级，胶稠度82.0mm，直链淀粉含量16.1%，糙米粒长4.8mm，糙米长宽比1.6。米质较优。

抗性：苗瘟4.0级，叶瘟2.0级，穗颈瘟发病率3.0级，穗颈瘟损失率3.0级，综合抗性指数2.8。

产量及适宜地区：2006—2007年参加黄淮粳稻组品种区域试验，两年区域试验平均产量9 516.0kg/hm^2。2007年生产试验，平均单产8 688.0kg/hm^2。适宜在河南沿黄和豫南籼改粳稻区以及山东南部、江苏淮北、安徽沿淮及淮北地区种植。

栽培技术要点：①黄淮麦茬稻区一般4月底至5月中旬播种，播种量450.0kg/hm^{2}左右，秧龄30 ~ 40d。②6月中旬移栽，一般中上等肥力田块，栽插行株距30.0cm × 13.3cm，每穴栽插3 ~ 4苗；高肥力田块行株距可增大至33.0cm × 13.3cm，每穴栽2 ~ 3苗，做到浅插、匀栽。③本田总施氮量控制在225.0kg/hm^{2}左右，一般基肥占50.0% ~ 60.0%，分蘖肥占30.0%，穗肥占10.0% ~ 20.0%。分蘖肥宜早施、重施，适当增施钾、锌肥，穗肥看苗酌施，高肥条件下注意防倒伏。④水浆管理上做到：薄水栽秧，前期浅水促苗，中期湿润稳长，够苗适当搁田，孕穗期小水勤灌，灌浆成熟期浅水湿润交替，成熟收割前7d左右断水，切忌断水过早。⑤重点做好二化螟、稻纵卷叶螟以及纹枯病等的防治工作。

新稻19（Xindao 19）

品种来源：河南省新乡市农业科学院以NJ979和豫粳6号为亲本杂交选育而成。2009年通过河南省农作物品种审定委员会审定。

形态特征和生物学特性：属常规中粳中熟。全生育期158d，株高97.8cm，株型紧凑，分蘖力较强，剑叶上举，着粒较密，易脱粒，茎秆粗壮，成熟落黄好；有效穗数340.5万穗/hm^2，穗长16.0cm，每穗粒数138.1粒，结实率83.5%，千粒重24.8g。

品质特性：糙米率82.6%，精米率71.2%，整精米率64.6%，垩白粒率28.0%，垩白度2.0%，直链淀粉含量16.0%，透明度1.0级，碱消值6.0级，胶稠度78.5mm，糙米粒长5.1mm，糙米长宽比1.8，米质达到国家三级优质米标准。

抗性：对稻瘟病菌代表小种ZC13、ZE3、ZF1、ZG1为免疫，对ZB29、ZD5为中抗，对穗颈瘟表现中抗，对白叶枯病菌PX079、JS49-6表现为抗，对KS-6-6、浙173表现中感，对纹枯病表现为中感。2008年田间自然鉴定，条纹叶枯病感病率1.8%。抗倒伏。

产量及适宜地区：2006—2007年参加河南省粳稻区域试验，两年区域试验平均产量8 200.5kg/hm^2。2008年河南省粳稻生产试验，平均单产8 974.5kg/hm^2。适宜在河南省沿黄粳稻区和豫南籼改粳稻区种植。

栽培技术要点：①播种期以5月1—10日为宜。稀播培育壮秧，湿润育秧，播种量450.0kg/hm^2左右，秧龄35 ~ 40d。②6月上、中旬移栽，一般中上等肥力地块，栽插行株距30.0cm × 12.0cm，每穴栽3 ~ 4苗；高肥力田块行株距33.0cm × 13.0cm，每穴栽3苗，基本苗90.0万/hm^2左右。③合理施肥，做到前重、中稳、后补；科学灌水，浅水分蘖，够苗晾田，孕穗打苞期小水勤灌，灌浆至成熟期浅水湿润交替，不宜早停水。④及时防治病虫害。

新稻20（Xindao 20）

品种来源：河南省新乡市农业科学院以新稻9号和盐粳334-6为亲本杂交选育而成。2010年通过国家农作物品种审定委员会审定。

形态特征和生物学特性：属常规中粳中熟。在黄淮地区种植全生育期156d，比对照9优418早熟3～4d。株高100.2cm，穗长15.7cm，每穗总粒数133.9粒，结实率89.8%，千粒重25.2g。

品质特性：整精米率69.1%，垩白粒率30.0%，垩白度2.1%，胶稠度82.0mm，直链淀粉含量15.0%，糙米粒长5.0mm，糙米长宽比1.6。米质达到国家三级优质米标准。

抗性：中感稻瘟病，抗条纹叶枯病。

产量及适宜地区：2008—2009年参加黄淮粳稻组品种区域试验，两年区域试验平均单产9 489.0kg/hm^2。2009年生产试验，平均单产8 736.0kg/hm^2。适宜在河南沿黄、山东南部、江苏淮北、安徽沿淮及淮北地区种植。

栽培技术要点：①黄淮麦茬稻区一般4月底至5月中旬播种，秧田播种量450.0kg/hm^{2}左右。②秧龄30～40d移栽，行株距27.0cm×13.0cm，每穴栽3～4苗，做到浅插、匀栽。③施纯氮285.0kg/hm^{2}左右，一般基肥占50.0%～60.0%，分蘖肥占30.0%，穗肥占10.0%～20.0%。分蘖肥宜早施、重施，适当增施钾肥、锌肥，穗肥看苗酌施。④薄水栽秧，前期浅水促苗，中期湿润稳长，够苗适当晾晒，打苞孕穗期小水勤灌，灌浆成熟期浅水湿润交替，成熟收割前7d左右断水。⑤重点做好二化螟、稻纵卷叶螟以及纹枯病等的防治工作。

新稻68-11（Xindao 68-11）

品种来源：河南省新乡市农业科学院1968年从中国农业科学院的育种材料中（京引119）系统选育而成。1982年通过河南省农作物品种审定委员会审定。

形态特征和生物学特性：属常规中粳中熟。全生育期作麦茬稻140d左右，作春稻155～160d。株高100.0cm，苗期生长缓慢，株型较紧凑。分蘖力较强，后期不早衰。谷粒椭圆形，浅黄色，短顶芒。穗长20.0cm，呈纺锤形，每穗90.0粒，结实率95.0%，千粒重25.0g，米白色。

品质特性：糙米率81.0%，糙米蛋白质含量9.4%，无垩白，糙米粒长5.0mm，糙米长宽比1.7。米质优。

抗性：较抗稻瘟病，易感恶苗病，抗倒伏性较强。

产量及适宜地区：一般单产6 000.0kg/hm^2，高产可达7 000.0kg/hm^2。适宜在豫北、豫中稻区及山东西部、陕西大部分稻区种植。

栽培技术要点：①5月初播种，秧田播种量400.0kg/hm^2。②湿润育秧，秧龄40d。麦茬稻要及时插秧，40.0万穴/hm^2，每穴栽5～6苗。③重施底肥，早施蘖肥，中期看苗补肥，适当追施穗肥。④湿润灌溉，拔节前落干晒田，以壮秆防倒伏，确保完好成熟。

新丰2号（Xinfeng 2）

品种来源：河南丰源种子有限公司以豫粳6号和新丰9402为亲本杂交选育而成。2007年通过河南省农作物品种审定委员会审定。

形态特征和生物学特性：属常规中粳中熟。全生育期为161d，株高105.0cm，株型紧凑，茎秆粗壮，叶片上倾，叶色绿中带黄，分蘖力较强，穗呈纺锤形，着粒密度中等，颖尖紫红色，种皮浅黄色。穗长16.0cm左右，有效穗数360.0万穗/hm^2，每穗粒数135.0粒，结实率85.0%，千粒重26.0g。

品质特性：糙米率84.8%，精米率76.6%，整精米率70.7%，垩白粒率21.5%，垩白度1.9%，透明度1级，胶稠度78.0mm，直链淀粉含量17.1%，糙米粒长5.2mm，糙米长宽比1.9。米质达到国家二级优质米标准。

抗性：对稻瘟病菌种ZB21、ZE3、ZF1、ZG1、ZG7表现为感病，对ZC15为抗，对穗颈瘟感病；对白叶枯病菌株PX079、JZ-49-6表现中抗，对浙173、KS-6-6表现为中感；高抗纹枯病。

产量及适宜地区：2004—2005年参加河南省区域试验，两年区域试验平均产量7 300.5kg/hm^2。2006年河南省粳稻品种生产试验，平均单产8 233.5kg/hm^2。适宜在河南沿黄稻区和豫南籼改粳稻区作优质稻品种种植。

栽培技术要点：①沿黄稻区4月底至5月上旬播种，豫南稻区5月10—20日播种，大田用种量37.5 ～ 45.0kg/hm^2。②合理密植，宜采用行株距30.0cm × 13.0cm左右，每穴栽2 ～ 3苗，栽插25.5万穴/hm^2左右。③本田要重施基肥，以有机肥为主；追肥前重、中补、巧施增粒保花肥，防止后期氮肥过大，贪青晚熟。④薄水插秧、浅水分蘖、够苗晾田、浅水孕穗灌浆，后期不能早停水。⑤秧田期注意防治飞虱、螟虫、蓟马；大田期注意防治螟虫、飞虱、稻苞虫、纹枯病、稻瘟病、稻曲病等。

新丰5号（Xinfeng 5）

品种来源：河南丰源种子有限公司以豫粳6号和秋丰为亲本杂交选育而成。2010年通过河南省农作物品种审定委员会审定。

形态特征和生物学特性：属常规中粳中熟。全生育期159d，株高104.9cm，株型紧凑，茎秆粗壮，根系发达，叶片挺直、肥厚，分蘖力中等。有效穗数315.0万穗/hm^2，每穗粒数117.7粒，结实率85.7%，千粒重24.3g。

品质特性：糙米率82.7%，精米率74.2%，整精米率71.8%，垩白粒率8.0%，垩白度0.5%，透明度2.0级，胶稠度85.0mm，直链淀粉含量15.6%，糙米粒长5.4mm，糙米长宽比2.0。米质达到国家一级优质米标准。

抗性：对稻瘟病菌代表菌株ZB10和ZE3表现为免疫，对ZF1表现为高抗，对ZC15和ZG1表现为中抗，ZD7表现感病，感穗颈瘟；对白叶枯病4个不同致病型菌株PX079、JS-49-6和KS-6-6表现中抗，对浙173表现为中感；感纹枯病。2009年田间条纹叶枯病自然感病率为1.0%。

产量及适宜地区：2007—2008年参加河南省粳稻区域试验，两年区域试验平均产量8 027.3kg/hm^2。2009年河南省粳稻生产试验，平均单产8 383.5kg/hm^2。适宜在河南沿黄稻区和豫南籼改粳稻区种植。

栽培技术要点：①沿黄稻区4月底至5月初播种，南部稻区5月中下旬播种。秧龄掌握在35d左右，秧田播种量375.0 ~ 450.0kg/hm^2。②合理密植，采用行株距30.0cm × 13.0cm，地肥宜稀，地薄宜密。壮秧每穴栽2 ~ 3苗。③氮、磷、钾、微多元素配方施肥，总施氮量在195.0kg/hm^{2}左右、纯磷60.0 ~ 75.0kg/hm^2、纯钾75.0 ~ 90.0kg/hm^{2}为宜。④薄水插秧，浅水分蘖，够苗晾田，浅水孕穗，灌浆期浅水湿润交替，后期勿停水过早。⑤秧田期注意防治飞虱、螟虫、蓟马、苗瘟病等2 ~ 3次；大田期在7月中旬、8月中旬各综合防治一遍卷叶螟、二化螟、飞虱、稻苞虫、稻瘟病、纹枯病等，在水稻破口期和齐穗期各防治一遍穗颈瘟。

新农稻1号（Xinnongdao 1）

品种来源：河南省新农种业有限公司以豫粳7号/黄金晴//黄金晴杂交选育而成。2010年通过河南省农作物品种审定委员会审定。

形态特征和生物学特性：属常规中粳中熟。全生育期158d，株高101.0cm，株型紧凑，茎秆粗壮，坚韧有弹性。粒色淡黄，谷粒椭圆形，成熟落黄好。有效穗数318.0万穗/hm^2，穗长16.2cm，每穗粒数120.2粒，结实率86.4%，千粒重24.1g。

品质特性：糙米率84.3%，精米率75.7%，整精米率72.3%，垩白粒率15.0%，垩白度1.2%，透明度1级，胶稠度84.5mm，直链淀粉含量15.3%，糙米粒长5.3mm，糙米长宽比1.9。米质达到国家一级优质米标准。

抗性：对稻瘟病菌代表菌株ZB10、ZC15和ZE3表现为免疫，对ZD7表现为中抗，对ZF1、ZG1表现为感病；感穗颈瘟；对白叶枯病4个不同致病型菌株PX079表现为抗，对JS-49-6和浙173表现为中抗，对KS-6-6表现为中感；对纹枯病表现为中感。2009年田间自然鉴定条纹叶枯病感病率7.8%。

产量及适宜地区：2008—2009年参加河南省粳稻区域试验，两年区域试验平均产量8 607.8kg/hm^2。2009年河南省粳稻生产试验，平均单产8 382.0kg/hm^2。适宜在河南沿黄稻区和豫南籼改粳稻区种植。

栽培技术要点：①沿黄稻区4月底至5月初播种，南部稻区5月中下旬播种。育秧播种量450.0kg/hm^{2}左右，大田用种量37.5 ～ 52.5kg/hm^2。秧龄35 ～ 40d，稀播培育壮秧。②6月上、中旬移栽，一般中上等肥力地块，栽插行株距30.0cm × 13.3cm，每穴栽2 ～ 4苗；高肥力地块行株距33.0cm × 13.3cm，每穴栽3苗左右，做到浅插、匀栽。③施足底肥，重施分蘖肥；氮、磷、钾、硅等微量元素配方施用，氮肥前重、中补、后轻；掌握中等群体，穗粒并增。④前期浅水促苗发，中期湿润壮秆育大穗，够苗适当晒田，后期不能停水过早。⑤药剂浸种，苗床注意防治灰飞虱，抽穗扬花期防治稻曲病，中后期防治二化螟、稻纵卷叶螟、稻飞虱以及其他水稻病害。

豫粳1号（Yugeng 1）

品种来源：河南省农业科学院粮食作物研究所1978年从郑粳12变异株中系统选育而成，原名郑粳107。1985年通过河南省农作物品种审定委员会审定。

形态特征和生物学特性：属常规中粳中熟。生育期138d，株高105.0cm，幼苗生长较快。茎秆粗壮，株型紧凑，根系发达长势强，分蘖整齐，叶片厚挺，叶色较浓，分蘖力较强，谷粒圆形，无芒。穗长18.0cm，每穗粒数106.0粒以上，结实率90.0%，千粒重28.0g。

品质特性：米白色，糙米率80.0%，有腹白和心白，糙米粒长5.0mm，糙米长宽比1.6。米质一般。

抗性：不抗稻瘟病，轻感纹枯病，抗稻飞虱、叶蝉等害虫，耐肥，抗倒伏。

产量及适宜地区：一般单产7 000.5kg/hm^2，1986年种植面积2万hm^2。适宜在豫北、豫中及西北部浅山丘陵有水源地区作春稻和麦茬稻栽培。

栽培技术要点：①稀播培育带蘖壮秧，秧龄40d左右插秧。②行株距23.0cm × 13.0cm，每穴栽5 ～ 6苗。③施农家肥50.0m^3/hm^{2}及碳酸氢铵和经堆沤的过磷酸钙各350.0kg/hm^{2}作底肥。插后7d左右追施碳酸氢铵400.0kg/hm^2，孕穗期施偏心肥尿素45.0kg/hm^2。④浅水插秧，寸水返青后以湿润为主，间歇浅灌，总茎蘖数达450.0万/hm^{2}时重晒田3 ～ 4d，以控制无效分蘖。孕穗抽穗期要间歇深灌结合湿润灌溉，切忌中后期大水大肥，以免贪青过茂招致病虫害。⑤及时防除田间杂草。

豫粳2号（Yugeng 2）

品种来源：河南省农业科学院粮食作物研究所1976年以京引37和郑粳7号为亲本杂交选育而成，原名郑州旱粳。1985年通过河南省农作物品种审定委员会审定。

形态特征和生物学特性：属常规中粳早熟。对光温反应较迟钝。在河南中北部作麦茬稻移栽，全生育期135d；作麦茬稻旱直播，全生育期110d。株高95.0cm，幼苗长势强，叶片稍宽、色浅绿。主茎叶水栽14 ~ 15片，旱种12 ~ 13片，剑叶角度较大，株型较松散，分蘖力较强。成熟时落黄转色好，生长整齐，成穗率高。糙米粒宽椭圆形，颖壳深黄色，无芒。穗长16.0cm，每穗粒数95.0粒，结实率90.0%，千粒重27.0g。

品质特性：糙米率78.0%，赖氨酸含量0.3%，糙米粒长5.0mm，糙米长宽比1.7。米质较好。

抗性：轻感稻瘟病，但耐病性强。耐肥、耐旱，秆硬抗倒伏，后期较耐寒。

产量及适宜地区：一般产量4 099.5 ~ 6 750.0kg/hm^2。在豫中、北及黄河两岸各地作麦茬稻移栽和直播旱种均可，亦适宜在山东、河北、安徽部分地区种植。

栽培技术要点：①为发挥耐瘠、耐旱力强的优势，最适宜麦茬稻旱种。麦收后浅耕灭茬，于6月10日前及时播种。②条播行距19.0cm，播种量150.0kg/hm^2。播深2.0 ~ 3.0cm，覆土2.0cm，稍加镇压。③播后视墒情好坏酌浇一次蒙头水，以保全苗。4叶期结合浇水间苗补苗，播后注意防除杂草。④追施碳酸氢铵750.0kg/hm^2，其中4叶期追施300.0kg/hm^2，5叶期追施375.0kg/hm^2，后期看苗补肥。防止贪青迟熟或造成倒伏。⑤及时防治病虫害。

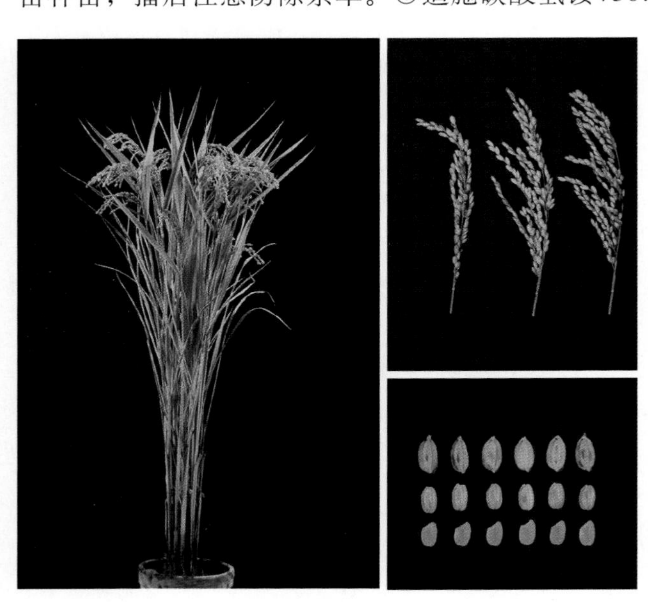

豫粳3号（Yugeng 3）

品种来源：河南省郑州市花园口农技站1976—1978年由农垦57系选育成，原名花粳2号。1986年通过河南省农作物品种审定委员会审定。

形态特征和生物学特性：属常规中粳中熟。作春稻栽培生育期160d，作麦茬稻栽培生育期145d，株高90.0cm，幼苗生长清秀，叶片窄而上举，色浅绿，茎秆坚韧，株型紧凑，分蘖力较强，米白色。穗长18.0cm，每穗粒数85.0粒，结实率90.0%，千粒重25.0g。

品质特性：糙米率81.0%，腹白极少，富含赖氨酸及微量元素，米粒晶莹透明，富有光泽，米质优良。

抗性：耐肥、抗倒伏，抗稻瘟病，感白叶枯病。

产量及适宜地区：一般产量6 000.0 ～ 8 250.0kg/hm^2。适宜在豫北、豫中南作春稻及夏稻栽培。

栽培技术要点：①作春稻4月下旬播种，麦收前插秧。作麦茬稻4月下旬至5月初播种，湿润育秧，秧龄40 ～ 50d，6月15日前插秧，秧田播种量525 ～ 600kg/hm^2。采用宽窄行方式插秧，行株距（26.0cm/13.0cm）×13.0cm，每穴栽2 ～ 3苗。②施肥前促、中控、后巧。重施返青分蘖肥，巧施穗肥。③分蘖后期晒田，控制无效分蘖。切忌后期水肥过量、过晚，以免贪青晚熟。④注意防治病虫害。

豫粳6号（Yugeng 6）

品种来源：河南省新乡市农业科学院以新稻85-12和郑粳81754为亲本杂交选育而成。1998年通过国家农作物品种审定委员会审定。

形态特征和生物学特性：属常规中粳中熟。生育期150d，株高100.0cm左右，株型紧凑，茎基部节间短，主茎叶片16.0 ~ 17.0片，有效穗数345.0万穗/hm^2左右，穗呈纺锤形，颖尖紫色，谷粒椭圆形。穗长15.0 ~ 17.0cm，每穗粒数110.0 ~ 130.0粒，结实率90.0%，千粒重25.0 ~ 26.0g。

品质特性：糙米率84.6%，精米率77.3%，整精米率73.1%，垩白粒率10%，垩白度1.0%，胶稠度70.0mm，直链淀粉含量16.2%，糙米粒长5.2mm，糙米长宽比1.7。米质达到国家一级优质米标准。

抗性：中抗稻瘟病，中感白叶枯病，耐稻飞虱。

产量及适宜地区：河南省粳稻区域试验两年均居第一位，最高单产11 080.5kg/hm^2；河南省粳稻生产示范两年均居第一位，最高单产10 950.0kg/hm^2；全国北方粳稻区域试验综评第一位，最高单产10 575.0kg/hm^2。适宜在河南、山东、江苏北部、安徽北部等黄淮粳稻区推广种植，一般单产9 750.0kg/hm^2，最高达12 000.0kg/hm^2以上。

栽培技术要点：①5月1日前后播种，稀播培育壮秧，秧龄40 ~ 45d，适期插秧，栽插行株距27.0cm × 12.0cm，每穴栽2 ~ 3苗。②施纯氮210.0 ~ 225.0kg/hm^2，配合施磷、锌肥。③切忌后期早断水。④在病虫害流行年份应及时防治。

豫粳7号（Yugeng 7）

品种来源：河南省原阳县农业科学研究所和新乡市万农集团稻麦研究中心1983年以（新稻68-11×郑粳107）F_1为母本，以IR26为父本杂交，经多年系统选育于1989年育成，原名新稻89277。1996年通过河南省农作物品种审定委员会审定。

形态特征和生物学特性：属常规中粳中熟。全生育期149d，株高103.0cm，叶片上举，株型紧凑，茎基部粗壮，节间短，茎秆韧性强，成熟落黄好，穗大半散，着粒密，谷粒椭圆形。穗长18.0cm，每穗粒数130.0粒，结实率90.0%，千粒重25.0g。

品质特性：心腹垩白小，透明度中，适口性好。据农业部检测结果，12项指标中有10项达到部颁一级优质米标准，2项达到部颁二级优质米标准，糙米蛋白质含量9.7%，米质优。

抗性：有较强的抗病、抗倒伏能力，抗稻瘟病，耐白叶枯病，抗水稻恶苗病。

产量及适宜地区：1992—1994年参加河南省区域试验，三年平均产量8 310.6kg/hm^2；1994—1995年河南省生产示范，两年平均产量7 793.3kg/hm^2；同年参加国家北方区域试验，两年平均产量8 905.9kg/hm^2。本品种适应性强，除河南省新乡、郑州、开封、南阳等地种植外，已发展到山东、陕西汉中、江苏连云港等地区。

栽培技术要点：①适宜播种期为5月1日左右，大田播种量52.5kg/hm^2，秧龄45d。行距27.0～30.0cm，株距10.0～12.0cm，每穴栽2～3苗，基本苗90.0万/hm^{2}左右。②在施足基肥的基础上，追肥应早施重施分蘖肥，前、中、后期的用肥比例为8∶1∶1，要求移栽后15d施入全部肥量的80.0%，7月20日施肥结束，切忌氮肥施用过多过迟，以免贪青晚熟，影响籽粒灌浆。③灌水应掌握前期浅水灌，少停多灌，寸水不断，促早生快发；中期湿润灌，干干湿湿，以湿为主；拔节孕穗期保证足够的水分供应。分蘖够头数时，选择晴天及时排水晾田，促进两极分化，提高成穗结实率，增强抗病抗倒伏能力。

豫粳8号（Yugeng 8）

品种来源：新乡市农业科学研究所以新稻68-11和郑粳107为亲本杂交选育而成，原名新稻90261。1998年通过河南省农作物品种审定委员会审定。

形态特征和生物学特性：属常规中粳中熟。该品种在河南省沿黄稻区作麦茬稻全生育期145d左右，比新稻68-11早熟1 ~ 2d，比豫粳6号早熟7 ~ 10d。株高105.0cm，幼苗叶挺直，色较淡，生长清秀。本田期株型紧凑，茎秆粗壮，叶片上举，分蘖力较弱。每穗120.0粒左右，结实率93.0% ~ 95.0%，千粒重26.0 ~ 27.0g。

品质特性：糙米率83.1%，精米率75.2%，胶稠度100.0mm，总淀粉含量85.9%，直链淀粉含量18.6%，蛋白质含量10.1%，粗脂肪含量0.7%，赖氨酸含量0.4%，糙米粒长5.0mm，糙米长宽比1.6。米质优。

抗性：中抗白叶枯病，耐肥水，抗倒伏性强。

产量及适宜地区：1993—1995年参加河南省区域试验，两年平均产量7 903.5kg/hm^2；1996—1997年两年生产试验，平均产量7 006.5kg/hm^2。适宜在河南北中部粳稻区及河北邯郸地区高肥水田作麦茬稻种植。

栽培技术要点：①适宜于高肥水地作麦茬稻种植。②稻田播种量600.0kg/hm^2，秧龄40 ~ 45d。③宜采用行株距27.0cm × 12.0cm，每穴栽3 ~ 5苗的插植方式。④施磷酸二铵225.0kg/hm^{2}左右作底肥，一般再追施碳酸氢铵1 200.0kg/hm^{2}左右，栽后15d内施入总氮量的70.0% ~ 80.0%，其余作穗粒肥。⑤分蘖期浅水促苗，苗足后适当晾田，孕穗打苞期小水灌溉，灌浆至成熟勤灌跑马水，以湿润为主。⑥注意防治纹枯病。

豫农粳6号（Yunonggeng 6）

品种来源：河南农业大学农学院和河南米禾农业有限公司以中国91和8902为亲本杂交选育而成。2010年通过河南省农作物品种审定委员会审定。

形态特征和生物学特性：属常规中粳中熟。茎秆粗壮，剑叶宽长，光叶，分蘖力、成穗率中等。全生育期162d，株高94.9cm，有效穗数324.0万穗/hm^2，每穗粒数102.9粒，结实率76.6%，千粒重26.4g，具香味。

品质特性：糙米粒长5.2mm，糙米长宽比1.7，糙米率83.0%，精米率74.0%，整精米率60.1%，垩白粒率27.0%，垩白度2.4%，透明度1.5级，胶稠度86.0mm，直链淀粉含量15.0%。米质达到国家三级优质米标准。

抗性：对稻瘟病菌代表菌株ZC15、ZD7、ZE3和ZF1均表现为免疫，对ZB10和ZG1表现为中抗，中抗穗颈瘟；对白叶枯病4个不同致病型代表菌株JS-49-6表现为抗病，PX079表现为中抗，浙173表现为中感，对KS-6-6表现为感病；对纹枯病表现为中感。田间条纹叶枯病自然鉴定感病率为2.0%。

产量及适宜地区：2008—2009年参加河南省粳稻区域试验，两年区域试验平均产量8 693.3kg/hm^2。2009年河南省粳稻生产试验，平均单产8 158.5kg/hm^2。适宜在河南省沿黄稻区和南部籼改粳稻区种植。

栽培技术要点：①5月上旬播种，采用浸种消毒，秧田用种量450.0kg/hm^{2}左右。秧龄应控制在30～40d，稀播培育带蘖壮秧。②该品种分蘖力中等，应适当密植，栽插行株距30.0cm×13.3cm，每穴栽3～4苗，基本苗112.5万～120.0万/hm^2。③1叶1心时追施断奶肥，秧田用尿素45.0～60.0kg/hm^2，移栽前4～5d追施起身肥用尿素30.0～45.0kg/hm^2。本田期注意氮磷钾配合施用，早施分蘖肥，促进分蘖早生快发。氮素基蘖肥与穗粒肥比例以7：3为宜，磷肥作底肥一次性施用，孕穗期适当施用钾肥。④本田管理采取深水返青、浅水分蘖、够苗晒田、深水抽穗、灌浆前以湿为主、灌浆后期以干为主的灌溉方法。

原稻1号（Yuandao 1）

品种来源：河南省原阳县农业科学研究所和河南黄河种业有限公司以鲁香粳1号和新稻68-11为亲本杂交选育而成。2006年通过河南省农作物品种审定委员会审定。

形态特征和生物学特性：属常规中粳中熟。全生育期150d。株高110.0cm，株型集散适中，分蘖力中等，茎秆弹性好，叶鞘绿色，后期叶色较淡，成熟时叶片较披；穗型散，谷粒椭圆形，黄色，后期落色好。穗长21.1cm，有效穗数300.0万穗/hm^{2}左右，每穗粒数117.4粒，结实率84.8%，千粒重27.0g。

品质特性：糙米率84.0%，精米率72.6%，整精米率68.8%，垩白粒率8.5%，垩白度0.4%，透明度1.0级，碱消值7.0级，胶稠度83.0mm，直链淀粉含量15.4%，糙米粒长5.2mm，糙米长宽比1.7，具香味。米质达到国家一级优质米标准。

抗性：对稻瘟病菌代表小种ZC13、ZD7、ZE3、ZF1表现免疫，对ZB21、ZG1高感；中抗穗颈瘟；对白叶枯致病型菌株PX079、浙173表现中抗，对菌株KS-6-6表现抗，对JS-49-6表现感；感纹枯病。较抗倒状。

产量及适宜地区：2003—2004年参加河南省粳稻品种区域试验，两年区域试验平均产量7 016.3kg/hm^2。2005年河南省粳稻品种生产试验，平均单产7 936.5kg/hm^2。适宜在河南沿黄粳稻区种植。

栽培技术要点：①5月5日前播种，秧田播种量375.0 ~ 450.0kg/hm^2，秧龄35d，稀播培育带蘖壮秧。②插秧行株距中等肥力田为26.0cm × 10.0cm，每穴栽3 ~ 5苗；高水肥田行株距30.0cm × 13.0cm，每穴栽3 ~ 5苗，基本苗90.0万 ~ 120.0万/hm^2。③秧苗1叶1心期追施断奶肥，秧田用尿素112.5 ~ 150.0kg/hm^2；移栽前2 ~ 3d施送嫁肥30.0 ~ 45.0kg/hm^2；大田宜重施基肥，注意氮、磷、钾的合理搭配，配合施用微肥；早施分蘖肥，促前期早发、稳长，后期施用花、粒肥，促壮秆大穗。④浅水插秧，寸水分蘖，够蘖晒田；后期干干湿湿，干湿交替；成熟前7d停水，防止倒伏。⑤秧田防治稻蓟马，根据虫情测报，7月20日左右防治二化螟，8月中旬防治稻纵卷叶螟、稻飞虱的危害。

原稻108（Yuandao 108）

品种来源：河南省原阳县黄河农业科学研究所以（镇稻88×辐2115）F_1×（豫粳7号×原94134）F_1选育而成。2009年通过河南省农作物品种审定委员会审定。

形态特征和生物学特性：属常规中粳中熟。全生育期159d，株高100.0cm，株型紧凑，剑叶上举，分蘖力强，茎秆粗壮，成熟时叶青粒黄，熟相好。有效穗数340.5万穗/hm^2，穗长18.3cm，每穗实粒数128.8粒，结实率86.2%，千粒重25.3g。

品质特性：糙米率83.4%，精米率71.8%，整精米率58.8%，垩白粒率40.0%，垩白度3.5%，透明度1.0级，碱消值6.0级，胶稠度82.0mm，直链淀粉含量16.1%，糙米粒长5.2mm，糙米长宽比1.9。米质达到国家三级优质米标准。

抗性：对稻瘟病菌ZB29、ZC13、ZE3、ZF1、ZG1表现为免疫，对ZD5表现中抗，中抗穗颈瘟，对白叶枯病菌PX079、JS-49-6表现抗；对KS-6-6、浙173表现为中抗，中感纹枯病。2008年田间自然鉴定，条纹叶枯病感病率1.8%。抗倒伏性强。

产量及适宜地区：2006—2007年参加河南省粳稻区域试验，两年区域试验平均产量8 382.0kg/hm^2。2008年河南省粳稻生产试验，平均单产9 070.5kg/hm^2。适宜在河南沿黄稻区和豫南籼改粳稻区种植。

栽培技术要点：①河南沿黄稻区4月底至5月初播种，南部稻区可推迟到5月中下旬播种。秧田播种量375.0～450.0kg/hm^2，秧龄35～40d，稀播培育壮秧。②中等肥力田行株距30.0cm×12.0cm，每穴栽3～4苗；高水肥田行株距33.0cm×12.0cm，每穴插3苗，基本苗90.0万/hm^2左右。③秧苗1叶1心期施断奶肥，用尿素112.5kg/hm^2；3叶过后施促壮肥，用尿素150.0kg/hm^2；大田应重施基肥，减少氮肥用量，增施磷钾肥。④前期浅水灌，促返青增分蘖，够蘖晾田，后期间歇灌水。⑤秧田注意防治稻飞虱、稻蓟马，大田期注意防治二化螟、稻飞虱及纹枯病和穗颈瘟。

郑稻18（Zhengdao 18）

品种来源：河南省农业科学院粮食作物研究所以郑稻2号和郑稻5号为亲本杂交选育而成。2006年、2007年分别通过河南省和国家农作物品种审定委员会审定。

形态特征和生物学特性：属常规中粳中熟。在黄淮地区种植全生育期160d，比对照豫粳6号晚熟3～4d，株高107.1cm，株型紧凑，茎秆粗壮，分蘖力较强，剑叶上举，叶鞘绿色，着粒密，较易脱粒，成熟落黄好。穗长15.7cm，每穗总粒数128.1粒，结实率86.5%，千粒重25.1g。

品质特性：糙米率84.8%，精米率73.0%，整精米率61.0%，垩白粒率20%，垩白度2.0%，透明度1.0级，碱消值7.0级，胶稠度78.5mm，直链淀粉含量17.6%，糙米粒长5.2mm，糙米长宽比1.7。米质达到国家三级优质米标准。

抗性：苗瘟4级，叶瘟4级，穗颈瘟3级，综合抗性指数3.3，中抗稻瘟病；感纹枯病；高抗条纹叶枯病。

产量及适宜地区：2004—2005年参加河南省豫粳6号组品种区域试验，两年平均产量8 592.8kg/hm^2。2005年生产试验，平均单产8 800.5kg/hm^2。适宜在河南沿黄、中部颍（河）沙河、伊洛河、南阳籼改粳稻区及山东南部、江苏淮北、安徽沿淮、淮北地区种植。

栽培技术要点：①黄淮麦茬稻区一般4月底至5月中旬播种，秧田播种量450.0kg/hm^{2}左右，秧龄30～40d。②6月中旬移栽，一般中上等肥力田块，行株距30.0cm×13.3cm，每穴栽3～4苗；高肥力田块行株距33.0cm×13.3cm，每穴栽3苗左右。③本田总施氮量控制在225.0kg/hm^{2}左右，一般基肥占50.0%～60.0%，分蘖肥占30.0%，穗肥占10.0%～20.0%。分蘖肥宜早施、重施，适当增施钾、锌肥，穗肥看苗酌施。④在水浆管理上做到浅水栽秧、寸水活棵、薄水分蘖、深水抽穗扬花、后期干湿交替；成熟收割前7d左右断水，切忌断水过早。⑤重点做好二化螟、稻纵卷叶螟以及纹枯病等的防治工作。

郑稻19（Zhengdao 19）

品种来源：河南省农业科学院粮食作物研究所以豫粳6号和郑90-36为亲本杂交选育而成。2008年通过河南省农作物品种审定委员会审定。

形态特征和生物学特性：属常规中粳中熟。在黄淮地区种植全生育期161d。株高97.8cm，株型紧凑，茎秆粗壮，分蘖力较强，剑叶较短，叶鞘绿色，着粒密，谷粒卵圆形，较易脱粒，后期落黄好。穗长16.3cm，有效穗数330.0万穗/hm^2，每穗总粒数131粒，结实率83.0%，千粒重24.0g。

品质特性：糙米率83.7%，精米率73.1%，整精米率70.3%，垩白粒率44.0%，垩白度3.0%，透明度2.0级，胶稠度82.0mm，直链淀粉含量16.0%，糙米粒长5.0mm，糙米长宽比1.7。米质达到部颁三级优质米标准。

抗性：对稻瘟病菌代表小种ZA5、ZE3、ZF1、ZG1表现为免疫，对ZB13、ZC5、ZD5表现为感，对水稻穗颈瘟表现为中抗；对白叶枯病致病型菌株浙173、PX079表现为抗，对JS-49-6表现为中抗，对KS-6-6表现为中感；对纹枯病表现为抗（R）；条纹叶枯病抗性强。

产量及适宜地区：2005—2006年参加河南省豫粳6号组品种区域试验，两年区域试验平均产量8 559.0kg/hm^2。2006年生产试验，平均产量8 145.0kg/hm^2。适宜在河南省沿黄稻区和南部籼改粳稻区种植。

栽培技术要点：①沿黄稻区4月底至5月初播种，南部稻区可推迟到5月中下旬播种。秧田播种量450.0kg/hm^2，秧龄30～40d，稀播培育壮秧。②6月上、中旬移栽，一般中上等肥力田块，栽插行株距30.0cm×13.3cm，每穴栽2～4苗；高肥力田块行株距33.0cm×13.3cm，每穴栽3苗左右，做到浅插、匀栽。③合理施肥，施足底肥，早施、重施分蘖肥。④科学灌水，前期浅水促苗，中期湿润稳长，孕穗期小水勤灌，灌浆成熟期浅水湿润交替。⑤及时防治二化螟、稻纵卷叶螟、稻飞虱以及其他水稻病害。

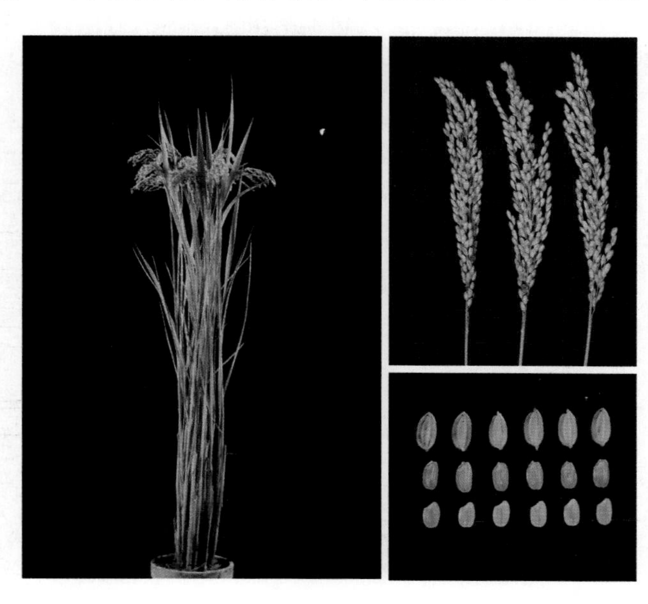

郑稻20（Zhengdao 20）

品种来源：河南省农业科学院粮食作物研究所以郑稻18和徐稻5号为亲本杂交选育而成。2014年通过河南省农作物品种审定委员会审定。

形态特征和生物学特性：属常规中粳中熟。全生育期160d左右。株高100.0cm左右，株型紧凑，叶色绿，分蘖力中等，剑叶挺直。主茎叶片数17～18片。半散穗，穗长16.3cm，有效穗数326.3万穗/hm^2，着粒密，后期落黄好，谷粒卵圆形，较易脱粒，每穗粒数133.4粒，实粒数111.8粒，结实率86.9%，千粒重25.5g。

品质特性：糙米率84.2%，精米率74.5%，整精米率66.4%，垩白粒率17.5%，垩白度1.3%，透明度1级，碱消值6.7级，胶稠度84.5mm，直链淀粉含量17.0%，糙米粒长5.0mm，糙米长宽比1.8。米质达到国家二级优质米标准。

抗性：对稻瘟病菌各代表小种表现为抗病，对穗颈瘟表现为中感，对白叶枯病代表菌株浙173、PX079、KS-6-6和JS49-6的抗性均为中抗，对纹枯病表现抗。

产量及适宜地区：丰产性较好。2011—2012年参加河南粳稻区域试验，两年区试平均产量9 322.5kg/hm^2。2013年参加河南省粳稻生产试验，平均产量9 670.5kg/hm^2，较对照新丰2号增产6.8%。适宜在河南省沿黄稻区和南部籼改粳稻区种植。

栽培技术要点：①沿黄麦茬稻区5月上旬播种，豫南稻区可推迟到5月中下旬播种。一般湿润育秧播种量450.0～600.0kg/hm^2。②6月中旬移栽，中上等肥力田块，栽插行株距30.0cm×13.3cm，每穴栽3～4苗，高肥力田块行株距33.0cm×13.3cm，每穴栽3苗左右。③合理配方施肥，促苗早发稳长，本田施足基肥，以施用有机肥为主，本田总需氮量控制在300.0kg/hm^{2}左右。掌握前重、中控、后补的施肥原则，一般基肥占50.0%～60.0%，分蘖肥占30.0%，穗肥占10.0%～20.0%。分蘖肥宜早施、重施，适当增施钾、锌肥，穗肥看苗酌施。④要求浅水栽秧、寸水活棵、薄水分蘖、深水抽穗扬花、后期干湿交替。⑤预防为主，综合防治，重点做好二化螟、稻纵卷叶螟以及稻瘟病等防治工作。

郑旱10号（Zhenghan 10）

品种来源：河南省农业科学院粮食作物研究所以郑州早粳和中02123为亲本杂交选育而成。2012年通过国家农作物品种审定委员会审定。

形态特征和生物学特性：属常规中粳早熟。黄淮海地区作麦茬旱稻种植全生育期平均118d，株高83.6cm，穗长14.7cm，每穗粒数74.3粒，结实率88.5%，千粒重28.1g。

品质特性：整精米率62.4%，垩白粒率41.0%，垩白度2.8%，胶稠度79.0mm，直链淀粉含量17.1%，糙米粒长5.1mm，糙米长宽比1.7。

抗性：中抗稻瘟病，抗旱性中等。

产量及适宜地区：2009—2010年参加黄淮海麦茬稻区旱稻区域试验，平均产量4 843.5kg/hm^2。2011年生产试验，平均单产5 566.5kg/hm^2。适宜在河南、江苏、安徽、山东的黄淮流域作夏播旱稻种植。

栽培技术要点：①条播行距30.0cm左右，播深2.0cm，播种量90.0 ～ 120.0kg/hm^2。②重视氮、磷、钾以及硅、锌全量基肥的施用，5叶期、孕穗期分别追施尿素150.0kg/hm^2，拔节前追施尿素45.0 ～ 75.0kg/hm^2。③播种齐苗水、分蘖水以及拔节、孕穗、扬花、灌浆水要有保障。④播前种衣剂拌种，防地下害虫、促壮苗；注意防治稻纵卷叶螟、二化螟、稻苞虫、稻飞虱、稻瘟病和稻曲病等病虫害。

郑旱2号（Zhenghan 2）

品种来源：河南省农业科学院粮食作物研究所以郑稻90-18为母本与陆实杂交配组选育而成。2003年通过国家品种审定委员会审定。

形态特征和生物学特性：属常规中粳早熟。黄淮海地区全生育期120d，株高91.6cm，冠层高77.7cm，根系粗壮发达，生长旺盛，茎秆较粗、坚韧有弹性，剑叶较长，分蘖力较强，粒大，后期成熟落色好。穗型散，穗长20.0cm，平均每穗粒数86.1粒，实粒数66.8粒，千粒重30.4g。

品质特性：糙米率81.8%，整精米率62.8%，垩白粒率91.0%，垩白度24.9%，胶稠度90.0mm，直链淀粉含量15.0%，糙米粒长5.8mm，糙米长宽比1.9，理化分44.0分，适口性好。

抗性：抗穗颈瘟，中抗胡麻叶斑病，中感叶瘟，抗旱性强。

产量及适宜地区：2000—2001年参加全国旱稻区域试验（黄淮海中晚熟组），平均产量4 975.5kg/hm^2。2001年生产试验，平均产量5 238.0kg/hm^2，比对照郑州旱粳增产21.0%。适宜在河南、江苏、安徽、山东省的黄淮流域和陕西省的汉中地区夏播。

栽培技术要点：①适期早播，在黄淮地区夏播，要求6月上旬抢时播种，最迟不能晚于6月15日，播种量120.0kg/hm^2，播深2.0cm，播后浇蒙头水，确保一播全苗。②出苗前用60.0%丁草胺100.0ml+25.0%农思它150.0mL，对水60.0 ～ 75.0kg进行土壤封闭；4叶期后出现杂草，及时人工拔除。③重视氮、磷、钾肥及硅、锌微肥全量基肥的施用；苗期结合灌水追肥一次，追尿素75.0 ～ 150.0kg/hm^2，拔节期追施尿素75.0 ～ 150.0kg/hm^{2}作孕穗肥，抽穗前酌情补施尿素45.0 ～ 75.0kg/hm^{2}作穗粒肥。④水分管理主要依靠自然降水，但在生育各时期如发生干旱须及时灌溉。一般正常年份需灌水3 ～ 5次。⑤播种时要进行种子包衣或撒毒土防治地下害虫，分蘖期和抽穗期注意防治螟虫和稻飞虱，在破口期、齐穗期喷施三环唑防治稻瘟病。

郑旱6号（Zhenghan 6）

品种来源：河南省农业科学院粮食作物研究所以郑州旱粳和郑稻92-44为亲本杂交选育而成。2005年通过国家农作物品种审定委员会审定。

形态特征和生物学特性：属常规中粳旱熟。在黄淮地区作麦茬旱稻种植全生育期为115d，比对照旱稻277晚熟1d。株高87.1cm，穗长17.2cm，每穗粒数82.2粒，结实率83.1%，千粒重24.8g。

品质特性：整精米率65.9%，垩白粒率19.0%，垩白度1.7%，胶稠度84.0mm，直链淀粉含量15.4%，糙米粒长5.2mm，糙米长宽比1.9。米质达到国家二级优质米标准。

抗性：抗旱性中等，中感稻瘟病。

产量及适宜地区：2003—2004年参加黄淮海麦茬稻区中晚熟组旱稻区域试验，两年平均产量4 371.8kg/hm^2。2004年参加生产试验，平均单产4 744.5kg/hm^2。适宜在河南、安徽、江苏、陕西汉中地区接麦茬或油菜茬旱作种植。

栽培技术要点：①播种时要进行种子包衣。适期早播，一般要求6月上旬麦收后抢时足墒播种或播后浇蒙头水，确保一播全苗。播种量105.0 ~ 120.0kg/hm^2，行距20.0 ~ 30.0cm，播深2.0cm。②出苗前用化学除草剂进行土壤封闭。③氮、磷、钾及硅、锌微肥作基肥；5叶期结合灌水进行第一次追肥，追施尿素150.0kg/hm^2；两周后追施尿素150.0kg/hm^2；抽穗前酌情追施45.0 ~ 75.0kg/hm^{2}尿素。④黄淮地区一般年份需灌4 ~ 6次水，即播种、分蘖、拔节、孕穗、扬花、灌浆各一次。⑤分蘖期和抽穗期注意防治螟虫和稻飞虱，在破口、齐穗期喷施三环唑，防治稻瘟病。

郑旱9号（Zhenghan 9）

品种来源：河南省农业科学院粮食作物研究所以IRAT109和越富为亲本杂交选育而成。2008年通过国家农作物品种审定委员会审定。

形态特征和生物学特性：属常规中粳早熟。在黄淮海地区作麦茬旱稻种植全生育期119d，比对照旱稻277晚熟3d。株高108.1cm，穗长18.1cm，每穗粒数91.3粒，结实率77.7%，千粒重32.9g。

品质特性：整精米率46.6%，垩白粒率62.0%，垩白度5.1%，胶稠度85.0mm，直链淀粉含量13.8%，糙米粒长6.3mm，糙米长宽比2.0。

抗性：叶瘟5.0级，穗颈瘟3.0级，中抗稻瘟病；抗旱性3.0级，抗旱性强。

产量及适宜地区：2006—2007年参加黄淮海麦茬稻区中晚熟组旱稻区域试验，两年区域试验平均产量为4 849.5kg/hm^2。2007年生产试验，平均单产为5 160.0kg/hm^2。适宜在河南、江苏、安徽、山东的黄淮流域稻区作夏播旱稻种植。

栽培技术要点：①播前可实施种子包衣或撒毒土防治地下害虫。②黄淮地区5月下旬至6月上旬播种。播前田块翻耕整平，条播行距25.0cm，播种量90.0 ~ 105.0kg/hm^2，播深2.0cm，足墒播种或播后浇蒙头水。③播后至出苗前用60.0%丁草胺100.0mL+25.0%农思它150.0mL，对水60.0 ~ 75.0kg进行土壤封闭；4叶期后出现杂草，用20.0%敌稗乳油500.0ml加60.0%丁草胺100.0ml，对水60.0 ~ 75.0kg进行茎叶处理。④重视氮、磷、钾以及硅、锌全量基肥的施用；5叶期结合灌水进行第一次追肥，追施尿素150.0kg/hm^2；两周后追施尿素150.0kg/hm^{2}作孕穗肥；拔节前酌情追施45.0 ~ 75.0kg/hm^{2}尿素作穗粒肥。⑤保证关键生育时期的灌溉。⑥分蘖期和抽穗期喷施杀虫剂防治稻纵卷叶螟、稻苞虫，并注意稻飞虱防治；破口、齐穗期喷施三环唑，防治稻瘟病。

陕西

黑香粳糯（Heixianggengnuo）

品种来源：陕西省洋县黑米名特作物研究所从洋县矮黑谷中系统选育而成。1991年通过汉中地区农作物品种审定小组审定。

形态特征和生物学特性：属常规中粳稻（黑糯）。在陕西汉中种植，全生育期162.0d，株高88.9cm。株型适中，茎秆粗壮，熟期转色好。有效穗数370.2万穗/hm^2，穗长15.6cm，每穗总粒数100.0粒，千粒重23.6g。

品质特性：糙米率82.0%，胶稠度96mm，直链淀粉含量1.4%，谷粒长宽比1.7。

抗性：稻瘟病5级，白叶枯病3级。

产量及适宜地区：一般产量6 000.0kg/hm^2。适宜在陕西省陕南平川丘陵种植，最大年推广种植面积0.1万hm^2，累计推广种植面积0.7万hm^2。

栽培技术要点：①露地薄膜湿润育秧，4月10日左右播种，大田用种量30.0kg/hm^2。②5月下旬移栽，栽插22.5万穴/hm^2，基本苗180.0万/hm^2以上。③基肥施农家肥22 500.0kg/hm^2、尿素225.0kg/hm^2、过磷酸钙600.0kg/hm^2、氯化钾180.0 kg/hm^2，追肥施尿素97.5kg/hm^2。④田面晒至有小裂纹时复水，收获前以颖壳转紫灰色后退水为宜。⑤注意防治稻曲病和穗颈瘟。

秦稻2号（Qindao 2）

品种来源：陕西省洋县黑米名特作物研究所从黑香粳糯中系统选育而成。2000年通过陕西省农作物品种审定委员会审定。

形态特征和生物学特性：属常规中粳稻（黑糯）。在陕西汉中种植，全生育期160.0d，株高110.0cm。株型适中，茎秆粗壮，熟期转色好。有效穗数270.0万穗/hm^2，穗长20.0cm，每穗总粒数141.0粒，千粒重25.0g。

品质特性：糙米率77.2%，胶稠度100mm，直链淀粉含量1.4%，谷粒长宽比1.8。

抗性：稻瘟病3级，白叶枯病2级。

产量及适宜地区：一般产量7 100.0kg/hm^2。适宜在陕西省陕南平川丘陵稻区种植，最大年推广种植面积0.1万hm^2，累计推广种植面积0.5万hm^2。

栽培技术要点：①4月10日左右播种。温室两段育秧大田用种量15.0 kg/hm^2，露地薄膜育秧大田用种量37.5kg/hm^2。②5月下旬移栽，栽插22.5万穴/hm^2，基本苗180.0万苗/hm^2以上。③施农家肥22 500.0kg/hm^2、纯氮150kg/hm^2、五氧化二磷52.5kg/hm^2、氯化钾52.5kg/hm^2、硫酸锌22.5kg/hm^2，其中70%氮肥与全部农家肥、磷、钾、锌肥作基肥一次均匀施入，30%氮肥在插秧返青后作追肥施入。④田面晒至有小裂纹时复水，收获前以颖壳转紫灰色后退水为宜。⑤注意防治二化螟和稻苞虫。⑥偏晚收获，有利黑色素积累，提高商品率。

西粳4号（Xigeng 4）

品种来源：陕西省西安市农业科学研究所以西安大穗稻/秋津的杂交后代经系谱法选育而成。1998年通过陕西省农作物品种审定委员会审定。

形态特征和生物学特性：属常规中粳稻。在陕西关中稻区种植，全生育期160.0d，株高90.0cm。株型适中，茎秆粗壮，熟期转色好。有效穗数375.0万穗/hm^2，穗长21.0cm，每穗总粒数145粒，千粒重28g。

品质特性：整精米率68%，直链淀粉含量19.5%。

抗性：抗稻瘟病，中抗白叶枯病。

产量及适宜地区：一般产量8 400.0kg/hm^2。适宜在陕西省关中稻区及陕南平川丘陵区推广种植，最大年推广种植面积0.7万hm^2，累计推广种植面积2.3万hm^2。

栽培技术要点：①4月底5月初播种，大田用种量45.0kg/hm^2。②6月上旬移栽，栽插27.0万～30.0万穴/hm^2，基本苗231.4万～260.0万/hm^2。③重施底肥，酌施分蘖肥。底肥施农家肥22 500.0kg/hm^2、磷酸二铵480.0～525.0kg/hm^2。分蘖肥施尿素225.0～255.0kg/hm^2。④灌溉应采取浅水插秧、深水“换衣”，浅水分蘖，适期晒田，孕穗期深、籽粒灌浆期浅的灌溉方法。⑤注意前期防治二化螟，后期防治穗颈瘟和稻苞虫。

西粳糯5号（Xigengnuo 5）

品种来源：陕西省西安市农业科学研究所和长安县种子公司以西粳1号/秋筱糯杂交后代经系谱法选育而成。2001年通过陕西省农作物品种审定委员会审定。

形态特征和生物学特性：属常规中粳稻（糯稻）。在陕西汉中种植，全生育期150.0d，株高95.0cm。株型适中，茎秆粗壮，穗粒重协调，熟期转色好。有效穗数352.9万穗/hm^2，穗长20.0cm，每穗总粒数150.0粒，千粒重27.2g。

品质特性：糯性好，整精米率40.9%，胶稠度100mm，直链淀粉含量1.3%，谷粒长宽比1.6。

抗性：稻瘟病2级，白叶枯病2级。

产量及适宜地区：一般产量7 800.0kg/hm^2。适宜在陕西省关中稻区及陕南平川、丘陵稻区种植。最大年推广种植面积1.0万hm^2，累计推广种植面积3.0万hm^2。

栽培技术要点：①4月底5月初播种，大田用种量45.0kg/hm^2。②6月上旬移栽，栽插21.0万～22.5万穴/hm^2，基本苗180.0万～195.0万/hm^2。③重施底肥，酌施分蘖肥。底肥施农家肥22 500.0kg/hm^2、尿素225.0kg/hm^2、过磷酸钙300.0kg/hm^2、硫酸钾75.0kg/hm^2。分蘖肥施尿素75.0kg/hm^2。④灌溉应采取浅水插秧、深水“换衣”，浅水分蘖，适期晒田，孕穗期深、籽粒灌浆期浅的灌溉方法。⑤注意前期防治二化螟，后期防治穗颈瘟和稻苞虫。

宁夏

富源4号（Fuyuan 4）

品种来源：宁夏种子管理站、宁夏原种场由吉林省引入，原品系号为96D10。2002年通过宁夏回族自治区农作物品种审定委员会审定。

形态特征和生物学特性：属常规中早粳中熟。全生育期144～146d。株高99.8cm，株型紧凑，幼苗长势旺，分蘖力强，成穗率高，空秕率低。穗型散，有效穗数600万穗/hm^2左右，每穗粒数78.0粒，结实率92.8%。谷粒短圆形，颖及颖尖均呈秆黄色，种皮白色，无芒，千粒重24.2g。

品质特性：糙米率83.6%，精米率76.7%，整精米率70.9%，糙米粒长5.0mm，长宽比1.7，垩白粒率28%，垩白度3.9%，透明度1级，碱消值7.0级，胶稠度84mm，直链淀粉含量17.1%，糙米蛋白质含量7.0%。

抗性：抗稻瘟病，抗白叶枯病。耐低温、抗盐碱能力强。

产量及适宜地区：1998—1999年参加宁夏中早熟组区域试验，两年平均单产12 590.0kg/hm^2，较对照宁粳12增产5.8%。1999年生产试验平均单产11 355.0kg/hm^2，较宁粳12增产6.7%。2003—2015年宁夏累计推广种植面积20.3万hm^2，年度最大推广种植面积2008年达到3.5万hm^2，占当年水稻种植面积的44.1%。适宜在宁夏、甘肃、新疆种植。

栽培技术要点：①直播栽培。播种前药剂浸种2～3d，防治恶苗病，捞出后将种子敷泥待播。5月10日前播种上水，播种量300kg/hm^2。播前施足底肥，基施纯氮75～90kg/hm^2，五氧化二磷150kg/hm^2。5月下旬、6月上旬各追肥一次，每次施纯氮37.5kg/hm^2；7月中旬追施穗肥，施纯氮19.5kg/hm^2。化学和人工除草相结合。②插秧栽培。播种前药剂浸种消毒并催芽。4月20日开始播种育苗，秧田播量4 500kg/hm^2。5月中旬插秧，高水肥田行株距30cm×10cm，中低水肥田行株距27cm×10cm插秧，每穴栽3～4苗。插前基施氮85.5～100.5kg/hm^2，五氧化二磷150kg/hm^2。5月下旬和6月上旬各追肥一次，每次施氮37.5kg/hm^2；7月中旬追施穗肥，施氮19.5kg/hm^2。6月下旬和齐穗后晒田，及早拔除杂草。

吉粳105（Jigeng 105）

品种来源：吉林省农业科学院水稻研究所以超产2号/吉89-45为杂交组合选育，宁夏种子管理站、宁夏农林科学院农作物研究所引入宁夏，原品系号吉2000F45，引进后代号节3。2007年通过宁夏回族自治区农作物品种审定委员会审定。

形态特征和生物学特性：属常规中早粳中熟。全生育期145d左右。株高93cm，株型紧凑，主茎叶片14～15片，苗色绿，分蘖力强，植株较矮。穗型散，穗中等大小，穗长15.0cm。有效穗数525万～600万穗/hm^2，每穗实粒数84粒，结实率90%以上。谷粒短圆形，颖及颖尖均呈秆黄色，种皮白色，无芒，千粒重23g。

品质特性：糙米率82.5%，精米率74.5%，整精米率67.1%，垩白粒率26%，垩白度3.1%，透明度1级，碱消值7.0级，胶稠度80mm，直链淀粉含量15.6%，精米粒长4.8mm，长宽比1.7。品质达到国家三级优质稻谷标准。

抗性：中抗稻瘟病和白叶枯病。耐低温，耐肥，抗倒伏，耐盐碱。

产量及适宜地区：2005—2006年参加宁夏中早熟组区域试验，两年平均单产12 328.5kg/hm^2，较对照宁粳12增产10.7%。2006年生产试验，平均单产9 940.5kg/hm^2，较对照宁粳12增产8.3%。2007—2015年宁夏累计推广种植面积5.6万hm^2。适宜在宁夏引黄灌区插秧或直播栽培种植。

栽培技术要点：①播种及插秧。保墒旱直播栽培于4月10日左右播种，播种量300～375kg/hm^2，播深3～4cm，播种后耙地保墒，出苗后旱长至4叶后上水管理。插秧栽培于4月20日左右育苗，种子播前用80%的“402”2 000倍液浸种3～4d，秧田播种量3 000～3 750kg/hm^2。5月中旬插秧。行株距27cm×10cm或30cm×10cm，每穴栽3～5苗。②施肥。全生育期施氮225kg/hm^2，五氧化二磷105～120kg/hm^2。增磷控氮，氮磷配比约为2∶1。③灌水。按“两保两控”灌水技术进行管理。

京引39（Jingyin 39）

品种来源：日本品种，杂交组合为藤板2号/农林1号，1965年由吉林省农业科学院引入宁夏。1979年通过宁夏回族自治区农作物品种审定委员会审定。

形态特征和生物学特性：属常规中早粳晚熟。生育期147 ～ 150d。株高85cm左右，株型紧凑，主茎15片叶，叶片较小，分蘖力强，分蘖成穗率高，茎秆较细。有效穗数750万穗/hm^2左右，穗长14.5cm，每穗总粒数68.3粒，每穗实粒数64.5粒，结实率94.4%，谷粒阔卵形，颖壳秆黄色，颖尖紫褐色，种皮白色，千粒重25g。

品质特性：品质良好。

抗性：抗稻瘟病，抗恶苗病；耐肥，抗倒伏。

产量及适宜地区：1971年参加中宁、灵武等地试验，较公交12增产3.5%～ 26.5%，最高单产10 875kg/hm^2。1973年宁夏农作物所栽培试验平均单产10 008.0kg/hm^2；1978年宁夏农作物所试验平均单产8 544.0kg/hm^2，较银粳1号增产3.9%。该品种是20世纪70年代到80年代初宁夏主栽品种，种植时间长达13年之久，1971年开始推广，1983年发现抗稻瘟病能力有衰退现象，之后种植面积逐年下降。1971—1989年宁夏累计推广种植面积38.2万hm^2，年度最大推广种植面积1983年3.4万hm^2，占当年水稻面积的67.3%。适宜在宁夏引黄灌区种植。

栽培技术要点：①播前用“402”农药2 000倍液浸种2 ～ 3d，催芽播种。②4月20日左右育秧，秧田播种量4 500kg/hm^2。③5月中旬插秧，行株距23cm × 10cm或27cm × 10cm，每穴栽4 ～ 6苗。④播前施磷酸二铵150 ～ 225kg/hm^2，碳酸氢铵375kg/hm^2作底肥，5月下旬、6月上旬追施尿素两次，每次追施105 ～ 120kg/hm^2，7月15日后追施穗粒肥45kg/hm^2。

宁稻216（Ningdao 216）

品种来源：宁夏农林科学院农作物研究所选育。以宁粳6号/州8023为杂交组合，采用系谱法选育而成，原品系号89XW-216。1998年通过宁夏回族自治区农作物品种审定委员会认定。

形态特征和生物学特性：属常规中早粳中熟。全生育期145d。株高90cm，叶片窄小，叶色较深，分蘖力强，成穗率高，空秕率低，灌浆快，落黄好。穗型散，有效穗数675万穗/hm^{2}左右，每穗结实60粒。谷粒短圆形，颖及颖尖秆黄色，无芒，种皮白色，千粒重22.5g。

品质特性：糙米率82.6%，精米率70.8%，整精米率58.7%，垩白粒率1.5%，碱消值6.9级，胶稠度57mm，直链淀粉含量16.6%，蛋白质含量6.3%，赖氨酸含量0.18%，谷粒长宽比1.7。外观及食味品质俱佳。

抗性：抗稻瘟病、白叶枯病，抗低温冷害，抗倒伏。

产量及适宜地区：1995—1996年参加宁夏晚熟组区域试验，两年平均单产10 084.5kg/hm^2，较对照宁粳7号增产4.5%，较对照宁粳9号增产3.4%。1993—2000年宁夏累计推广种植面积0.9万hm^2。适宜在宁夏引黄灌区种植。

栽培技术要点：①适宜插秧栽培，直播栽培应采用保墒旱直播方式。②播前用“402”农药2 000倍液浸种2 ~ 3d，催芽或直接播种。③4月20日左右育秧，秧田播种量4 500kg/hm^2。④5月中旬插秧，行株距23cm × 10cm或27cm × 10cm，每穴栽4 ~ 6苗。⑤播种前施磷酸二铵150 ~ 225kg/hm^2、碳酸氢铵375kg/hm^{2}作底肥，5月下旬、6月上旬追施尿素两次，每次追施105 ~ 120kg/hm^2，7月15日后追施穗粒肥尿素45kg/hm^2。⑥分蘖力强，高肥力地块不宜施肥过多，以防造成总茎数偏高，过分郁闭形成小穗。后期注意落干晒田，以防倒伏，注意防治稻瘟病。

宁粳11（Ninggeng 11）

品种来源：宁夏农林科学院农作物研究所选育。宁粳3号/82混7的F_1代花培法育成，原代号花14。1990年通过宁夏回族自治区农作物品种审定委员会审定。

形态特征和生物学特性：属常规中早粳晚熟。全生育期150d略上，株高95cm。株型紧凑，茎秆粗细中等，坚实抗倒，主茎14～15片叶，叶色深绿，叶片窄长，剑叶长，超出穗顶，宽窄中等，角度小，分蘖成穗率较高，抽穗整齐，成熟期叶尖早干。插秧缓苗轻，返青快，生长快，灌浆快。穗长15cm，穗颈较长，着粒密度中等。有效穗数600万～675万穗/hm^2，每穗粒数70～80粒，每穗实粒数60～70粒。谷粒椭圆形，颖壳及颖尖秆黄色，无芒，种皮白色，千粒重25g。

品质特性：精米率73.4%，整精米率63.2%，垩白粒率4.0%，碱消值7.0级，胶稠度97mm，直链淀粉含量18.5%，蛋白质含量7.2%。米质优，半透明有光泽，外观品相好，食味好。

抗性：抗稻瘟病，中抗白叶枯病，抗冷害强。

产量及适宜地区：1987—1988年参加宁夏晚熟组区域试验，两年平均单产11 212.5kg/hm^2，较对照秋光增产6.4%。1990年生产试验平均单产10 530.0kg/hm^2，较宁粳9号增产8.7%；1996—2006年宁夏累计推广种植面积5.5万hm^2。适宜在宁夏引黄灌区插秧种植。

栽培技术要点：①早育早播。4月25日前育秧较好，秧田播种量4 500～7 500kg/hm^2，育苗前种子要进行清选和药剂处理。②5月15—20日插秧，插秧行株距23cm×10cm或27cm×10cm，每穴栽8苗。③施肥。基施氮肥112.5～131.3kg/hm^2，磷肥112.5kg/hm^2，要施足基肥，早施肥，尽量少施或不施7月肥，以防贪青迟熟。④注意防治白叶枯病，不留有线虫病田块的种子作种。

宁粳12（Ninggeng 12）

品种来源：宁夏农林科学院农作物研究所选育。1981年以80K-479-1/清杂52为组合杂交，采用系谱法于1983年育成，原品系号为83XZ-489。1990年通过宁夏回族自治区农作物品种审定委员会审定。

形态特征和生物学特性：属常规中早粳中熟。全生育期140d以上，株高80cm。株型紧凑、矮壮，主茎叶片13片，叶片较短宽，剑叶直立上举，叶色绿。苗期繁茂，分蘖力强。散穗型，着粒密度中等。有效穗数630万穗/hm^{2}左右，平均每穗实粒数50 ~ 60粒，结实率90%左右。谷粒短圆形，颖及颖尖呈秆黄色，无芒，种皮白色，千粒重27 ~ 28g。

品质特性：糙米率83.4%，精米率74.3%，整精米率50.8%，垩白粒率48%，垩白度8.6%，碱消值7.0级，胶稠度74mm，直链淀粉含量18.8%，糙米蛋白质含量10.8%，精米粒长5.0mm，长宽比1.7。

抗性：抗稻瘟病，中抗白叶枯病。苗期耐寒性强，耐肥，抗倒伏。

产量及适宜地区：1986—1988年参加宁夏中早熟组区域试验，三年平均单产11 499.0kg/hm^2，较对照宁粳3号增产5.4% ~ 7.4%，较宁粳8号增产4.1%。1989年生产试验平均单产6 537.0kg/hm^2，较宁粳8号增产8.7%。1991—2007年宁夏累积推广种植面积5.8万hm^2。适宜在宁夏、甘肃、新疆种植。

栽培技术要点：①直播栽培：一是播种前药剂浸种2 ~ 3d，防治恶苗病，捞出后种子敷泥待播。二是5月10日前后播种上水，播种量300 ~ 375kg/hm^2。三是播前施足底肥。5月25日前后追施苗肥，尿素90 ~ 105kg/hm^2，6月5—10日施分蘖肥，尿素105 ~ 120kg/hm^2，中期酌情增施穗肥。四是化学和人工除草相结合。五是出苗期间干干湿湿，促进扎根，7月底撤水干田3 ~ 4d，以防倒伏。②插秧栽培：一是播种前药剂浸种并催芽。二是4月底前后播种育苗，秧田播种量4 500kg/hm^2，秧龄20 ~ 25d移栽。三是5月20日前后插秧，行株距23cm × 10cm，每穴栽6 ~ 8苗。四是插前施磷酸二铵150kg/hm^2，碳铵375kg/hm^{2}作底肥。5月25日和6月5日左右追肥2次，各施尿素105 ~ 120kg/hm^2，中期酌情增施穗肥。五是6月下旬和7月底晾田3 ~ 4d，及早拔除杂草。

宁粳14（Ninggeng 14）

品种来源：宁夏农林科学院农作物研究所育成。以8131F_1/8035F_1为杂交组合，采用系谱法选育而成，原品系号86XZ-14。1992年通过宁夏回族自治区农作物品种审定委员会审定。

形态特征和生物学特性：属常规中早粳中熟。全生育期140d以上，株高80cm。苗期生长旺盛，分蘖力较强。株型紧凑，剑叶较宽而直立，叶色深。穗型散，穗长14cm，每穗结实60粒，结实率90%。谷粒短圆形，颖黄褐色，颖尖紫色，无芒，种皮白色，千粒重27g。

品质特性：糙米率82.3%，精米率70.7%，整精米率60.5%，垩白较小，碱消值7.0级，胶稠度62mm，直链淀粉含量17.7%，蛋白质含量8.2%，谷粒长宽比1.7。

抗性：高抗稻瘟病，抗白叶枯病，易感恶苗病。耐肥，抗倒伏。

产量及适宜地区：1990—1991年参加宁夏中早熟组区域试验，2年平均单产11 098.5kg/hm^2，较对照宁粳8号增产8.3%、较对照宁粳12增产2.3%。1991年生产试验平均单产9 498.0kg/hm^2，较对照宁粳12增产3.9%。1991—2001年宁夏累计推广种植面积5.0万hm^2。适宜在宁夏、甘肃、新疆种植。

栽培技术要点：①直播栽培。一是播前种子用1 000 ~ 2 000倍液“402”药剂浸种2 ~ 3d，捞出后将种子敷泥待播。二是旱直播5月初播种，播后及时上水。三是播前施足底肥，5月25日前后追施苗肥，施尿素90 ~ 105kg/hm^2，6月上旬施分蘖肥，施尿素105 ~ 120kg/hm^2，中期酌情增施穗肥。四是化学除草与人工除草相结合，及早除草。五是出苗期间，田间干干湿湿，促进扎根，以后保持浅水层。齐穗后落干3 ~ 4d，以防倒伏。②插秧栽培。一是播前种子用1 000 ~ 2 000倍液“402”药剂浸种2 ~ 3d，催芽后播种。二是4月底播种育苗，秧田播种量3 000 ~ 4 500kg/hm^2，秧龄20d移栽。三是5月20日前后插秧，行株距23cm×10cm，每穴栽6 ~ 8苗。四是插前施磷酸二铵150kg/hm^2，碳酸氢铵375kg/hm^2。5月底和6月10日前后追施两次肥，每次追尿素105 ~ 120kg/hm^2，7月10日前后酌情增施穗肥。五是6月下旬和7月底2次落干晒田，防止倒伏，及时除草。

宁粳15（Ninggeng 15）

品种来源：宁夏农林科学院农作物研究所选育。以87F-129/84XZ-7为杂交组合，采用花培方法育成，原品系号花35。1995年通过宁夏回族自治区农作物品种审定委员会审定。

形态特征和生物学特性：属常规中早粳晚熟。全生育期150d，株高89cm。苗期生长旺盛，分蘖力及成穗率中等，抽穗整齐。株型紧凑，茎秆较粗。主茎15片叶，叶片宽窄中等，角度小，叶色较深。半直立穗，着粒较密。穗长15cm，每穗粒数83粒，每穗实粒数70粒，结实率84.3%，灌浆较快。谷粒短圆形，颖及颖尖秆黄色，无芒，种皮白色，千粒重28.0g。

品质特性：糙米率84.4%，精米率74.3%，整精米率68.7%，垩白粒率87%，碱消值6.8级，胶稠度78mm，直链淀粉含量18.8%，蛋白质含量5.9%，赖氨酸含量0.2%，谷粒长宽比1.7。

抗性：中抗稻瘟病、白叶枯病，耐冷性好，抗倒伏力较强。

产量及适宜地区：1992—1993年参加宁夏晚熟组区域试验，两年平均单产9 952.5kg/hm^2，较对照宁粳9号增产13.8%。1994年生产试验平均单产9 855.0kg/hm^2，较对照宁粳9号增产5.2%。适宜在宁夏引黄灌区插秧种植。

栽培技术要点：①早育早插。4月25日前育秧，5月15—20日插秧，稀播壮秧，合理密植，各种育秧方式均可，秧田播种量3 750kg/hm^2，插秧行株距23cm×10cm，每穴栽5～8苗。②合理施肥。结合春翻施基肥磷酸二铵225kg/hm^2、尿素75kg/hm^2，增施有机肥。追肥不宜过迟，以免贪青晚熟。分别于5月20日、6月5日、6月25日（返青、分蘖、幼穗分化期前）每次追施尿素75kg/hm^2。③除草。人工除草和化学药剂除草相结合。④适时收割。

宁粳16（Ninggeng 16）

品种来源：宁夏农林科学院农作物研究所选育。以81D-86/81K-249-3为杂交组合，采用系谱法选育而成，原品系号为87XW-16。1995年通过宁夏回族自治区农作物品种审定委员会审定。

形态特征和生物学特性：属常规中早粳晚熟。全生育期150d略上，株高90cm。苗期生长繁茂，分蘖力较弱。株型紧凑，茎秆较粗壮。主茎16片叶，叶色深绿，叶片较厚。穗长16cm，有效穗数450万穗/hm^{2}左右，每穗粒数100粒左右，结实率85%以上。谷粒短圆形，颖及颖尖呈秆黄色，无芒，种皮白色，千粒重25g。

品质特性：糙米率83.5%，精米率75.3%，整精米率57.8%，垩白粒率18%，垩白度0.2%，碱消值7.0级，胶稠度86mm，直链淀粉含量19.9%，糙米蛋白质含量7.2%，糙米粒长5.7mm，长宽比1.7，谷粒容重高（606.4g/L），在2012年测定的56个品种中，位列第一。食味品质好。

抗性：抗稻瘟病和白叶枯病，耐冷、耐盐性强，耐肥，抗倒伏。

产量及适宜地区：1993—1994年参加宁夏晚熟组区域试验，两年平均单产9 942.0kg/hm^2，较对照宁粳9号增产6.7%。1994年生产试验单产9 693.0 ~ 10 035.0kg/hm^2。1994—2015年宁夏累计推广种植面积20.4万hm^2，年度最大推广种植面积2000年4.4万hm^2，占当年水稻面积的56.9%。适宜在宁夏、甘肃、新疆等地种植。

栽培技术要点：①育苗。播种前用1 000 ~ 2 000倍液“402”药剂浸种72h，防治恶苗病。4月20—25日播种，秧田播种量2 250 ~ 3 000kg/hm^2，秧龄25d左右移栽，管理中注意床土消毒和防止秧苗冻害。②插秧。5月15日前后插秧，行株距23cm × 10cm或27cm × 10cm，每穴栽5 ~ 6苗。③施肥。本田插秧前基施磷酸二铵225kg/hm^2、碳酸氢铵375kg/hm^2。插秧后7 ~ 10d追施尿素112.5kg/hm^2，6月5—10日追施尿素112.5kg/hm^2，7月中旬看苗情追穗肥，施尿素75kg/hm^2。④防病防倒。生长过旺的情况下，应注意稻瘟病的发生。一般在7月初和7月底进行田间喷药（富士1号）防病两次。⑤水层管理。采用“两保两控”水层管理方法。齐穗后晾田3 ~ 4d，可起到防倒伏的作用。

宁粳23（Ninggeng 23）

品种来源：宁夏农林科学院农作物研究所选育。1989年以88XW-495-1/84XZ-7为组合杂交，采用系谱法选育而成，原品系号为95XW-67。2002年、2003年分别通过宁夏回族自治区、国家农作物品种审定委员会审定。

形态特征和生物学特性：属常规中早粳晚熟。全生育期150～155d，株高100cm左右。株型紧凑，茎秆粗壮。主茎15片叶，前期苗色淡绿，后期叶片直立，色绿清秀。分蘖力较弱，半直立穗型，具大穗优势。有效穗数450万穗/hm^{2}左右，穗长18cm，每穗实粒数100粒左右，结实率90%以上。谷粒短圆形，颖及颖尖呈秆黄色，无芒，种皮白色，千粒重26g。具有生物学产量高、经济系数高、分蘖成穗率高的“三高”特点。

品质特性：糙米率83.6%，精米率74.5%，整精米率60.2%，垩白粒率52%，垩白度7.9%，透明度2级，碱消值7.0级，胶稠度91mm，直链淀粉含量18.6%，糙米蛋白质含量8.1%，精米粒长4.9mm，长宽比1.7。

抗性：抗稻瘟病和白叶枯病，耐旱性较强，耐肥，抗倒伏。

产量及适宜地区：1999—2000年参加宁夏晚熟组区域试验，两年平均单产12 982.5kg/hm^2，较对照宁粳16增产16.6%。2000年生产试验，平均单产10 633.5kg/hm^2，较对照宁粳16增产10.5%。2000—2001年全国北方水稻区域试验，2年平均单产10 383.0kg/hm^2，较对照品种秋光增产10.1%；2001年生产试验平均单产10 567.5kg/hm^2，较对照品种秋光增产18.7%。2001—2012年宁夏累计推广种植面积2.9万hm^2。适宜在宁夏、甘肃、新疆及吉林等地种植。

栽培技术要点：①育苗。播种前用1 000～2 000倍液“402”药剂浸种48～72h，防治恶苗病。4月15日前播种育苗，播种量2 250～3 000kg/hm^2。②插秧。5月15日前后插秧，行株距27cm×10cm或30cm×10cm，每穴栽3～5苗。③施肥。全生育期施氮225～240kg/hm^2，五氧化二磷120kg/hm^2。其中基施氮90～120kg/hm^2，五氧化二磷120kg/hm^2。5月下旬和6月上旬各追肥一次，每次施氮45～75kg/hm^2；7月中旬追施穗肥，施氮30kg/hm^2。④水层管理。适时早育早插外，后期不宜过早断水。水层管理做到“两保两控”，即插秧至分蘖期保水，分蘖高峰期至幼穗分化始期控水；孕穗期至抽穗期保水，齐穗后干湿交替控水。

宁粳24（Ninggeng 24）

品种来源：宁夏农林科学院农作物研究所选育。1991年以宁粳12/意大利4号//92夏温37为杂交组合，采用系谱法于1997年育成，原品系号为97XW-723。2002年通过宁夏回族自治区农作物品种审定委员会审定。

形态特征和生物学特性：属常规中早粳晚熟。全生育期147d，株高95cm左右。株型紧凑，种子发芽势强，苗期生长快，叶色深绿，分蘖力强。穗型散，着粒中密，灌浆较快。有效穗数420万～525万穗/hm^2，每穗实粒数90粒以上，结实率85%以上。谷粒阔卵形，颖及颖尖呈秆黄色，无芒，种皮白色，千粒重27g。

品质特性：糙米率82.3%，精米率75.1%，整精米率70.5%，垩白粒率8%，垩白度0.7%，透明度1级，碱消值7.0级，胶稠度64mm，直链淀粉含量18.7%，糙米蛋白质含量7.3%，精米粒长5.6mm，长宽比2.1。外观品相好，食味优良。

抗性：抗稻瘟病和白叶枯病，苗期耐寒性强，易感恶苗病。

产量及适宜地区：2000—2001年参加宁夏区域试验，两年平均单产10 138.5kg/hm^2，较对照宁粳16减产6.2%。2001年生产试验平均单产8 931.0kg/hm^2，较对照宁粳16减产3.5%。2001—2015年宁夏累计推广种植面积5.1万hm^2。适宜在宁夏、甘肃、新疆种植。

栽培技术要点：①易感恶苗病，播种前需严格进行种子消毒，用2 000倍液“402”药剂浸种2～3d，催芽播种。②4月15日左右播种育苗，秧田播种量4 500kg/hm^2。③5月中旬插秧，该品种分蘖力强，插秧宜稀不宜密，行株距27cm×10cm或30cm×10cm，每穴栽3～5苗。④插秧前基施磷酸二铵150～225kg/hm^2、碳酸氢铵375kg/hm^2，5月下旬、6月上旬分别追施尿素各1次，每次105～120kg/hm^2，7月15日后施穗肥尿素45kg/hm^2。⑤后期注意落干晾田，以防倒伏。

宁粳25（Ninggeng 25）

品种来源：宁夏大学农学院（原宁夏农学院）选育。以宁粳10号/农院6-2为杂交组合，经系谱法选育而成，原代号农院28。2002年通过宁夏回族自治区农作物品种审定委员会审定。

形态特征和生物学特性：属常规中早粳中熟。全生育期140d。株高84cm，株型紧凑，叶色较深，着粒较密。有效穗数570万穗/hm^2，每穗总粒数83粒，实粒数74粒。谷粒短圆形，颖、护颖和颖尖为浅黄色，无芒，种皮白色，千粒重27.5g。

品质特性：糙米率83.6%，精米率76.7%，整精米率64.8%，垩白粒率30%，垩白度4.6%，碱消值7.0级，胶稠度78mm，直链淀粉含量16.5%，糙米蛋白质含量7.4%，谷粒长宽比1.6。

抗性：高抗叶瘟，中抗穗颈瘟和白叶枯病。耐肥，抗倒伏。

产量及适宜地区：1998—1999年参加宁夏中早熟组区域试验，两年平均单产11 328.0kg/hm^2，较宁粳12增产6.7%。2000年生产试验平均单产9 244.5kg/hm^2，较对照宁梗12增产4.7%。适宜在宁夏引黄灌区种植。

栽培技术要点：插秧或直播均可。①播种。育秧不宜太早，播种期可延至4月25日至4月30日，种子用80%的“402”农药1 500倍溶液浸种3d。秧床播种前用移栽灵25kg/hm^2，对水2 ~ 3kg均匀喷洒一次，秧田播种量6 000kg/hm^2。直播栽培5月初播种。②施肥：增施有机肥，施氮225kg/hm^2、五氧化二磷90kg/hm^2。③合理密植。插秧行株距27cm × 10cm，每穴栽6 ~ 8苗。④灌溉：采用“浅”的灌溉方法，6月底晒田一次。⑤除草。人工除草和化学除草相结合。⑥防治病害。抽穗始期和齐穗期各喷一次“富士1号”防穗颈瘟，抽穗时要在下午4时以后喷药，避免影响水稻开花。⑦适时收获。齐穗后45d要及时收割。⑧不宜在白叶枯病严重地区种植。

宁粳26（Ninggeng 26）

品种来源：原产日本，宁夏原种场引入宁夏。2002年通过宁夏回族自治区农作物品种审定委员会审定。

形态特征和生物学特性：属常规中早粳中熟。生育期147d。株高88.8cm，单株15片叶，叶色浅绿，株型紧凑，穗型散，着粒中等，分蘖力强，成穗率高。有效穗数675万～750万穗/hm^2。每穗粒数58.6粒，实粒数50.5粒，结实率86.1%。谷粒短圆形，颖及颖尖秆黄色，无芒，种皮白色，千粒重22.6g。

品质特性：糙米率81.9%，精米率74.6%，整精米率70%，垩白粒率19%，垩白度1.9%，透明度1级，胶稠度74mm，直链淀粉含量17.1%，蛋白质含量7.0%，谷粒长宽比1.7。

抗性：中抗稻瘟病，耐盐碱，抗低温冷害能力强。

产量及适宜地区：1999—2000年参加宁夏晚熟组区域试验，两年平均单产10 962.0kg/hm^2，较对照宁粳16减产1.6%。2000年生产试验单产9 915.0kg/hm^2，较对照宁粳16增产9.0%。适宜在宁夏引黄灌区插秧种植。

栽培技术要点：①育秧。小拱棚或大棚育秧，播种前浸种消毒3d。4月中旬播种，秧田播种量4 500kg/hm^2，注意通风、控水培育壮秧。②插秧。行株距高肥田30cm×10cm，中低肥力田27cm×10cm，每穴栽2～4苗。5月中旬插秧。③施肥。本田插秧前基施氮84.0～100.5kg/hm^2，五氧化二磷150kg/hm^2。5月下旬、6月上旬各追肥一次，每次追施氮45kg/hm^2。7月中旬追穗肥，施氮19.5kg/hm^2。④防止倒伏。生育期间采用“浅”的水层管理方式进行管理，并在6月下旬和齐穗后适度晾田，增加土壤通透性，防止倒伏。7月中旬适时防治稻瘟病。

宁粳27（Ninggeng 27）

品种来源：系吉林省农业科学院水稻研究所1993年用冷11-2/萨特恩F_9代单株经^{60}Co辐射处理系统选育而成。1997年宁夏永宁县种子公司引进宁夏。2002年通过宁夏回族自治区农作物品种审定委员会审定。

形态特征和生物学特性：属常规中早粳晚熟。全生育期150 ~ 155d。株高86cm左右，株型紧凑，主茎叶片15片，前期苗色淡绿，后期色绿，分蘖力较强，活秆成熟。半直立穗型，平均每穗结实86粒以上，结实率86%。谷粒阔卵形，颖及颖尖呈秆黄色、间短芒，种皮白色，千粒重21 ~ 23g。

品质特性：糙米率80.6%，精米率74.1%，整精米率61.3%，垩白粒率6%，垩白度2.1%，透明度2级，碱消值7.0级，胶稠度88mm，直链淀粉含量18.8%，糙米蛋白质含量8.2%，糙米粒长5.1mm，长宽比2.1。外观品相好，食味优良。

抗性：抗稻瘟病，耐肥，抗倒伏。苗期耐低温性较弱。

产量及适宜地区：2000—2001年参加宁夏晚熟组区域试验，两年平均单产10 200.0kg/hm^2，较对照宁粳16减产5.7%。2001年生产试验，平均单产9 249.0kg/hm^2，较对照宁粳16减产0.7%。2000—2015年宁夏累计推广种植面积6.3万hm^2。适宜在宁夏引黄灌区插秧种植。

栽培技术要点：①采用旱育稀植栽培技术。4月5日前后育苗，用80%"402"农药2 000倍液浸种3 ~ 4d，催芽播种。播种量4 500kg/hm^2。②5月上旬择晴暖天气插秧。行株距机插30cm × 10cm，手插27cm × 10cm，盐碱地23cm × 10cm，每穴栽3 ~ 5苗。③施肥。氮肥总量240kg/hm^2，五氧化二磷150kg/hm^2，氮：磷以1.6 ：1为宜。

宁粳28（Ninggeng 28）

品种来源：宁夏农林科学院农作物研究所选育。以山引1号/花21为杂交组合，采用系谱法于1999年育成，原品系号为花99115。2003年通过宁夏回族自治区农作物品种审定委员会审定。

形态特征和生物学特性：属常规中早粳晚熟。全生育期150d略上。株高96cm，株型紧凑，茎秆粗壮。主茎15片叶，叶色绿，生长势旺，分蘖力中等，半直立穗型。有效穗数450万穗/hm^{2}左右，每穗实粒数82 ～ 113粒，结实率90%～ 94%。谷粒短圆形，颖及颖尖均呈秆黄色，无芒，种皮白色，千粒重27g。

品质特性：糙米率83.1%，精米率71.1%，整精米率61.9%，垩白粒率37.2%，垩白度10.0%，胶稠度89mm，糙米蛋白质含量6.7%，糙米粒长4.5mm，长宽比1.6。

抗性：抗稻瘟病和白叶枯病，苗期抗低温能力较强，耐肥，抗倒伏。

产量及适宜地区：2001—2002年参加宁夏晚熟组区域试验，两年平均单产12 492.0kg/hm^2，较对照宁粳16增产7.8%。2002年生产试验，平均单产10 978.5kg/hm^2，较对照宁粳16增产10.6%。2004—2015年宁夏累计推广种植面积8.6万hm^2。适宜在宁夏、甘肃、新疆种植。

栽培技术要点：采用旱育稀植栽培技术。①育苗。播种前用1 000 ～ 2 000倍液“402”药剂浸种48 ～ 72h，防治恶苗病。4月15日前播种育苗，秧田播种量2 250 ～ 3 000kg/hm^2。②插秧。5月15日前插秧，行株距27cm × 10cm或30cm × 10cm，每穴栽3 ～ 5苗。③施肥。全生育期施氮210 ～ 240kg/hm^2，五氧化二磷120kg/hm^2。其中基施氮90 ～ 120kg/hm^2，五氧化二磷120kg/hm^2。5月下旬和6月上旬各追肥一次，每次施氮45 ～ 75kg/hm^2；7月中旬追施穗肥，施氮30kg/hm^2。④水层管理。该品种穗大粒多，灌浆期较长，除适时早育早插外，后期不宜过早断水。水层管理做到“两保两控”。即插秧至分蘖期保水，分蘖高峰期至幼穗分化始期控水，孕穗期至抽穗期保水，齐穗后干湿交替灌水。

宁粳29（Ninggeng 29）

品种来源：宁夏农林科学院农作物研究所以山引1号/91XK-65为杂交组合，采用系谱法于1998年育成，原品系号为98XZ-107。2003年通过宁夏回族自治区农作物品种审定委员会审定。

形态特征和生物学特性：属常规中早粳中熟。全生育期145d。株高85cm左右，叶片直立，主茎14片叶，叶色浅绿，叶片窄。苗期生长势强，分蘖力强，活秆成熟。穗型较散，每穗总粒数75粒左右，实粒数70粒左右。谷粒短圆形，颖及颖尖均呈秆黄色，无芒，种皮白色，千粒重25g。

品质特性：糙米率86.5%，精米率75.5%，整精米率53.6%，垩白粒率11.7%，垩白度2.7%，碱消值2.7级，胶稠度87mm，直链淀粉含量24.2%，糙米蛋白质含量7.8%，谷粒长宽比1.7。

抗性：中抗稻瘟病及白叶枯病，抗寒性及抗倒伏较强。

产量及适宜地区：2001—2002年参加宁夏中早熟组区域试验，两年平均单产11 449.5kg/hm^2，较对照宁粳12平均增产5.7%；2002年生产试验，平均单产10 167.0kg/hm^2，较对照宁粳12增产5.6%。2005—2006年宁夏累计推广种植面积0.2万hm^2。适宜在宁夏引黄灌区插秧及直播种植。

栽培技术要点：①种子消毒。采用2 000倍液“402”浸泡3d，防治恶苗病。②播种。插秧栽培在4月中旬播种，旱直播栽培在5月10日前播种，育苗秧田播种量3 000～3 750kg/hm^2，旱直播播种量300kg/hm^2。③施肥。基施磷酸二铵225kg/hm^2，钾肥150kg/hm^2，在5月25日前后追施苗肥，施尿素75～105kg/hm^2，6月5—10日施分蘖肥尿素105～120kg/hm^2，中期看苗施肥。④齐穗后落干晒田3～4d，以防倒伏。

宁粳3号（Ninggeng 3）

品种来源：宁夏农林科学院农作物研究所选育。1967年以京引39号/京引59号为组合进行杂交，后采用系谱法选育而成，原定名银粳3号。1979年通过宁夏回族自治区农作物品种审定委员会审定。

形态特征和生物学特性：属常规中早粳中熟。全生育期134d，株高84.6cm。株型紧凑，叶片小而上举，茎叶绿，分蘖强，半直立多穗型品种。穗长15.9cm，有效穗数600万穗/hm^2左右，每穗粒数64.5粒，实粒数58.4粒，结实率90.5%。谷粒短圆形，颖及颖尖秆黄色，无芒，种皮白色，千粒重29.3g。

品质特性：精米率73.3%，整精米率64.2%，垩白粒率16.7%，垩白度5.2%，谷粒长宽比1.6。品质较好。

抗性：抗叶瘟，感穗颈瘟，中抗白叶枯病。耐冷性较强，抗倒伏。

产量及适宜地区：1977—1978年参加宁夏区域试验，两年平均单产9 222.0kg/hm^2，比对照银粳1号增产10.7%。1978年在宁夏农林科学院农作物研究所示范，单产9 090.0kg/hm^2，比公交10号增产21.8%，比银粳1号增产26.5%。1979—1998年宁夏累计推广种植面积5.1万hm^2。适宜在宁夏、甘肃、新疆种植。

栽培技术要点：①适宜直播和插秧栽培。直播：5月10日后播种，播种量300kg/hm^2，播种后灌水。②插秧。4月下旬至5月上旬初播种育秧，播种量6 000kg/hm^2，秧龄25 ~ 30d。5月下旬插秧，行株距20cm × 10cm，每穴栽6 ~ 8苗。③全生育期施氮180 ~ 210kg/hm^2，五氧化二磷90kg/hm^2。磷肥基施，氮肥40% ~ 45%基施。追肥两次，分别于6月15日和25日前后追施尿素120 ~ 150kg/hm^2。④水层管理采用“浅—深—浅”方法进行。⑤注意喷药防治稻瘟病。

宁粳31（Ninggeng 31）

品种来源：宁夏区种子管理站、灵武农场、区原种场由黑龙江五常农业科学研究所引进，原代号LQ-1。2003年通过宁夏回族自治区农作物品种审定委员会审定。

形态特征和生物学特性：属常规中早粳中熟。全生育期144d，株高88.6cm。叶片绿，中后期生长旺。穗型散，穗长16cm，着粒密度中等。每穗总粒数73.5粒，结实率94.1%。谷粒阔卵形，颖及颖尖均呈秆黄色，无芒，种皮白色，千粒重23.5g。

品质特性：糙米率81.4%，精米率74.4%，整精米率67.4%，垩白粒率4%，直链淀粉含量19.4%，透明度1级，碱消值7.0级，胶稠度55mm，糙米蛋白质含量8.1%，长宽比2.1。外观品相好，食味好。

抗性：抗稻瘟病及白叶枯病。苗期不耐低温，成熟后期易倒伏。

产量及适宜地区：2001—2002年参加宁夏中早熟组区域试验，两年平均单产10 641.8kg/hm^2，较对照宁粳12减产3.8%；2003年生产试验单产9 754.5kg/hm^2，比对照宁粳12增产7.9%。2005—2016年宁夏累计推广种植面积0.3万hm^2。适宜在宁夏引黄灌区插秧或直播栽培。

栽培技术要点：①旱直播4月中旬适期早播，播种量300kg/hm^2。插秧栽培秧田播种量3 000 ～ 5 250kg/hm^2，4月10—25日播种育秧，5月10—20日插秧，行株距27cm × 10cm或30cm × 10cm。②施肥。施农家肥30 000 ～ 60 000kg/hm^2、磷酸二铵225kg/hm^2；追肥分3次施入，5月下旬追施尿素120kg/hm^{2}左右，6月10日前后施分蘖肥尿素120 ～ 150kg/hm^2，7月初看苗酌情追肥尿素60 ～ 105kg/hm^2，全生育期施氮195kg/hm^2。③采用“浅”灌溉方式，中后期注意晒田防倒伏。④化学除草与人工除草相结合。

宁粳32（Ninggeng 32）

品种来源：宁夏大学农学院选育。1993年以83XZ-489/藤125为组合进行杂交，后采取系谱选育法，经多年选育而成，原代号农院2号。2005年通过宁夏回族自治区农作物品种审定委员会审定。

形态特征和生物学特性：属常规中早粳晚熟。全生育期150d，株高89cm，株型紧凑，叶色较深，分蘖力较强。穗型中散，穗长17cm，每穗实粒数为77粒。谷粒阔卵形，颖及颖尖均呈秆黄色，无芒，种皮白色，千粒重27.8g。

品质特性：糙米率85.0%，精米率76.6%，整精米率73.5%，垩白粒率22%，垩白度3.3%，碱消值7.0级，胶稠度70mm，直链淀粉含量18.6%，糙米粒长5.5mm，长宽比2.0。达到国标优质稻谷二级标准。

抗性：中抗叶瘟、穗颈瘟及白叶枯病。耐肥，抗倒伏。

产量及适宜地区：2002—2003年参加宁夏晚熟组区域试验，两年平均单产12 210.0kg/hm^2，比对照宁粳16增产4.2%。2004年生产试验，平均单产9 909.0kg/hm^2，比对照宁粳16增产6.9%。适宜在宁夏引黄灌区种植。

栽培技术要点：①该品种生育期较长，必须插秧栽培。播种期4月15—20日，种子用80%“402”乳油1 500倍液浸种3d，播前用移栽灵25kg/hm^2，对水2～3kg，均匀喷洒秧田一次，秧田播种量4 500kg/hm^2。②插秧行株距27cm×10cm。③大田在增施农家肥的基础上，施氮225kg/hm^2，五氧化二磷105kg/hm^2。

宁粳33（Ninggeng 33）

品种来源：宁夏农林科学院农作物研究所选育。以93JZ-5/93H-1-（1）为杂交组合，经系谱法选育而成，原代号2001GJ-336。2005年通过宁夏回族自治区农作物品种审定委员会审定。

形态特征和生物学特性：属常规中早粳中熟。全生育期145d左右。株高100cm左右，株型紧凑，茎秆粗壮，主茎叶片14～15片，分蘖力中等。半直立穗型，平均每穗实粒数90粒以上。谷粒阔卵形，颖及颖尖秆黄色、无芒，种皮白色，千粒重26.5g。

品质特性：糙米率83.4%，精米率74.6%，整精米率66.6%，垩白粒率10%，垩白度1.5%，透明度3级，碱消值7.0级，胶稠度80mm，直链淀粉含量17.9%，糙米粒长5.5mm，长宽比2.0。达到国标优质稻谷二级标准。

抗性：抗稻瘟病和白叶枯病。耐肥，抗倒伏。

产量及适宜地区：2003—2004年参加宁夏中早熟组区域试验，两年平均单产10 766.3kg/hm^2，比对照宁粳12增产1.8%；2004年生产试验，平均单产9 033.0kg/hm^2，比对照宁粳12增产4.8%。2005—2015年宁夏累计推广种植面积0.4万hm^2。适宜在宁夏引黄灌区插秧或直播种植。

栽培技术要点：①育苗。4月20日，采用小拱棚育秧。用移栽灵进行土壤消毒。种子用80%的"402"农药2 000倍液浸种3～4d，催芽播种。秧田播种量以干种子计3 001.5～4 002kg/hm^2。②插秧。5月15日插秧，插秧行株距27cm×10cm，每穴栽3～5苗。③施肥。基肥碳铵375kg/hm^2，磷酸二铵225～300kg/hm^2，结合最后一次犁地施入。分蘖肥分两次使用，秧苗返青即5月下旬追尿素60～75kg/hm^2，6月上旬追施尿素75～120kg/hm^2。穗肥7月10日后追施尿素45～60kg/hm^2。粒肥。在抽穗前或齐穗后施尿素45kg/hm^2。④水层管理。插秧至分蘖期保浅水促分蘖早生快发。分蘖高峰期至幼穗分化始期（6月下旬至7月初）控制灌水、适度晒田，一般晒田5～7d。孕穗期至抽穗期（7月中旬至8月初）保水层，以利长大穗和防障碍性冷害。齐穗后控制灌水做到干湿结合，9月10日前后可视成熟度停水。⑤适时收获。

宁粳34（Ninggeng 34）

品种来源：宁夏农林科学院农作物研究所选育。以552A/恢15为杂交组合，经多年定向选育而成，原代号98J-13。2005年通过宁夏回族自治区农作物品种审定委员会审定。

形态特征和生物学特性：属常规中早粳中熟。全生育期140d左右，株高85cm左右，株型紧凑，茎秆粗壮，叶片直立，叶色淡绿，分蘖力强。苗期抗寒性强、长势旺，灌浆快，落黄好。穗型散，着粒中密，每穗实粒数75粒左右。谷粒阔卵形，颖及颖尖秆黄色、无芒，种皮白色，千粒重26g左右。

品质特性：糙米率82.6%，精米率75.0%，整精米率66.0%，垩白粒率7%，垩白度0.4%，透明度1级，碱消值7.0级，胶稠度72mm，直链淀粉含量18.5%，谷粒长宽比1.8。达到国家二级优质稻谷标准。

抗性：抗稻瘟病和白叶枯病。耐肥，抗倒伏。

产量及适宜地区：2001—2002年参加宁夏早熟组区域试验，两年平均单产11 007.0kg/hm^2，比对照宁粳12增产1.5%。2004年生产试验，平均单产8 877.0kg/hm^2，比对照宁粳12增产6.2%。适宜在宁夏引黄灌区直播、插秧种植。

栽培技术要点：①播种前种子必须进行药剂浸种，以防恶苗病。播种插秧栽培在4月20日左右育苗，秧田播种量4 500kg/hm^2，采用小拱棚或大棚旱育秧。5月中旬插秧，行株距23cm × 10cm或27cm × 10cm，每穴栽3 ～ 5苗。直播栽培在5月5日前后播种，播种量300 ～ 375kg/hm^2，在出苗期间灌水干湿交替，以促进扎根。②基施磷酸二铵150 ～ 225kg/hm^2，碳酸氢铵375kg/hm^{2}作底肥，5月下旬，6月上旬追施尿素两次，每次105 ～ 120kg/hm^2，7月15日后施穗肥尿素45kg/hm^{2}左右。③化学除草与人工除草相结合。6月下旬及时防治稻瘟病，可用“富士1号”或“三环唑”1 500g/hm^2，对水喷雾。④灌水采用“浅”的灌溉方式。

宁粳35（Ninggeng 35）

品种来源：宁夏农林科学院农作物研究所选育。以88XW-495-1/84XZ-7为杂交组合，经系谱法选育而成，原代号2002WX-913。2006年通过宁夏回族自治区农作物品种审定委员会审定。

形态特征和生物学特性：属常规中早粳晚熟。全生育期155d，株高100cm，株型紧凑，茎秆粗壮，主茎15片叶，苗期生长旺盛，分蘖力较弱。半直立穗型，穗大粒多，每穗实粒数110粒，结实率较高。谷粒短圆形，颖及颖尖秆黄色，无芒，种皮白色，千粒重26g。

品质特性：糙米率82.8%，精米率74.6%，整精米率70.0%，垩白粒率23%，垩白度3.2%，透明度1级，碱消值7.0级，胶稠度85mm，直链淀粉含量18.03%，糙米粒长5.2mm，长宽比1.7。达到国家三级优质稻谷标准。

抗性：中抗稻瘟病，抗白叶枯病。耐肥，抗倒伏，耐寒性较强。

产量及适宜地区：2004—2005年参加宁夏晚熟组区域试验，两年平均单产12 876.8kg/hm^2，较对照宁粳16增产8.0%。2005年生产试验，平均单产11 026.5kg/hm^2，较对照宁粳16增产15.8%。2005—2015年宁夏累计推广种植面积2.6万hm^2。适宜在宁夏引黄灌区插秧种植。

栽培技术要点：①育苗。播种时间4月15日以前，秧田播种量手插秧3 001.5～3 801.9kg/hm^2，机插秧7 503.8～8 004.0kg/hm^2。②插秧。5月10日左右，不晚于5月18日。行株距27cm×10cm，每穴栽3～5苗。③施肥。全生育期施氮270kg/hm^2，五氧化二磷105～135kg/hm^2。④水层管理。插秧至分蘖期保浅水，孕穗期到抽穗期（7月中旬到8月初）保水层，齐穗后控制灌水做到干湿结合。⑤病害防治。注意防治稻瘟病和白叶枯病，恶苗病防治要坚持种子消毒，药剂浸种一般采用使百克2 000倍液浸种4d。

宁粳36（Ninggeng 36）

品种来源：宁夏大学农学院选育。以优6///中作59/02428//中系8503/84XZ-7为杂交组合，经系谱法选育而成，原代号农院238。2006年通过宁夏回族自治区农作物品种审定委员会审定。

形态特征和生物学特性：属常规中早粳晚熟。全生育期158d，株高105cm，株型直立紧凑，叶色较深，苗期生长旺盛，分蘖力中等。穗长18cm，穗型中散，每穗实粒数90粒左右。谷粒椭圆形，颖及颖尖秆黄色，无芒，种皮白色，千粒重23g。

品质特性：糙米率82.3%，精米率73.2%，整精米率70.3%，垩白粒率10%，垩白度0.5%，透明度2级，碱消值7.0级，胶稠度82mm，直链淀粉含量17.84%，糙米粒长6.0mm，长宽比2.4。达到国家一级优质稻谷标准。

抗性：抗叶瘟和穗颈瘟，中抗白叶枯病。抗倒性较差。

产量及适宜地区：2004—2005年参加宁夏晚熟组区域试验，两年平均单产12 110.3kg/hm^2，较对照宁粳16增产1.5%。2005年生产试验，平均单产10 533.0kg/hm^2，较对照宁粳16增产6.5%。2007—2016年宁夏累计推广种植面积0.8万hm^2。适宜在宁夏引黄灌区插秧种植。

栽培技术要点：①育苗。播种期4月15日，用80%“402”乳油1 500倍液浸种3d，秧床在播前喷洒移栽灵，稀播育壮秧。②插秧。行株距27cm × 10cm或30cm × 10cm。③施肥。大田在增施有机肥的基础上，施氮210 ～ 225kg/hm^2，五氧化二磷120kg/hm^2，一般不追穗肥。④6月下旬晒一次田，灌浆后期不要积水，干干湿湿直到成熟。⑤始穗期和齐穗期各喷一次“富士1号”药剂以防穗颈瘟。抽穗时在下午4时以后喷药，避免影响水稻开花。⑥适时收获。在施肥、灌水方面要注意防止倒伏。

宁粳37（Ninggeng 37）

品种来源：宁夏农林科学院农作物研究所选育。以96G-59/东农415为杂交组合，经系谱法选育而成，原代号优育7号。2006年通过宁夏回族自治区农作物品种审定委员会审定。

形态特征和生物学特性：属常规中早粳晚熟。全生育期150d以上，株高90cm，株型紧凑，叶色较浓绿，叶片较宽，插秧后返青快。直立大穗，穗型密，每穗粒数111.4粒，实粒数106粒，结实率95%。谷粒阔卵形，颖及颖尖秆黄色，无芒，种皮白色，千粒重25.0g。

品质特性：糙米率84.2%，精米率74.3%，整精米率71.6%，垩白粒率9%，垩白度0.5%，透明度1级，碱消值7.0级，胶稠度86mm，直链淀粉含量17.2%，糙米粒长5.3mm，长宽比1.8。达到国标优质稻谷一级标准。

抗性：抗稻瘟病，中抗白叶枯病。抗倒伏较强，苗期耐寒性较强。

产量及适宜地区：2003—2004年参加宁夏晚熟组区域试验，两年平均单产11 454.0kg/hm^2，较对照宁粳16减产0.1%。2005年生产试验，平均单产10 311.0kg/hm^2，较对照宁粳16增产8.3%。2007—2015年宁夏累计推广种植面积0.5万hm^2。适宜在宁夏灌区插秧和保墒旱播种植。

栽培技术要点：①插秧栽培。用“402”2 000倍液浸种3d，4月20日左右育秧，5月15日左右插秧，行株距27cm×10cm，每穴栽5～8苗。②基施磷酸二铵225kg/hm^2，硫酸钾150kg/hm^2，返青肥尿素75kg/hm^2，分蘖肥尿素120kg/hm^2，匀苗肥尿素45kg/hm^2。③插秧后浅水灌溉，促进早分蘖，分蘖高峰期落干晒田，灌浆期干干湿湿。

宁粳38（Ninggeng 38）

品种来源：宁夏农林科学院农作物研究所选育。以锦丰/96G-59为杂交组合，采用花药培养法选育而成，原品系号为花87。2006年通过宁夏回族自治区农作物品种审定委员会审定。

形态特征和生物学特性：属常规中早粳晚熟。全生育期145d，株高90 ~ 95cm，株型紧凑，叶片直立，苗色绿，幼苗返青快，分蘖力中等，成穗率高，空秕率低。主茎14片叶，穗型半散，着粒密度中等，有效穗数486万穗/hm^2，每穗实粒数90粒以上，结实率88%。谷粒椭圆形，颖及颖尖秆黄色，无芒，种皮白色，千粒重25 ~ 26g。

品质特性：糙米率81.5%，精米率72.3%，整精米率67.2%，垩白粒率6%，垩白度0.6%，透明度1级，碱消值7.0级，胶稠度86mm，直链淀粉含量17.8%，精米粒长6mm，长宽比2.2。达到国标优质稻谷一级标准。2007年沈阳召开的第六届全国优质粳稻食味品评会上获优良食味二等奖。

抗性：高抗稻瘟病，中抗白叶枯病，苗期耐寒性强，耐肥抗倒伏。

产量及适宜地区：2004—2005年参加宁夏中早熟组区域试验，两年平均单产11 229.0kg/hm^2，较对照宁粳12减产0.1%。2005年生产试验，平均单产9 480.0kg/hm^2，较对照宁粳12增产8.1%。2007—2015年宁夏累计推广种植面积5.6万hm^2。适宜在宁夏、甘肃、新疆种植。

栽培技术要点：①种子处理。“402”药剂1 500倍液浸种2 ~ 3d，催芽或直接播种。②4月15日左右育苗，秧田播种量4 500 ~ 6 000kg/hm^2，采用小拱棚或大棚旱育秧。③插秧。5月中旬插秧，行株距27cm × 10cm或30cm × 10cm，每穴栽2 ~ 3苗。④施肥。基施磷酸二铵150 ~ 225kg/hm^2，碳酸氢铵375kg/hm^2。5月下旬、6月上旬追施尿素两次，每次105 ~ 120kg/hm^2。7月15日后施穗肥尿素45kg/hm^2。⑤水层管理。做到“两保两控”。即插秧到分蘖期保水，分蘖高峰期到幼穗分化始期控水；孕穗期到抽穗期保水，齐穗后干湿交替灌水。⑥适时收获。

宁粳39（Ninggeng 39）

品种来源：宁夏永宁县种子公司从吉林省农科院水稻研究所引进平粳2号的变异单株系统选育而成，原品系号为丰优2000-6。2006年通过宁夏回族自治区农作物品种审定委员会审定。

形态特征和生物学特性：属常规中早粳晚熟。全生育期154d，株高90 ~ 95cm，株型紧凑，主茎15片叶，剑叶上举，幼苗矮壮，分蘖力极强，分蘖成穗率高，抽穗灌浆速度快。穗型中散，穗长16.5cm，每穗结实85 ~ 90粒，谷粒椭圆形，颖及颖尖秆黄色，无芒，种皮白色，颖壳较薄，千粒重24 ~ 26g。

品质特性：糙米率84.6%，精米率76.0%，整精米率72.0%，垩白粒率3%，垩白度0.2%，透明度1级，碱消值7.0级，胶稠度84mm，直链淀粉含量17.0%，糙米粒长6.4mm，长宽比2.6。达到国标优质稻谷一级标准。

抗性：抗稻瘟病和白叶枯病，耐盐碱，耐旱，耐寒，中抗倒伏。

产量及适宜地区：2003—2004年参加宁夏晚熟组区域试验，两年平均单产10 923.0kg/hm^2，较对照宁粳16减产2.8%。2005年生产试验，平均单产9 585.0kg/hm^2，较对照宁粳16减产3.1%。2008—2016年宁夏累计推广种植面积0.9万hm^2。适宜在宁夏引黄灌区插秧种植。

栽培技术要点：①育苗。4月15—20日采用小拱棚或大棚育苗，育苗前用移栽灵进行土壤消毒，种子用“402”农药2 000倍液浸种3 ~ 4d催芽播种。秧田播种量3 001.5 ~ 4 002.0kg/hm^2。②5月15日插秧，行株距30cm × 13cm，每穴栽3 ~ 5苗。③施肥。增施有机肥，减少氮肥，增施磷、钾肥。施基肥碳酸氢铵450kg/hm^2，磷酸二铵和硫酸钾各150kg/hm^2，机翻犁地时施入。5月下旬追施尿素60 ~ 75kg/hm^2，6月上旬追施尿素60 ~ 90kg/hm^2。7月10—15日追施穗肥尿素45 ~ 60kg/hm^2，粒肥抽穗或齐穗后施尿素45kg/hm^2。④分蘖力极强且耐旱，应节水控灌，苗期田间保浅水促分蘖早生快发，分蘖盛期注意晒田5 ~ 7d，孕穗期保水促大穗。灌浆期干干湿湿，以防倒伏。

宁粳40（Ninggeng 40）

品种来源：宁夏农林科学院农作物研究所选育。以锦丰/96G-59为杂交组合，采用花药培养法育成，原品系号为花96。2007年通过宁夏回族自治区农作物品种审定委员会审定。

形态特征和生物学特性：属常规中早粳晚熟。全生育期140～145d，株高90cm，株型紧凑，主茎13～14片叶，苗期返青快，幼苗长势旺，活秆成熟。着粒较密，穗长15.6cm，每穗实粒数84～95粒，结实率90%。谷粒椭圆形，颖及颖尖秆黄色，无芒，种皮白色，千粒重22～23g。

品质特性：糙米率82.2%，精米率76.4%，整精米率70.0%，垩白粒率9%，垩白度1.2%，透明度1级，碱消值7.0级，胶稠度80mm，直链淀粉含量16.2%，精米粒长5.4mm，长宽比2.3。达到国标优质稻谷二级标准。2007年在沈阳召开的第六届全国优质粳稻食味品评会上获优良食味一等奖。

抗性：抗稻瘟病，中抗白叶枯病，苗期抗低温能力较强。

产量及适宜地区：2005—2006年参加宁夏中早熟组区域试验，两年平均单产12 093.0kg/hm^2，较对照宁粳12增产8.7%。2006年生产试验，平均单产10 092.0kg/hm^2，较对照宁粳12增产9.9%。2007—2009年宁夏累计推广种植面积0.7万hm^2。适宜在宁夏引黄灌区直播或插秧栽培种植。

栽培技术要点：①种子处理。播前种子经1～2d晒种后用80%“402”1 500～2 000倍液浸种2～3d。②直播栽培。播前平整田块，用种300～375kg/hm^2。5月初点播，播后立即上水，并保持约3cm的水层。幼芽长度达0.5cm时，应注意适度晒田，夜间及时上水防冻。③插秧栽培。小拱棚或大棚旱育秧，插秧行株距27cm×10cm或30cm×10cm，每穴栽3～4苗。④施肥。基施有机肥30 000～60 000kg/hm^2，磷酸二铵225kg/hm^2；追肥分3次施入。苗肥尿素120kg/hm^2，分蘖肥240kg/hm^2，穗肥60～105kg/hm^2，全生育期施氮控制在240kg/hm^{2}以内。⑤灌水。采用“浅”的灌溉方式，中后期注意晒田保持根系活力，防止倒伏；后期以湿润灌溉为主。

宁粳41（Ninggeng 41）

品种来源：宁夏农林科学院农作物研究所选育。以94XW-127/组培11为杂交组合，采用花药培养法育成，原品系号为花97。2007年通过宁夏回族自治区农作物品种审定委员会审定。

形态特征和生物学特性：属常规中早粳中熟。全生育期152d，株高90～100cm，幼苗生长繁茂，叶色绿，分蘖力强，主茎15片叶，剑叶角较大，长散穗，穗长16.5～17.0cm，着粒密度中等。有效穗数450万～555万穗/hm^2，每穗实粒数76～80粒以上，结实率87%。谷粒阔卵形，颖及颖尖秆黄色，无芒，种皮白色，千粒重24～25g。

品质特性：糙米率83.8%，精米率79.2%，整精米率76.0%，垩白粒率27%，垩白度2.2%，透明度1级，碱消值7.0级，胶稠度80mm，直链淀粉含量16.2%，糙米粒长5.1mm，长宽比1.8。达到国标优质稻谷三级标准。

抗性：中抗叶瘟和穗颈瘟，中抗白叶枯病，苗期抗低温能力较强，抗倒伏性较强。

产量及适宜地区：2005—2006年参加宁夏晚熟组区域试验，两年平均单产12 426.0kg/hm^2，较对照宁粳16增产5.7%。2006年生产试验，平均单产10 783.5kg/hm^2，较对照宁粳16增产6.9%。2007—2015年宁夏累计推广种植面积4.2万hm^2。适宜在宁夏、甘肃、新疆种植。

栽培技术要点：①种子处理。播前种子经1～2d晒种后用80%“402”乳液1 500～2 000倍浸种2～3d。②育秧及插秧。采用小拱棚旱育稀植育秧技术，插秧行株距27cm×10cm或30cm×10cm，每穴栽3～4苗。③施肥。春季结合耕翻，施有机肥30 000～60 000kg/hm^2、磷酸二铵225kg/hm^2；追肥分3次施入，插秧后一周（5月下旬）追施尿素120kg/hm^2，6月10日前后施分蘖肥120～150kg/hm^2，7月初看苗酌情追施穗肥60～105kg/hm^2，全生育期施氮控制在255kg/hm^{2}以内。④灌水。采用“浅”灌溉方式，中后期注意晒田保持根系活力，防止倒伏；后期以湿润灌溉为主。

宁粳42（Ninggeng 42）

品种来源：宁夏农林科学院农作物研究所选育。以89XW-216/92XW-723为杂交组合，经系谱法选育而成，原品系号为优育27号。2008年通过宁夏回族自治区农作物品种审定委员会审定。

形态特征和生物学特性：属常规中早粳晚熟。全生育期145d，株高100cm，苗期生长势较强，分蘖力较强。叶色淡绿，中宽直立，穗型较散。每穗粒数98粒，实粒数85粒，结实率86.7%。谷粒阔卵形，颖及颖尖秆黄色，种皮白色，无芒，千粒重24.0g。

品质特性：糙米率82.4%，精米率69.0%，整精米率66.3%，垩白粒率20%，垩白度1.4%，透明度2级，碱消值7.0级，胶稠度86mm，直链淀粉含量17.2%，糙米粒长5.2mm，长宽比1.8。达到国标优质稻谷二级标准。

抗性：抗稻瘟病，中抗白叶枯病。抗倒伏性强，抽穗期对低温反应敏感。

产量及适宜地区：2006—2007年参加宁夏中早熟组区域试验，两年平均单产11 610.0kg/hm^2，较宁粳12增产6.1%。2007年生产试验，平均单产9 514.5kg/hm^2，较宁粳12减产4.3%，较富源4号减产10.1%。适宜在宁夏引黄灌区种植。

栽培技术要点：①种子消毒。播种前用“402”2 000倍液浸泡3d，防治恶苗病发生。直播栽培浸种后种子敷泥待播。②播期。育秧栽培在4月中旬播种，直播5月5日前播种，播种量300 ～ 375kg/hm^2。③施肥。基施磷酸二铵225kg/hm^2，钾肥150kg/hm^2。5月25日前后追施苗肥，施尿素75 ～ 105kg/hm^2。6月5—10日施分蘖肥，追施尿素105 ～ 120kg/hm^2。④7月底排水落干晒田3 ～ 4d，以防倒伏。

宁粳43（Ninggeng 43）

品种来源：宁夏农林科学院农作物研究所选育，以宁粳12/意大利4号//92夏温37为杂交组合，采用系谱法于2004年育成，原品系号为2004QX-294。2009年通过宁夏回族自治区农作物品种审定委员会审定。

形态特征和生物学特性：属常规中早粳中熟。全生育期150～155d。株高95cm，株型紧凑，茎秆较粗壮，叶色深绿，长势繁茂，分蘖力中等，主茎15片叶，半直立穗型。穗长16.0～17.0cm，有效穗数450万穗/hm^{2}左右，每穗实粒数90粒以上，结实率84%以上。谷粒阔卵形，颖及颖尖浅黄色，间有短芒，种皮白色，千粒重25～25.6g。

品质特性：糙米率81.2%，精米率80.6%，整精米率78.8%，垩白粒率10%，垩白度0.5%，透明度1级，碱消值7.0级，胶稠度82mm，直链淀粉含量16.8%，精米粒长5.6mm，长宽比2.1。达到国标优质稻谷一级标准。2009年在天津召开的第七届全国优质粳稻食味品评会上获优良食味一等奖。

抗性：中抗稻瘟病、抗白叶枯病。耐低温，耐肥，抗倒伏。

产量及适宜地区：2006—2007年参加宁夏晚熟组区域试验，两年平均单产11 910.8kg/hm^2，较对照宁粳16增产2.8%。2008年生产试验，平均单产10 779.0kg/hm^2，较对照宁粳16增产5.5%。2009—2015年宁夏累计推广种植面积8.7万hm^2。适宜在宁夏、甘肃、新疆种植。

栽培技术要点：①育苗。播种前种子经1～2d晒种后用80%的“402”农药2 000倍液浸种3～4d，催芽，4月15日左右播种，秧田播种量手插秧3 001.5～3 801.9kg/hm^2，机插秧6 003.0～6 503.3kg/hm^2。播前用“移栽灵”进行土壤消毒。②插秧。5月15日左右择温暖天气开始插秧，插秧不晚于5月20日。插秧行株距27cm×10cm或30cm×10cm，每穴插3～5苗。③施肥。基施农家肥60～90m^3/hm^2，结合第一次翻地施入，碳铵375kg/hm^2、磷酸二铵225kg/hm^{2}结合最后一次犁地施入。秧苗返青即5月下旬追施尿素60～75kg/hm^2，6月上旬追施尿素75～90kg/hm^2，7月10日后追施尿素45～60kg/hm^2。粒肥在抽穗前或齐穗后施尿素45kg/hm^2。④水层管理。原则是“两保两控”，即插秧至分蘖期保浅水促分蘖早生快发；分蘖高峰期至幼穗分化始期控制灌水，适度晒田5～7d；孕穗期至出穗期保水层；齐穗后控制灌水做到干湿结合。⑤防病除草。按照稻瘟病和白叶枯病防治措施进行。人工除草和药剂除草相结合。

宁粳44（Ninggeng 44）

品种来源：宁夏农林科学院农作物研究所选育，2002年引入辽宁水稻研究所品系C57-80-9/C79-6，经系统选育而成。2010年通过宁夏回族自治区农作物品种审定委员会审定。

形态特征和生物学特性：属常规中早粳晚熟。全生育期153d，株高101.2cm，幼苗绿色，叶片直立，株型紧凑，成株期叶片上举，主茎14片叶，茎秆粗壮，穗型散。苗期长势强，分蘖多，成熟期熟相好。有效穗数645万穗/hm^2，每穗粒数93.1粒，结实率85.9%。谷粒阔卵形，颖及颖尖秆黄色，无芒，种皮白色，千粒重22.4g。

品质特性：糙米率83.1%，精米率75.6%，整精米率65.6%，垩白粒率19%，垩白度1.1%，透明度3级，碱消值7.0级，胶稠度82mm，直链淀粉含量16.2%，糙米粒长5.0mm，长宽比1.8。达到国标优质稻谷二级标准。

抗性：中抗叶瘟，抗穗颈瘟，抗倒伏。

产量及适宜地区：2005—2006年参加宁夏晚熟组区域试验，两年平均单产12 198.8kg/hm^2，较对照宁粳16增产3.8%。2008—2009年两年生产试验，平均单产10 008.0kg/hm^2，较对照宁粳16增产5.7%。2012—2015年宁夏累计推广种植面积2.3万hm^2。适宜在宁夏、甘肃、新疆种植。

栽培技术要点：①播种及插秧。插秧栽培采用小拱棚或大棚育秧，种子播种前用80%的“402”农药2 000倍液浸种3 ~ 4d，4月20日左右播种，播种量3 001.5 ~ 3 801.9kg/hm^2。5月15日左右开始插秧，最迟不超过5月20日。插秧行株距27cm × 10cm或30cm × 10cm，每穴栽3 ~ 5苗。②施肥。全生育期施氮225kg/hm^2，五氧化二磷105 ~ 120kg/hm^2。③水层管理。水层管理的原则是两保两控。插秧至分蘖期保浅水，6月下旬到7月初控制灌水适度晒田，7月中旬到8月初保水层，齐穗后控制灌水做到干湿结合。因该品种分蘖强，属多穗型品种，所以在田间管理上严格施肥标准和适度控水，以防后期倒伏。

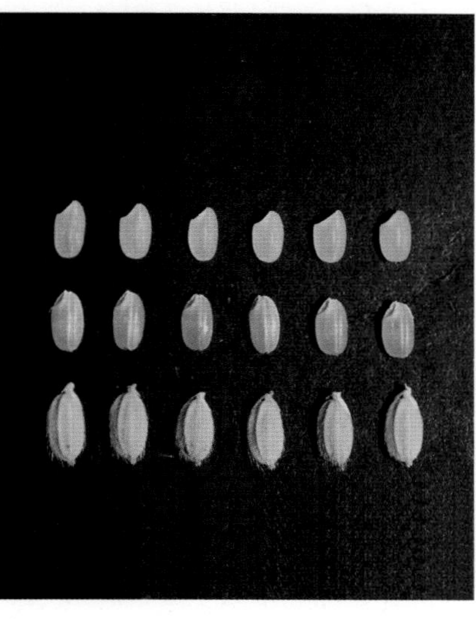

宁粳45（Ninggeng 45）

品种来源：宁夏农林科学院农作物研究所选育，以九新152/开9502为杂交组合，经系谱法选育而成，原品系号为花109。2012年通过宁夏回族自治区农作物品种审定委员会审定。

形态特征和生物学特性：属常规中早粳晚熟。全生育期152d，株高85 ~ 95cm，主茎15片叶，株型紧凑。返青快、分蘖强，分蘖成穗率高。穗型散，着粒密度中等。有效穗数555万穗/hm^2左右，穗长15 ~ 17cm，每穗实粒数65 ~ 82粒，结实率78% ~ 91%。谷粒阔卵形，颖及颖尖均为秆黄色，无芒，种皮白色，千粒重24.0 ~ 25.0g。

品质特性：糙米率83.4%，精米率76.2%，整精米率64.8%，垩白粒率8%，垩白度0.8%，透明度2级，碱消值6.5级，胶稠度70mm，直链淀粉含量16.3%，长宽比1.8。达到国标优质稻谷二级标准。

抗性：中抗叶瘟和穗颈瘟，苗期耐低温能力较强，孕穗期对低温反应敏感。

产量及适宜地区：2009—2010年参加宁夏晚熟组区域试验，两年平均单产12 231.8kg/hm^2，较对照宁粳16和宁粳41平均增产8.9%。2010年生产试验，平均单产10 818.0kg/hm^2，较对照宁粳41号增产16.5%。2013—2015年宁夏累计推广种植面积2.5万hm^2。适宜在宁夏、甘肃、新疆种植。

栽培技术要点：适合插秧栽培。①育苗插秧：采用小拱棚或大棚育秧，4月10日至4月20日育苗。播种前晒种1 ~ 2d，用80%"402"农药2 000倍液浸种2 ~ 3d，催芽播种，秧田播种量3 000 ~ 5 250kg/hm^2。按"见绿放风，控制灌水"的原则管理秧田，旱炼苗、育旱苗。5月10—20日插秧，行株距27cm × 10cm或30cm × 10cm，每穴栽3 ~ 5苗。②施肥。全生育期施氮240 ~ 270kg/hm^2。地势低、保水好的田块施肥量取下限，反之取上限。③水层管理。水层管理的原则是两保两控。插秧至分蘖期保浅水，分蘖茎达到穗数的80%时（6月22日至7月初）控制灌水、适度晒田，一般晒田5 ~ 7d，孕穗期至抽穗期（7月初至8月初）保水层，齐穗后控制灌水做到干湿结合。④病虫害防治。及时防治稻瘟病和其他病虫害。⑤及时收获。

宁粳46（Ninggeng 46）

品种来源：宁夏农林科学院农作物研究所选育。以宁粳12/意大利4号//92夏温37为杂交组合，经系谱法选育而成，原品系号为2006QX-56。2012年通过宁夏回族自治区农作物品种审定委员会审定。

形态特征和生物学特性：属常规中早粳晚熟。全生育期156d，株高103cm，苗期繁茂，叶绿色，主茎15片叶，株型紧凑，茎秆较粗。穗型半散，穗长15.6cm，每穗粒数93粒，结实率87%。谷粒阔卵形，颖及颖尖秆黄色，无芒，种皮白色，千粒重26.6g。

品质特性：糙米率82.5%，精米率69.8%，整精米率64.1%，垩白粒率18%，垩白度2.0%，透明度1级，碱消值7.0级，胶稠度84mm，直链淀粉含量17.7%，糙米粒长5.3mm，长宽比1.9。达到国标优质稻谷二级标准。

抗性：中抗叶瘟及穗颈瘟。耐肥，抗倒伏。

产量及适宜地区：2008—2009年参加宁夏晚熟组区域试验，两年平均单产11 619.0kg/hm^2，较对照宁粳16减产0.5%。2009年生产试验，平均单产8 124.0kg/hm^2，较对照宁粳16减产1.8%。适宜在宁夏引黄灌区插秧种植。

栽培技术要点：①育苗。4月15日开始，采用小拱棚或大棚工厂化育秧方式。播种前种子用80％的“402”农药2 000倍液浸种3～4d，催芽播种。手插秧播种量3 001.5～3 801.9kg/hm^2，机插秧播种量6 003.0～6 503.3kg/hm^2。秧田管理采用“见绿放风、控制灌水”的技术要求。②插秧。5月15—20日。行株距27cm×10cm或30cm×10cm，每穴栽3～5苗。③施肥：基施农家肥60～90m^3/hm^2，结合第一次翻地施入。碳酸氢铵375kg/hm^2、磷酸二铵225kg/hm^2，结合最后一次犁地施入。分蘖肥分两次使用，秧苗返青即5月下旬施尿素60～75kg/hm^2，6月上旬追施尿素75～90kg/hm^2。穗肥7月10日后追施尿素45～60kg/hm^2。粒肥在抽穗前或齐穗后施尿素45kg/hm^{2}或硫铵75kg/hm^2。④水层管理。水层管理的原则是两保两控。插秧至分蘖期保浅水，以利促分蘖早生快发。分蘖高峰至幼穗分化始期（6月下旬至7月初）控制灌水、适度晒田，一般晒田5～7d，以控制无效分蘖。孕穗期至抽穗期（7月中旬至8月初）保水层，利于长大穗和防障碍性冷害。齐穗后控制灌水做到干湿结合，有利稳根防倒，促进灌浆，切不可长时间断水。⑤及时防治稻瘟病和其他病虫害。⑥及时收获。

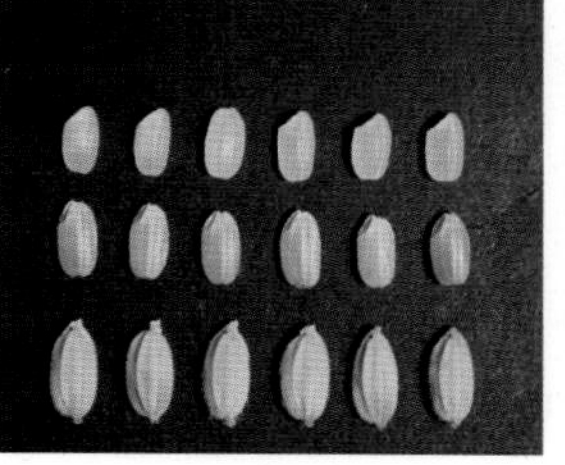

宁粳47（Ninggeng 47）

品种来源：吉林省农业科学院水稻研究所以五优稻1号/吉粳101为杂交组合，经系谱法选育。2006年宁夏农林科学院农作物研究所和宁夏科泰种业有限公司引入宁夏进行试验选择，代号为节7。2014年通过宁夏回族自治区农作物品种审定委员会审定。

形态特征和生物学特性：属常规中早粳晚熟。全生育期155d，株高100cm，株型紧凑，主茎15片叶，穗型散。前期苗色浅绿，苗势一般，后期叶片直立，色绿清秀，分蘖力强。每穗实粒数98粒，结实率87.7%。谷粒椭圆形，颖及颖尖秆黄色，无芒，种皮白色，千粒重23.5g。

品质特性：糙米率79.3%，精米率70.6%，整精米率69.8%，垩白粒率1%，垩白度0.2%，透明度1级，碱消值7.0级，胶稠度60mm，直链淀粉含量15.6%，糙米粒长5.9mm，长宽比2.4。达到国标优质稻谷三级标准。2013年全国优良食味粳稻品评获二等奖。

抗性：中抗稻瘟病。耐寒性中等。

产量及适宜地区：2009年参加宁夏晚熟组区域试验，平均单产12 076.5kg/hm^2，较对照宁粳16增产4.3%；2010年续试，平均单产11 848.5kg/hm^2，较对照宁粳41增产3.8%；两年区域试验，平均单产11 962.5kg/hm^2，较对照平均增产4.1%。2011年生产试验，平均单产10 077.0kg/hm^2，较对照宁粳41增产1.5%。适宜在宁夏、甘肃、新疆种植。

栽培技术要点：①稀播壮秧。本田用种量54 ～ 60kg/hm^2，秧田播种量手插3 000kg/hm^2，机插5 000kg/hm^2。②早育早插。4月10日以前育秧，5月15日以前插秧，秧龄30 ～ 35d，插秧行株距人工插27cm × 10cm，机插30cm × 10cm，每穴栽3 ～ 4苗。③平衡施肥。全生育期施氮210kg/hm^2，五氧化二磷135kg/hm^2，氧化钾90kg/hm^2。基肥施有机肥30 ～ 45m^3/hm^2，施氮135kg/hm^2，磷钾肥全部基施。④合理灌水。分蘖期、穗发育期保持水层；分蘖停滞期、灌浆期控水，间歇灌溉，在有效分蘖终止期必须进行控水晒田，防止倒伏。⑤防病除草。注意防治叶瘟、穗颈瘟，防除杂草。

宁粳48（Ninggeng 48）

品种来源：宁夏农林科学院农作物研究所、宁夏科泰种业有限公司选育。以吉96071/宝丰1号为杂交组合，经系谱法选育而成，定系代号2007G-318。2015年通过宁夏回族自治区农作物品种审定委员会审定。

形态特征和生物学特性：属常规中早粳晚熟。全生育期155d。株高101.3cm，幼苗叶深绿色，分蘖力中等。株型紧凑，半直立穗型。穗长16.9cm，有效穗数441万穗/hm^2，每穗粒数115.7粒，结实率88.3%。谷粒阔卵形，颖及颖尖秆黄色，无芒，种皮白色，千粒重26.9g。

品质特性：糙米率84.3%，精米率74.9%，整精米率62.9%，垩白粒率45%，垩白度5.4%，透明度2级，碱消值6.2级，胶稠度80mm，直链淀粉含量16.4%，糙米长宽比1.9。

抗性：中抗叶瘟、穗颈瘟。抗低温，耐肥，抗倒伏。

产量及适宜地区：2011—2012年参加宁夏晚熟组区域试验，两年平均单产12 302.3kg/hm^2，较对照宁粳41增产4.4%。2013年生产试验，平均单产10 479.0kg/hm^2，较对照宁粳41增产1.3%。适宜在宁夏、甘肃、新疆种植。

栽培技术要点：①播种。4月5—10日，采用大棚或小拱棚育秧，播种量4 500 ～ 7 500kg/hm^2。5月中旬插秧，行株距27cm×10cm或30cm×10cm，每穴栽3 ～ 5苗。②施肥。基施磷酸二铵240kg/hm^2，氯化钾75kg/hm^2；5月20日前后追施返青肥尿素90 ～ 105kg/hm^2；6月5—10日施分蘖肥尿素105 ～ 120kg/hm^2；后期根据长相施穗肥30 ～ 45kg/hm^2。③防病。根据“预防为主、综合防治”的原则，在7月上中旬普防一次叶瘟，在水稻剑叶伸出时和齐穗期各进行一次穗颈瘟的预防。

宁粳49（Ninggeng 49）

品种来源：宁夏农林科学院农作物研究所、宁夏科泰种业有限公司选育。以绢光/宁粳12为杂交组合，经系谱法选育而成，定系代号2007-218。2015年通过宁夏回族自治区农作物品种审定委员会审定。

形态特征和生物学特性：属常规中早粳晚熟。全生育期152d，株高101cm，苗期长势繁茂，叶绿色，株型紧凑，主茎15片叶，穗型散，着粒密度中。有效穗数480万穗/hm^2，穗长16.8cm，每穗粒数118粒，实粒数96粒，结实率81.5%。谷粒阔卵形，颖及颖尖秆黄色，间有顶芒，种皮白色，千粒重24.7g。

品质特性：糙米率82.7%，精米率73.6%，整精米率52.3%，垩白粒率26%，垩白度2.0，透明度1级，碱消值6.0级，胶稠度65mm，直链淀粉含量16.5%，谷粒长宽比2.0。

抗性：中抗叶瘟、穗颈瘟。苗期和孕穗期耐寒性强。

产量及适宜地区：2011年参加宁夏中早熟组区域试验，平均单产11 752.5kg/hm^2，较对照富源4号增产2.8%；2012年续试，平均单产12 306.0kg/hm^2，较对照吉粳105增产3.6%；两年区域试验，平均单产12 029.3kg/hm^2，平均增产3.2%。2013年生产试验，平均单产11 059.5kg/hm^2，较对照吉粳105增产8.2%。适宜在宁夏、甘肃、新疆种植。

栽培技术要点：①播种。直播和插秧均需用80%的"402"农药2 000倍液浸种，防治恶苗病。直播结合土壤墒情于5月10日前播种，播种量270 ~ 330kg/hm^2。插秧栽培4月中旬播种育秧，5月15—20日插秧，行株距27cm × 10cm或30cm × 10cm。②施肥。全生育期施氮225kg/hm^2，五氧化二磷105 ~ 120kg/hm^2。化肥使用原则是"前促、中控、后补"、增磷控氮，氮磷配比约2 ∶ 1。③灌水。水层管理原则是"两保两控"。直播幼苗期2.5 ~ 3叶龄期灌水，水层不宜过深，实施间歇灌溉，4 ~ 4.5叶龄时，逐渐建立水层，保持3 ~ 6cm的水层，7月底排水落干晒田3 ~ 4d，防倒伏；插秧至分蘖期保浅水，以利促分蘖早生快发；6月下旬至7月初控制灌水，适度晒田；7月中旬到8月初保水层，以利大穗和防障碍性冷害；齐穗后控制灌水，做到干湿结合，有利稳根防倒，促灌浆。

宁粳50（Ninggeng 50）

品种来源：宁夏农林科学院农作物研究所、宁夏科泰种业有限公司选育。以宁粳24/宁粳28//20HW433为杂交组合，经系谱法选育而成，定系代号花117。2015年通过宁夏回族自治区农作物品种审定委员会审定。

形态特征和生物学特性：属常规中早粳晚熟。全生育期148d，株高96cm，苗期返青快、长势强，分蘖力中等。株型紧凑，主茎14片叶，半直立穗型。有效穗数435万穗/hm^2，穗长18.1cm，每穗实粒数110粒，结实率85%～93%。谷粒椭圆形，颖及颖尖秆黄色，无芒，种皮白色，千粒重25.5g。

品质特性：糙米率84.3%，精米率76.0%，整精米率71.8%，垩白粒率11%，垩白度2.0%，透明度2级，碱消值7.0级，胶稠度70mm，直链淀粉含量15.9%，糙米粒长5.7mm，长宽比2.4。达到国标优质稻谷二级标准。

抗性：中抗叶瘟、穗颈瘟。苗期耐低温。

产量及适宜地区：2012—2013年参加宁夏中早熟组区域试验，两年平均单产12 157.5kg/hm^2，较对照吉粳105增产3.8%。2014年生产试验，平均单产10 705.5kg/hm^2，较对照富源4号增产7.3%。适宜在宁夏、甘肃、新疆种植。

栽培技术要点：①保墒旱直播。4月初播种，播种量300kg/hm^2；全生育期施氮300～330kg/hm^2，基施硫酸铵300kg/hm^2，磷酸二铵225kg/hm^2，钾肥90～120kg/hm^2；追肥及田间管理同插秧栽培。②旱直播（播后上水）。种子播前药剂拌种并覆泥，播种量414～345kg/hm^2，5月1日前后播种。施氮不超过240kg/hm^2，氮磷钾比例3：2：1，基施硫酸铵240kg/hm^2，磷酸二铵225kg/hm^2，氯化钾或硫酸钾肥105～135kg/hm^2。③插秧。采用大棚或小拱棚育秧，4月10—20日播种，播种量3 000～5 250kg/hm^2。本着“见绿放风，控制灌水”的原则进行秧田管理。5月10—25日插秧，行株距27cm×10cm或30cm×10cm，每穴栽5～7苗。④全生育期施氮240～270kg/hm^2，基肥结合最后一次犁地施硫酸铵255kg/hm^2，磷酸二铵195～225kg/hm^2，钾肥90～120kg/hm^2。⑤水层管理。遵循两保两控原则。⑥防病。6月底至7月初、出穗前（7月底）或齐穗后（8月上旬），分别喷富士1号、三环唑预防稻瘟病。

宁粳6号（Ninggeng 6）

品种来源：宁夏农林科学院农作物研究所选育，以红旗12/藤公2号//陆奥锦为杂交组合，F_1花药离体培养，获再生植株选育而成，原代号77-1313。1984年通过宁夏回族自治区农作物品种审定委员会审定。

形态特征和生物学特性：属常规中早粳中熟。全生育期140 ~ 145d，株高74cm。株型紧凑，分蘖成穗率较高。穗型密，穗长11.5cm，有效穗数750万穗/hm^2左右，每穗总粒数70粒，每穗实粒数58粒，结实率82.9%。谷粒短圆形，颖及颖尖呈秆黄色，无芒，种皮白色，千粒重23g。

品质特性：蛋白质含量6.48%，赖氨酸含量0.26%，碱消值低，胶稠度软，直链淀粉含量低。

抗性：中抗稻瘟病和白叶枯病。耐肥，抗倒伏。

产量及适宜地区：1979—1981年参加宁夏晚熟组区域试验，其中1981年区域试验，平均单产9 682.5kg/hm^2，较对照京引39增产8.3%。1984—1993年宁夏累计推广种植面积3.8万hm^2。适宜在宁夏引黄灌区种植。

栽培技术要点：①4月下旬育秧，5月中旬插秧。②插秧45万 ~ 60万穴/hm^2，每穴栽6 ~ 8苗，以保证较高密度。③要求育秧和本田地面平整，严防淹水而造成白叶枯病的侵染和蔓延。

宁粳7号（Ninggeng 7）

品种来源：宁夏大学农学院（原宁夏农学院）选育。以红旗12/65-6//黎明/京引39为杂交组合，采用系谱法于1982年育成，原品系号为农院7-1。1986年通过宁夏回族自治区农作物品种审定委员会审定。

形态特征和生物学特性：属常规中早粳晚熟。全生育期150d，株高85cm。分蘖力中等，抽穗灌浆快，成熟时叶绿、秆青、穗黄。穗型散，穗长15～16cm。有效穗数575万穗/hm^2左右，每穗实粒数65～70粒，结实率85%左右。谷粒阔卵形，颖壳、护颖和颖尖均为浅黄色，间有短芒，种皮白色，千粒重25～26g。

品质特性：糙米率82.4%，精米率75.0%，整精米率57.9%，垩白粒率65%，垩白度11.8%，碱消值7.0级，胶稠度83mm，直链淀粉含量19.7%，糙米蛋白质含量7.4%，精米粒长4.9mm，长宽比1.8。

抗性：中抗稻瘟病，抗白叶枯病，较耐肥，抗倒伏。

产量及适宜地区：1984—1985年参加宁夏晚熟组区域试验，两年平均单产9 700.5kg/hm^2，较对照京引39增产22.2%。1986年生产试验单产9 000.0～11 250.0kg/hm^2。1986—1998年宁夏累计推广种植面积13.6万hm^2，年度最大种植面积1 988年2.9万hm^2，占当年水稻面积的53.6%。适宜在宁夏、甘肃、新疆种植。

栽培技术要点：①播种期4月15—20日，该品种秧苗期当温度高时容易徒长，秧田应合理稀播和炼苗，秧田播种量3 000～3 750kg/hm^2，秧龄25～30d。②合理稀植，插秧37.5万～49.5万穴/hm^2，每穴栽5～8苗。③全生育期施氮187.5～225kg/hm^2。施足基肥，早施分蘖肥，施好匀苗肥，并看生长情况补施穗肥。④采用“浅—深—浅”的灌溉方法，成熟期适当晚停水，干干湿湿灌水，以利充分成熟。⑤种子要浸种消毒，防治恶苗病，孕穗抽穗期要防治稻瘟病。

宁粳9号（Ninggeng 9）

品种来源：宁夏农林科学院农作物研究所选育。1978年以78-4442/78-127为组合杂交，后代采用系谱法于1983年育成，原品系号为83XW-552。1988年通过宁夏回族自治区农作物品种审定委员会审定。

形态特征和生物学特性：属常规中早粳晚熟。全生育期150d左右，株高90cm。株型紧凑，茎秆粗壮，主茎叶片数16片，叶片较宽，剑叶直立上举。叶色苗期淡绿，中后期绿。分蘖力中等，半直立穗型，穗大粒多。穗长15cm，有效穗数480万穗/hm^2左右，平均每穗实粒数85 ~ 90粒，结实率85%左右。谷粒短圆形，颖及颖尖呈秆黄色，无芒，种皮白色，千粒重25 ~ 26g。

品质特性：糙米率82.9%，精米率71.5%，整精米率65.8%，垩白粒率56.3%，垩白度18.7%，碱消值7.0级，胶稠度80mm，直链淀粉含量16.1%，糙米蛋白质含量6.9%，糙米粒长5.5mm，长宽比1.7。

抗性：中抗稻瘟病和白叶枯病，易感恶苗病，耐肥，抗倒伏。

产量及适宜地区：1986—1988年参加宁夏晚熟组区域试验，三年平均单产11 499.0kg/hm^2，较对照秋光增产9.0%。1988年生产试验单产9 693.0 ~ 10 035kg/hm^2。1988—1996年宁夏累计推广种植面积7.1万hm^2，年度最大种植面积1991年2.3万hm^2，占当年水稻面积的37.6%。适宜在宁夏、甘肃、新疆种植。

栽培技术要点：①育苗。播种前用1 000 ~ 2 000倍液“402”药剂浸种48h，防治恶苗病。4月中旬播种育秧，秧田播种量2 250 ~ 3 000kg/hm^2，秧龄30 ~ 35d，管理中注意床土消毒和防止秧苗冻害。②插秧。5月15日前后插秧，行株距23cm × 10cm或27cm × 10cm，每穴栽5 ~ 6苗。③施肥。本田插秧前基施磷酸二铵150kg/hm^2、碳铵375kg/hm^2，并增施有机肥。插秧后7 ~ 10d追施尿素112.5kg/hm^2，6月5 ~ 10日追施尿素112.5kg/hm^2，7月中旬看苗情追施穗肥，施尿素75kg/hm^2。④防病防倒伏。生长过旺的情况下，应注意稻瘟病的发生。一般在7月初和7月底进行田间喷药（富士1号）防病两次。

宁糯5号（Ningnuo 5）

品种来源：宁夏农林科学院农作物研究所选育。以97D91/宁糯4号为杂交组合，采用花药离体培养选育而成，定系代号花64。2002年通过宁夏回族自治区农作物品种审定委员会审定。

形态特征和生物学特性：属常规中早粳晚熟（糯稻）。生育期145d以上，株高95～100cm。分蘖力中等，株型紧凑，壮秆大穗。穗长15.5cm，每穗实粒数80～90粒，结实率高达95%。谷粒短圆形，颖及颖尖秆黄色，无芒，种皮白色，胚乳糯性，千粒重25.5g。

品质特性：糙米率80.9%，精米率72.6%，整精米率59.6%，直链淀粉含量1.4%，碱消值7.0级，胶稠度100mm，糙米蛋白质含量7.6%，糙米粒长4.6mm，长宽比1.6。

抗性：中抗稻瘟病和白叶枯病。耐肥，抗倒伏。

产量及适宜地区：2000—2001年参加宁夏中早熟组区域试验，两年平均单产10 897.5kg/hm^2，较对照宁粳12增产3.1%。2001年生产试验，平均单产9 249.0kg/hm^2，较对照宁粳12增产7.2%。适宜在宁夏引黄灌区种植。

栽培技术要点：①播种前种子用1 000～2 000倍液“402”浸种2～3d。直播用种量300～375kg/hm^2，其中播后上水栽培方式，浸种种子捞出后敷泥晾干待播，5月10日左右播种，播后上大水直至种子发芽。②保墒旱播栽培方式于4月10日左右播种，出苗后旱长至3叶以上灌水。③插秧栽培采用大棚或小拱棚育秧，秧田播种量5 002.5～7 003.5kg/hm^2。插秧行株距27cm×10cm或30cm×10cm，每穴栽3～5苗。④施肥及田间管理同其他非糯品种的相关栽培方式。

宁糯6号（Ningnuo 6）

品种来源：宁夏农林科学院农作物研究所选育。以86XW-473-1/83XW-489为杂交组合，采用系谱法选育而成，定系代号95XZ-58。2002年通过宁夏回族自治区农作物品种审定委员会审定。

形态特征和生物学特性：属常规中早粳中熟（糯稻）。生育期140d左右，株高75～85cm。分蘖力较强，主茎14片叶，穗型散。穗长15.5cm，每穗总粒数64粒，实粒数58粒，结实率90%左右。谷粒短圆形，颖及颖尖秆黄色，无芒，种皮白色，胚乳糯性，千粒重27g。

品质特性：糙米率82.5%，精米率74.1%，整精米率47.0%，碱消值7.0级，胶稠度100mm，直链淀粉含量0.9%，糙米蛋白质含量9.6%，糙米粒长4.8mm，长宽比1.7。

抗性：中抗稻瘟病和白叶枯病，耐肥，抗倒伏。

产量及适宜地区：1998—1999年参加宁夏中早熟组区域试验，两年平均单产10 431.0kg/hm^2，较对照宁粳12减产1.8%。2000年生产试验，平均单产9 736.5kg/hm^2，较对照宁粳12增产10.7%。适宜在宁夏、甘肃、新疆等地种植。

栽培技术要点：①插秧栽培育苗。4月20日左右播种育苗。播种前种子用80%的“402”农药2 000倍液浸种3～4d。秧田播种量手插秧2 250～2 850kg/hm^2，机插秧3 750～5 625kg/hm^2。②插秧。5月20日左右插秧。插秧行株距27cm×10cm或30cm×10cm，每穴栽3～5苗。③施肥。农家肥60 000～90 000kg/hm^2，碳铵375kg/hm^2，磷酸二铵225kg/hm^{2}施入。秧苗返青即5月下旬追施尿素60～75kg/hm^2，6月上旬追施尿素90kg/hm^2。7月10日后追施尿素45～60kg/hm^2。④水层管理。按“两保两控”方法进行。⑤防病除草。该品种对稻瘟病、白叶枯病抗性较强，一般可不防病，如生长过度繁茂或有发病，应及早防病。药剂除草和人工除草相结合早除杂草。直播栽培同大面积直播栽培技术。

宁香稻1号（Ningxiangdao 1）

品种来源：宁夏大学农学院（原宁夏农学院）选育。由引进的京香2号变异株系统选育而成，原定系名称宁农香稻。1994年通过宁夏回族自治区农作物品种审定委员会审定。

形态特征和生物学特性：属常规中早粳中熟。全生育期145d，株高77～80cm，株型紧凑，剑叶直立，主穗和分蘖穗整齐，穗呈弧形，较散。分蘖力强，分蘖成穗率高，灌浆速度快。穗长15cm，每穗实粒数53粒。谷粒阔卵形，护颖短，颖有褐色斑点，颖尖紫褐色，无芒，种皮白色，千粒重28～29g。

品质特性：糙米率81.25%，精米率72.02%，整精米率65.74%，垩白粒率19.4%，垩白度10.76%，直链淀粉含量17.8%，米粒半透明，碱消值4.5级，胶稠度82mm，蛋白质含量9.0%，谷粒长宽比1.8。煮饭时香气浓郁，食味俱佳。

抗性：中抗稻瘟病，中抗白叶枯病。抗冷性强，抗倒伏性稍差。

产量及适宜地区：1990—1993年参加宁夏品种比较试验，平均单产8 605.5kg/hm^2。1991—1993年生产示范单产8 331.0kg/hm^2。适宜在宁夏引黄灌区中等肥力田块种植。

栽培技术要点：①秧田播期4月20日。秧田播种量2 250～3 000kg/hm^2，采用薄膜保温育苗，秧龄20～25d。5月10—15日插秧，行株距23cm×10cm，每穴栽6～8苗。②施足底肥，追肥以分蘖肥为主，适当补施穗肥。全生育期施氮187.5kg/hm^2，五氧化二磷82.5kg/hm^2。③分蘖期要浅水促蘖，6月底适当落干晒田，孕穗期保持较深水层，开花灌浆期保持浅水，蜡熟期后逐渐落干。用化学或人工方法及时除草。④谷粒成熟，茎秆倾斜时及时收割。

宁香稻2号（Ningxiangdao 2）

品种来源：宁夏大学农学院（原宁夏农学院）选育。1989年用香血糯//A30/62-2杂交，于1995年育成。2003年通过宁夏回族自治区农作物品种审定委员会审定。

形态特征和生物学特性：属常规中早粳晚熟。全生育期150d略上，株高85cm左右。株型紧凑，叶片宽窄中等，分蘖力强，穗型散。穗长16cm，每穗实粒数50～60粒。谷粒阔卵形，颖及颖尖秆黄色，有顶芒，种皮白色，千粒重29g。

品质特性：糙米率84.7%，精米率77.2%，整精米率59.2%，垩白粒率48%，垩白度3%，透明度2级，碱消值7.0级，胶稠度80mm，直链淀粉含量17.6%，糙米蛋白质含量7.4%，糙米粒长5.5mm，长宽比2.1，香味属茉莉香型。2002年获第三届中国特种稻学术研讨会暨产品展品会金奖。

抗性：抗叶瘟，中抗穗颈瘟，中抗白叶枯病。耐盐碱，耐肥，抗倒伏。

产量及适宜地区：2001—2002年参加宁夏晚熟组区域试验，两年平均单产11 024.3kg/hm^2，较对照宁粳16，减产2.5%；2002年生产试验，平均单产9 472.5kg/hm^2，较对照宁粳16减产6.4%。适宜在宁夏、甘肃、新疆等地种植。

栽培技术要点：①大棚或小拱棚育苗，4月15—20日播种，种子用80%的“402”乳油1 500倍液浸种3d，播种前用“移栽灵”25kg/hm^2，对水2～3kg均匀喷洒秧田1次，秧田播种量4 500kg/hm^2。该品种幼苗生长快，秧床一定要及时通风降温，温度要控制在30℃以下。②插秧行株距采用27cm×10cm。③大田要多施农家肥，施氮225kg/hm^2，五氧化二磷105kg/hm^2。④始穗期和齐穗期各喷1次“富士1号”药剂，用量1.5kg/hm^2，且抽穗时应在下午4时后喷药，以免影响开花授粉。直播栽培可采用保墒旱播栽培方式。

宁香稻3号（Ningxiangdao 3）

品种来源：宁夏大学农学院（原宁夏农学院）选育。1989年用香血糯//A30/62-2杂交，经多年选育而成，原代号农院香糯。2005年通过宁夏回族自治区农作物品种审定委员会审定。

形态特征和生物学特性：属常规中早粳晚熟。生育期150d略上，株高92cm左右。幼苗生长繁茂，分蘖力强，株型紧凑，叶片中宽，叶角小，穗型散。穗长17cm，每穗实粒数64粒。谷粒椭圆形，颖及颖尖秆黄色，间有顶芒，种皮白色，胚乳糯性，千粒重26.5g。

品质特性：糙米率83.8%，精米率74.5%，整精米率71.0%，直链淀粉含量1.2%，碱消值7.0级，胶稠度100mm，糙米粒长5.7mm，长宽比2.2，香味属茉莉香型。2002年获第三届中国特种稻学术研讨会暨产品展品会银奖。

抗性：中抗叶瘟和穗颈瘟，高抗白叶枯病。耐肥，抗倒伏。

产量及适宜地区：2002—2003年参加宁夏晚熟组区域试验，两年平均单产10 800.8kg/hm^2，较对照宁粳16减产7.8%。2004年生产试验，平均单产9 156.0kg/hm^2，较对照宁粳16减产1.2%。适宜在宁夏引黄灌区种植。

栽培技术要点：①采用大棚或小拱棚育苗，4月15—20日播种，种子必须用80%的“402”乳油1 500倍液浸种3d，播种前用“移栽灵”25kg/hm^2，对水2 ~ 3kg均匀喷洒秧田1次，秧田播种量4 500kg/hm^2。幼苗生长快，秧床一定要及时通风降温，温度要控制在30℃以下。②插秧行株距采用27cm × 10cm。③大田在施农家肥基础上，施氮225kg/hm^2，五氧化二磷105kg/hm^2。④始穗期和齐穗期各喷1次“富士1号”药剂，用量1.5kg/hm^2，且抽穗时应在下午4时后喷药，以免影响开花。

秋光（Qiuguang）

品种来源：日本品种，杂交组合为丰锦/黎明，1979年由辽宁省引入宁夏。分别通过1983年北京市、1984年宁夏回族自治区、1987年天津市和吉林省农作物品种审定委员会审定。

形态特征和生物学特性：属常规中早粳晚熟。生育期145 ~ 150d。株高85cm左右，株型紧凑，叶片较小，叶色较淡。分蘖力强，茎秆韧性强。有效穗数750万穗/hm^{2}左右。每穗实粒数50 ~ 60粒，谷粒阔卵形，颖及颖尖黄色，间有顶芒，种皮白色，千粒重24 ~ 25g。

品质特性：糙米率83.4%，精米率74.6%，整精米率56.2%，垩白粒率21.6%，垩白度3.1%，透明度2级，碱消值6.9级，胶稠度77mm，直链淀粉含量16.8%，糙米粒长5.0mm，长宽比1.8。1985年被农业部评为优质大米。

抗性：中抗稻瘟病，高抗白叶枯病。对低温反应较敏感。耐肥，抗倒伏。

产量及适宜地区：1981—1984年参加试验，平均单产10 338.0kg/hm^2，较对照京引39增产11.4%。1983—2007年宁夏累计推广种植面积6.6万hm^2，年度最大种植面积1986年达到1.3万hm^2，占当年水稻面积的24.7%。适宜在宁夏引黄灌区种植。

栽培技术要点：①适时早育早播。育苗期4月16—20日，秧田播种量4 500 ~ 6 000kg/hm^2。插秧期5月18—22日。②插秧后加强水层管理。坚持“浅—深—浅”的灌水原则，孕穗阶段坚持深水护胎，灌水10 ~ 15cm，以保证8月5日前安全抽穗。③合理密植。插秧行株距采用27cm × 10cm。④注意匀施肥。

新疆

阿稻2号（Adao 2）

品种来源：新疆生产建设兵团农十师188团良繁站以阿稻1号/乌孜28经多代系谱法选育而成。1986年通过新疆维吾尔自治区农作物品种审定委员会审定。

形态特征和生物学特性：属常规中早粳中早熟品种。插秧栽培全生育期130 ～ 135d，直播栽培为130d。株高95cm，株型紧凑，茎秆粗。剑叶长23cm，剑叶角度20° ～ 25°，叶片深绿色，分蘖力中等，成熟时秆青，粒黄。半直立穗型，成穗率80%，穗长20cm，每穗粒数105粒，结实率90%。谷粒椭圆形，颖壳红色，护颖橙红色，谷尖紫色，颖毛密而长，有芒，千粒重30.7g。

品质特性：糙米率80.0%，精米率70.1%，整精米率58.8%，垩白粒率31.3%，垩白度4.6%，糙米蛋白质含量8.5%。

抗性：幼苗耐寒，耐盐碱，抗倒伏。后期抗低温，较抗稻瘟病。

产量及适宜地区：一般产量3 000 ～ 6 000kg/hm^2，高产田可达9 000kg/hm^2。适宜在生长期短的新疆维吾尔自治区阿勒泰地区、福海县、布尔津县、富蕴县等高寒地区种植，也可在南疆稻区进行直播或复播。

栽培技术要点：①一般采取撒播、条播等方式种植，但也可以保温育秧后进行插秧。②撒播播种量150 ～ 180kg/hm^2。插秧栽培播种量为90 ～ 120kg/hm^2。③施足基肥，早施追肥。④稻田以湿润灌溉为主，通常保持3cm水层，插秧后和孕穗后期水层加深到3 ～ 6cm。地下水位高、地温低的地块，在分蘖后期应撤水晒田，防止倒伏。⑤防病除草，草害严重地块前期应适当加6cm深水层，抑制杂草发芽及生长。⑥及时收获，人工收获在水稻黄熟期进行，机械收获在95%的水稻成熟时开始。

巴粳1号（Bageng 1）

品种来源：新疆生产建设兵团农二师34团良种繁育试验站以国庆20/矮丰2号经多代系谱法选育而成。1982年通过新疆维吾尔自治区农作物品种审定委员会审定。

形态特征和生物学特性：属常规中早粳中熟品种。插秧栽培全生育期140 ~ 145d，直播栽培为128 ~ 135d。株高90cm，株型紧凑，茎秆粗壮，叶片宽，而且直立。叶色深绿，叶面茸毛稀疏，剑叶长15 ~ 18cm，剑叶角度20° ~ 25°。分蘖力中等，有效穗数495万~ 570万穗/hm^2，成穗率60%。抽穗快而整齐，成熟时茎秆黄绿色，茎秆脱水快。弯曲穗型，着粒较密，穗长119cm，每穗粒数110粒，结实率85%。谷粒阔卵形，颖壳黄色，护颖黄色，无芒，千粒重26.5g。

品质特性：糙米率81%，精米率71.3%，整精米率56.8%，垩白粒率36.1%，垩白度4.1%，糙米蛋白质含量8.3%。

抗性：较耐盐碱，耐深水，易保苗。苗期长势强，不抗倒伏，不易落粒。

产量及适宜地区：一般产量3 750 ~ 6 000kg/hm^2，高产田可达9 750kg/hm^2。适宜在≥10℃活动积温3 000 ~ 3 200℃，有效积温1 950℃以上的新疆生产建设兵团农二师稻区种植。

栽培技术要点：①一般多采用撒播、条播等方式种植，也有少量田块进行保温育秧后插秧的。②撒播播种量为150 ~ 180kg/hm^2，插秧栽培播种量为90 ~ 120kg/hm^2。③施足基肥，早施追肥。④稻田以湿润灌溉为主，通常保持3cm水层，插秧后和孕穗后期水层加深到3 ~ 6cm。地下水位高、地温低的地块，在分蘖后期应撤水晒田，后期干干湿湿，防止倒伏。⑤防病除草，草害严重地块前期应适当加6cm深水层，抑制杂草发芽及生长。⑥人工收获在黄熟期进行，机械收获在95%的水稻成熟时开始。

博稻2号（Bodao 2）

品种来源：新疆博尔塔拉蒙古自治州农业科学研究所以博稻1号/铁68-3经多代系谱法选育而成。1984年通过新疆维吾尔自治区农作物品种审定委员会审定。

形态特征和生物学特性：常规中早粳中熟品种。插秧栽培生育期145d左右，直播栽培生育期为130d左右。株高100cm，株型较紧凑，基部茎粗，叶片宽而直立，叶色深绿。分蘖力中等，单株分蘖5 ~ 6个，成穗率60%。抽穗快而整齐，成熟时茎秆黄色。穗型弯曲，穗长19cm，每穗粒数110粒，结实率80%。谷粒呈阔卵形，谷壳黄褐色，颖尖紫褐色，无芒，不落粒，千粒重27g。

品质特性：糙米率80.0%，精米率70.3%，整精米率61.8%，垩白粒率26.1%，垩白度2.1%，糙米蛋白质含量7.8%。

抗性：抗稻瘟病，较抗干旱，中等耐盐，苗期耐寒性较弱，耐肥，抗倒伏。

产量及适宜地区：一般产量7 500kg/hm^2，高产田可达10 500kg/hm^2。适宜在≥10℃活动积温3 100℃以上的博乐市、精河县稻区种植。

栽培技术要点：①多采用保温育秧后插秧栽培，也有少量田块进行撒播、条播等方式种植。②撒播播种量150 ~ 180kg/hm^2，插秧栽培播种量90 ~ 120kg/hm^2。③施足基肥，早施追肥。④稻田以湿润灌溉为主，通常保持3cm水层，插秧后和孕穗后期水层加深到3 ~ 6cm。地下水位高、地温低的地块，在分蘖后期应撤水晒田，防止倒伏。⑤草害严重地块，前期应适当加深水层（6cm），抑制杂草发芽及生长。⑥人工收获在水稻黄熟期进行，机械收获在95%的水稻成熟时开始。

粮粳5号（Lianggeng 5）

品种来源：新疆农业科学院粮食作物研究所以[{v20/{（7511-1-3-2/越光）/恢73-28}}/85-20-33-15]/[N86-21/（京香2号/恢73–28）]经多代连续系谱法选育而成，原品系号为9304-1-2-1-3（滇型恢复材料LC109）。2010年通过国家农作物品种审定委员会审定。

形态特征和生物学特性：常规中早粳中熟品种。感光性中，感温性强。插秧栽培生育期157.9d。株高102.4cm，株型半紧凑。叶片淡绿，坚挺上举，茎秆坚韧，植株清秀。半直立穗型，主蘖穗整齐。穗长18.5cm，每穗粒数125.6粒，结实率80.5%。灌浆速度快，成熟时秆青、粒黄、茎秆脱水快。谷粒阔卵形，颖壳、护颖、颖尖黄色，无芒，千粒重26.3g。

品质特性：糙米率81.7%，精米率72.8%，整精米率59.4%，垩白粒率34.5%，垩白度2.2%，胶稠度85mm，直链淀粉含量16.8%，糙米粒长5.5mm，糙米长宽比1.61。

抗性：抗旱，耐盐碱，耐肥，抗倒伏能力强。孕穗期耐冷性强，中抗稻瘟病。

产量及适宜地区：2008—2009年参加北方稻区中熟组中早粳稻品种区域试验，平均产量10 839kg/hm^2，比对照秋光增产12.5%。在新疆生产建设兵团农一师农业科学研究所区域试验高产达15 540kg/hm^2。2009年参加生产试验，平均产量9 573kg/hm^2，比对照秋光增产11.8%。适宜在吉林省公主岭市，辽宁省铁岭市、开原市，河北省承德市，内蒙古自治区赤峰市，宁夏回族自治区永宁县和新疆维吾尔自治区南北疆稻区（阿拉尔市及乌鲁木齐市）种植。

栽培技术要点：①适期早播，稀播育壮秧，新疆维吾尔自治区春播稻区采用中、大棚塑料薄膜覆盖保温，秧盘育秧栽培，一般4月中下旬育苗，5月中下旬移栽，8月初抽穗，9月中下旬成熟。采用直播种稻，4月底5月初播种。②合理密植，直播种植播种量为150 ～ 180kg/hm^2。插秧行株距30cm×12cm，每穴栽5 ～ 6苗。③采取前重、后轻、中控的施肥原则，施足基肥，合理追肥。④全生育期应以浅水灌溉为主，在分蘖末期、幼穗分化前进行晒田，以达到控制无效分蘖。直播田出苗后要注意及时晾田，促使幼苗扎根。插秧田在插秧后灌5 ～ 7cm深水层护苗3 ～ 5d。分蘖期浅水灌溉，中后期保持湿润灌溉，干湿交替，黄熟期停水。

沙丰75（Shafeng 75）

品种来源：新疆生产建设兵团农一师农业科学研究所，1975年由矮丰2号的变异株系经多代系统选育而成。1982年通过新疆维吾尔自治区农作物品种审定委员会审定。

形态特征和生物学特性：中早粳中熟品种。感温性强，感光性中。直播栽培生育期为130d。株高75～80cm，株型紧凑，茎秆粗壮。叶片宽短，叶色浓绿，叶鞘青绿色，叶枕浅青色，叶耳白色。剑叶长16～18cm，宽1.5cm。分蘖力中等，单株分蘖1.5～2.5个，成穗率80%，成熟时茎秆绿色，抽穗快而整齐。穗型弯曲，穗长14cm，每穗粒数90粒，结实率84%。谷粒阔卵形，谷壳较薄，颖壳黄色，护颖黄色，无芒，千粒重24g。

品质特性：糙米率81.0%，精米率71.3%，整精米率6.8%，垩白粒率6.1%，糙米蛋白质含量8.3%。

抗性：幼苗较耐盐碱，易保苗。耐干旱，苗期不耐深水，抗倒伏能力较弱。

产量及适宜地区：一般产量7 500kg/hm^2，高产可达11 250kg/hm^2。适宜在≥10℃活动积温3 100～3 200℃，且有效积温在2 000℃以上的新疆生产建设兵团农一师稻区及喀什等地种植。

栽培技术要点：①合理密植，撒播播种量180～225kg/hm^{2}催芽种子，基本苗300万～345万/hm^2，插秧栽培播种量为2 850kg/hm^{2}催芽种子，插秧行株距30cm×15cm，每穴栽4～5苗。②分蘖末期至拔节初期要控水肥，防止无效分蘖过多和节间过长。在生长期较短的种植区域，应适当早播并采取中控措施，以保证适期成熟。③施足基肥，早施追肥。④以湿润灌溉为主的稻田，通常保持3cm水层，插秧后和孕穗后期水层加深到3～6cm。地下水位高、地温低的地块，在分蘖后期应撤水晒田，防止倒伏。⑤人工收获在水稻黄熟期进行，机械收获在95%的水稻成熟时开始。

沙交5号（Shajiao 5）

品种来源：新疆生产建设兵团农一师良种场水稻站，1968年以北京5号/农林1号经多代系谱法选育而成。1982年通过新疆维吾尔自治区农作物品种审定委员会审定。

形态特征和生物学特性：常规早粳晚熟品种。感温性强，感光性中。直播栽培生育期为153d。株高87cm，株型紧凑，茎秆粗细中等。叶浓绿，叶片挺直，叶鞘绿色，叶耳和柱头均无色，剑叶长12cm，剑叶与植株夹角28°～30°。穗型弯曲，穗长15cm，每穗粒数85粒，结实率82%。谷粒阔卵形，谷壳较薄，颖壳黄色，护颖黄色，无芒，千粒重25g。

品质特性：糙米率81.0%，精米率71.3%，整精米率6.8%，垩白粒率6.1%，糙米蛋白质含量8.3%。

抗性：耐盐碱，易保苗，苗期耐寒、耐干旱、耐肥，较易感稻瘟病，易倒伏。

产量及适宜地区：一般产量6 000～7 500kg/hm^2，高产田可达11 250kg/hm^2。适宜在≥10℃活动积温3 100～3 200℃，且有效积温2 000℃以上，无霜期在180d以上的新建生产建设兵团农一师、阿克苏及喀什等稻区种植。

栽培技术要点：①播前应进行种子消毒，防治恶苗病发生。②合理密植，撒播播种量为75～180kg/hm^2，基本苗300万～375万/hm^2。插秧栽培的要稀播培育带蘖壮秧，播种量为2 700～3 000kg/hm^2，插秧行株距30cm×15cm，插秧每穴4～5苗。③施足基肥，早施追肥。分蘖末期至拔节初期要控水肥，防止无效分蘖过多和节间过长。④以湿润灌溉为主的稻田，保持3cm水层，插秧后和孕穗后期水层加深到3～6cm。地下水位高、地温低的地块，在分蘖后期应撤水晒田，防止倒伏。⑤草害严重地块，前期应适当加深水层（6cm），抑制杂草发芽及生长。⑥人工收获在水稻黄熟期进行，机械收获在95%的水稻成熟时开始。

新稻1号（Xindao 1）

品种来源：新疆农业科学院核技术生物技术研究所以宁系62-3/盘锦1号经多代系谱法选育而成。1986年通过新疆维吾尔自治区农作物品种审定委员会审定。

形态特征和生物学特性：属常规中早粳早熟品种。在冷凉稻区春播插秧栽培全生育期110～120d，复播栽培95～110d。株高76cm，株型紧凑，茎秆粗壮，幼苗直立，叶色绿。分蘖力强，有效穗数525万～600万穗/hm^2，成穗率80%。弯曲穗，穗长15～16cm，每穗粒数85粒，结实率88.8%。成熟时秆青、粒黄、茎秆脱水快。谷粒呈阔卵形，护颖黄色，颖尖黄色，无芒，千粒重26g。

品质特性：糙米率82.0%，精米率71.0%，整精米率68.8%，垩白粒率10.3%，垩白度4.9%，糙米蛋白质含量8.7%。

抗性：幼苗耐寒，耐冷、耐肥，抗倒伏性强，抗病性强，活秆成熟不早衰。

产量及适宜地区：一般产量6 000～9 000kg/hm^2，高产田可达11 250kg/hm^2。适宜在新疆维吾尔自治区阿克苏地区、喀什地区、和田地区等稻区种植，可正播亦可复播。

栽培技术要点：①在冷凉稻区根据积温情况可在5月上旬前播种。②撒播播种量150～180kg/hm^2，插秧栽培播种量为90～120kg/hm^2。③采用全层施入，施足基肥，早施追肥。④稻田以湿润灌溉为主，通常保持3～4cm水层，插秧后和孕穗后期水层加深到3～6cm。地下水位高、地温低的地块，在分蘖后期应撤水晒田，后期干干湿湿，防止倒伏。⑤草害严重地块，前期应适当加深水层（6cm），抑制杂草发芽及生长。⑥人工收获在水稻黄熟期进行，机械收获在95%的水稻成熟时开始。

新稻10号（Xindao 10）

品种来源：新疆生产建设兵团农一师农业科学研究所，1990年从晚熟特种稻品种“香血糯”中分离出的早熟变异材料，经多代连续系统选育而成。2004年通过新疆维吾尔自治区农作物品种审定委员会审定。

形态特征和生物学特性：单季常规中早粳稻中晚熟品种。感温性强，感光性中。全生育期153d，株高94cm，株型紧凑，茎秆粗壮，叶片宽挺，分蘖力强，成穗率高，叶舌及茎秆髓部呈紫色，苗期紫色叶片中有绿色。穗型散，穗长19cm，每穗粒数65粒，结实率65%。谷粒椭圆形，土黄色或淡紫色，颖色紫黑色，颖尖紫色，种皮褐色，谷粒无芒，千粒重33g。

品质特性：糙米率83.1%，碱消值5.0级，胶稠度96mm，直链淀粉含量1.4%，蛋白质含量9.3%，脂肪含量3.4%，赖氨酸含量0.3%，维生素B_1含量6.9mg/kg，维生素B_2含量6.3mg/kg，铁含量11.6mg/kg，锰含量23.8mg/kg，钙含量112.2mg/kg，锌含量21.8mg/kg。

抗性：耐盐碱，耐寒，耐旱，抗稻瘟病性强。耐肥，抗倒伏，活秆成熟不早衰。

产量及适宜地区：1996—1997年参加品种比较试验，平均产量11 473.5kg/hm^2，比对照涟香1号增产14.2%，2002年在阿克苏地区和新疆生产建设兵团农一师水稻联合区域试验中，产量10 702.5kg/hm^2，比对照紫香糯35-90增产14.5%。2003年新疆维吾尔自治区水稻特用组区域试验中，产量为8 557.5kg/hm^2，比对照新稻9号增产2.4%，大田一般产量为9 750kg/hm^2。适宜在新疆维吾尔自治区阿克苏地区、喀什地区、和田地区等稻区种植。

栽培技术要点：①插秧栽培一般在4月中下旬育苗，5月中下旬插秧，7月下旬至8月初抽穗，9月中下旬成熟。②直播田播种量150 ~ 180kg/hm^2，基本苗300万/hm^2。插秧田育秧播种量1 500 ~ 1 800kg/hm^2，基本苗105万 ~ 120万/hm^2，有效穗数450万 ~ 525万穗/hm^2。③施足基肥，巧施追肥。追肥总量一般为纯氮180 ~ 240kg/hm^2。④水层以浅水为主，有利于促进分蘖早生快发。直播田出苗后要注意及时晾田，促幼苗扎根。插秧田在插后灌6 ~ 8cm深水层护苗3 ~ 4d，起身和分蘖期浅水灌溉，中后期湿润灌溉，黄熟期停水。

新稻11（Xindao 11）

品种来源：新疆农业科学院核技术生物技术研究所以花之舞/88-10经多代系谱法选育而成。2006年2月通过新疆维吾尔自治区农作物品种审定委员会审定。

形态特征和生物学特性：属常规中早粳中晚熟品种。插秧栽培全生育期为150 ~ 157d，直播栽培为138 ~ 155d。株高97.5cm，株型紧凑、适中，茎秆坚韧，幼苗健壮，叶色绿，叶片宽度中等。分蘖力中等，成熟一致。散穗，穗长19cm，每穗粒数100粒，结实率92.5%。谷粒呈长椭圆形，无芒，颖壳、颖尖、护颖黄色，千粒重27g。

品质特性：糙米率81.7%，精米率74.3%，整精米率69.9%，垩白粒率12.0%，垩白度1.2%，透明度2.0级，碱消值7.0级，胶稠度82.0mm，直链淀粉含量16.4%，粒长5.0mm，谷粒长宽比2.0。米质达到国家二级优质米标准。

抗性：幼苗期耐寒，耐冷性强，全生育期中抗稻瘟病，抗倒伏能力中。

产量及适宜地区：2003—2004年参加新疆维吾尔自治区水稻区域试验，平均产量9 589.5kg/hm^2。2005年参加新疆维吾尔自治区水稻生产试验，平均产量10 888.5kg/hm^2，比对照秋田小町增产5.0%。适宜在新疆维吾尔自治区南北疆春播稻区保温育秧插秧栽培或阿克苏以南稻区直播及复播栽培。

栽培技术要点：①保温育秧栽培一般在4月初育苗。②直播田播种量150 ~ 180kg/hm^2，插秧播种量90 ~ 120kg/hm^2。③施足基肥，巧施追肥。追肥总量一般为纯氮252 ~ 270kg/hm^2，分蘖期追肥2 ~ 3次，抽穗开花期追肥1 ~ 2次，前期追肥量占总量的70%，后期占30%。④水层以浅水为主，干湿结合。直播田出苗后要注意及时晾田，促幼苗扎根。插秧田在插秧后灌6 ~ 8cm深水层护苗3 ~ 4d，起身和分蘖期要浅水灌溉，有利于秧苗返青，促进分蘖早生快发。中后期要湿润灌溉，干湿交替，黄熟期停水，适期收获。

新稻12（Xindao 12）

品种来源：新疆农业科学院核技术生物技术研究所以越光干种子经50Gy$^{60}Co\gamma$射线辐照，经多代系谱法选育而成。2006年通过新疆维吾尔自治区农作物品种审定委员会审定。

形态特征和生物学特性：常规中早粳中晚熟品种。插秧栽培全生育期为150 ~ 155d，直播栽培为135 ~ 150d。株高90cm，株型紧凑、适中，茎秆坚韧，幼苗健壮，叶片宽度中等，叶色绿，分蘖力较强，成熟一致。弯曲中等穗型，穗长19cm，每穗粒数90粒，结实率94%。谷粒呈椭圆形，颖壳、颖尖、护颖黄色，种皮白色，无芒，千粒重25.0g。

品质特性：糙米率82.0%，精米率74.0%，整精米率57.5%，垩白粒率4.0%，垩白度0.4%，透明度3.0级，碱消值7.0级，胶稠度78mm，直链淀粉含量16.4%，谷粒长5.0mm，谷粒长宽比1.9。达到国标优质稻谷二级标准。

抗性：幼苗期耐寒，后期耐冷性强，全生育期中抗稻瘟病，抗倒伏能力中等。

产量及适宜地区：2003—2004年参加新疆维吾尔自治区水稻普通组区域试验，平均产量为9 859.5kg/hm^2。2005年参加新疆维吾尔自治区生产试验平均产量为10 420.5kg/hm^2。适宜在新疆维吾尔自治区南、北疆春播稻区插秧栽培或阿克苏以南的稻区直播亦可复播栽培。

栽培技术要点：①保温育苗，插秧栽培一般在4月初育苗。②直播田播种量150 ~ 180kg/hm^2，插秧播种量90 ~ 120kg/hm^2。③施足基肥，巧施追肥。追肥总量一般为纯氮252 ~ 270kg/hm^2，分蘖期追肥2 ~ 3次，抽穗开花期追肥1 ~ 2次，前期追肥量占总量的70%，后期占30%。④水层以浅水为主，干湿结合。直播田出苗后要注意及时晾田，促幼苗扎根。插秧田在插秧后灌6 ~ 8cm深水层护苗3 ~ 4d，起身和分蘖期要浅水灌溉，有利于秧苗返青，促进分蘖早生快发。中后期要湿润灌溉，干湿交替，黄熟期停水，适期收获。

新稻13（Xindao 13）

品种来源：新疆农业科学院粮食作物研究所以龙锦1号/云南紫米经过多代系谱法选育而成。2006年通过新疆维吾尔自治区农作物品种审定委员会审定。

形态特征和生物学特性：中早粳中熟品种。感温性强，感光性中。插秧栽培生育期为147.5d，直播栽培为139d。株高97.5cm，幼苗健壮，叶片宽度中等，株型适中，茎秆坚韧。分蘖力中等，单株分蘖3 ~ 5个，分蘖成穗率75%。成熟时茎秆黄色，活秆成熟不早衰。中等穗型，穗弧形，穗长13cm，每穗粒数92粒，结实率90%。谷粒呈椭圆形，无芒，颖壳、护颖褐黄色，果皮浅红色，千粒重25g。

品质特性：糙米率80.4%，精米率71.3%，整精米率62.0%，垩白粒率12.0%，垩白度1.2%，透明度2.0级，碱消值7.0级，胶稠度80mm，直链淀粉含量18.3%，粒长5.2mm，谷粒长宽比1.9，糙米浅红色。

抗性：幼苗期耐寒，后期耐冷，全生育期中抗稻瘟病，抗倒伏能力强。

产量及适宜地区：2003—2004年参加新疆维吾尔自治区水稻特用组区域试验，产量为9 375kg/hm^2。适宜在新疆维吾尔自治区南疆各地州及北疆昌吉回族自治州一带推广种植，可正播亦可复播。

栽培技术要点：①应适期早播、早插、早育，稀播育壮秧。保温育苗插秧栽培一般4月初育苗，5月初插秧。②保温水育秧秧田播种量1 500 ~ 1 800kg/hm^2。插秧田用种量90 ~ 120kg/hm^2，插秧行株距30cm × 12cm，每穴栽6 ~ 7苗。直播田播种量150 ~ 180kg/hm^2。③施足基肥，合理追肥。追肥用量按“前重、中控、后补”原则。以产定肥，早施、重施分蘖肥，土壤肥力中等田块施化肥总量尿素450 ~ 600kg/hm^2。前期施肥量占总追肥量的70%，后期占30%。④水层以浅水为主，直播田出苗后要及时晾田露青，促使幼苗扎根。插秧田在插后灌6 ~ 8cm深水层护苗3 ~ 5d。苗期和分蘖期浅水灌溉，提高地温，有利于秧苗返青，促进分蘖早生快发。分蘖末期适时烤田，后期保持干湿交替灌溉，黄熟期停水，适时收获。

新稻14（Xindao 14）

品种来源：新疆生产建设兵团农一师农业科学研究所，2000年从辽宁省北方农业技术开发公司引进的雨田108品系中选择的变异株，经系统选育而成，原系号00108-6号。2006年通过新疆维吾尔自治区农作物品种审定委员会审定。

形态特征和生物学特性：单季常规中早粳中熟品种。感温性强，感光性中。生育期154d。株高94.8cm，幼苗健壮，株型紧凑，茎秆粗壮，叶色浓绿，活秆成熟不早衰。半直立穗型，穗长19cm，穗粒数110粒，结实率85.8%。谷粒长椭圆形，颖壳黄色，颖尖黄色，谷粒无芒，千粒重25g。

品质特性：糙米率81.4%，精米率73.8%，整精米率63.1%，垩白粒率18.0%，垩白度1.8%，透明度2.0级，碱消值7.0级，胶稠度83mm，直链淀粉含量16.5%，谷粒长5.5mm，糙米长宽比2.0。达到国标优质稻谷三级标准。

抗性：幼苗期耐寒，后期耐冷，耐盐碱，耐肥，抗倒伏性强，抗旱，抗稻瘟病、恶苗病。

产量及适宜地区：2004—2005年参加新疆维吾尔自治区水稻普通组区域试验，平均产量11 554.5kg/hm^2，比对照秋田小町平均增产5.0%。2005年参加新疆维吾尔自治区普通组生产试验，平均产量11 157kg/hm^2，比对照平均增产7.6%。一般产量11 650kg/hm^2。适宜在新疆维吾尔自治区南疆各地州稻区插秧及直播种植，北疆昌吉回族自治州一带稻区采取保温育秧插秧栽培。

栽培技术要点：①直播栽培4月下旬播种，插秧栽培4月初育苗，5月初插秧，7月下旬至8月初抽穗，9月下旬成熟。②直播田播种量120 ~ 150kg/hm^2，基本苗300万/hm^2。插秧田育秧播种量1 500 ~ 1 800kg/hm^2，插秧田用种量90 ~ 120kg/hm^2，基本苗120万/hm^2。③施足基肥，合理追肥，追肥用量按“前重、中控、后补”原则。④直播田出苗后要及时晾田露青，促使幼苗扎根。插秧田在插秧后灌6 ~ 8cm深水层护苗3 ~ 5d。苗期和分蘖期浅水灌溉，以利于提高地温，促进分蘖。分蘖末期适时烤田，后期保持干湿交替灌溉，黄熟期停水，适时收获。

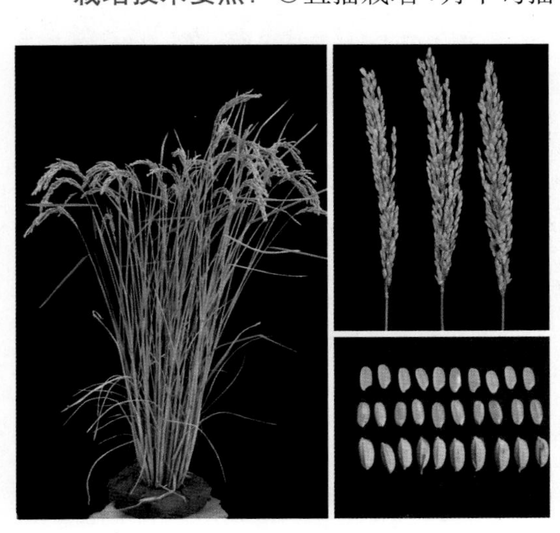

新稻15（Xindao 15）

品种来源：新疆农业科学院核技术生物技术研究所以糯53/日本乙女糯经多代系谱法选育而成。2007年通过新疆维吾尔自治区农作物品种审定委员会审定。

形态特征和生物学特性：中早粳中晚熟糯稻。插秧栽培生育期为155d，直播栽培生育期为150d。株高91.7cm，株型紧凑，茎秆坚韧。幼苗健壮，叶片宽度中等，叶色绿。分蘖力中等，单株分蘖可达6 ~ 8个，分蘖成穗率75%。穗型弯曲，穗长16.5cm，每穗粒数86.4粒，结实率88.4%。谷粒呈圆形，无芒，颖壳、护颖、颖尖黄色，千粒重25g。

品质特性：糙米率82.5%，精米率73.2%，整精米率35.0%，碱消值7.0级，胶稠度100mm，直链淀粉含量1.7%，谷粒长宽比1.7。

抗性：幼苗期耐寒，后期耐冷性强，耐肥，抗倒伏能力中等，全生育期中抗稻瘟病。

产量及适宜地区：2005年参加新疆维吾尔自治区水稻特用组区域试验，平均产量为11 545.5kg/hm^2，比对照新稻10号增产9.9%。2006年参加新疆维吾尔自治区水稻生产试验，平均产量为11 115kg/hm^2，比对照增产21.6%。适宜在新疆维吾尔自治区南疆及北疆春播稻区保温育秧插秧栽培，阿克苏以南稻区直播或复播种植。

栽培技术要点：①4月初育苗，5月初插秧。②直播田播种量150 ~ 180kg/hm^2，插秧田播种量90 ~ 120kg/hm^2。③施足基肥，巧施追肥。追肥总量一般为纯氮210 ~ 270kg/hm^2，分蘖期追肥2 ~ 3次，抽穗开花期追肥1 ~ 2次，前期追肥量占总量的70%，后期占30%。④直播田出苗后要注意及时晾田，促使幼苗扎根。插秧田在插后灌6 ~ 8cm深水层护苗3 ~ 5d，分蘖期和起身期浅水灌溉，有利于秧苗返青，促进分蘖早生快发。中后期干湿交替，保持湿润灌溉，黄熟期停水。⑤人工收获在水稻黄熟期进行，机械收获在95%的水稻成熟时开始。

新稻16（Xindao 16）

品种来源：新疆农业科学院粮食作物研究所以{[（嘉758/恢73-28）/LD9029]//松粳2号}F1/C57（恢复系）经连续多代系谱法选育而成。2007年通过新疆维吾尔自治区农作物品种审定委员会审定。

形态特征和生物学特性：中早粳中晚熟品种。感温性强，感光性中。采用保温育秧栽培生育期为151.5d，直播栽培生育期为142.5d。株高97.4cm，株高适中，株型紧凑，茎秆坚韧。幼苗健壮，叶片宽度中等，生长势极强。分蘖力中等，单株分蘖5～6个，成穗率77.5%。植株清秀，抽穗整齐，活秆成熟不早衰。半直立穗型，穗长18.6cm，每穗粒数136粒，结实率68.8%。谷粒阔卵形，颖壳、护颖、颖尖黄色，无芒，难落粒，长5.3mm，宽3.7mm，千粒重24g。

品质特性：糙米率79.0%，精米率71.8%，整精米率64.5%，垩白粒率19.0%，垩白度1.9%，透明度3.0级，碱消值7.0级，胶稠度84mm，直链淀粉含量15.7%，谷粒长宽比1.8。达到国标优质稻谷三级标准。

抗性：苗期耐寒，耐盐碱易保苗。耐旱，耐肥，抗倒伏能力强。全生育期中抗稻瘟病。

产量及适宜地区：2005—2006年参加新疆维吾尔自治区水稻普通组区域试验，平均产量为12 156kg/hm^2，比对照秋田小町平均增产6.1%。高产可达12 750kg/hm^2。≥10℃的总积温3 100℃以上地区都可正常成熟。适宜在新疆维吾尔自治区各稻区种植，可正播亦可复播。

栽培技术要点：①采用塑料薄膜覆盖保温育秧，旱育稀播育壮秧。米泉稻区4月上中旬播种，5月上中旬插秧，7月下旬至8月初抽穗，9月中下旬成熟。②插秧栽培用种量75～90kg/hm^2，行株距30cm×12cm为宜，每穴栽5～6苗。直播播种量150～225kg/hm^2。③施足基肥，合理追肥。中等土壤肥力田块一般追肥总量为施纯氮210～270kg/hm^2。④在插秧后灌6～8cm深水层护苗3～5d。起身期和分蘖期浅水灌溉，提高地温，促进分蘖。在分蘖末期，幼穗分化前进行晒田，以达到控制无效分蘖。直播田出苗后要注意及时晾田露青，促使幼苗扎根。中后期保持湿润灌溉，干湿交替，黄熟期停水。

新稻17（Xindao 17）

品种来源：新疆农业科学院粮食作物研究所以{V20/[（7511-1-3-2X越光）/恢73-28]}F1/92908（新稻9号）经连续多代系谱法选育而成。2007年通过新疆维吾尔自治区农作物品种审定委员会审定。

形态特征和生物学特性：中早粳中晚熟品种。感温性强，感光性中。在新疆维吾尔自治区南北疆主要稻区生育期135～158d，直播栽培生育期为135d。株高92.5cm，株型紧凑，茎秆粗壮、坚韧。分蘖力强，单株分蘖7～8个，成穗率64%，植株清秀，抽穗整齐，活秆成熟不早衰。穗弯曲，叶下禾，穗长平均19.0cm，每穗粒数146.4粒，结实率80%。谷粒呈椭圆形，颖壳、护颖、颖尖黄色，具有顶芒。粒长5.7mm，粒宽3.3mm，千粒重24g。

品质特性：糙米率80.4%，精米率74.4%，整精米率53.3%，垩白粒率17.0%，垩白度1.4%，透明度3.0级，碱消值7.0级，胶稠度82mm，直链淀粉含量15.7%，粒长5.4mm，谷粒长宽比2.3。2009年荣获全国粳稻优良食味评比三等奖。

抗性：苗期耐寒，耐盐碱易保苗。耐旱、耐肥，抗倒伏能力强，全生育期较抗稻瘟病。

产量及适宜地区：2005—2006年参加新疆维吾尔自治区水稻特用组区域试验，平均产量11 901kg/hm^2，比对照新稻9号增产14.2%。适宜在新疆维吾尔自治区各稻区种植，南疆稻区可正播也可复播。

栽培技术要点：①春播采用塑料薄膜覆盖保温育秧，米泉稻区一般4月上中旬育秧，5月上中旬插秧，7月下旬至8月初抽穗，9月中下旬成熟。②水育秧秧田播种量1 500～1 800kg/hm^2。插秧用种量75～90kg/hm^2，行株距30cm×12cm。直播播种量150～225kg/hm^2。③施足基肥，按“前重、中控、后补”合理追肥。以产定肥，前期追肥占总量的70%，后期占30%。一般施纯氮14～18kg/hm^2。④直播田出苗后要注意及时晾田露青，促使幼苗扎根。全生育期以浅水灌溉为主。在分蘖末期，幼穗分化前进行晒田，控制无效分蘖。中后期保持湿润灌溉，干湿交替，黄熟期停水。⑤注意杂草和病虫害防治。

新稻18（Xindao 18）

品种来源：新疆金丰源种业股份有限公司以新稻5号/红芒糯/涟香1号的后代经多代系谱法选育而成。2007年通过新疆维吾尔自治区农作物品种审定委员会审定。

形态特征和生物学特性：中早粳中晚熟糯稻。感温性强，感光性中。插秧栽培生育期为148 ~ 153d，直播栽培生育期为142 ~ 150d。株高90cm，株型紧凑，叶姿挺拔，叶色浓绿。穗长15.0cm，每穗粒数135粒，结实率85.8%。谷粒呈阔卵形，颖壳呈黄色，颖尖呈红色，种皮呈浅黄褐色，无芒，千粒重25g。

品质特性：糙米率81.3%，精米率71.7%，整精米率51.6%，碱消值7.0级，胶稠度100mm，直链淀粉含量1.4%，谷粒长宽比1.6。

抗性：中抗稻瘟病，耐肥，抗倒伏性强，活秆成熟不早衰。

产量及适宜地区：2005年参加新疆维吾尔自治区水稻特用组区域试验，平均产量11 572.5kg/hm^2，比对照新稻10号增产10.2%。2006年新疆维吾尔自治区区域试验，平均产量10 589.0kg/hm^2。2006年新疆维吾尔自治区水稻特用组生产示范，平均产量9 851.1kg/hm^2，比对照平均增产7.7%。适宜在新疆维吾尔自治区南疆各地种植。

栽培技术要点：①采用薄膜覆盖保温育秧，插秧栽培4月上旬育秧，5月上中旬插秧。②直播田播种量150 ~ 180kg/hm^2，基本苗225万 ~ 300万/hm^2。插秧栽培田播种量90 ~ 105kg/hm^2，基本苗120万 ~ 150万/hm^2。③施足基肥，巧施追肥。④直播田出芽后，要及时晾田、露青，促使稻芽扎根立针。插秧田在插后深水护苗3 ~ 5d，分蘖期浅水灌溉，穗分化期停水烤田。中后期采用湿润灌溉，以湿为主，黄熟期停水。

新稻19（Xindao 19）

品种来源：新疆金丰源种业股份有限公司以1986年由辽阳市种子公司引进的“陆奥香”品种中选出的变异单株经系统选育而成，原名86-3。2007年通过新疆维吾尔自治区农作物品种审定委员会审定。

形态特征和生物学特性：中早粳中熟品种。感温性强，感光性中。插秧栽培生育期为141～150d，直播栽培生育期为138～145d。株高85cm左右，株型紧凑，苗期长势稳健，叶色绿。分蘖力较好，抽穗、成熟整齐一致。穗长17cm，每穗粒数88粒，结实率87.5%。谷粒呈阔卵形，颖壳、颖尖呈黄色，无芒，千粒重25g。

品质特性：糙米率82.1%，精米率71.3%，整精米率43.4%，垩白粒率23%，垩白度2.5%，透明度3.0级，碱消值7.0级，胶稠度81mm，直链淀粉含量15.8%，谷粒长4.9mm，谷粒长宽比1.8。

抗性：幼苗期耐冷，耐盐碱易保苗。耐肥，抗倒伏性强，抗旱，抗稻瘟病，活秆成熟。

产量及适宜地区：2005—2006年参加新疆维吾尔自治区水稻普通组区域试验，平均产量11 881.9kg/hm^2，比对照秋田小町增产9.8%。2006年新疆维吾尔自治区普通组生产试验，产量11 413.2kg/hm^2，比对照秋田小町增产10.7%。大田产量10 200～11 250kg/hm^2，适宜在新疆维吾尔自治区南疆各地州及北疆昌吉回族自治州一带推广种植。

栽培技术要点：①采用薄膜覆盖保温育秧插秧栽培。4月上中旬育秧，5月上中旬插秧，南疆直播栽培5月10日前播种。②直播田播种量150～180kg/hm^2，基本苗225万～300万/hm^2。插秧栽培田播种量90～105kg/hm^2，基本苗120万～150万/hm^2。③施足基肥，合理追肥。④播种田出芽后，要及时晾田、露青，促使稻芽扎根立针。插秧田在插后深水护苗3～5d。分蘖期浅水灌溉，穗分化期停水烤田，中后期采用湿润灌溉，以湿为主，黄熟期停水。

新稻2号（Xindao 2）

品种来源：新疆农业科学院粮食作物研究所以吉粳53/74-103经过多代系谱选育而成，原品系号7511-2-5-2。1988年通过新疆维吾尔自治区农作物品种审定委员会审定。

形态特征和生物学特性：单季常规中早粳中熟品种。感温性强，感光性中。采用薄膜育秧移栽栽培方式生育期为139d，复播栽培方式生育期为123d。株高95cm，株型紧凑，茎秆粗壮，叶鞘绿色，叶片无茸毛，剑叶短，节间绿色，分蘖力中等，单株分蘖2 ~ 3个，有效穗数450万 ~ 540万穗/hm^2，成穗率70%。茎秆黄色，活秆成熟不早衰。穗弧形，穗长18cm，每穗粒数91粒，结实率86.7%，成熟时秆青、粒黄、茎秆脱水快。谷粒阔卵形，护颖黄色，颖尖黄色，颖毛多，柱头无色不外露，有短芒，千粒重27g。

品质特性：糙米率83.1%，精米率76.9%，整精米率69.8%，垩白粒率36.3%，糙米蛋白质含量9.9%。

抗性：幼苗耐寒性较强，较耐盐碱，易保苗。耐肥，抗倒伏性强，较抗稻瘟病。

产量及适宜地区：产量9 000 ~ 10 500kg/hm^2，高产可达12 000kg/hm^2。在新疆维吾尔自治区南北疆稻区都可种植，适宜在博尔塔拉蒙古自治州、昌吉回族自治州种植，可正播亦可复播。

栽培技术要点：①在冷凉稻区根据积温情况采取薄膜育秧移栽，可在4月中旬播种，露地育秧移栽4月下旬至5月初播种。插秧期5月中下旬，直播栽培5月初播种。7月下旬至8月上中旬抽穗，9月中下旬成熟。②秧田播种量1 500 ~ 1 800kg/hm^2。插秧行株距30cm × 12cm，栽插穴数27万 ~ 30万/hm^2，每穴栽6 ~ 7苗。直播田播种量150 ~ 225kg/hm^2，基本苗225万 ~ 300万/hm^2。③施足基肥，早施追肥。正播追肥一般施纯氮225kg/hm^2，直播稻施纯氮10kg/hm^{2}左右。插秧栽培蘖肥、穗粒肥的比例以4 ：1为宜。④插秧后灌5 ~ 8cm深水护苗3 ~ 5d促返青。中期实行搁田。孕穗及扬花阶段，保持3 ~ 5cm水层。

新稻20（Xindao 20）

品种来源：新疆塔里木河种业股份有限公司以上育397/10-18（自育品系）经多代系谱法选育而成。2007年通过新疆维吾尔自治区农作物品种审定委员会审定。

形态特征和生物学特性：中早粳中熟品种。插秧全生育期为147 ～ 154d，直播全生育期为145 ～ 150d。株高87cm，株型紧凑，茎秆粗壮，剑叶直立上举，长势稳健，整齐一致。穗形弯曲，呈半松散状态，穗长17cm，每穗粒数110粒，结实率88.5%。谷粒呈椭圆形，护颖黄色，无芒，千粒重25g。

品质特性：糙米率81.3%，精米率71.4%，整精米率39.6%，垩白粒率23%，垩白度2.1%，透明度2.0级，碱消值7.0级，胶稠度82mm，直链淀粉含量15.0%，粒长5.1mm，谷粒长宽比2.0，含水量9.1%。

抗性：苗期耐寒，耐盐碱易保苗，耐旱，耐肥，抗到伏，较抗稻瘟病。

产量及适宜地区：2005年参加新疆维吾尔自治区水稻普通组区域试验，平均产量12 345kg/hm^2，比对照秋田小町增产7.8%。2006年参加自治区水稻普通组生产试验，平均产量11 036.7kg/hm^2，比对照增产1.2%。适宜在新疆维吾尔自治区南疆、北疆稻区种植。

栽培技术要点：①直播栽培4月25日至5月5日播种，插秧栽培一般4月上旬育秧。②直播田播种量为150kg/hm^2，插秧栽培播种量90 ～ 105kg/hm^2。③施足基肥，合理追肥。重施蘖肥和巧施穗肥，追肥用量按“前重、中控、后补”，土壤肥力中等田块施肥总量一般为纯氮240 ～ 270kg/hm^2。④直播田要求出苗后注意晾田，幼苗期灌浅水，提高地温，促进生长发育。插秧栽培要求做到浅水插秧、寸水缓苗，浅水分蘖，浅湿抽穗，寸水开花，湿润壮粒。有效分蘖末期适当晒田，待稻穗勾头后采取干干湿湿间歇灌溉，成熟前7 ～ 10d停水。

新稻21（Xindao 21）

品种来源：新疆塔里木河种业股份有限公司以A稻4号/10-20（自育品系）经多代系谱法选育而成。2008年通过新疆维吾尔自治区农作物品种审定委员会审定。

形态特征和生物学特性：常规中早粳中熟品种。在新疆维吾尔自治区南疆、北疆插秧生育期为145 ~ 152d，直播生育期为140 ~ 150d。株高80cm，株型紧凑，茎秆粗壮，坚硬，剑叶直立上举，生长势稳健。活秆成熟不早衰，成熟时茎秆黄色。穗型弯曲，呈半松散状态，整齐一致，穗长19cm，每穗粒数119粒，结实率90%。谷粒椭圆形，护颖黄色，稀顶短芒，千粒重24g。

品质特性：糙米率77.1%，精米率69.8%，整精米率62.7%，垩白粒率40.0%，垩白度3.2%，透明度2.0级，碱消值7.0级，胶稠度72mm，直链淀粉含量17.0%，粒长5.3mm，谷粒长宽比2.2，含水量8.2%。

抗性：耐旱，耐寒性好，耐肥，抗倒性好，较抗恶苗病、稻瘟病，适应性强。

产量及适宜地区：2005年参加新疆维吾尔自治区水稻普通组区域试验，平均产量11 319kg/hm^2，较对照秋田小町减产1.2%。2006年参加新疆维吾尔自治区区域试验，平均产量11 819.7kg/hm^2，比对照秋田小町增产15.3%。2007年参加新疆维吾尔自治区水稻普通组生产试验，平均产量11 050.1kg/hm^2，比对照秋田小町增产8.5%。适宜在新疆维吾尔自治区南疆、北疆平原稻区推广种植。

栽培技术要点：①直播栽培4月25日至5月5日播种，插秧栽培一般4月上旬育秧。②直播田播种量为150kg/hm^2，插秧栽培播种量90 ~ 105kg/hm^2。③施足基肥，合理追肥，重施蘖肥和巧施穗肥，追肥用量按“前重、中控、后补”，土壤肥力中等田块施肥总量一般为纯氮240 ~ 270kg/hm^2。直播栽培苗期追施一次，分蘖期追施两次，抽穗前后追施一次，前期追肥约占总量的80%，后期约占总量的20%。④直播田要求出苗后注意晾田，幼苗期灌浅水，提高地温，促进生长发育。有效分蘖末期适当晒田，待稻穗勾头后采取干干湿湿间歇灌溉，成熟前7 ~ 10d停水。

新稻23（Xindao 23）

品种来源：新疆生产建设兵团农一师农业科学研究所以T1604/A3012经过连续多代人工繁育系谱选择而成，原系号F6。2008年通过新疆维吾尔自治区农作物品种审定委员会审定。

形态特征和生物学特性：单季常规中早粳中晚熟品种。感温性强，感光性中。插秧栽培生育期为152d，直播栽培145d。株高97cm，株型较紧凑，幼苗健壮，叶色浓绿，分蘖力中等。弯曲穗，穗长19.2cm，每穗粒数130.2粒，结实率91%。谷粒椭圆形，颖壳黄色，颖尖黄色，谷粒无芒，千粒重27.6g。

品质特性：糙米率81.8%，精米率73.1%，整精米率62.0%，垩白粒率27.0%，垩白度2.7%，透明度2.0级，碱消值7.0级，胶稠度80mm，直链淀粉含量15.7%，谷粒长5mm，糙米长宽比1.8。稻谷品质达到国家三级优质稻谷标准。

抗性：幼苗耐冷，耐盐碱，耐肥，抗倒伏性强，抗旱，抗稻瘟病，活秆成熟不早衰。

产量及适宜地区：2006—2007年参加新疆维吾尔自治区水稻普通组区域试验，平均产量12 009kg/hm^2，比对照秋田小町平均增产17.1%。2007年参加新疆维吾尔自治区生产试验，平均产量11 472.7kg/hm^2，比对照秋田小町平均增产12.6%。适宜在新疆维吾尔自治区南疆各地州稻区，北疆昌吉回族自治州，伊犁哈萨克自治州稻区推广种植。

栽培技术要点：①直播栽培播种适宜期4月下旬至5月上旬。插秧栽培4月上旬育苗，5月上中旬插秧，7月下旬至8月上旬抽穗，9月中下旬成熟。②直播田种子用量控制在150kg/hm^2，基本苗270万/hm^2，有效穗数525万～600万穗/hm^2。插秧栽培育秧田播种量1 500～1 800kg/hm^2，插秧田用种量75～90kg/hm^2，基本苗150万～180万/hm^2。③施足基肥，合理追肥。追肥用量按照“前重、中控、后补”的原则。④直播田出苗后要及时晾田露青，促使幼苗扎根。插秧田在插秧后灌6～8cm深水层护苗3～5d。苗期和分蘖期浅水灌溉，提高地温，促进分蘖。分蘖末期适时烤田，后期保持干湿交替灌溉，黄熟期停水，成熟时及时收获。

新稻24（Xindao 24）

品种来源：新疆农业科学院核技术生物技术研究所以秋田小町/籼粳61经多代系谱法选育而成。2009年通过新疆维吾尔自治区农作物品种审定委员会审定。

形态特征和生物学特性：中早粳中晚熟品种。插秧栽培生育期为150～158d，直播栽培为145～150d。株高94cm，株型紧凑、适中，茎秆坚韧。幼苗健壮、繁茂，叶片宽度中等，叶色绿。分蘖力强，分蘖成穗率75%。穗型散，平均穗长17.8cm，每穗粒数118粒，结实率90%。谷粒椭圆形，颖壳、护颖、颖尖黄色，种皮白色，无芒，千粒重25.5g。

品质特性：糙米率81.4%，精米率75.6%，整精米率46.8%，垩白粒率26.0%，垩白度2.8%，透明度2.0级，碱消值6.9级，胶稠度80mm，直链淀粉含量15.0%，粒长5.0mm，稻谷长宽比1.8。

抗性：苗期耐寒，后期耐冷，耐瘠薄性强，全生育期抗稻瘟病，抗倒伏能力中上。

产量及适宜地区：2007年参加新疆维吾尔自治区水稻区域试验，平均产量10 774.1kg/hm^2，比对照秋田小町增产13.7%。2008年参加新疆维吾尔自治区水稻生产试验，平均产量11 561.3kg/hm^2，比对照增产5.4%。适宜在新疆维吾尔自治区南北疆有效积温≥3 200℃稻区推广种植。

栽培技术要点：①直播栽培播种适宜期4月25日至5月5日。插秧栽培，保温育秧一般4月上旬育苗。②直播田播种量150～180kg/hm^2，插秧栽培播种量80～120kg/hm^2。③注意氮磷比例，以3：1为好。施足基肥，合理追肥。重施蘖肥和巧施穗肥，追肥用量按“前重、中控、后补”，土壤肥力中等施肥总量一般为纯氮240～270kg/hm^2。④直播田出苗后要注意晾田，幼苗期灌浅水，提高地温，促进生长发育。插秧栽培要求浅水插秧，插秧后灌6～8cm深水层护苗3～5d，寸水缓苗，浅水分蘖，浅湿抽穗，寸水开花，湿润壮粒。有效分蘖末期适当晒田，待稻穗勾头后采取干干湿湿间歇灌溉，成熟前5～7d停水。

新稻26（Xindao 26）

品种来源：新疆金丰源种业股份有限公司以95-11/秋田小町杂交经多代系谱法选育而成，原名21-1。2009年通过新疆维吾尔自治区农作物品种审定委员会审定。

形态特征和生物学特性：中早粳晚熟品种。感温性强，感光性中。全生育期158d，插秧栽培生育期为155 ～ 163d，直播栽培生育期为151 ～ 155d。株高85cm，株型紧凑，茎秆粗壮，坚韧。植株清秀，叶幅中等，叶色浓绿。穗长19cm，每穗粒数126.7粒，结实率85%。谷粒呈长椭圆形，颖壳呈秆黄色，颖尖呈黄色，种皮呈黄色，短芒，千粒重23g。

品质特性：糙米率80.2%，精米率71.0%，整精米率56.7%，垩白粒率13.0%，垩白度0.6%，透明度2.0级，碱消值7.0级，胶稠度84mm，直链淀粉含量15.0%，谷粒粒长5.4mm，谷粒长宽比2.3。

抗性：幼苗期耐冷，耐盐碱宜保苗。耐肥，抗倒伏性强，抗旱，抗稻瘟病，活秆成熟。

产量及适宜地区：2007—2008年参加新疆维吾尔自治区水稻普通组区域试验，平均产量10 676.3kg/hm^2，比对照秋田小町增产7.9%。大田一般产量10 500 ～ 12 000kg/hm^2。适宜在新疆维吾尔自治区南疆各地州推广种植。

栽培技术要点：①在新疆维吾尔自治区阿克苏稻区和新疆生产建设兵团农一师平原稻区，直播栽培播种期4月25日至5月5日。插秧栽培4月10日前育秧，5月上中旬插秧。②直播田播种量150 ～ 180kg/hm^2，基本苗225万～ 300万/hm^2。插秧栽培田播种量90 ～ 105kg/hm^2，基本苗120万～ 150万/hm^2。③施足基肥，合理追肥。④插秧5d内深水护苗促返青，分蘖期浅水促蘖。中期实行搁田，后期干干湿湿，黄熟后期断水。

新稻27（Xindao 27）

品种来源：新疆伊犁哈萨克自治州农业科学研究所以90-6（自育品系）/9704（自育品系）经多代系谱法选育而成，原品系编号206-3。2009年通过新疆维吾尔自治区农作物品种审定委员会审定。

形态特征和生物学特性：常规中早粳中晚熟品种。感温性中，感光性中。插秧栽培生育期为145d，直播栽培生育期为130d，株高85cm，幼苗健壮，株型紧凑，单株分蘖5 ~ 6个，分蘖成穗率77%。穗弯曲，呈半松散状态，穗长17cm，每穗粒数110粒，结实率90%。谷粒呈椭圆形，偶有短顶芒，颖壳、护颖、颖尖呈黄色，灌浆速度快，千粒重25g。

品质特性：糙米率80.2%，精米率70.3%，垩白粒率6.0%，垩白度0.5%，直链淀粉含量13.9%，透明度2.0级，碱消值6.8级，胶稠度82mm，粒长5.0mm，谷粒长宽比1.9。稻谷品质达到国家二级优质稻谷标准。

抗性：苗期耐寒，耐盐碱易保苗，耐冷，耐肥，抗倒性强，抗稻瘟病。

产量及适宜地区：2007—2008年参加新疆维吾尔自治区水稻区域联合试验，平均产量12 004.5kg/hm^2，比对照秋田小町增产9.4%。适宜在新疆维吾尔自治区北疆的乌苏市、博乐市等水稻产区和伊犁河谷水稻产区种植。

栽培技术要点：①平均温度达到10℃时播催芽种子2 700kg/hm^{2}或干种子2 000kg/hm^2。②机插秧行株距28cm × 11cm，人工插秧行株距25cm × 15cm，每穴栽3 ~ 4苗。③增施农家肥，配施磷钾肥，控制氮肥的施入量。④稻田以湿润灌溉为主，通常保持3cm水层，孕穗后期水层加深到3 ~ 6cm。收获前1周左右断水。⑤人工收获在水稻黄熟期进行，机械收获在85%的水稻成熟时开始。

新稻28（Xindao 28）

品种来源：新疆农业科学院粮食作物研究所以新稻6号/松2116F1//珍富-3经多代系谱法选育而成。2010年通过新疆维吾尔自治区农作物品种审定委员会审定。

形态特征和生物学特性：中早粳中晚熟品种。感温性强，感光性中。插秧栽培生育期为151.5d。株高92.5cm，株型紧凑，茎秆粗壮、坚韧。分蘖力中等，单株分蘖6～7个，成穗率85.5%。植株清秀，叶色浓绿，抽穗整齐，活秆成熟不早衰。穗弯曲，叶下禾。穗长19cm，每穗粒数167粒，结实率80%。谷粒椭圆形，偶有顶芒，颖壳、护颖及颖尖黄色。粒长5.7mm，粒宽3.7mm，千粒重23.6g。

品质特性：糙米率81.0%，精米率74.4%，整精米率71.2%，垩白粒率10.0%，垩白度0.7%，透明度3.0级，碱消值7.0级，胶稠度85mm，直链淀粉含量18.0%。达到国标优质稻谷一级标准，2011年荣获全国粳稻优良食味评比三等奖。

抗性：苗期耐寒，耐盐碱易保苗，耐旱，耐肥，抗倒性能强，全生育期较抗稻瘟病。

产量及适宜地区：2008年参加新疆维吾尔自治区区域试验，产量为11 319kg/hm^2，比对照秋田小町增产9.5%。2009年参加新疆维吾尔自治区生产试验，产量12 253.5kg/hm^2，较对照秋田小町增产7.0%。适宜在新疆维吾尔自治区各稻区种植，在南疆稻区可正播，亦可复播。

栽培技术要点：①塑料薄膜覆盖保温育秧，在米泉稻区一般4月上旬育秧，5月上旬插秧，8月初抽穗，9月中下旬成熟。②水育秧田播种量1 500～1 800kg/hm^2，插秧用种量75～90kg/hm^2。插秧行株距30cm×12cm，每穴栽5～7苗。③施足基肥，合理追肥。以产定肥，早施、重施分蘖肥，一般追肥总量为纯氮210～270kg/hm^2。④插秧后灌6～8cm深水层护苗3～5d。起身期和分蘖期浅水灌溉，在分蘖末期，幼穗分化前进行晒田，以达到控制无效分蘖。中后期保持湿润灌溉，干湿交替，黄熟期停水。整个生育期应注意杂草和病虫害防治，确保水稻健康生长。全生育期应以浅水灌溉为主。

新稻29（Xindao 29）

品种来源：新疆农业科学院核技术生物技术研究所以A稻8号/一目惚经多代系谱法选育而成。2010年通过新疆维吾尔自治区农作物品种审定委员会审定。

形态特征和生物学特性：中早粳中晚熟品种。插秧栽培生育期为150 ~ 160d，直播栽培生育期为145 ~ 150d。株高96cm，茎秆坚韧，株型适中，幼苗健壮，叶片宽度中等，繁茂，叶色浓绿，分蘖力强，分蘖成穗率75%。抽穗整齐，活秆成熟不早衰，成熟一致。穗型散，穗长18cm，每穗粒数113粒，结实率90%。谷粒呈椭圆形，无芒，颖壳、颖尖、护颖黄色，千粒重25g。

品质特性：糙米率83.6%，精米率77.2%，整精米率64.0%，垩白粒率15.0%，垩白度0.9%，透明度3.0级，碱消值7.0级，胶稠度75mm，直链淀粉含量17.7%，粒长5.2mm。米质达到国家二级优质米标准。

抗性：幼苗期耐寒，耐冷性强，耐瘠薄，全生育期抗稻瘟病，抗倒伏能力中上。

产量及适宜地区：2008年参加新疆维吾尔自治区水稻品种区域试验，产量达10 948.7kg/hm^2，比对照秋田小町增产6.1%。2009年参加新疆维吾尔自治区水稻品种生产试验，平均产量达11 650.5kg/hm^2。适宜在新疆维吾尔自治区南疆、北疆有效积温≥3 200℃的主要稻区种植。

栽培技术要点：①直播栽培适宜播种期4月25日至5月5日。插秧栽培4月10日前育秧。②插秧田播种量75 ~ 105kg/hm^2。③施足基肥，巧施追肥。追肥总量一般纯氮210 ~ 270kg/hm^2，分蘖期追2 ~ 3次，抽穗开花期追肥1 ~ 2次，追肥的蘖肥、穗粒肥比列以4 : 1为宜，最后一次蘖肥，尿素控制在75kg/hm^2。④插秧后灌6 ~ 8cm深水层护苗3 ~ 5d促返青，分蘖期4 ~ 5cm浅水促蘖。起身期和分蘖期浅水灌溉，中期实行搁田。中后期保持湿润灌溉，干湿交替，黄熟后期停水。

新稻30（Xindao 30）

品种来源：新疆农业科学院核技术生物技术研究所，从引进的宁夏香稻品种中选择的变异株，经多代系谱法选育而成。2010年通过新疆维吾尔自治区农作物品种审定委员会审定。

形态特征和生物学特性：中早粳中晚熟品种。插秧栽培生育期为150 ～ 160d，直播栽培生育期为145 ～ 150d。株高94cm左右，株型紧凑，茎秆粗壮坚韧。苗期生长快，叶色浓绿。分蘖力强，分蘖成穗率75%，活秆成熟不早衰。穗型散，穗长18.5cm，每穗粒数96.4粒，结实率90%。稻谷呈椭圆形，颖色、颖尖黄色，有短芒，千粒重26.9g。

品质特性：糙米率83.8%，精米率76.6%，整精米率43.4%，垩白粒率23.0%，垩白度1.6%，透明度2.0级，碱消值7.0级，胶稠度66mm，粒长5.7mm，直链淀粉含量17.0%。

抗性：耐冷性强，耐盐碱性强，易保苗，耐瘠薄，耐肥，抗倒伏中等，抗稻瘟病强。

产量及适宜地区：2007年参加新疆维吾尔自治区水稻特用组区域试验，产量10 276.5kg/hm^2，比对照新稻10号增产13.4%。2008年参加新疆维吾尔自治区水稻区域试验，产量10 143kg/hm^2。2009年参加新疆维吾尔自治区水稻生产试验，平均产量11 023.5kg/hm^2。适宜在新疆维吾尔自治区南北疆地区有效积温＞3 200℃的稻区种植。

栽培技术要点：①保温育苗插秧栽培，一般4月初育苗。直播播种期4月20日至5月15日。②直播播种量150 ～ 180kg/hm^2，插秧栽培播种量90 ～ 120kg/hm^2。③施足基肥，巧施追肥。掌握“前重、中控、后补”，追肥总量一般中等肥力土壤施纯氮150kg/hm^2。前期追肥量占总施肥量的75%，后期占25%为宜。④直播田出芽后及时放水晾田促扎根，苗期以浅水为主。插秧后灌5 ～ 8cm深水护苗3 ～ 5d促返青，拔节前7 ～ 10d适当晒田，孕穗及扬花阶段保持浅水层灌溉。中后期保持湿润，干湿交替，黄熟后期停水，停水10d左右开始收获。

新稻31（Xindao 31）

品种来源：新疆塔里木河种业股份有限公司以97-21-7（自育品系）/高优20-1经多代系谱法选育而成。2010年通过新疆维吾尔自治区农作物品种审定委员会审定。

形态特征和生物学特性：中早粳中熟品种。插秧生育期为155 ~ 160d，直播生育期为150 ~ 155d。株高90cm，株型紧凑，茎秆粗壮坚硬，剑叶直立上举，生长势稳健。成熟时茎秆黄色，活秆成熟不早衰。穗型弯曲，呈半松散状态，穗长20cm，每穗粒数95粒，结实率91%。谷粒呈椭圆形，颖壳、护颖、颖尖黄色，稀短芒，千粒重27g。

品质特性：糙米率83.2%，精米率76.2%，整精米率72.4%，垩白粒率26.0%，垩白度1.6%，透明度3.0级，碱消值7.0级，胶稠度80mm，直链淀粉含量17.8%，粒长5.7mm，谷粒长宽比2.1，含水量10.4%。达到国标优质稻谷三级标准。

抗性：幼苗期耐寒，耐冷性强，耐盐碱易保苗，耐肥，抗倒伏，较抗恶苗病、稻瘟病。

产量及适宜地区：2008年参加新疆维吾尔自治区水稻普通组区域试验，产量10 888.7kg/hm^2，比对照秋田小町增产5.4%。2009年参加新疆维吾尔自治区水稻普通组生产试验，产量12 088.5kg/hm^2，比对照增产1.9%，适宜在新疆维吾尔自治区南北疆稻区种植。

栽培技术要点：①直播栽培播种期为4月25日至5月1日，插秧栽培4月上旬采用薄膜育秧。②直播田播种量为150kg/hm^2，插秧栽培播种量90 ~ 105kg/hm^2。③施足基肥，合理追肥。重施蘖肥和巧施穗肥，追肥用量按“前重、中控、后补”，土壤肥力中等田块施肥总量一般为纯氮240 ~ 270kg/hm^2。④直播田要求出苗后注意晾田，幼苗期灌浅水，提高地温，促进生长发育。插秧栽培要求做到浅水插秧，寸水缓苗，浅水分蘖，浅湿抽穗，寸水开花，湿润壮粒。有效分蘖末期晒田，成熟前7 ~ 10d停水。

新稻32（Xindao 32）

品种来源：新疆伊犁哈萨克自治州农业科学研究所以90-6（自育品系）/农林314经多代系谱法选育而成，原品系号98-41-1。2010年通过新疆维吾尔自治区农作物品种审定委员会审定。

形态特征和生物学特性：中早粳中早熟品种，感温性强，感光性中。插秧栽培生育期140d左右，直播栽培生育期130d。株高96cm，株型紧凑，茎秆粗壮，生长势强，分蘖力中等，单株分蘖5～6个，分蘖成穗率77%。穗型弯曲，呈半松散状态，穗长18cm，每穗粒数80粒，结实率92.5%，成熟一致。谷粒呈椭圆形，呈红色顶芒，颖壳、护颖呈土黄色，千粒重25g。

品质特性：糙米率84.6%，精米率76.8%，整精米率47.6%，垩白粒率14.0%，垩白度1.1%，透明度3.0级，碱消值7.0级，胶稠度68mm，直链淀粉含量19.0%，粒长4.9mm，谷粒长宽比1.8。

抗性：苗期耐寒，耐盐碱易保苗，耐冷，耐肥，抗倒伏，抗稻瘟病。

产量及适宜地区：2007—2008年参加新疆维吾尔自治区水稻区域联合试验，平均产量11 134.7kg/hm^2，比对照秋田小町增产7.8%。2008年参加新疆维吾尔自治区水稻生产试验，平均产量12 004.5kg/hm^2，比对照秋田小町增产9.4%。在≥10℃总积温3 000℃以上新疆各地区都可正常成熟，适宜在新疆维吾尔自治区北疆乌苏市、博乐市和伊犁河谷水稻产区种植。

栽培技术要点：①4月中旬温度达到10℃时播催芽种子2 700kg/hm^{2}或干种子2 000kg/hm^2。②5月中旬插秧，机插秧行株距28cm×11cm，人工插秧行株距25cm×15cm。③增施农家肥，配施磷钾肥，控制氮肥的施入量。④稻田以湿润灌溉为主，通常保持3cm水层，插秧后和孕穗后期水层加深到3～6cm，收获前1周左右断水。⑤人工收获在水稻黄熟期进行，机械收获在95%的水稻成熟时开始。

新稻33（Xindao 33）

品种来源：新疆金丰源种业股份有限公司以上育397/95-10-18（自育品系）经多代系谱法选育而成，原名57-11-4。2010年通过新疆维吾尔自治区农作物品种审定委员会审定。

形态特征和生物学特性：中早粳中早熟品种，感温性强，感光性弱。冷凉稻区春播插秧栽培生育期135 ~ 148d，直播生育期120 ~ 135d，株高70cm，株型紧凑，苗期长势稳健，抽穗整齐一致，活秆成熟不早衰。穗长14cm，每穗粒数76.8粒，结实率88.7%，谷粒呈椭圆形，颖壳、颖尖呈黄色，无芒，千粒重25.6g。

品质特性：糙米率82.0%，精米率74.0%，整精米率62.0%，垩白粒率18.0%，垩白度1.4%，透明度3.0级，碱消值7.0级，胶稠度70mm，直链淀粉含量16.0%，谷粒粒长5.2mm，谷粒长宽比1.9。达到国标优质稻谷二级标准。

抗性：耐寒，耐冷性较强，耐肥，抗倒伏性强，较抗稻瘟病。

产量及适宜地区：2008—2009年参加新疆维吾尔自治区水稻早熟组区域试验，平均产量10 650.8kg/hm^2，比对照新稻1号增产15.4%。2009年参加新疆维吾尔自治区水稻早熟组生产示范，平均产量9 448.5kg/hm^2，比对照新稻1号增产16.2%。大田一般产量9 000 ~ 10 500kg/hm^2，适宜在新疆维吾尔自治区各稻区种植，在新疆维吾尔自治区北疆可直播，南疆既可直播也可复播。

栽培技术要点：①冷凉稻区根据积温情况可在4月中下旬播种，5月中下旬插秧。麦茬稻在5月18—25日播种，6月15—25日插秧。②插秧用种量90 ~ 105kg/hm^2，基本苗120万 ~ 150万/hm^2。③施足基肥，合理追肥。④插秧后深水护苗3 ~ 5d。分蘖期灌浅水促分蘖。中期进行搁田，孕穗及扬花阶段，保持浅水层。中后期保持湿润灌溉，干湿交替，黄熟后期停水。

新稻34（Xindao 34）

品种来源：新疆金丰源种业股份有限公司以越光/136（自育品系）经多代系谱法选育而成，原名小越光。2010年通过新疆维吾尔自治区农作物品种审定委员会审定。

形态特征和生物学特性：中早粳中早熟品种，感温性强，感光性弱。冷凉稻区春播插秧栽培生育期137 ~ 148d，直播生育期120 ~ 135d，麦茬复播稻生育期120 ~ 126d。株高70cm，株型紧凑，苗期长势稳健，叶色呈浓绿色，抽穗整齐一致，活秆成熟不早衰。穗长13.6cm，每穗粒数92粒，结实率86.7%。谷粒呈卵圆形，颖壳呈黄色，颖尖呈粉红色，种皮呈黄色，无芒，千粒重24.2g。

品质特性：糙米率81.9%，精米率74.2%，整精米率45.2%，垩白粒率8.0%，垩白度0.6%，透明度3.0级，碱消值7.0级，胶稠度62mm，直链淀粉含量17.0%，谷粒粒长4.8mm，谷粒长宽比1.8。

抗性：耐寒，耐冷性较强，耐肥，抗倒伏力强，较抗稻瘟病。

产量及适宜地区：2008—2009年参加新疆维吾尔自治区水稻早熟组区域试验，平均产量10 348.2kg/hm^2，比对照新稻1号增产14.4%。2009年新疆维吾尔自治区水稻早熟组生产示范，平均产量9 537.8kg/hm^2，比对照新稻1号增产31.9%。大田产量8 250 ~ 9 750kg/hm^2，适宜在新疆维吾尔自治区各地州推广种植。

栽培技术要点：①冷凉稻区根据积温情况可在4月中下旬前播种，5月中下旬插秧。麦茬稻在5月下旬左右播种，6月下旬左右插秧。②直播播种量150 ~ 180kg/hm^2，基本苗225万 ~ 300万/hm^2。插秧用种量90 ~ 105kg/hm^2，基本苗120万 ~ 150万/hm^2。③施足基肥，合理追肥。④直播田出苗后要注意及时晾田，促使幼苗扎根。插秧后深水护苗3 ~ 5d促返青，分蘖期灌浅水促蘖。中期实行搁田，孕穗及扬花阶段，保持浅水层，后期干干湿湿，黄熟后期断水。

新稻35（Xindao 35）

品种来源：新疆农业科学院核技术生物技术研究所，从日本引进的黑粳奥羽368品种中的变异株系，经多代系谱法选育而成。2010年通过新疆维吾尔自治区农作物品种审定委员会审定。

形态特征和生物学特性：中早粳中晚熟黑米品种。全生育期157.5d，插秧栽培生育期155 ～ 160d，直播栽培145 ～ 150d。株高79cm，矮秆，株型紧凑，茎秆坚韧，幼苗健壮，叶片宽度中等，叶色浓绿。分蘖力高，抽穗整齐一致，活秆成熟不早衰。半直立穗型，穗长13.6cm，每穗粒数85.1粒，结实率88.0%，成熟一致。谷粒呈椭圆形，颖壳、护颖褐黄色，有顶芒，千粒重23g。

品质特性：糙米率81.4%，精米率71.8%，整精米率59.2%，垩白粒率35.0%，垩白度2.1%，透明度3.0级，碱消值7.0级，胶稠度70mm，直链淀粉含量16.4%，粒长4.8mm，谷粒长宽比1.7。

抗性：幼苗期耐寒，后期耐冷，耐瘠薄，全生育期抗恶苗病、稻瘟病，抗倒伏能力强。

产量及适宜地区：2008—2009年参加新疆维吾尔自治区水稻特用组品种区域试验，平均产量9 440.7kg/hm^2，2009年参加新疆维吾尔自治区生产试验，平均产量8 674.7kg/hm^2。≥ 10℃的总积温3 200℃以上地区都可正常成熟。在南北疆，阿克苏地区和新疆生产建设兵团农一师稻区，早春有水源的地方均可种植。适宜在新疆维吾尔自治区南、北疆各稻区种植。

栽培技术要点：①保温育苗插秧栽培一般4月初育苗。直播栽培4月下旬至5月上旬播种。②直播田播种量150 ～ 180kg/hm^2，插秧栽培播种量80 ～ 120kg/hm^2。③施足基肥，合理追肥。重施蘖肥和巧施穗肥，追肥用量按“前重、中控、后补”，追肥总量一般中等肥力土壤施纯氮150kg/hm^2。前期追肥量占总施肥量的75%，后期占25%为宜。④直播田出苗后要注意晾田，幼苗期灌浅水，提高地温，促进生长发育。插秧栽培要求浅水插秧，插秧后灌6 ～ 8cm深水层护苗3 ～ 5d，寸水缓苗，浅水分蘖，浅湿抽穗，寸水开花，湿润壮粒。有效分蘖末期适当晒田，待稻穗勾头后采取干干湿湿间歇灌溉，成熟前10d停水。

新稻36（Xindao 36）

品种来源：新疆农业科学院核技术生物技术研究所以秋田小町/96-20-16经多代系谱法选育而成。2011年通过新疆维吾尔自治区农作物品种审定委员会审定。

形态特征和生物学特性：常规中早粳中晚熟品种。插秧栽培全生育期为155d，直播栽培为148d。株高104.5cm，株型紧凑，叶色浓绿。成熟时茎秆黄色，活秆成熟不早衰。穗型散，平均穗长18.2cm，每穗粒数148粒，结实率90%，抽穗、成熟整齐一致。谷粒椭圆形，颖黄色，颖尖黄色，种皮白色，谷粒无芒，千粒重25g。

品质特性：糙米率82.4%，精米率76.0%，整精米率71.8%，垩白粒率16.0%，垩白度1.0%，透明度2.0级，碱消值7.0级，胶稠度72mm，直链淀粉含量15.4%，粒长5.4mm，谷粒长宽比2.0。达到国标优质稻谷二级标准。

抗性：耐寒，耐盐碱易保苗，耐瘠薄，抗倒伏中等，抗稻瘟病强。

产量及适宜地区：2009—2010年参加新疆维吾尔自治区水稻普通组品种区域试验，平均产量11 788.5kg/hm^2，较对照秋田小町增产6.8%。2010年参加新疆维吾尔自治区水稻生产试验，平均产量12 252kg/hm^2，较对照增产8.2%。适宜在新疆维吾尔自治区南疆各地州及北疆昌吉回族自治州、伊犁哈萨克自治州、博尔塔拉蒙古自治州等沿天山一带种植。

栽培技术要点：①直播栽培播种期一般为4月20日至5月15日，采用薄膜育秧插秧栽培应在4月初育苗，阿克苏以南地区播期可适当推迟，以北则应适当提早。②直播播种量150～180kg/hm^2，插秧栽培播种量80～120kg/hm^2。③注意氮磷比例，以3∶1为好。施足基肥，合理追肥。重施蘖肥和巧施穗肥，追肥用量按“前重、中控、后补”，土壤肥力中等田块施肥总量一般为纯氮240～270kg/hm^2。④直播田出苗后要注意晾田，幼苗期灌浅水，提高地温，促进生长发育。插秧栽培要求浅水插秧，插秧后灌6～8cm深水层护苗3～5d，寸水缓苗，浅水分蘖，浅湿抽穗，寸水开花，湿润壮粒。有效分蘖末期适当晒田，待稻穗勾头后采取干干湿湿间歇灌溉，成熟前5～7d停水。

新稻37（Xindao 37）

品种来源：新疆农业科学院核技术生物技术研究所以秋田小町/96-20-12经多代系谱法选育而成。2011年通过新疆维吾尔自治区农作物品种审定委员会审定。

形态特征和生物学特性：中早粳中晚熟品种。插秧栽培生育期为150 ～ 160d，直播栽培为145 ～ 150d。株高95.1cm，株型紧凑，叶色浓绿，成熟时茎秆黄色，活秆成熟不早衰。穗型散，穗长18.6cm，每穗粒数90.3粒，结实率90%。谷粒椭圆形，颖黄色，颖尖黄色，种皮白色，谷粒无芒，千粒重25g。

品质特性：糙米率82.4%，精米率76.0%，整精米率72.8%，垩白粒率16.0%，垩白度1.0%，透明度2.0级，碱消值7.0级，胶稠度72mm，直链淀粉含量15.4%，粒长5.4mm，谷粒长宽比2.0。达到国标优质稻谷二级标准。

抗性：耐寒冷性强，耐盐碱，耐瘠薄，抗倒伏中等，高抗恶苗病，抗稻瘟病强。

产量及适宜地区：2009—2010年参加新疆维吾尔自治区水稻普通组品种区域试验，产量11 598.3kg/hm^2，比对照秋田小町增产5.1%。2010年参加新疆维吾尔自治区生产试验，平均产量11 654.1kg/hm^2，比对照秋田小町增产3.0%。适宜在新疆维吾尔自治区南北疆稻区种植。

栽培技术要点：①全年≥10℃积温在3 200℃以上稻区均可种植，在新疆维吾尔自治区南疆阿克苏和农一师稻区均可直播和插秧栽培。直播栽培播种期一般为4月25日至5月1日，插秧栽培应在4月上旬采用薄膜育秧。②直播田播种量为150 ～ 180kg/hm^2，插秧栽培播种量80 ～ 120kg/hm^2。③注意氮磷比例，以3 ∶ 1为好。施足基肥，合理追肥。重施蘖肥和巧施穗肥，追肥用量按“前重、中控、后补”，土壤肥力中等田块施肥总量一般为纯氮240 ～ 270kg/hm^2。④直播田出苗后要注意晾田，幼苗期灌浅水，提高地温，促进生长发育。插秧栽培要求浅水插秧，插秧后灌6 ～ 8cm深水层护苗3 ～ 5d。有效分蘖末期适当晒田，待稻穗勾头后采取干干湿湿间歇灌溉，成熟前5 ～ 7d停水。

新稻5号（Xindao 5）

品种来源：新疆农业科学院粮食作物研究所以66-1（自育品系）/73-1-5（自育品系）经多代系谱选育而成，原品系号78-1。1993年通过新疆维吾尔自治区农作物品种审定委员会审定。

形态特征和生物学特性：单季常规中早粳中晚熟品种。感温性强，感温性中。生育期148d。株高97cm，株型紧凑，茎秆粗壮，叶片上举，宽大，浓绿，剑叶长18cm。节间绿色，活秆成熟，不早衰。穗形稍弯，呈棒状，穗长17cm，每穗粒数100粒，结实率85%，分蘖力强，成穗率77%。抽穗整齐，灌浆较慢，成熟时茎秆黄色。谷粒阔卵形，谷壳薄，护颖黄色，稃尖紫色，无芒，千粒重26g。

品质特性：糙米率82.0%，精米率75.9%，整精米率68.8%，垩白粒率56.3%，糙米蛋白质含量8.6%。

抗性：苗期抗冷性较强，较耐盐碱，易保苗。耐肥，抗倒伏，抗稻瘟病。

产量及适宜地区：产量9 000 ~ 10 500kg/hm^2，喀什地区疏勒县高产可达15 540kg/hm^2。适宜在新疆维吾尔自治区南疆稻区正播亦可复播种植。

栽培技术要点：①保温薄膜育秧移栽在4月中旬播种，5月中旬插秧。直播栽培5月初播种。7月下旬至8月上旬抽穗，9月中下旬成熟。②育秧田播种量1 500 ~ 1 800kg/hm^2。插秧用种量90 ~ 105kg/hm^2，插秧行株距30cm × 12cm，栽插穴数27万 ~ 30万穴/hm^2，基本苗195万 ~ 225万/hm^2，直播播种量为150 ~ 225kg/hm^2，基本苗225万 ~ 300万/hm^2。③施足基肥，合理追肥，施肥应前重、后补，早施、重施分蘖肥。正播追肥总量一般为纯氮270kg/hm^2，直播稻田施纯氮150kg/hm^2。插秧栽培，追肥中的蘖肥、穗粒肥的比例以4 : 1为宜。蘖肥一般追施2 ~ 3次，最后一次蘖肥尿素严格控制在75kg/hm^{2}之内，穗肥施尿素45 ~ 75kg/hm^2。④插秧后灌5 ~ 8cm深水护苗3 ~ 5d促返青。分蘖期灌2 ~ 3cm浅水促蘖，直播田要注意苗期不水淹和防止低温。分蘖末期至拔节初期要控水肥，防止无效分蘖过多和节间过长倒伏。孕穗及扬花阶段，保持3 ~ 5cm浅水层，后期干干湿湿，黄熟后期断水。

新稻6号（Xindao 6）

品种来源：新疆农业科学院粮食作物研究所、新疆农业科学院米泉试验站，以新稻2号/秋光作父本经多代系谱选育而成。1993年通过新疆维吾尔自治区农作物品种审定委员会审定。

形态特征和生物学特性：中早粳中熟品种。感温性强，感光性中。插秧栽培生育期为145d，直播栽培为142d。株高85cm，株型紧凑，分蘖力中等，茎秆粗壮，剑叶长度中，角度小，节间绿色，成穗率70%，抽穗整齐一致，活秆成熟不早衰，成熟时茎秆黄色。穗弧形，穗长17cm，每穗粒数96粒，结实率90%。谷粒阔卵形呈黄色，无芒，颖尖无色，护颖黄色，颖毛多，千粒重27g。

品质特性：糙米率84.1%，精米率74.8%，整精米率71.5%，垩白粒率21.6%，垩白度1.9%，透明度2.0级，碱消值7.0级，胶稠度83mm，直链淀粉含量16.5%，蛋白质含量9.4%，谷粒长5.3mm，谷粒长宽比2.0。达到国标优质稻谷三级标准。

抗性：苗期抗冷性较强，较耐盐碱，易保苗。较耐肥，抗倒伏，较抗稻瘟病。

产量及适宜地区：2004—2005年参加新疆维吾尔自治区水稻普通组区域试验，平均产量11 554.5kg/hm^2，比对照秋田小町增产5.1%。2005年参加新疆维吾尔自治区生产试验，产量11 157.0kg/hm^2，比对照秋田小町平均增产7.6%。适宜在新疆维吾尔自治区南、北疆各稻区推广种植。

栽培技术要点：①新疆维吾尔自治区南疆直播栽培4月下旬播种。插秧栽培4月初育苗，5月初插秧。露地育秧移栽4月下旬至5月初播种，5月中旬插秧。直播栽培5月初播种，7月下旬抽穗，9月上中旬成熟。②直播田播种量120 ~ 150kg/hm^2。水育秧秧田播种量1 500 ~ 1 800kg/hm^2，插秧行株距30cm × 12cm，每穴栽6 ~ 7苗。③施足基肥，合理追肥。追肥用量按“前重、中控、后补”原则，土壤肥力中等田块施化肥总量尿素525 ~ 675kg/hm^2。苗期追1次，分蘖期追肥2 ~ 3次，孕穗开花期追肥1 ~ 2次，前期施肥量占总追肥量的70%，后期占30%。④直播田出苗后要及时晾田露青，促使幼苗扎根。插秧田在插后灌6 ~ 8cm深水层护苗3 ~ 5d。苗期和分蘖期浅水灌溉，提高地温，促进分蘖。分蘖末期适时烤田，后期保持干湿交替灌溉，黄熟期停水，适时收获。

新稻7号（Xindao 7）

品种来源：新疆农业科学院粮食作物研究所，由秋光冷灌田中选择的早熟变遗单株，经多系统选择而成。1996年通过新疆维吾尔自治区农作物品种审定委员会审定。

形态特征和生物学特性：中早粳中晚熟品种。感温性强，感光性中。生育期153d。株高92.5cm，株型紧凑，分蘖力中等，茎秆粗壮，剑叶长度中，角度小，叶色浓绿。成穗率80%，抽穗整齐一致，活秆成熟不早衰，成熟时茎秆黄色。穗弧形，穗长17cm，每穗粒数135粒，结实率85%。谷粒阔卵形，黄色，颖尖无色，护颖秆黄色，颖毛多，具顶短芒，难落粒，千粒重27g。

品质特性：糙米率83.6%，精米率76.2%，整精米率72.1%，垩白粒率26.6%，垩白度1.9%，透明度2.0级，碱消值7.0级，胶稠度81mm，直链淀粉含量16.8%，蛋白质含量9.8%，谷粒长5.5mm，谷粒长宽比1.9。

抗性：苗期抗冷性较强，较耐盐碱，易保苗。耐肥，抗倒伏，较抗稻瘟病。

产量及适宜地区：产量可达12 000kg/hm^2，高产可达13 500kg/hm^2。适宜在新疆维吾尔自治区博尔塔拉蒙古自治州、昌吉回族自治州稻区种植，可正播亦可复播。

栽培技术要点：①采用保温育秧移栽栽培，4月上中旬育秧，5月上中旬插秧。直播栽培5月初播种，7月下旬抽穗，9月上中旬成熟。②水育秧秧田播种量1 500 ~ 1 800kg/hm^2。插秧用种量90 ~ 105kg/hm^2，插秧行株距30cm × 12cm，每穴栽6 ~ 7苗。③施足基肥，合理追肥。追肥用量按“前重、中控、后补”原则，早施、重施分蘖肥，土壤肥力中等田块施化肥总量尿素525 ~ 675kg/hm^2。④直播田出苗后要及时晾田露青，促使幼苗扎根。插秧田在插后灌6 ~ 8cm深水层护苗3 ~ 5d。苗期和分蘖期浅水灌溉，分蘖末期适时烤田，后期保持干湿交替灌溉，黄熟期停水。⑤注意防治杂草和病虫危害。

新稻8号（Xindao 8）

品种来源：新疆农业科学院核技术生物技术研究所，从越光中选择的早熟变异单株，经多代系谱法选育而成。1996年通过新疆维吾尔自治区农作物品种审定委员会审定。

形态特征和生物学特性：属常规中早粳中晚熟品种。在温宿县全生育期140d左右。株高83cm，株型紧凑，茎秆粗壮，幼苗生长快。剑叶长度中等，直立，角度小，叶色浓绿。分蘖力中等，成穗率80%，抽穗整齐一致，活秆成熟不早衰，成熟时茎秆黄色。穗弧形，叶下禾，穗长18.2cm，穗粒数125粒，结实率85%。谷粒椭圆形呈黄色，颖尖无色，护颖秆黄色，颖毛多，无芒，难落粒，千粒重25g。

品质特性：糙米率80.6%，精米率71.0%，整精米率62.1%，垩白粒率21.6%，垩白度1.3%，透明度2.0级，碱消值7.0级，胶稠度80mm，直链淀粉含量17.8%，粒长5.8mm，谷粒长宽比1.9，蛋白质含量6.3%。

抗性：幼苗和后期耐寒性较强，较耐盐碱，易保苗。耐肥，抗倒伏，较抗稻瘟病。

产量及适宜地区：在新疆维吾尔自治区南疆稻区一般产量可达10 500 ～ 12 000kg/hm^2，高产可达13 500kg/hm^{2}以上。适宜在新疆维吾尔自治区阿克苏地区、喀什地区、和田地区稻区种植，可正播亦可复播

栽培技术要点：①在新疆维吾尔自治区南疆稻区，采用塑料薄膜覆盖育秧移栽，一般在4月上中旬育秧。②插秧播种量为90 ～ 105kg/hm^2，直播播种量为150 ～ 225kg/hm^2。③施足基肥，合理追肥。追肥用量按“前重、中控、后补”原则。以产定肥，早施、重施分蘖肥。④直播田出苗后要及时晾田露青，促使幼苗扎根。插秧田在插后灌6 ～ 8cm深水层护苗3 ～ 5d。苗期和分蘖期浅水灌溉，提高地温，促进分蘖。分蘖末期适时烤田，后期保持干湿交替灌溉。⑤整个生育期应注意防治杂草和病虫危害，确保水稻健康生长。⑥黄熟期停水，适时收获。

新稻9号（Xindao 9）

品种来源：新疆农业科学院粮食作物研究所、新疆农业科学院米泉水稻试验站，以京香2号/G130的F_3代经γ辐射后，经多代系谱法选育而成。2000年通过新疆维吾尔自治区农作物品种审定委员会审定。

形态特征和生物学特性：中早粳晚熟品种。感温性中，感光性强。采用塑料薄膜育秧移栽生育期162.5d，株高97.5cm，株型紧凑，茎秆粗壮，分蘖力中等，成穗率75%。叶片绿色，叶鞘绿色，叶片无茸毛，剑叶长度中等，剑叶角度中等，节间绿色。植株整齐一致，活秆成熟不早衰，成熟时茎秆黄色。穗弧形，抽穗整齐。平均穗长16.8cm，穗粒数90粒，结实率85%。谷粒椭圆形，颖色黄，颖尖、颖秆黄，颖毛多，千粒重29g。

品质特性：糙米率83.4%，精米率74.6%，整精米率58.5%，垩白粒率23.0%，透明度1.0级，碱消值7.0级，胶稠度82mm，直链淀粉含量18.2%，蛋白质含量7.3%，粒长6mm，谷粒长宽比2.3。

抗性：较耐盐碱，易保苗，抗倒伏，抗稻瘟病性较弱。

产量及适宜地区：产量可达9 000kg/hm²。适宜在新疆维吾尔自治区南疆各稻区及北疆沿天山稻区正播种植。

栽培技术要点：①该品种生育期较长，栽培管理要求极为严格，氮素的施入量不宜过大，以防贪青晚熟。②采用塑料薄膜覆盖育秧移栽方法栽培，4月上旬播种，5月上旬插秧，8月中下旬抽穗，9月下旬成熟。③秧田播种量1 650 ~ 1 800kg/hm²，插秧用种量105 ~ 120kg/hm²，插秧行株距以30cm×12cm为宜，每穴栽5 ~ 6苗。④应采取“前重、中控、后补”的施肥原则。采取全层施入的方法施足基肥，早施、重施分蘖肥，促进早生快发。⑤全生育期应以浅水灌溉为主，在分蘖末期，幼穗分化前进行晒田，以达到控制无效分蘖，出穗后应以干干湿湿为主进行灌溉。

伊粳1号（Yigeng 1）

品种来源：新疆伊犁哈萨克自治州农业科学研究所，1972年从杜波夫斯基129中选择的变遗单株，经多代系谱法选育而成。1979年通过新疆维吾尔自治区农作物品种审定委员会审定。

形态特征和生物学特性：中早粳早熟品种。感温性强，感光性中。采用保温育秧栽培法生育期为135d，直播栽培法生育期为120d，株高105cm，植株高大，长势强。株型较松散，叶较宽大，剑叶长32cm，宽1.2cm，叶色浅绿。分蘖力弱，单株分蘖2.5个，成穗率60%，成熟时茎秆黄色。穗型弯曲散，穗长平均20cm，着粒较稀，每穗粒数95粒，结实率80%。谷粒呈阔卵形，颖壳呈黄褐色，颖尖呈红褐色，长芒，不落粒，灌浆成熟快，千粒重31g。

品质特性：糙米率79.8%，精米率68.3%，整精米率51.8%，垩白粒率36.1%，垩白面积3.1%，糙米蛋白质含量8.8%。

抗性：苗期耐寒，耐冷水、阴雨天。抽穗期耐低温，感稻瘟病，抗倒伏能力较差。

产量及适宜地区：一般产量7 500kg/hm^2，高产可达9 000kg/hm^2。适宜在≥10℃活动积温3 000℃以上的伊犁河谷地区，博乐市，精河县等稻区推广种植。

栽培技术要点：①多采用保温育秧后插秧栽培，也可进行撒播、条播等方式种植。②撒播播种量180～225kg/hm^{2}催芽种子。插秧栽培播种量一般3 000～3 750kg/hm^{2}催芽种子，插秧宜浅，行株距25cm×15cm为宜。③施足基肥，早施追肥，合理追施氮肥。④稻田以湿润灌溉为主，通常保持3cm水层，孕穗后期水层加深到3～6cm。地下水位高，地温低的地块，在分蘖后期应撤水晒田，防止倒伏。⑤草害严重地块，前期应适当加深水层，抑制杂草发芽及生长。⑥及时收获，人工收获在水稻黄熟期进行，机械收获在95%的水稻成熟时开始。

伊粳12（Yigeng 12）

品种来源：新疆伊犁哈萨克自治州农业科学研究所，1990年以（秋光/83-7-4）/（辽盐2号/84-2）经多代系谱法选育而成。2000年通过伊犁哈萨克自治州农作物品种审定委员会审定。

形态特征和生物学特性：属中早粳中早熟品种。感温性强，感光性中。插秧栽培生育期为140d，直播栽培生育期为130d，株高92.5cm，株型紧凑，茎秆粗壮。分蘖力强，单株分蘖7～8个，分蘖成穗率75%。穗形弯曲，呈半松散型，成熟时秆青，穗黄。穗长18cm，每穗粒数120粒，结实率达90%。谷粒呈阔卵圆形，谷壳呈黄色，无芒，千粒重27.5g。

品质特性：糙米率83.5%，精米率76.4%，整精米率65.7%，垩白粒率8.0%，垩白度0.5%，胶稠度96mm，直链淀粉含量16.8%，蛋白质含量8.8%。

抗性：苗期耐寒，耐盐碱易保苗，耐冷，耐肥，抗倒性强，抗稻瘟病。

产量及适宜地区：1998—1999年参加新疆伊犁哈萨克自治州水稻区域联合试验，平均产量10 869kg/hm^2，比对照伊粳10号增产12.2%。1999年参加伊犁哈萨克自治州生产试验，平均产量10 218kg/hm^2。在≥10℃总积温3 000℃以上地区都可正常成熟。适宜在新疆维吾尔自治区北疆乌苏市、博乐市和伊犁河谷水稻产区种植。

栽培技术要点：①日气温稳定通过7℃时开始播种。②北疆稻区主要插秧栽培，用种量催芽种子2 700kg/hm^{2}或干种子2 000kg/hm^2，插秧行株距30cm×15cm，每穴栽3～4苗，插秧宜浅不宜深。③施足基肥，巧施追肥，合理追施氮肥。④插秧田在插秧后灌5～8cm深水护苗3～5d促返青，稻田通常保持3cm水层，以湿润灌溉为主。起身期和分蘖期以浅水灌溉，孕穗后期水层加深到3～6cm，拔节前7～10d地下水位高，地温低的地块，在分蘖后期应撤水晒田。孕穗及扬花阶段，保持浅水层灌溉。⑤杂草严重地块，前期应适当加深水层（6cm），抑制杂草发芽及生长。⑥收获前1周左右断水，人工收获在水稻黄熟期进行，机械收获在95%的水稻成熟时开始。

伊粳13（Yigeng 13）

品种来源：新疆伊犁哈萨克自治州农业科学研究所，1997年以农林313//农林315/伊粳12经多代系谱法选育而成，品系号24-3。2005年通过伊犁哈萨克自治州农作物品种审定委员会审定。

形态特征和生物学特性：中早粳中早熟品种。感温性强，感光性中。插秧栽培生育期为143d，直播栽培生育期为135d，株高95cm，株型紧凑，茎秆粗壮，长势强，单株分蘖6～7个，分蘖成穗率78%。穗型呈半松散型，着粒密度适中，穗长21cm，每穗粒数120粒，结实率90%。谷粒呈阔卵圆形，谷壳呈黄色，有短顶芒，千粒重27g。

品质特性：糙米率83.7%，精米率74.9%，精整米率73.0%，垩白粒率16.0%，垩白度0.2%，碱消值7.0级，胶稠度80mm，直链淀粉含量17.6%，蛋白质含量6.7%。

抗性：苗期耐寒，耐盐碱易保苗，耐冷，耐肥，抗倒伏性强，较抗稻瘟病。

产量及适宜地区：2004—2005年参加伊犁哈萨克自治州水稻区域联合试验，平均产量9 790.5kg/hm^2，比对照农林315增产8.0%。2005年参加伊犁哈萨克自治州水稻生产示范，平均产量10 177.5kg/hm^2，比对照农林315增产11.1%。适宜在新疆维吾尔自治区北疆乌苏市、博乐市和伊犁河谷水稻产区种植。

栽培技术要点：①日气温稳定通过7℃时开始播种。②用种量催芽种子2 700kg/hm^{2}或干种子2 000kg/hm^2。插秧行株距30cm×15cm，每穴栽3～4苗，插秧宜浅不宜深。③施足基肥，巧施追肥，合理追施氮肥。④插秧田在插秧后灌5～8cm深水护苗，3～5d促返青，稻田通常保持3cm水层，以湿润灌溉为主。起身期和分蘖期以浅水灌溉，孕穗后期水层加深到3～6cm，拔节前7～10d地下水位高，地温低的地块，在分蘖后期应撤水晒田。孕穗及扬花阶段，保持浅水层灌溉。⑤杂草严重地块，前期应适当加深水层（6cm），抑制杂草发芽及生长。⑥收获前1周左右断水，人工收获在水稻黄熟期进行，机械收获在95%的水稻成熟时开始。

伊粳2号（Yigeng 2）

品种来源：伊犁哈萨克自治州农业科学研究所，1974年从“巴助”中选择的变异单株，经多代系统选育而成。1979年通过新疆维吾尔自治区农作物品种审定委员会审定。

形态特征和生物学特性：中早粳中早熟品种。感温性强，感光性中。插秧栽培生育期为143d，直播栽培生育期为130d，株高90cm左右，株型紧凑，苗期叶色淡黄，叶挺举，生长缓慢。剑叶长29cm，宽1cm，叶色浅绿。分蘖力强，单株分蘖6 ~ 8个，成穗率65%，成熟时茎秆黄色。穗型弯曲散，穗长19cm，每穗粒数90粒，结实率82%。谷粒呈椭圆形，少数有短芒，颖色呈黄白，颖尖呈紫色，灌浆成熟快，难落粒，千粒重22.5g。

品质特性：糙米率90.8%，精米率69.3%，整精米率61.8%，垩白粒率46.1%，垩白面积占3.6%，糙米蛋白质含量8.6%。

抗性：耐凉水或阴雨，耐寒，不抗盐碱，抽穗期耐低温，耐肥，较抗倒伏，抗稻瘟病。

产量及适宜地区：一般产量6 000 ~ 7 500kg/hm^2，高产可达9 000kg/hm^2。适宜在≥10℃活动积温3 100℃以上的伊犁哈萨克自治州西部及新源县、巩留县、博乐市、精河县等稻区种植。

栽培技术要点：①多采用保温育秧后插秧栽培，也可进行撒播、条播等方式种植。②撒播播种量180 ~ 225kg/hm^{2}催芽种子，插秧栽培播种量一般3 000 ~ 3 750kg/hm^{2}催芽种子，插秧宜浅，行株距25cm×15cm，每穴栽4 ~ 5苗。③施足基肥，早施追肥，合理追施氮肥。④稻田以湿润灌溉为主，通常保持3cm水层，孕穗后期水层加深到3 ~ 6cm。地下水位高，地温低的地块，在分蘖后期应撤水晒田，防止倒伏。⑤草害严重地块，前期应适当加深水层，抑制杂草发芽及生长。⑥人工收获在水稻黄熟期进行，机械收获在95%的水稻成熟时开始。

伊粳5号（Yigeng 5）

品种来源：新疆伊犁哈萨克自治州农业科学研究所，1974年以公交10号/桂黄经多代系谱法选育而成。1982年通过新疆维吾尔自治区农作物品种审定委员会审定。

形态特征和生物学特性：中早粳中早熟品种。感温性强，感光性中。插秧栽培生育期为139d，直播栽培生育期为125d。株高102cm，植株高，生长快，株型较松散，分蘖力中等，单株分蘖3～5个，成穗率87.5%，抽穗整齐，成熟时茎秆黄色。穗型弯曲散，穗长17.5cm，每穗粒数102粒，结实率85.5%。谷粒呈椭圆形，颖壳呈黄褐色，颖尖呈红褐色，少数谷粒有顶长芒，不落粒，千粒重29g。

品质特性：糙米率82.0%，精米率69.3%，整精米率53.8%，垩白粒率39.1%，垩白面积占3.1%，糙米蛋白质含量8.5%。

抗性：苗期耐寒，耐淹，耐冷水或阴雨，抽穗期耐低温，感稻瘟病，抗倒伏能力较差。

产量及适宜地区：一般产量7 500kg/hm^2，高产田可达9 000kg/hm^2。适宜在≥10℃活动积温3 000℃以上的伊犁河谷地区、博乐市、精河县等稻区推广种植。

栽培技术要点：①多采用保温育秧后插秧栽培，也可进行撒播、条播等方式种植。②撒播播种量180～225kg/hm^{2}催芽种子，插秧栽培的要稀播培育带蘖壮秧，播种量一般3 000～3 750kg/hm^{2}催芽种子。插秧宜浅，行株距25cm×15cm，每穴栽4～5苗。③施足基肥，早施追肥，合理追施氮肥。④稻田以湿润灌溉为主，通常保持3cm水层，插秧后和孕穗后期水层加深到3～6cm。地下水位高、地温低的地块，在分蘖后期应撤水晒田，防止倒伏。⑤草害严重地块，前期应适当加深水层，抑制杂草发芽及生长。⑥人工收获在水稻黄熟期进行，机械收获在95%的水稻成熟时开始。

第三节　杂交籼稻品种

河南

D优3138（D you 3138）

品种来源：河南省信阳市农业科学院以D62A（四川农业大学选育）为母本，R3138（信阳市农业科学院选育）为父本杂交配组选育而成。2014年4月通过河南省农作物品种审定委员会审定。

形态特征和生物学特性：属中籼迟熟型三系杂交水稻组合，全生育期145d。叶色深绿，株型松散适中，根系发达，茎秆粗壮，剑叶宽大挺立上举，茎叶夹角小，上部三片叶功能期长。株高123.5cm，穗长25.8cm，每穗总粒数178.7粒，结实率80.5%，千粒重29.5g。

品质特性：出糙率80.5%，精米率72.6%，整精米率63.6%，粒长7.0mm，长宽比3.0，垩白粒率24%，垩白度2.6%，透明度2级，碱消值4.0级，胶稠度50mm，直链淀粉含量20.0%。达到国标优质稻谷三级标准。

抗性：经江苏省农业科学院植物保护研究所鉴定，对稻瘟病苗瘟表现为免疫，穗颈瘟人工鉴定为中抗(2级)，田间鉴定为1级。

产量及适宜地区：2011—2012年参加河南省南部稻区中籼稻区域试验，两年平均产量8 586kg/hm^2，比对照Ⅱ优838增产4.9%，2013年生产试验，平均产量8 686.5kg/hm^2，比对照Ⅱ优838增产5.9%。适宜在河南省南部稻区及气候相似区域种植。

栽培技术要点：①播种期以4月20日左右为宜，采用两段育秧或薄膜育秧。②移栽行株距以26.7cm × 16.7cm或23.3cm × 16.7cm为宜，每穴2粒谷苗。③注意氮、磷、钾肥配合使用，重施底肥，早施分蘖肥，兼顾穗肥，中后期增施钾肥，田块肥力中等条件下，施纯氮180kg/hm^2、五氧化二磷90kg/hm^2、氧化钾150kg/hm^2，磷肥全部作底肥，氮肥60%作底肥，30%作追肥，10%作穗粒肥；钾肥50%作底肥，50%作穗粒肥。④浅水栽秧，寸水活棵，薄水分蘖，适时晒田，深水孕穗、养花，后期干湿交替至成熟。⑤根据病虫害测报，及时做好螟虫、稻飞虱和稻曲病的综合防治工作。

川香优156（Chuanxiangyou 156）

品种来源：河南省信阳市农业科学院以川香29A（四川农业科学院选育）为母本，R156（信阳市农业科学院选育）为父本杂交配组选育而成。2015年通过河南省农作物品种审定委员会审定。

形态特征和生物学特性：属中籼迟熟型三系杂交水稻组合，全生育期146 d。株高125.2cm，穗长25.6cm，平均有效穗数245万穗/ hm^2，每穗总粒数173.3粒，结实率83.3%，千粒重29.2g。谷粒狭长、橙黄色，颖尖紫色，顶稀芒。

品质特性：精米率69.3％，整精米率60.8％，粒长7.1mm，长宽比3.1，垩白粒率24.5%，垩白度2.8%，直链淀粉含量19.7%，胶稠度50mm，碱消值5.7级，透明度1级。达到国标优质稻谷三级标准。

抗性：经江苏省农业科学院植物保护研究所鉴定，抗苗瘟和穗颈瘟，中抗水稻纹枯病和白叶枯病。

产量及适宜地区：2012—2013年参加河南省区域试验，两年平均产量为8 682kg/hm^2，比对照Ⅱ优838平均增产5.7%。2014年参加生产试验，平均产量9 231kg/hm^2，比对照Ⅱ优838增产8.2%。适宜在河南省南部稻区及气候相似区域种植。

栽培技术要点：①4月中下旬播种，采用两段育秧或薄膜育秧，秧田播种量225.0kg/hm^2。②5月中下旬移栽，栽插22.5万穴/hm^2，基本苗157.5万～180.0万/hm^2。③施肥按照“重施基肥，早施追肥，巧施穗肥，适当增施磷、钾肥”的原则进行。④前期注意浅水勤灌促分蘖，当茎蘖数达到目标穗数的80%时及时排水晒田，控制无效分蘖；抽穗扬花期深水养花，灌浆中后期田间干湿交替、间歇灌溉为主。⑤根据当地植保部门的预测预报，及时开展统防统治、群防群治。要坚持科学的防治策略，大力推广高效安全对路的药种，提高防治效果。

陕西

I优86（I you 86）

品种来源：陕西省汉中市农业科学研究所以优IA（湖南杂交水稻研究中心选育）×R8608（陕西省汉中市农业科学研究所选育）杂交配组选育而成。2000年通过陕西省农作物品种审定委员会审定，2003年通过国家农作物品种审定委员会审定。

形态特征和生物学特性：属三系杂交中籼稻。在陕西省水稻品种早中熟组区试中全生育期145.0d，比对照汕优64迟熟2d。株高105.0cm，株型半直，叶片长而直立，成熟转色较好。有效穗数333.0万穗/hm^2，成穗率77.2%，穗形弯垂，穗长23.0cm。每穗总粒数122.0粒，实粒数103.7粒，结实率85.0%，颖尖紫色，谷粒无芒，千粒重27.0g。

品质特性：糙米率80.8%，精米率72.6%，整精米率53.5%，垩白粒率56.0%，垩白度12.8%，透明度1级，胶稠度79mm，直链淀粉含量22.7%，蛋白质含量8.3%，粒长6.4mm，粒长宽比2.5。

抗性：抗稻瘟病，抗倒伏能力强。

产量及适宜地区：1997—1999年参加陕西省水稻早中熟组区域试验，三年区域试验平均产量8 230.0kg/hm^2，比对照汕优64增产15.4%。1999年生产试验，平均产量8 520.0kg/hm^2，比对照汕优64增产14.3%。适宜在陕西省陕南海拔850m以下的浅山丘陵稻区和关中稻区种植，江西、湖南、湖北、安徽、浙江省双季稻区作为晚稻种植。

栽培技术要点：①稀播培育壮秧，秧田播种量225.0kg/hm^2。②栽插22.5万穴/hm^2，基本苗157.5万～180.0万/hm^2。③氮、磷、钾配方施肥，施纯氮150.0kg/hm^2（分底肥和追肥两次施入），五氧化二磷150.0kg/hm^2（作底肥），氧化钾75.0kg/hm^2（作底肥），底肥增施农家肥。④灌溉应采取浅水插秧、深水“换衣”，浅水分蘖，适期晒田，孕穗期深、籽粒灌浆期浅的灌溉方法，成熟期切忌断水过早。⑤播种前用强氯精等药剂浸种，消灭种传病虫害；前期注意防治二化螟，中期注意防治纹枯病，后期注意防治稻苞虫和穗颈瘟。

丰优28（Fengyou 28）

品种来源：陕西省汉中市农业科学研究所以粤丰A（广东省农业科学研究院选育）×R288（陕西省汉中市农业科学研究所选育）杂交配组选育而成，原名8优288。2004年通过陕西省农作物品种审定委员会审定。

形态特征和生物学特性：属三系杂交中籼稻。在陕西省水稻品种晚熟组区域试验中全生育期157.0d，比对照汕优63迟熟1～2d。株高118.7cm，株型适中，茎秆粗壮，叶片半直，叶鞘无色。有效穗数309.0万穗/hm^2，成穗率74.0%，穗形弯垂，穗长25.3cm，每穗粒数171.2粒，实粒数130.1粒，结实率76.0%，颖尖无色，谷粒有顶芒，千粒重26.5g。

品质特性：糙米率81.5%，整精米率37.9%，垩白粒率20%，垩白度6.2%，胶稠度94mm，直链淀粉含量16.6%，蛋白质含量9.3%，粒长6.8mm，长宽比3.1。

抗性：穗颈瘟3.0级、白叶枯病3.0级、稻纹枯病3.0级。

产量及适宜地区：2002—2003年参加陕西省水稻优质组区域试验，两年区域试验平均产量9 260.0kg/hm^2，比对照胜泰1号增产18.1%。2003年生产试验平均产量8 280.0kg/hm^2，比对照胜泰1号增产17.6%，比高产对照汕优63增产1.1%。适宜在陕西省陕南汉中、安康海拔600m以下川道盆地和丘陵稻区种植。

栽培技术要点：①4月5日前后播种，采用两段育秧或薄膜育秧，秧田播种量225.0kg/hm^2。②5月中下旬移栽，栽插20.0万穴/hm^2，基本苗120.0万～140.0万/hm^2。③氮、磷、钾配方施肥，施纯氮180.0kg/hm^2（分底肥和追肥两次施入），五氧化二磷90kg/hm^2（作底肥），氧化钾108.0kg/hm^2（作底肥和追肥）。④灌溉应采取浅水插秧、深水“换衣”，浅水分蘖，适期晒田，孕穗期深、籽粒灌浆期浅的灌溉方法。⑤播种前用强氯精等药剂浸种，消灭种传病虫害；前期注意防治二化螟，后期注意防治稻曲病。

丰优737（Fengyou 737）

品种来源：陕西省汉中现代农业科技有限公司以马协A（武汉大学选育）× 丰恢737（陕西省汉中现代农业科技有限公司选育）杂交配组选育而成。2006年通过陕西省农作物品种审定委员会审定。

形态特征和生物学特性：属三系杂交中籼稻。在陕西省水稻品种晚熟组区域试验中全生育期156.7d，比对照汕优63迟熟1.7d。株高124.4cm，株型适中，叶片直立。有效穗数294.9万穗/hm^2，成穗率63.0%，穗长25.7cm，每穗总粒数150.8粒，实粒数119.3粒，结实率79.1%，颖尖紫色，无芒，千粒重30.6g。

品质特性：糙米率80.0%，整精米率58.3%，垩白度2.9%，胶稠度91mm，直链淀粉含量21.0%，粒长宽比2.9。

抗性：抗稻瘟病，中抗纹枯病，感白叶枯病。

产量及适宜地区：2004—2005年参加陕西省水稻晚熟组区域试验，两年区域试验平均产量9 311.0kg/hm^2，比对照汕优63增产8.0%。2005年生产试验，平均产量9 450.0kg/hm^2，比对照汕优63增产13.5%。适宜在陕西省陕南海拔700m以下川道盆地和丘陵稻区种植。

栽培技术要点：①4月初进温室两段育秧，双株寄插，秧田寄插规格5.0cm × 6.7cm。②5月中下旬移栽，栽插19.6万穴/hm^2，基本苗117.9万～137.6万/hm^2。③氮、磷、钾配方施肥，施纯氮165.0kg/hm^2（分底肥70%和追肥30%两次施入），五氧化二磷82.5kg/hm^2（作底肥），氧化钾82.5kg/hm^2（作底肥）。④灌溉应采取浅水插秧、深水“换衣”，浅水分蘖，适期晒田，孕穗期深、籽粒灌浆期干湿交替的灌溉方法。⑤播种前用强氯精等药剂浸种，消灭种传病虫害；前期注意防治二化螟，中期注意防治纹枯病，后期注意防治稻苞虫和稻瘟病。

华泰998（Huatai 998）

品种来源：陕西省汉中市农业科学研究所以金23A（湖南省常德市农业科学研究所选育）×R21（陕西省汉中市农业科学研究所选育）杂交配组选育而成，原名金优21。2007年通过陕西省农作物品种审定委员会审定。

形态特征和生物学特性：属三系杂交中籼稻。在陕西省水稻品种晚熟组区域试验中全生育期152.6d，比对照汕优63早熟0.6d。株高118.7cm，株型适中，茎秆较粗，叶片半直，叶鞘紫色。有效穗数286.5万穗/hm^2，成穗率68.1%，穗形弯垂，穗长26.0cm，每穗粒数166.4粒，实粒数133.3粒，结实率80.1%，颖尖紫色，谷粒无芒，千粒重28.9g。

品质特性：糙米率81.6%，整精米率61.3%，垩白粒率88%，垩白度12.3%，透明度2级，胶稠度84mm，直链淀粉含量22.4%，蛋白质含量7.4%，粒长7.2mm，粒长宽比3.2。

抗性：穗颈瘟1.0级，纹枯病2.1 ~ 2.7级，白叶枯病3.3 ~ 3.5级。

产量及适宜地区：2005—2006年参加陕西省水稻晚熟D组区域试验，两年区域试验平均产量9 580.0kg/hm^2，比对照汕优63增产13.5%。2006年生产试验，平均产量9 470.0kg/hm^2，比对照汕优63增产7.0%。适宜在陕西省陕南海拔650m以下稻区种植。

栽培技术要点：①4月1日前后播种，采用两段育秧或薄膜育秧。②5月中下旬移栽，栽插19.6万穴/hm^2，基本苗117.6万～137.2万/hm^2。③氮、磷、钾配方施肥，施纯氮180.0kg/hm^2（分底肥70%和追肥30%两次施入），五氧化二磷90kg/hm^2（作底肥），氧化钾108.0kg/hm^2（作底肥）。④灌溉应采取浅水插秧、深水“换衣”，浅水分蘖，适期晒田，孕穗期深、籽粒灌浆期干湿交替的灌溉方法。⑤播种前用强氯精等药剂浸种，消灭种传病虫害；前期注意防治二化螟，中期注意防治纹枯病，后期注意防治稻苞虫、稻纵卷叶螟和稻瘟病。

金优360（Jinyou 360）

品种来源：陕西省汉中市农业科学研究所以金23A（湖南省常德市农业科学研究所选育）×R360（陕西省汉中市农业科学研究所选育）杂交配组选育而成。2007年通过陕西省农作物品种审定委员会审定。

形态特征和生物学特性：属三系杂交中籼稻。在陕西省水稻品种中早熟组区域试验中全生育期138.0d，比对照金优晚3早熟1.0d。株高98.0cm，株型适中，茎秆较粗，叶片挺直，叶鞘紫色。有效穗数306.0万穗/hm^2，成穗率67.2%，穗长23.9cm，每穗粒数167.9粒，实粒数124.1粒，结实率73.9%，千粒重26.7g，穗形弯垂。颖尖紫色，谷粒无芒。

品质特性：糙米率82.4%，整精米率60.5%，垩白粒率52.0%，垩白度7.2%，胶稠度78mm，直链淀粉含量21.4%，蛋白质含量9.4%，粒长7.0mm，粒长宽比3.2。

抗性：穗颈瘟3.0级，纹枯病3.2～3.7级，白叶枯病3.1级。

产量及适宜地区：2005—2006年参加陕西省水稻品种中早熟组区域试验，两年区域试验平均产量8 390.0kg/hm^2，比对照金优晚3增产9.6%。2006年生产试验，平均产量8 860.0kg/hm^2，比对照金优晚3增产5.5%。适宜在陕西省陕南海拔800m以下浅山、丘陵稻区种植。

栽培技术要点：①4月上中旬播种，采用两段育秧或薄膜育秧。②5月中下旬移栽，栽插22.5万穴/hm^2，基本苗157.5万～180.0万/hm^2。③氮、磷、钾配方施肥，施纯氮150.0kg/hm^2（分底肥70%和追肥30%两次施入），五氧化二磷75kg/hm^2（作底肥），氧化钾90.0kg/hm^2（作底肥和追肥）。④灌溉应采取浅水插秧、深水“换衣”，浅水分蘖，适期晒田，孕穗期深、籽粒灌浆期浅的灌溉方法。⑤播种前用强氯精等药剂浸种，消灭种传病虫害；前期注意防治二化螟，中期注意防治纹枯病，后期注意防治稻苞虫和穗颈瘟。

青优黄（Qingyouhuang）

品种来源：陕西省汉中市农业科学研究所以青四矮A（广东省农科院水稻研究所选育）× 黄晴（陕西省汉中市农业科学研究所选育）杂交配组选育而成。1992年通过陕西省农作物品种审定委员会审定。

形态特征和生物学特性：属三系杂交中籼稻。在陕西省汉中地区种植，全生育期152.0d，比汕优63早熟1.5d。株高100.0cm，株型适中，叶片直立，叶色浓绿，青秆黄穗。

品质特性：谷粒长宽比3.9。由农业部稻米及制品质量监督检验测试中心检验的稻谷品质，12项指标中有10项指标达到国标优质稻谷一级标准，2项指标达到国标优质稻谷二级标准。

抗性：中抗稻瘟病。

产量及适宜地区：一般产量8 250.0 ～ 9 000.0kg/hm^2，比汕优63增产3.5%。适宜在陕西省陕南海拔650m以下稻区推广种植，曾作为优质稻在陕西推广种植面积2.67万hm^2。

栽培技术要点：①4月中旬播种，秧田播种量225.0kg/hm^2。②5月下旬至6月初移栽，栽插25.71万穴/hm^2，基本苗180.0万～205.7万/hm^2。③氮、磷、钾配方施肥，施纯氮150.0kg/hm^2（分底肥和追肥），五氧化二磷75kg/hm^2（作底肥），氧化钾90.0kg/hm^2（作底肥和追肥）。④灌溉应采取浅水插秧、深水“换衣”，浅水分蘖，适期晒田，孕穗期深、籽粒灌浆期浅的灌溉方法。⑤前期注意防治二化螟，中期注意防治纹枯病。

三丰101（Sanfeng 101）

品种来源：陕西省汉中三丰种业有限公司以金23A（湖南省常德市农业科学研究所选育）×三丰R101（陕西省汉中三丰种业有限公司选育）杂交配组选育而成。2008年通过陕西省农作物品种审定委员会审定。

形态特征和生物学特性：属三系杂交中籼稻。在陕西省水稻品种晚熟组区域试验中全生育期150.0d，比对照汕优63早熟1.0d。株高124.4cm，茎秆较粗，株型适中，叶片较直。有效穗数262.5万穗/hm^2，成穗率69.1%，穗形弯垂，穗长23.2cm，每穗粒数168.0粒，实粒数134.4粒，结实率80.0%，无芒，颖尖紫色，千粒重27.7g。

品质特性：糙米率79.8%，整精米率72.4%，垩白粒率31.0%，垩白度7.9%，胶稠度76mm，直链淀粉含量23.2%，蛋白质含量8.7%，粒长6.9mm，粒长宽比2.7。

抗性：稻瘟病5.0级，纹枯病7.0级，白叶枯病3.0级。

产量及适宜地区：2006—2007年参加陕西省水稻品种晚熟组区域试验，两年区域试验平均产量9 250.0kg/hm^2，比对照汕优63增产6.9%。2007年生产试验，平均产量9 360.0kg/hm^2，比对照汕优63增产12.0%。适宜在陕西省陕南海拔650m以下稻区种植。

栽培技术要点：①4月5日前后播种，采用两段育秧或薄膜育秧。②5月中下旬移栽，基本苗140.0万～160.0万/hm^2。③氮、磷、钾配方施肥，施纯氮180.0kg/hm^2（分底肥和追肥两次施入），五氧化二磷90kg/hm^2（作底肥），氧化钾108.0kg/hm^2（作底肥和追肥）。④灌溉应采取浅水插秧、深水“换衣”，浅水分蘖，适期晒田，孕穗期深、籽粒灌浆期浅的灌溉方法。⑤前期注意防治二化螟，中期注意防治纹枯病，后期注意防治稻瘟病和稻苞虫。

泰香8号（Taixiang 8）

品种来源：陕西省汉中现代农业科技有限公司以泰香22A（陕西省汉中现代农业科技有限公司选育）×R580（陕西省汉中现代农业科技有限公司选育）杂交配组选育而成，原名TH2580。2011年通过陕西省农作物品种审定委员会审定。

形态特征和生物学特性：属三系杂交中籼稻。在陕西省水稻品种晚熟组区域试验中全生育期152.0d，比对照汕优63早熟0.5d。株高120.9cm，株型紧凑，叶片较直立，叶色浓绿，穗层整齐。有效穗数306.0万穗/hm^2，成穗率69.2%，穗长25.2cm，每穗粒数152.0粒，实粒数122.4粒，结实率80.5%，无芒，颖尖无色，千粒重28.4g。

品质特性：糙米率79.2%，整精米率66.4%，垩白度0.1%，胶稠度88mm，直链淀粉含量18.5%，蛋白质含量8.8%，粒长宽比3.0。

抗性：中感稻瘟病和纹枯病，感白叶枯病。

产量及适宜地区：2009—2010年参加陕西省水稻品种晚熟组区域试验，两年区域试验平均产量8 980.0kg/hm^2，比对照汕优63增产7.0%。2010年生产试验，平均产量8 880.0kg/hm^2，比对照汕优63增产8.0%。适宜在陕西省陕南海拔700m以下稻区种植。

栽培技术要点：①4月上旬播种，采用两段育秧或薄膜育秧，秧田播种量225.0kg/hm^2。②5月下旬移栽，栽插26.4万穴/hm^2，基本苗158.7万～185.1万/hm^2。③氮、磷、钾配方施肥，施纯氮136.5kg/hm^2（分底肥和追肥两次施入），五氧化二磷72.0kg/hm^2（作底肥），氧化钾90.0kg/hm^2（作底肥）。④灌溉应采取浅水插秧、深水“换衣”，浅水分蘖，适期晒田，孕穗期深、籽粒灌浆期干湿交替的灌溉方法。⑤播种前用强氯精等药剂浸种，消灭种传病虫害；前期注意防治二化螟，中期注意防治纹枯病，后期注意防治稻苞虫和稻瘟病。

特优801（Teyou 801）

品种来源：陕西省汉中现代农业科技有限公司以T818A（湖南农业大学选育）× 特早801（陕西省汉中现代农业科技有限公司选育）杂交配组选育而成。2011年通过陕西省农作物品种审定委员会审定。

形态特征和生物学特性：属三系杂交中籼稻。在陕西省水稻品种中早熟组区域试验中全生育期147.0d，比对照明优02早熟1.0d。株高100.4cm，株型适中，茎秆较粗，叶片宽短、挺直。有效穗数267.0万穗/hm^2，成穗率70.7%，穗长24.1cm，每穗粒数155.2粒，实粒数128.8粒，结实率83.0%，无芒，颖尖无色，千粒重26.8g。

品质特性：糙米率79.8%，整精米率56.3%，垩白度3.4%，胶稠度86mm，直链淀粉含量17.5%，蛋白质含量8.5%，粒长宽比2.8。

抗性：中感稻瘟病，感纹枯病和白叶枯病。

产量及适宜地区：2009—2010年参加陕西省水稻品种中早熟组区域试验，两年区域试验平均产量8 000.0kg/hm^2，比对照明优02增产6.2%。2010年生产试验，平均产量8 700.0kg/hm^2，比对照明优02增产7.5%。适宜在陕西省陕南海拔700m以上的丘陵山区种植。

栽培技术要点：①4月上中旬播种，采用两段育秧或薄膜育秧。②5月中下旬移栽，栽插22.5万穴/hm^2，基本苗157.5万～180.0万/hm^2。③氮、磷、钾配方施肥，施纯氮124.0kg/hm^2（分底肥70%和追肥30%两次施入），五氧化二磷75kg/hm^2（作底肥），氧化钾90.0kg/hm^2（作底肥）。④灌溉应采取浅水插秧、深水“换衣”，浅水分蘖，适期晒田，孕穗期深、籽粒灌浆期干湿交替的灌溉方法。⑤播种前用强氯精等药剂浸种，消灭种传病虫害；前期注意防治二化螟，中期注意防治纹枯病，后期注意防治稻瘟病和稻苞虫。

天润661（Tianrun 661）

品种来源：陕西省汉中天润种业有限公司以香A（湖南杂交水稻研究工程中心选育）×3166-1（陕西省汉中天润种业有限公司选育）杂交配组选育而成，原名3166。2008年通过陕西省农作物品种审定委员会审定。

形态特征和生物学特性：属三系杂交中籼稻。在陕西省水稻品种晚熟组区域试验中全生育期150.0d，比对照汕优63迟熟1.0d。株高117.0cm，株型适中，叶片半直。有效穗数262.5万穗/hm^2，成穗率69.1%，穗长25.8cm，每穗总粒数164.0粒，实粒数134.2粒，结实率81.8%，无芒，叶鞘紫色，千粒重29.7g。

品质特性：糙米率79.8%，整精米率45.4%，垩白度4.1%，胶稠度74mm，直链淀粉含量13.8%，蛋白质含量7.7%，粒长6.6mm，粒长宽比2.8。

抗性：稻瘟病1.0级，纹枯病7.0级，白叶枯病3.7级。

产量及适宜地区：2006—2007年参加陕西省水稻品种晚熟组区域试验，两年区域试验平均产量1 000.0kg/hm^2，比对照汕优63增产7.1%。2007年生产试验，平均产量9 300.0kg/hm^2，比对照汕优63增产11.6%。适宜在陕西省陕南海拔700m以下稻区种植。

栽培技术要点：①4月初进温室两段育秧，双株寄插，寄插规格5.0cm×6.7cm。②5月中下旬移栽，基本苗120.0万～140.0万/hm^2。③氮、磷、钾配方施肥，施纯氮180.0kg/hm^2（分底肥和追肥两次施入），五氧化二磷90.0kg/hm^2（作底肥），氧化钾90.0kg/hm^2（作底肥）。④灌溉应采取浅水插秧、深水“换衣”，浅水分蘖，适期晒田，孕穗期深、籽粒灌浆期干湿交替的灌溉方法。⑤前期注意防治二化螟，中期注意防治纹枯病，后期注意防治稻瘟病和稻苞虫。

中优360（Zhongyou 360）

品种来源：陕西省汉中市农业科学研究所以中9A（中国水稻研究所选育）×R360（汉中市农业科学研究所选育）杂交配组选育而成。2009年通过陕西省农作物品种审定委员会审定。

形态特征和生物学特性：属三系杂交中籼稻。在陕西省水稻品种中早熟组区试中全生育期149.0d，与对照明优02熟期相当。株高103.6cm，株型适中，茎秆较粗，叶片挺直，叶鞘无色。有效穗数282.0万穗/hm^2，穗型弯垂，成穗率70.7%，穗长24.6cm，每穗粒数162.5粒，实粒数133.6粒，结实率82.2%，无芒，颖尖无色，千粒重27.3g。

品质特性：糙米率82.4%，整精米率67.1%，垩白粒率39.0%，垩白度5.5%，胶稠度82mm，直链淀粉含量24.2%，蛋白质含量8.0%，粒长宽比2.9。糙米率、整精米率、胶稠度、长宽比4项指标达到国家一级优质稻谷标准。

抗性：穗颈瘟5.0级，纹枯病7.0级，白叶枯病4.0级，稻曲病5.0级。

产量及适宜地区：2007—2008年参加陕西省水稻品种中早熟组区域试验，两年区域试验平均产量8 700.0kg/hm^2，比对照明优02增产8.7%。2008年生产试验，平均产量9 000.0kg/hm^2，比对照明优02增产8.8%。适宜在陕西省陕南海拔750m以下和关中稻区种植。

栽培技术要点：①4月上中旬播种，采用两段育秧或薄膜育秧。②5月中下旬移栽，栽插22.5万穴/hm^2，基本苗157.5万～180.0万/hm^2。③氮、磷、钾配方施肥，施纯氮150.0kg/hm^2（分底肥70%和追肥30%两次施入），五氧化二磷75kg/hm^2（作底肥），氧化钾90.0kg/hm^2（作底肥和追肥）。④灌溉应采取浅水插秧、深水“换衣”，浅水分蘖，适期晒田，孕穗期深、籽粒灌浆期浅的灌溉方法。⑤播种前用强氯精等药剂浸种，消灭种传病虫害，前期注意防治二化螟，中期注意防治纹枯病，后期注意防治稻苞虫、稻纵卷叶螟和稻瘟病。

第四节　杂交粳稻品种

北京

京优14（Jingyou 14）

品种来源：北京市农业生物技术研究中心以中作59A为母本，以津1229为父本育成。2004年通过国家农作物品种审定委员会审定。

形态特征和生物学特性：属三系杂交粳稻。在辽宁南部、新疆南部及北京、天津地区种植全生育期154.6d，比对照金株1号迟熟1.9d。株高103.5cm，每穗总粒数116.4粒，结实率88.3%，千粒重26.8g。

品质特性：整精米率65.7%，垩白粒率30.0%，垩白度3.8%，胶稠度85mm，直链淀粉含量16.9%。

抗性：稻瘟病5级，中感稻瘟病。

产量及适宜地区：2002年参加北方稻区金珠1号组区域试验，平均单产10 918.5kg/hm^2，比对照金珠1号增产15.7%（极显著）；2003年续试，平均单产10 518.0kg/hm^2，比对照金珠1号增产14.4%（极显著）；两年区域试验平均单产10 719.0kg/hm^2，比对照金株1号增产15.1%。2003年生产试验平均单产9 525.0kg/hm^2，比对照金珠1号增产7.7%。适宜在辽宁南部、新疆中南部、北京、天津及河北北部稻瘟病轻发地区种植。

栽培技术要点：①培育壮秧。根据当地种植习惯与金珠1号同期播种，秧龄35 ~ 40d。②移栽。栽插行株距为20cm×16.7cm，每穴栽2 ~ 3苗。③施肥。全层施肥，60% ~ 70%氮肥，50%钾肥和全部磷肥在整地前施，其余作追肥，全部追肥要在插秧后1个月内施完。④防治病虫害。注意防治稻瘟病。

京优15（Jingyou 15）

品种来源：北京市农业生物技术研究中心以中作59A为母本，以Y772为父本育成。2003年通过天津市农作物品种审定委员会审定。

形态特征和生物学特性：属三系杂交粳稻。作麦茬稻全生育期148d，株高95.5cm，分蘖力中等，株型紧凑，秆硬，叶色清秀，叶片挺直。穗呈纺锤形，无芒或顶芒，颖及颖尖为黄色。平均穗长21.2cm，每穗粒数125粒，粒短圆形，不易脱粒，结实率85.2%，千粒重24.1g。

品质特性：经农业部食品质量监督检验测试中心（武汉）检测结果：整精米率72.3%，垩白粒率20.0%，垩白度3.0%，透明度1级，直链淀粉含量16.7%。综合评分64分。达到国标优质稻谷二级标准。

抗性：经天津市植物保护研究所抗性鉴定，中抗稻瘟病，抗倒伏性强。

产量及适宜地区：2001年参加天津市麦茬稻区域试验，平均单产10 200.0kg/hm^2，较对照津稻490增产1 420.5kg/hm^2，增幅16.2%，居第1位。2003年参加天津市麦茬稻区域试验，平均单产8 349.0kg/hm^2，较对照津稻490增产6.97%，居第2位。2003年参加天津市麦茬稻生产试验，平均单产7 308.0kg/hm^2，较对照津稻490减产1.4%。适宜在天津地区作麦茬稻种植。

栽培技术要点：①在天津作麦茬稻可在5月10日前播种，力争早播，秧龄不超过45d。②播种前应严格种子消毒，预防恶苗病。稀播种，育壮秧，一般秧田播净谷750kg/hm^2。③移栽行距：25～30cm，穴距10～15cm，每穴栽2苗。其他措施要求同一般杂交粳稻。

京优6号（Jingyou 6）

品种来源：北京市农林科学院作物研究所以中作59A/津1244-2育成，1993年通过北京市农作物品种审定委员会审定，1994年通过宁夏回族自治区农作物品种审定委员会审定。

形态特征和生物学特性：属三系杂交粳稻。需活动积温3 100℃，生育期135d，株高100cm。株型紧凑，分蘖力较弱。主茎叶15片，叶片较大，叶色浓绿，剑叶挺立。穗长20cm，每穗120粒。谷粒椭圆形，颖尖黄白色，无芒，千粒重28g。

品质特性：糙米率82.6%，垩白粒率16%，碱消值6.9级，胶稠度81.3mm，直链淀粉含量16.7%，蛋白质含量8.7%。米质中等。

抗性：耐旱性强，较耐低温，抗倒伏性强，中抗稻瘟病、白叶枯病、条纹叶枯病，易染恶苗病与二化螟。

产量及适宜地区：一般单产7 500kg/hm^2。适宜在北京作麦茬稻种植。种植面积600hm^2。

栽培技术要点：5月中旬播种，6月下旬插秧，行株距27cm × 13cm，每穴栽2 ～ 3苗。施纯氮150kg/hm^2。以湿润灌溉为主。注意防治二化螟。

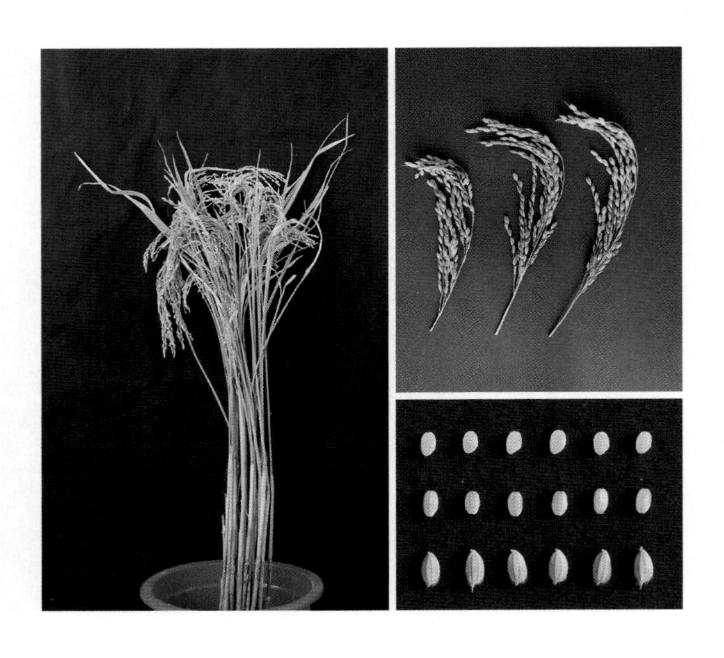

秋优20（Qiuyou 20）

品种来源：北京市农林科学院作物研究所以秋光A/F20育成。1986年通过北京市农作物品种审定委员会审定，1990年通过天津市农作物品种审定委员会审定。

形态特征和生物学特性：属三系杂交粳稻。在天津地区作一季春稻旱种，全生育期140 ~ 145d；作中稻和麦茬稻，全生育期135 ~ 145d。株高90 ~ 100cm，株型紧凑，分蘖力中等。穗长18cm左右，穗纺锤形，短顶芒，结实率较高，后期转色好，丰产性和稳产性好，每穗粒数110 ~ 120粒，千粒重25 ~ 26g。

品质特性：米质较优。

抗性：抗倒伏能力强，抗稻瘟病较强，中抗白叶枯病，耐旱力强，耐低温、耐盐碱。

产量及适宜地区：1988—1989年参加天津市春稻旱种区域试验，平均单产分别为5 193.0kg/hm^{2}和4 999.5kg/hm^2，比对照津稻1244分别增产9.3%和65.1%，分别居首位和第二位；1989年天津市春稻旱种生产试验，平均单产5 191.5kg/hm^2，较对照品种津稻1244增产35.1%，居首位。生产上一般单产6 000 ~ 7 500kg/hm^2。适宜在天津地区主要作一季旱稻，也可兼作插秧中稻和麦茬稻。

栽培技术要点：①严格种子消毒，预防恶苗病和干尖线虫病。②一季旱种适宜播期为5月中旬，播种量75 ~ 90kg/hm^2；麦茬稻5月25日前后播种，6月25日前后插秧，秧龄30 ~ 35d，秧田播种量900kg/hm^{2}左右，栽插行株距23cm × 10cm，插37.9万穴/hm^2，每穴栽3 ~ 4苗。③施肥采用前重、中控、后补的办法，切忌在孕穗灌浆期缺水。

天津

10优18（10 you 18）

品种来源：天津市水稻研究所以10A/R148育成。2004年通过黄淮粳稻组国家农作物品种审定委员会审定，2009年通过京津唐粳稻组国家农作物品种审定委员会审定。

形态特征和生物学特性：属三系杂交粳稻。在黄淮地区种植全生育期154d。株高117.7cm，每穗粒数182.1粒，结实率76.8%，千粒重25.8g。在北京、天津、河北唐山稻区种植全生育期176d，株高121.5cm，穗长18.9cm，每穗总粒数162.4粒，结实率85.9%，千粒重27g。

品质特性：整精米率68.2%，垩白粒率14.5%，垩白度1.5%，胶稠度82mm，直链淀粉含量16.1%。达到国标二级优质稻谷标准。

抗性：稻瘟病综合抗性指数2，穗颈瘟损失率最高级1级。中抗稻瘟病。

产量及适宜地区：2001年参加北方稻区豫粳6号组区域试验，平均单产9 726.0kg/hm^2，比对照豫粳6号增产5.3%；2002年续试，平均单产9 364.5kg/hm^2，比对照豫粳6号增产3.2%；两年区域试验平均单产9 546.0kg/hm^2，比对照豫粳6号增产4.2%。2003年生产试验，平均单产7 926.0kg/hm^2，比对照豫粳6号增产9.1%。适宜在黄淮稻区作麦茬稻种植。

2007年参加京津唐粳稻组品种区域试验，平均产量10 188kg/hm^2，比对照津原45增产15.2%；2008年续试，平均产量9 261kg/hm^2，比对照津原45增产8.4%；两年区域试验平均产量9 724.5kg/hm^2，比对照津原45增产11.8%，增产点比例75%。2008年生产试验，平均产量9 178.5kg/hm^2，比对照津原45增产11.5%。适宜在北京、天津、河北东部稻区作一季春稻种植。

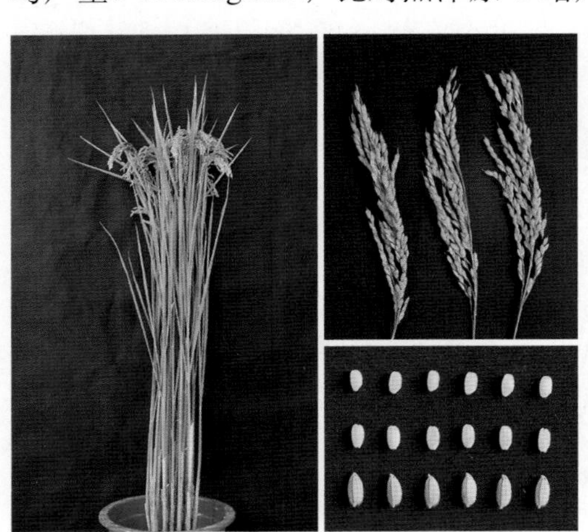

栽培技术要点：①培育壮秧。根据当地种植习惯与豫粳6号同期播种，播种量225kg/hm^2，秧龄30～35d。②移栽。中等肥力田行株距23.3cm×13.3cm，基本苗120万～150万/hm^2。③肥水管理。基肥以有机肥为主，并施足氮、磷、钾肥。施氮总量270～300kg/hm^2，基、蘖、穗肥比例4∶4∶2为宜。水浆管理做到浅水插秧，薄水分蘖，适时晒田，以后间歇灌溉，收割前6d断水。④防治病虫害。注意防治稻曲病。

3优18（3 you 18）

品种来源：天津市水稻研究所以3A/C418育成。2001年通过国家农作物品种审定委员会审定，2004年通过河南省农作物品种审定委员会审定。

形态特征和生物学特性：属三系杂交粳稻。在黄淮地区作麦茬稻种植，全生育期平均150d。株高115cm，分蘖力中等，株型紧凑挺拔，主茎叶片18 ~ 19片，叶片宽厚上冲，叶色深绿，茎秆粗壮，穗长21.3cm，每穗粒数180粒左右，结实率80%左右，颖尖秆黄色，稍有顶芒，千粒重26.3g。

品质特性：整精米率62.4%，垩白粒率72.0%，垩白度12.4%，胶稠度76mm，直链淀粉含量17.0%。

抗性：中抗稻瘟病，轻感稻曲病，抗倒伏。

产量及适宜地区：1998—1999年参加北方稻区国家区域试验，两年平均单产9 220.5kg/hm^2，比对照豫粳6号增产8.3%，2000年生产试验，平均单产9 244.5kg/hm^2，比对照豫粳6号增产11.6%。适宜在江苏、安徽北部、山东西南部地区种植。

栽培技术要点：①种子处理：用菌虫清或浸种灵进行种子浸泡，防治干尖线虫病和恶苗病。②稀播壮秧，秧龄宜短不宜长，栽插行株距为23.0cm × 13.2cm，每穴栽双株。③施肥宜早宜重，早促早发，搭好丰产苗架，确保有效穗数270万穗/hm^{2}以上，适当补施粒肥。④注意对稻曲病和二化螟的防治。

5优190（5 you 190）

品种来源：天津市水稻研究所以5A/R190育成。2008年通过国家农作物品种审定委员会审定。

形态特征和生物学特性：属三系杂交粳稻。在北京、天津、河北唐山地区种植，全生育期179.6d，比对照中作93晚熟10d。株高130.7cm，穗长21cm，每穗粒数211.8粒，结实率83.1%，千粒重24.1g。

品质特性：整精米率68.4%，垩白粒率25.0%，垩白度2.9%，胶稠度85mm，直链淀粉含量15.1%。达到国标优质稻谷三级标准。

抗性：苗瘟4级，叶瘟2级，穗颈瘟发病率1级，穗颈瘟损失率1级，综合抗性指数1.5。

产量及适宜地区：2006年参加北京、天津、河北唐山粳稻组品种区域试验，平均单产10 630.5kg/hm²，比对照中作93增产40.8%（极显著）；2007年续试，平均单产10 461kg/hm²，比对照中作93增产38.7%（极显著），较对照津原45增产18.3%（极显著）；两年区域试验平均单产10 537.5kg/hm²，比对照中作93增产39.7%，增产点比例100%。2007年生产试验，平均单产9 519kg/hm²，比对照中作93增产30.5%。适宜在北京、天津、河北东部及中北部的一季春稻区种植。

栽培技术要点：①育秧。北京、天津、河北唐山一季春稻区一般4月上中旬播种，播种前做好晒种与消毒，防治干尖线虫病和恶苗病，秧田用种量约为常规种的1/2。②移栽。秧龄35d进行移栽，行株距30.0cm × 13.3cm，每穴栽2 ~ 3苗。③肥水管理。氮、磷、钾、锌肥配合使用，注意干湿交替，确保有效穗在270万左右。④病虫害防治。注意对稻曲病和二化螟的防治，其他病虫草害防治同一般常规稻。

5优280（5 you 280）

品种来源：天津市水稻研究所以5A/R280育成。2008年通过国家农作物品种审定委员会审定。

形态特征和生物学特性：属三系杂交粳稻。在辽宁南部、京津地区种植全生育期161.2d，较对照金珠1号晚熟2.1d。株高109.6cm，穗长18.8cm，每穗粒数185.7粒，结实率84.2%，千粒重24g。

品质特性：整精米率67.5%，垩白粒率30.0%，垩白度4.4%，胶稠度83mm，直链淀粉含量15.1%。达到国标优质稻谷三级标准。

抗性：苗瘟3级，叶瘟4级，穗颈瘟发病率5级，穗颈瘟损失率3级，综合抗性指数3.6。

产量及适宜地区：2006年参加国家水稻中早粳晚熟组区域试验，平均单产9 757.5kg/hm²，比对照金珠1号增产17.2%（极显著）；2007年续试，平均单产9 711kg/hm²，比对照金珠1号增产4.8%（显著），比对照辽星9号增产11.6%（极显著）；两年区域试验平均单产9 732kg/hm²，比对照金珠1号增产10.2%，增产点比例84.6%。2007年生产试验，平均单产10 051.5kg/hm²，比对照金珠1号增产9.4%。适宜在辽宁南部、北京、天津稻区种植。

栽培技术要点：①育秧。辽宁南部、京津地区根据当地生产情况与金珠1号同期播种，播种前做好晒种与消毒，防治干尖线虫病和恶苗病，秧田用种量约为常规种的1/2。②移栽。秧龄35d左右移栽，行株距26.6cm × 13.3cm，每穴栽2苗，确保有效穗在270万穗/hm²左右。③肥水管理。氮、磷、钾、锌肥配合使用，注意干湿交替。④病虫害防治。注意对稻瘟病、稻曲病和二化螟的防治，其他病虫草害防治同一般常规稻。

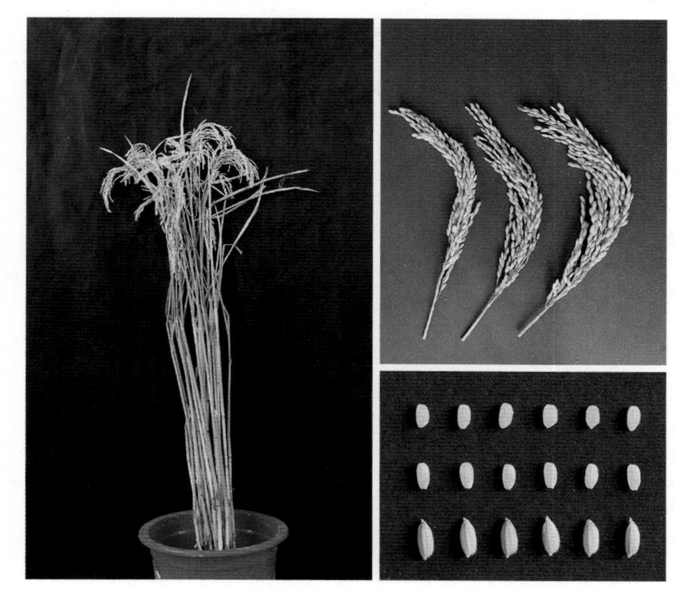

6优160（6 you 160）

品种来源：天津市水稻研究所以6A/R160育成。2008年通过国家农作物品种审定委员会审定。

形态特征和生物学特性：属三系杂交粳稻。在黄淮地区种植，全生育期156.1d，比对照豫粳6号晚熟3.1d。株高127.2cm，穗长21.9cm，每穗粒数212粒，结实率74.9%，千粒重23.4g。

品质特性：整精米率64.9%，垩白粒率24.5%，垩白度3.0%，胶稠度84mm，直链淀粉含量15.1%。达到国标优质稻谷三级标准。

抗性：苗瘟4级，叶瘟4级，穗颈瘟发病率3级，穗颈瘟损失率1级，综合抗性指数2.2。

产量及适宜地区：2006年参加黄淮粳稻组品种区域试验，平均单产9 492kg/hm^2，比对照豫粳6号增产14.4%（极显著）；2007年续试，平均单产9 768.0kg/hm^2，比对照豫粳6号增产19.6%（极显著），比对照9优418增产6.4%（极显著）；两年区域试验平均单产9 630kg/hm^2，比对照豫粳6号增产17%，增产点比例93.8%。2007年生产试验，平均单产8 883kg/hm^2，比对照豫粳6号增产14.8%。适宜在河南沿黄、山东南部、江苏淮北、安徽沿淮及淮北地区种植。

栽培技术要点：①育秧。黄淮麦茬稻区根据当地生产情况适时播种，播种前用浸种灵、菌虫清或其他有效药剂浸泡，防治干尖线虫病和恶苗病；秧田要施足基肥，控制播种量，培育带蘖壮秧，秧田用种量约为常规品种的1/2。②移栽。秧龄在35d左右移栽，秧龄宜短不宜长，行株距26.7cm × 13.3cm，每穴栽2苗。③肥水管理。氮、磷、钾肥配合使用，注意干湿交替，确保有效穗数270万穗/hm^{2}以上。④病虫害防治。注意对稻曲病防治，其他病虫草害同一般常规稻。

津7优58（Jin 7 you 58）

品种来源：天津市丰美种业科技有限公司以津丰7A/金恢58育成。2009年通过国家农作物品种审定委员会审定。

形态特征和生物学特性：属三系杂交粳稻。在京津唐稻区种植全生育期平均179.1d，比对照津原45晚熟3.1d。株高124.9cm，穗长20cm，有效穗数283.5万穗/hm²，每穗粒数170.4粒，结实率85.4%，千粒重25.8g。

品质特性：整精米率67.3%，垩白粒率13.0%，垩白度1.3%，直链淀粉含量16.8%，胶稠度82.5mm。达到国标优质稻谷二级标准。

抗性：稻瘟病综合抗性指数3.5，穗颈瘟损失率最高级3级。

产量及适宜地区：2007年参加北京、天津、河北唐山粳稻组品种区域试验，平均单产10 147.5kg/hm²，比对照津原45增产14.7%（极显著）；2008年续试，平均单产9 537kg/hm²，比对照津原45增产11.6%（极显著）；两年区域试验平均单产9 843kg/hm²，比对照津原45增产13.2%，增产点比例100%。2008年生产试验平均单产9 277.5kg/hm²，比对照津原45增产12.7%。适宜在北京、天津、河北东部及中北部的一季春稻区种植。

栽培技术要点：①育秧。适时播种，播种前做好晒种与消毒，防治干尖线虫病和恶苗病。秧田用种量约为常规品种的1/2，培育带蘖壮秧。②移栽。秧龄35d左右移栽，行株距为30.0cm×13.3cm，每穴栽双株。③肥水管理。氮肥、磷肥、钾肥、锌肥配合使用，注意干湿交替，确保有效穗数在270万穗/hm²左右。④病虫害防治。注意对稻曲病防治，其他病虫草害同一般常规稻。

津9优78（Jin 9 you 78）

品种来源：天津丰美种业科技有限公司以津丰9A/金恢78育成成。2009年通过国家农作物品种审定委员会审定。

形态特征和生物学特性：属三系杂交粳稻。在辽宁南部、京津地区种植全生育期平均157.4d，与对照金珠1号熟期相当。株高107.1cm，穗长23cm，有效穗数349.5万穗/hm^2，每穗粒数174.1粒，结实率82.7%，千粒重25.4g。

品质特性：整精米率64.5%，垩白粒率34.0%，垩白度4.6%，直链淀粉含量14.1%，胶稠度86.5mm。

抗性：稻瘟病综合抗性指数3.9，穗颈瘟损失率最高级3级。

产量及适宜地区：2007年参加中早粳晚熟组品种区域试验，平均单产10 527kg/hm^2，比对照金珠1号增产13.6%（极显著）；2008年续试，平均单产11 014.5kg/hm^2，比对照金珠1号增产21.9%（极显著）；两年区域试验平均单产10 771.5kg/hm^2，比对照金珠1号增产17.7%，增产点比例92.9%。2008年生产试验平均单产10 425kg/hm^2，比对照金珠1号增产16.7%。适宜在辽宁南部、新疆南部、北京、天津稻区种植。

栽培技术要点：①育秧。辽宁南部、京津地区根据生产情况与金珠1号同期播种，播种前做好晒种与消毒，防治干尖线虫病和恶苗病。秧田用种量约为常规品种的1/2，培育带蘖壮秧。②移栽。秧龄35d左右移栽，行株距为30.0cm×13.3cm，每穴栽双株。③肥水管理。氮、磷、钾、锌肥配合使用，注意干湿交替，确保有效穗数在270万穗/hm^{2}左右。④病虫害防治。注意防治二化螟，其他病虫害防治同一般大田生产。

津粳优28（Jingengyou 28）

品种来源：天津市丰美种业科技开发有限公司以津1007A/金恢28育成。2006年通过国家农作物品种审定委员会审定。

形态特征和生物学特性：属三系杂交粳稻。在长江中下游作单季晚稻种植，全生育期平均153.7d，比对照秀水63迟熟5.2d。株高119.7cm，株型紧凑，长势繁茂，叶片宽大挺直，叶色浓绿，茎秆粗壮。有效穗数279万穗/hm^2，穗长20.0cm，每穗粒数178.6粒，结实率77.0%，千粒重24.8g。

品质特性：整精米率72.9%，垩白粒率23.0%，垩白度3.7%，胶稠度75mm，直链淀粉含量15.3%，粒长宽比1.9。达到国标优质稻谷三级标准。

抗性：稻瘟病平均3.7级，最高5级，抗性频率50%；白叶枯病5级。

产量及适宜地区：2004年参加长江中下游单季晚粳组区域试验，平均单产8 723.8kg/hm^2，比对照秀水63增产5.15%（极显著）；2005年续试，平均单产8 535.6kg/hm^2，比对照秀水63增产7.1%（极显著）；两年区域试验平均单产8 629.8kg/hm^2，比对照秀水63增产6.1%。2005年生产试验，平均单产8 123.7kg/hm^2，比对照秀水63增产15.4%。适宜在浙江省、上海市、江苏省和湖北省、安徽省的南部晚粳稻区作单季晚稻种植。

栽培技术要点：①育秧：根据各地单季晚粳生产季节适时播种，种子应进行消毒处理，控制播种量，秧田用种量约为常规品种的一半。秧田施足基肥，培育带蘖壮秧。②移栽。适当密植，秧龄宜短不宜长，插植行株距23.3cm×13.3cm，每穴栽2苗。③肥水管理。施肥宜早，早促早发，确保有效穗数270万穗/hm^{2}以上。科学管水。④病虫害防治。注意及时防治稻瘟病、白叶枯病等病虫害，方法与一般常规稻相似。

津粳优68（Jingengyou 68）

品种来源：天津市丰美种业科技开发有限公司以津1007A/金恢68育成。2006年通过国家农作物品种审定委员会审定。

形态特征和生物学特性：属三系杂交粳稻。在黄淮地区种植，全生育期150.5d，比对照豫粳6号早熟6.2d。株高104.2cm，穗长21.9cm，每穗总粒数155.5粒，结实率85.8%，千粒重25.7g。

品质特性：整精米率64.9%，垩白粒率26.5%，垩白度4.8%，胶稠度72mm，直链淀粉含量15.8%。达到国标优质稻谷三级标准。

抗性：苗瘟3级，叶瘟3级，穗颈瘟3级。

产量及适宜地区：2004年参加豫粳6号组区域试验，平均单产9 144.0kg/hm^2，比对照豫粳6号增产16.5%（极显著）；2005年续试，平均单产8 524.5kg/hm^2，比对照豫粳6号增产17.3%（极显著）；两年区域试验平均单产8 835.0kg/hm^2，比对照豫粳6号增产16.9%。2005年生产试验，平均单产8 427.0kg/hm^2，较对照豫粳6号增产11.9%。适宜在河南沿黄稻区、山东南部、江苏淮北、安徽（沿淮、淮北）及陕西关中地区种植。

栽培技术要点：①育秧。黄淮麦茬稻区根据当地生产情况适时播种，播前注意浸种防治干尖线虫病和恶苗病。秧田要施足基肥，控制播种量，培育带蘖壮秧。②移栽。秧龄宜短不宜长，行株距23.1cm × 13.2cm，每穴栽双株。③肥水管理。施肥宜早，早促早发，搭好丰产架，确保有效穗270万穗/hm^{2}以上。在水浆管理上，做到浅水栽秧，深水护苗，薄水分蘖，够苗晒田，后期不脱水过早。④病虫害防治。及时防治稻瘟病、稻曲病和二化螟，其他病虫草害防治同一般常规稻。

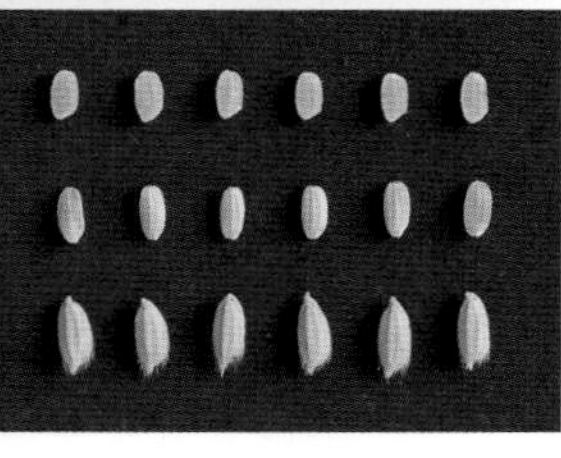

津粳优88（Jingengyou 88）

品种来源：天津市丰美种业科技开发有限公司以津1007A/金恢88育成。2006年通过国家农作物品种审定委员会审定。

形态特征和生物学特性：属三系杂交粳稻。在黄淮地区种植，全生育期158.3d，比对照豫粳6号晚熟1.6d。株高119.0cm，穗长20.7cm，每穗粒数203粒，结实率76.6%，千粒重24.2g。

品质特性：整精米率64.9%，垩白粒率21.0%，垩白度3.4%，胶稠度73mm，直链淀粉含量15.4%。达到国标优质稻谷三级标准。

抗性：苗瘟3级，叶瘟3级，穗颈瘟3级。

产量及适宜地区：2004年参加豫粳6号组区域试验，平均单产9 384.0kg/hm^2，比对照豫粳6号增产19.6%（极显著）；2005年续试，平均单产8 698.5kg/hm^2，比对照豫粳6号增产19.7%（极显著）；两年区域试验平均单产9 042.0kg/hm^2，比对照豫粳6号增产19.6%。2005年生产试验，平均单产8 658.0kg/hm^2，较对照豫粳6号增产15%。适宜在河南沿黄稻区、山东南部、江苏淮北、安徽（沿淮、淮北）及陕西关中地区种植。

栽培技术要点：①育秧。黄淮麦茬稻区根据当地生产情况适时播种，播种前注意浸种防治干尖线虫病和恶苗病，秧田要施足基肥，控制播种量，培育带蘖壮秧。②移栽。秧龄宜短不宜长，行株距23.1cm×13.2cm，每穴栽双株。③肥水管理。施肥宜早，早促早发，搭好丰产架，确保有效穗数270万穗/hm^{2}以上。在水浆管理上，做到浅水栽秧，深水护苗，薄水分蘖，够苗晒田，后期不脱水过早。④病虫害防治。及时防治稻瘟病、稻曲病和二化螟，其他病虫草害防治同一般常规稻。

津粳杂1号（Jingengza 1）

品种来源：天津市种子管理站和天津市原种场1995年以LS2S/中作93育成。1999年通过天津市农作物品种审定委员会审定。

形态特征和生物学特性：属两系杂交粳稻。对光照敏感，对温度较钝感。全生育期170d。株高105～110cm，叶色深绿，叶片上冲，分蘖力强。穗偏大，一般穗长22cm，每穗粒数135粒，实粒数120～125粒，结实率90%～95%，成穗率70%～75%，千粒重29g左右。

品质特性：糙米率83.9%，精米率76.2%，整精米率62.9%，垩白粒率12.0%，直链淀粉含量16.3%，蛋白质含量9.1%。米粒品质中等，煮饭有香味。

抗性：接种鉴定抗稻瘟病，田间调查耐纹枯病和稻曲病。耐肥，抗倒伏性强。

产量及适宜地区：1996—1998年16个点次试验，平均单产8 419.5kg/hm^2，较对照津稻1187增产10.5%。适宜在天津市一季春稻栽培范围内推广利用。

栽培技术要点：①严格种子消毒。用菌虫清浸种4d以上，防治干尖线虫病和恶苗病。②稀播育壮秧。播种量600kg/hm^{2}左右，追好苗肥和送嫁肥，秧龄45d左右。③宽行稀植。采用30.0cm×15.0cm，19.5万～22.5万穴/hm^2，每穴栽2～3苗。④群体结构。单产9 000kg/hm^2，有效穗数285万～300万穗/hm^2，每穗粒数120～130粒，千粒重27～29g，高峰苗375.0万～405.0万/hm^2。⑤施肥技术。采用前促（不过猛）、中稳（不脱肥）、后保（保大穗）的原则。氮肥分配为底肥与分蘖肥（前期）45%～50%，保蘖肥30%～35%，孕穗肥20%。⑥科学管水。前期不缺水，中期苗旺适当晒田，孕穗期充分保证水分供应，灌浆后期间歇灌溉。⑦做好各种病、虫、草害的防治工作。

津粳杂2号（Jingengza 2）

品种来源：天津市水稻研究所于1997年以3A/C272育成。2001年通过天津市农作物品种审定委员会审定，2003年通过国家农作物品种审定委员会审定。

形态特征和生物学特性：属常规粳稻。在京津唐稻区全生育期175d左右，有效穗数255万穗/hm²，穗长22.8cm，每穗粒数221.9粒，结实率73.9%，千粒重26.6g。

品质特性：整精米率65.4%，垩白粒率57.0%，垩白度12.5%，胶稠度76.5mm，直链淀粉含量17.0%。

抗性：苗瘟1级，穗颈瘟3级（发病率9.8%），叶瘟1级（发病率0.3%）。

产量及适宜地区：2000年参加北京市区中作93区域试验，平均单产8 560.5kg/hm²，比对照中作93增产17.9%，达显著水平，2001年续试，平均单产9 151.5kg/hm²，比对照增产16.4%，达显著水平。2001年生产试验9 558kg/hm²，比对照中作93增产10.4%。适宜在北京、天津、河北东部及中北部的一季春稻区种植。

栽培技术要点：①播种前用浸种灵进行种子处理。②秧田播种量约1 125kg/hm²，为常规稻的1/2 ～ 2/3。折合本田用种量30kg/hm²左右。③本田适当稀植。插秧行株距一般在9cm×（4 ～ 6）cm，每穴栽2苗。④肥水管理基本同冀粳14，可适当增加氮磷肥施用量，缺钾土壤田需增施硫酸钾肥75 ～ 165kg/hm²。⑤注意防治条纹叶枯病、稻曲病和二化螟等病虫害。

津粳杂3号（Jingengza 3）

品种来源：天津市水稻研究所以早花二A/超优1号育成。2001年通过天津市农作物品种审定委员会审定，2003年通过国家农作物品种审定委员会审定。

形态特征和生物学特性：该品种属三系杂交粳稻。在北京、天津、河北唐山地区种植全生育期170.9d，与对照中作93相仿。株高106.3厘米，株型紧凑，茎秆坚硬，主茎叶片17叶，剑叶挺直短厚，谷粒椭圆形，稃尖秆黄色，无芒。分蘖力较强，成穗率高，前期生长矮壮，育秧容易；株型好，有利于光合作用，灌浆速度快，活秆成熟。每穗总粒数162.6粒，结实率88.1%，千粒重24.6g。

品质特性：糙米率85.2%，精米率77.3%，整精米率70.3%，垩白粒率16.0%，透明度0.8级，直链淀粉含量15.9%，蛋白质含量10.0%。品质优，米饭有清香，食味佳。

抗性：苗瘟1级，叶瘟1级，穗颈瘟5级。中感稻瘟病。耐肥，抗倒伏性较强。

产量及适宜地区：2000年参加北方稻区水稻品种区域试验，平均产量7 453.5kg/hm^2，比对照中作93增产2.7%（不显著）；2001年续试，平均产量8 940kg/hm^2，比对照中作93增产13.7%（显著）。2002年生产试验，平均产量8 113.5kg/hm^2，比对照中作93增产7.2%。适宜在北京、天津以及河北省中部、北部沿海地区作一季春稻种植。

栽培技术要点：①北京、天津、河北唐山地区作一季春稻栽培，适于中上等肥力田块种植。②4月下旬播种，播种前必须进行药剂处理，稀播育壮秧，秧田播种量450 ~ 600kg/hm^2。③适宜插秧期6月上中旬，行距30cm，穴距13cm，每穴栽2 ~ 3苗。④注意稻瘟病防治。

津粳杂4号（Jingengza 4）

品种来源：天津市农作物研究所以502A/R411育成。2002年通过天津市农作物品种审定委员会审定。

形态特征和生物学特性：属常规粳稻。全生育期175d左右，株高115cm左右，主茎叶片18 ~ 19片，株型紧凑，每穗粒数190粒，结实率85%左右，千粒重26g左右，无芒。

品质特性：整精米率75.9%，垩白粒率9.0%，垩白度1.3%，直链淀粉含量16.3%。

抗性：抗苗瘟，抗叶瘟，抗穗颈瘟。

产量及适宜地区：在天津市春稻区域试验和生产试验中，产量可较对照增产20%左右。大面积单产可达9 750.0kg/hm^2，良种良法配套可达11 250.0kg/hm^{2}以上，较同熟期的常规稻增产15%左右。适宜在天津稻区作一季春稻种植。

栽培技术要点：①种子处理。用浸种灵、菌虫清或其他有效药剂浸泡种子，防治干尖线虫病和恶苗病。②培育壮秧。无论湿润育秧还是旱育秧，秧田用种量约为常规稻种的1/3 ~ 1/2。③插足基本苗。在京津冀稻区插秧密度一般在30.0cm × 13.3cm，每穴栽2苗左右。④肥水管理。施足底肥，并配以较多的磷、钾肥，追肥以尿素为主，幼穗分化6期（剑叶与倒二叶叶枕持平之时期）后不再追肥。水浆管理注意分蘖后期及时搁田，齐穗后灌浆期切忌大水长期浸泡，应注意干湿交替。⑤注意防治条纹叶枯病、稻曲病和二化螟等病虫害。⑥其他栽培技术措施同一般常规粳稻品种。

津粳杂5号（Jingengza 5）

品种来源：天津市水稻研究所以早花二A/773育成。2003年通过天津市农作物品种审定委员会审定。

形态特征和生物学特性：属三系杂交粳稻。全生育期175 ~ 178d，株高115cm，茎秆粗硬，抗倒伏力强，株型好，茎秆坚硬，根系发达，叶片与茎秆夹角小，叶色深绿，穗大粒多，穗长20.4cm，每穗粒数160粒，着粒较密，结实率80%以上，谷粒椭圆形，无芒，千粒重25.4g。

品质特性：经农业部食品质量监督检验测试中心（武汉）检测结果：糙米率84.7%，整精米率65.2%，谷粒长宽比1.8，垩白粒率15.0%，垩白度2.2%，胶稠度85mm，直链淀粉含量16.1%。

抗性：2002年经天津市植物保护研究所鉴定结果：抗苗瘟，抗叶瘟1级，中抗穗颈瘟。田间自然鉴定情况：2001年除原种场稻瘟病有轻微发生外，其他三处均未发生。

产量及适宜地区：2001年参加天津市春稻区域试验，平均单产9 801.0kg/hm^2，居11个参试品种（组合）第2位，比对照中作93增产1 200.0kg/hm^2，增幅14%；2002年参加天津市春稻区域试验，平均单产9 757.5kg/hm^2，居13个参试品种第1位，比对照增产1 639.5kg/hm^2，增幅为21.2%。2002年参加天津市春稻生产试验，参试品种6个，平均单产8 826.0kg/hm^2，比对照增产1 143.0kg/hm^2，增幅14.9%。适宜在天津稻区作一季春稻栽培。

栽培技术要点：①在天津稻区适于作早播早栽春稻，适宜播种期为4月上旬，适宜插秧期为5月中、下旬，要求壮秧稀栽，行距30cm，穴距15cm，每穴栽2 ~ 3苗为宜。②肥应采取前促、中补、后控的原则，促使早生快发，以全层施肥为主，氮、磷、钾配合使用，40%的氮肥、50%的钾肥、100%的磷肥在耙地前施入；40%的氮肥在分蘖期追施；20%的氮肥、50%的钾肥在穗分化期施入。③科学灌水。缓苗后灌浅水以利分蘖，幼穗分化期采用湿润灌溉，以土壤保持湿润状态即可，出穗期应保持水层，灌浆期采用间歇灌溉，以保持根系活力。④防治病虫害。病害主要是防穗颈瘟、稻曲病，用三环唑在出穗前后各防治一次穗颈瘟，稻曲病在出穗前防治一次。虫害主要防治有稻水象甲、二化螟、纵卷叶螟、稻飞虱。

津优2003（Jinyou 2003）

品种来源：天津市水稻研究所以津稻341A/97-773育成。2003年通过国家农作物品种审定委员会审定。

形态特征和生物学特性：该品种属三系杂交粳稻。在北京、天津、河北唐山地区种植全生育期平均178.7d，比对照中作93晚熟7d。株高118.8cm，根系发达，株型紧凑，茎秆坚硬，主茎叶片数18个，剑叶挺直短厚。有效穗数343.5万穗/hm^2，每穗粒数207.9粒，结实率63.5%，谷粒椭圆形，稃尖秆色，无芒，千粒重25.8g。

品质特性：整精米率62.3%，垩白粒率30.0%，垩白度6.2%，胶稠度85mm，直链淀粉含量16.9%。

抗性：苗瘟3级，穗颈瘟3级，叶瘟3级；抗倒伏。

产量及适宜地区：2001年参加北方稻区国家水稻品种区域试验，平均单产8 859.0kg/hm^2，比对照中作93增产12.7%（显著）；2002年续试，平均单产9 439.5kg/hm^2，比对照中作93增产17.3%（极显著）。2002年生产试验，平均单产8 220.0kg/hm^2，比对照中作93增产8.6%。适宜在北京、天津以及河北省中部、北部沿海地区作一季春稻种植。

栽培技术要点：①适时播种。一般于4月上旬播种，秧田播种量450 ～ 600kg/hm^2，秧龄45d左右。②合理稀植。大田栽插规格为30cm × 15cm，每穴栽2 ～ 3苗。③肥水管理。中等肥力田氮素用量225kg/hm^2左右，配合施用磷、钾、锌肥。水分管理要做到浅水栽秧，深水缓苗，浅水分蘖，总茎数达450万/hm^2时晒田，以后浅水勤灌，灌浆期实行间歇灌溉，以保持根系活力。④防治病虫害。注意防治穗颈瘟、稻曲病和三化螟等。

津优2006（Jinyou 2006）

品种来源：天津市水稻研究所以津稻341A/C4115育成。2006年通过天津市农作物品种审定委员会审定。

形态特征和生物学特性：属三系杂交粳稻。生育期178d，株高130cm，主茎叶片17～18片，茎秆粗壮，株型紧凑，叶片与茎秆夹角小，分蘖力中等，叶色深绿，叶鞘绿色。穗大粒多，着粒较密，穗伸出度较好，穗型为中间型半直立，穗长22cm，每穗粒数219粒，结实率83%，无芒或个别短顶芒，谷粒椭圆形，千粒重27g。

品质特性：2006年经农业部食品质量监督检验测试中心（武汉）检测：糙米率83.8%，精米率75.9%，整精米率69.1%，垩白粒率47.0%，垩白度4.2%，透明度1级，碱消值7.0级，胶稠度78mm，直链淀粉含量16.2%，谷粒长宽比1.9。

抗性：2006年经天津市植物保护研究所稻瘟病人工接种鉴定，中感苗瘟，中抗穗颈瘟；抗倒伏。

产量及适宜地区：2005年参加天津市春稻区域试验，4个试点平均单产9 109.5kg/hm^2，比对照中作93（7 695.0kg/hm^2）增产18.4%，居11个参试品种第1位。2006年参加天津市春稻区域试验，4个试点平均单产9 546.0kg/hm^2，比对照中作93（7 230.0kg/hm^2）增产32.0%，居14个参试品种第1位。田间有倒伏。2006年参加天津市春稻生产试验，4个试点平均单产8 470.5kg/hm^2，比对照中作93（6 768.0kg/hm^2）增产25.2%，居5个参试品种第1位。适宜在天津市作一季春稻种植。

栽培技术要点：①早播早栽，注意稀播育壮秧，4月上、中旬播种，5月中下旬插秧。②壮秧稀栽，行株距30cm×15cm，每穴栽2～3苗。③施肥以全层施为主，氮、磷、钾配合，采取前促、中控、后补的原则。④注意病虫害防治，病害主要防稻瘟病、稻曲病；虫害主要防稻水象甲、二化螟、稻纵卷叶螟、稻飞虱等。

津优29（Jinyou 29）

品种来源：天津市水稻研究所以早花二A/超优1号育成。2001年通过天津市农作物品种审定委员会审定，2003年通过国家农作物品种审定委员会审定。

形态特征和生物学特性：属三系杂交粳稻。在京、津、唐地区种植全生育期170.9d，与对照中作93相仿。株高106.3cm，株型紧凑，茎秆坚硬，主茎叶片17片，剑叶挺直短厚，谷粒椭圆形，稃尖秆黄色，无芒。每穗总粒数162.6粒，结实率88.1%，千粒重24.6g。

品质特性：整精米率69.6%，垩白粒率24.5%，垩白度4.1%，胶稠度82mm，直链淀粉含量16.5%。米质较优，达到国家三级优质米标准。

抗性：苗瘟1级，叶瘟1级，穗颈瘟5级，中感稻瘟病；抗倒伏。

产量及适宜地区：2000年参加北方稻区国家水稻品种区域试验，平均单产7 453.5kg/hm^2，比对照中作93增产2.7%（不显著）；2001年续试，平均单产8 940.0kg/hm^2，比对照中作93增产13.7%（显著）。2002年生产试验，平均单产8 113.5kg/hm^2，比对照中作93增产7.2%。适宜在北京、天津以及河北省中部、北部沿海地区作一季春稻种植。

栽培技术要点：①适时播种。4月上旬播种，播种量450 ～ 600kg/hm^2，秧龄45d左右。②合理稀植。一般肥力田块栽插规格为30cm × 13cm，每穴栽2 ～ 3苗。③肥水管理。中等肥力田氮素用量225kg/hm^{2}左右，配合施用磷、钾、锌肥。水浆管理要做到浅水栽秧，深水缓苗，浅水分蘖，总茎数达450万/hm^{2}时晒田，以后浅水勤灌，灌浆期实行间歇灌溉，以保持根系活力。④病虫害防治。注意防治稻瘟病、纹枯病及二化螟等病虫的危害。

中粳优1号（Zhonggengyou 1）

品种来源：天津市水稻研究所以6A/津恢1号育成。2005年通过国家农作物品种审定委员会审定。

形态特征和生物学特性：属三系杂交粳稻。在京、津、唐地区种植全生育期175.2d，与对照中作93相当。株高103.9cm，穗长19.4cm，每穗粒数172.4粒，结实率83.3%，千粒重26.4g。

品质特性：整精米率65.6%，垩白粒率17.5%，垩白度3.1%，胶稠度84mm，直链淀粉含量16.7%。达到国标优质稻谷三级标准。

抗性：苗瘟3级，叶瘟3级，穗颈瘟3级。

产量及适宜地区：2003年参加北方稻区中作93组区域试验，平均单产9 141.0kg/hm^2，比对照中作93增产11.7%（极显著）；2004年续试，平均单产9 900.0kg/hm^2，比对照中作93增产8.8%（极显著）；两年区域试验平均单产9 520.5kg/hm^2，比对照中作93增产10.2%。2004年生产试验平均单产10 233.0kg/hm^2，比对照中作93增产15.5%。适宜在北京、天津、河北（冀东、中北部）一季春稻区种植。

栽培技术要点：①种子处理。药剂消毒，防治干尖线虫病和恶苗病。②育秧。秧田施足基肥，控制播种量，培育带蘖壮秧，秧田用种量约为常规品种的一半。③移栽。秧龄宜短不宜长，行株距30.0cm × 13.2cm，每穴栽2苗。④肥水管理。施肥宜早宜重，早促早发，搭好丰产架，确保有效穗270万穗/hm^{2}以上。⑤病虫害防治。注意防治稻瘟病、稻曲病、二化螟等病虫害。

中粳优13（Zhonggengyou 13）

品种来源：天津市水稻研究所以金粳13A/津恢3号育成。2009年通过天津市农作物品种审定委员会审定。

形态特征和生物学特性：属三系杂交粳稻。全生育期184d，株高121.3cm，叶色浓绿，分蘖率340.4%。穗长19.5cm，有效穗数282.0万穗/hm^2，成穗率79.0%。每穗粒数186.8粒，结实率80.5%，千粒重25.5g。

品质特性：糙米率84.6%，精米率74.5%，整精米率70.6%，粒长5.4mm，长宽比2.0，垩白粒率20%，垩白度1.8%，透明度1级，碱消值7.0级，胶稠度86mm，直链淀粉含量17.0%，水分含量13.2%。达到国标优质稻谷二级标准。

抗性：高抗条纹叶枯病，中感稻瘟病。

产量及适宜地区：2008年参加区域试验，平均单产9 003.0kg/hm^2，比对照津原45增产8.1%，4个试点全部增产，增产极显著；居16个参试品种第二位。2009年参加区域试验，平均单产10 333.5kg/hm^2，比对照津原45增产9.1%，4个试点全部增产，增产极显著；居16个参试品种第二位。2009年天津市春稻生产试验，平均单产9 837.0kg/hm^2，比对照津原45增产7.3%，居5个参试品种第一位。适宜在天津市作一季春稻种植。

栽培技术要点：①种子处理。用浸种灵、菌虫清或其他有效药剂浸泡种子，防治干尖线虫病和恶苗病。②培育壮秧。控制播种量，控制秧龄，培育带蘖壮秧，秧田用种量约为常规品种的1/2，秧龄在35d左右。③适当密植。行株距26.6cm × 13.3cm，每穴栽双株。④肥水管理。氮、磷、钾、锌肥配合使用，注意干湿交替，确保有效穗数在270万穗/hm^2左右。

中粳优8号（Zhonggengyou 8）

品种来源：天津市水稻研究所以金粳12A/津恢3号育成。2008年通过天津市农作物品种审定委员会审定，2010年通过国家农作物品种审定委员会审定。

形态特征和生物学特性：该品种属三系杂交粳稻。在北京、天津、河北唐山地区种植全生育期平均176.7d，较对照津原45早熟1.4d。株高111.1cm，穗长19.5cm，每穗粒数156.9粒，结实率86.1%，千粒重27.8g。

品质特性：整精米率66.8%，垩白粒率17.0%，垩白度1.1%，胶稠度81mm，直链淀粉含量15.5%。达到国标优质稻谷二级标准。

抗性：稻瘟病综合抗性指数4，穗颈瘟损失率最高3级，条纹叶枯病最高发病率23.1%。

产量及适宜地区：2008年参加北京、天津、河北唐山粳稻组品种区域试验，平均单产9 333kg/hm²，比对照津原45增产9.2%（极显著）；2009年续试，平均单产10 048.5kg/hm²，比对照津原45增产13.6%（极显著）。两年区域试验平均单产9 691.5kg/hm²，比对照津原45增产11.5%，增产点比例为91.7%。2009年生产试验，平均单产9 850.5kg/hm²，比对照津原45增产15.4%。适宜在北京、天津、河北东部及中北部的一季春稻区种植。

栽培技术要点：①育秧。北京、天津、河北唐山一季春稻区一般4月上旬播种，播种前做好晒种与消毒，防治干尖线虫病和恶苗病，培育带蘖壮秧。②移栽。秧龄35d左右移栽，行株距为26.6cm × 13.3cm，每穴栽3 ～ 4苗，确保有效穗数270.0万穗/hm²左右。③肥水管理。氮、磷、钾、锌肥配合使用，水浆管理应干湿交替。④病虫害防治。注意对条纹叶枯病防治，其他病虫草害防治同一般常规稻。

河南

焦杂粳1号（Jiaozageng 1）

品种来源：焦作市农林科学研究院以焦31A和焦恢2号为亲本杂交选育而成。2011年通过河南省农作物品种审定委员会审定。

形态特征和生物学特性：属三系杂交中粳中熟，全生育期157d，比对照9优418早熟5d。株高116.5cm。分蘖力较强，穗大粒多，穗长21.0cm，每穗总粒数181.1粒，实粒数139.3粒，结实率76.7%，千粒重26.0g。

品质特性：糙米率84.2%，精米率75.2%，整精米率67.9%，垩白粒率62.5%，垩白度8.4%，透明度2.0级，碱消值6.7级，胶稠度84.0mm，直链淀粉含量14.9%，糙米粒长5.4mm，糙米粒长宽比1.9。达到国标优质稻谷二级标准。

抗性：抗苗瘟，感穗颈瘟，中抗纹枯病，感白叶枯病。

产量及适宜地区：2008—2009年参加河南省粳稻区域试验，两年区域试验平均产量9 376.5kg/hm^2。2010年河南省粳稻生产试验，平均单产8 976.0kg/hm^2。适宜在河南沿黄稻区和豫南籼改粳稻区种植。

栽培技术要点：①一般4月底5月初播种，6月中旬栽秧。大田用种22.5 ~ 30.0kg/hm^2。②种子须经强氯精处理，防治恶苗病，每包强氯精（3.0g）可处理1.5kg种子。先将种子用清水浸泡12.0h，再把种子放入强氯精（每包）对1.5kg水的药液中浸泡12.0h，然后再捞出洗净放入清水浸泡到露白，即可播种。③行株距25.0cm × 13.0cm或27.0cm × 10.0cm。栽1.7万穴/hm^{2}左右，每穴栽1 ~ 2苗。④施尿素600.0kg/hm^2，折合纯氮225.0kg/hm^{2}左右，基肥、分蘖肥、穗肥比例为5 ∶ 3 ∶ 2，配施磷钾肥。⑤在整个生长季节及时防治病虫草害，做好稻飞虱、二化螟、稻纵卷叶螟以及纹枯病等防治工作。

新粳优1号（Xingengyou 1）

品种来源：河南省新乡市农业科学院以新稻97200A和新恢3号为亲本杂交选育而成。2011年通过河南省农作物品种审定委员会审定。

形态特征和生物学特性：属三系杂交中粳中熟，全生育期161d。株高125.4cm，分蘖力较强，穗大粒多。穗长19.7cm，每穗总粒数211.5粒，实粒数154.3粒，结实率73.4%，千粒重23.7g。

品质特性：糙米率82.2%，精米率73.6%，整精米率69.3%，垩白粒率34.0%，垩白度4.4%，透明度1.0级，碱消值5.3级，胶稠度80.5mm，直链淀粉含量15.7%，糙米粒长5.3mm，糙米粒长宽比1.9。达到国标优质稻谷二级标准。

抗性：抗苗瘟，中抗穗颈瘟，中抗纹枯病，抗白叶枯病。

产量及适宜地区：2008—2009年参加河南省粳稻区域试验，两年区域试验平均产量9 068.3kg/hm^2。2010年河南省粳稻生产试验，平均单产9 003.0kg/hm^2。适宜在河南沿黄稻区和豫南籼改粳稻区种植。

栽培技术要点：①一般作麦茬稻栽培，4月底至5月初播种，南部稻区可推迟到5月中下旬播种；秧田播种量300.0 ～ 450.0kg/hm^2，秧龄30 ～ 35d，稀播培育壮秧。②栽播方式。6月上中旬移栽，中上等肥力地块行株距30.0cm × 13.3cm，每穴栽2.0 ～ 3.0苗；高肥力田块行株距33.0cm × 13.3cm，每穴栽2 ～ 3苗。③科学用肥。在施足底肥的基础上，配以磷、钾肥；追肥以尿素为主；早施、重施分蘖肥，促蘖早生快发，提高成穗数，幼穗分化后期不再追肥。④在分蘖后期应注意及时控水搁田，一般以叶色稍微显黄，脚站地不陷为宜，对于长势过旺的田块应适当重搁；孕穗期应以湿润为主，保持田面有水层；籽粒灌浆期应以间歇灌溉为主，切忌大水长期浸泡，并及时晒田，控高防倒。收获前7d左右断水，适期收获。⑤在整个生长季节及时防治病虫草害，做好稻飞虱、二化螟、稻纵卷叶螟以及纹枯病等防治工作。

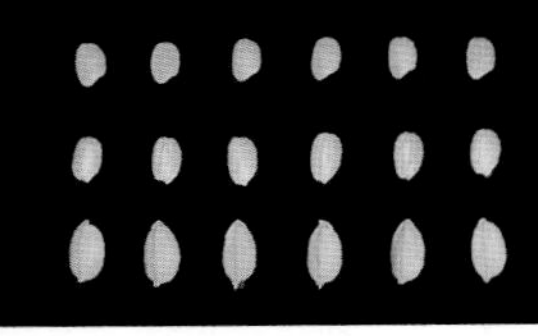

宁夏

宁优1号（Ningyou 1）

品种来源：宁夏农林科学院农作物研究所选育，组合为552A/FR-79，原名宁优79。1994年通过宁夏回族自治区农作物品种审定委员会审定。

形态特征和生物学特性：属中早粳晚熟杂交稻。全生育期150d略上，株高100cm。幼苗生长旺盛，根系发达，分蘖力强，插秧后返青快。株型紧凑，叶片较宽大，叶色深绿，剑叶直立。穗长17cm，每穗110粒，结实90粒，结实率82%以上。谷粒阔卵形，颖及颖尖秆黄色，无芒，种皮白色。千粒重27g。

品质特性：糙米率83.2%，精米率72.6%，整精米率59.9%，垩白粒率85%，垩白度18%，透明度2级，碱消值7.0级，胶稠度72mm，直链淀粉含量18.9%，蛋白质含量8.4%，赖氨酸含量0.407%。米质中上，食味较佳。

抗性：抗稻瘟病，中抗白叶枯病。抗寒性好，较耐肥，抗倒伏。

产量及适宜地区：1992—1993年参加宁夏晚熟组区域试验，两年平均单产10 170.0kg/hm^2，较对照宁粳9号增产15.9%。1992—1993年生产示范平均单产11 338.5kg/hm^2，较秀优57增产25.0%。适宜在宁夏灌区肥力较高的地区插秧栽培种植。

栽培技术要点：①播前种子药剂浸种处理并催芽。②4月20日播种育苗，秧田播种量3 750kg/hm^2，采用小拱棚育苗，秧田与本田比1 ： 50。③5月中旬插秧，行株距27cm × 10cm或30cm × 10cm，每穴栽3 ～ 4苗。④施肥。基施磷酸二铵150 ～ 225kg/hm^2，碳酸氢铵375kg/hm^2。5月25日前后追施尿素112.5kg/hm^2，6月初追施尿素150kg/hm^2，酌情追施穗肥。全生育期施氮210 ～ 225kg/hm^2，五氧化二磷75kg/hm^2。⑤用化学药剂或人工及时除草。

秀优57（Xiuyou 57）

品种来源：辽宁省农业科学院水稻研究所选育，1979年由辽宁省农业科学院水稻研究所引入宁夏，组合为秀岭A/C57。秀优57杂交稻分别通过宁夏回族自治区（1984）、辽宁省（1986）、天津市（1987）、国家（1990）农作物品种审定委员会审定。

形态特征和生物学特性：属中早粳晚熟杂交稻。全生育期150d以上。株高80 ~ 90cm，株型紧凑，剑叶直立上举，穗型长散。茎秆粗壮，根系发达，分蘖力强。有效穗数570万穗/hm^2左右。穗长19cm，每穗粒数100 ~ 110粒，每穗实粒数80 ~ 85粒。谷粒阔卵形，颖及颖尖秆黄色，间有短芒，种皮白色。千粒重25 ~ 26g。

品质特性：垩白少，碱消值7.0级，胶稠度66mm，直链淀粉含量17.5%。米质优良，适口性好。

抗性：抗稻瘟病和白叶枯病。抗干旱能力强，较抗倒伏。

产量及适宜地区：1980—1982年品种比较试验，三年平均单产11 613.0kg/hm^2，比对照京引39增产22.2%；1982年宁夏引黄灌区7个县（市）14个试点示范种植平均单产10 416.0kg/hm^2，比对照京引39增产26.7%。1983年宁夏引黄灌区推广种植420hm^2，平均单产10 180.5kg/hm^2，最高单产13 422.0kg/hm^2（灵武），创当时宁夏小面积单产最高纪录。1983—2001年宁夏累计种植面积6.9万hm^2，年度最高种植面积1987年1.1万hm^2，是宁夏迄今为止年度和累计推广种植面积最大的杂交稻品种。适宜在宁夏引黄灌区插秧种植。

栽培技术要点：①早育稀播育壮苗。4月上旬到中旬播种育苗，播种量1 500 ~ 2 250kg/hm^2。②插秧。5月中旬插秧，行株距以30cm × 10cm为宜，每穴栽3 ~ 5苗。③施肥。重基肥并及早追肥。

新疆

新稻22（Xindao 22）

品种来源：新疆农业科学院粮食作物研究所以“滇型”不育系LA3/恢复系LC64获得的杂交稻组合。2008年通过新疆维吾尔自治区农作物品种审定委员会审定。

形态特征和生物学特性：三系杂交中早粳中晚熟品种。感温性强，感光性中。全生育期135 ~ 156d，直播栽培生育期为140d。株高100cm，株型紧凑，茎秆粗壮坚韧。植株清秀，叶色浓绿，分蘖力中等，单株分蘖7 ~ 8个，成穗率83.5%，抽穗整齐，成熟一致。穗型弯曲，叶下禾，穗长19cm，穗粒数191粒，结实率77.5%。谷粒椭圆形，有少量短芒，颖壳、护颖黄色，粒长5.5mm，宽3.3mm，千粒重25g。

品质特性：糙米率80.1%，精米率70.4%，整精米率62.0%，垩白粒率30.0%，垩白度2.7%，透明度2.0级，碱消值7.0级，胶稠度82mm，直链淀粉含量15.0%，谷粒长宽比1.8。稻谷品质达到国家三级优质稻谷标准。

抗性：苗期耐寒，耐盐碱易保苗。耐旱，耐肥，抗倒伏能力强，较抗稻瘟病。

产量及适宜地区：2006—2007年参加新疆维吾尔自治区区域试验，平均产量11 057.1kg/hm^2，比对照增产11.9%。2007年参加新疆维吾尔自治区生产试验，产量10 614.15kg/hm^2，较对照增产4.2%。适宜在新疆维吾尔自治区各稻区种植，在南疆可正播亦可复播。

栽培技术要点：①栽培上应以适期早播，早插，旱育稀播育壮秧为主。采用塑料薄膜覆盖保温育秧，一般4月上中旬育秧，5月上中旬插秧，7月下旬至8月初抽穗，9月中下旬成熟。②水育秧秧田播种量105 ~ 135kg/hm^2，插秧田的用种量为45 ~ 60kg/hm^2。插秧行株距30cm × 13cm，每穴栽3 ~ 4苗。③施足基肥，合理追肥。早施、重施分蘖肥，追肥总量一般为施纯氮210 ~ 270kg/hm^2。④全生育期应以浅水灌溉为主，在分蘖末期、幼穗分化前进行晒田，以控制无效分蘖。在插秧后灌6 ~ 8cm深水层护苗3 ~ 5d。起身期和分蘖期浅水灌溉，提高地温，促进分蘖。中后期保持湿润灌溉，干湿交替，黄熟期停水。⑤整个生育期应注意杂草和病虫害防治，确保水稻健康生长。

新稻25（Xindao 25）

品种来源：新疆农业科学院粮食作物研究所以滇型不育系LA3/恢复系LC109杂交选育获得的杂交稻组合。2009年通过新疆维吾尔自治区农作物品种审定委员会审定。

形态特征和生物学特性：三系杂交中早粳中晚熟品种。感温性强，感光性中。插秧栽培生育期150d，直播栽培生育期131 ~ 145d。株高105cm，株型紧凑，茎秆粗壮，坚韧。苗期生长快，生长势极强。分蘖力中等，单株分蘖5 ~ 7个，成穗率80%。叶色浓绿，活秆成熟不早衰。穗形弯曲，叶下禾。穗长20.5cm，穗粒数180粒，结实率80%。谷粒呈阔卵形，有少量短芒，颖壳、护颖及颖尖黄色，粒长5.5mm，宽3.3mm，千粒重27.7g。

品质特性：糙米率81.8%，精米率72.4%，整精米率35.2%，垩白粒率19.0%，垩白度1.5%，透明度3.0级，碱消值6.8级，胶稠度73mm，直链淀粉含量15.0%。达到国标优质稻谷二级标准。

抗性：耐寒，耐盐碱易保苗，耐肥，抗倒伏能力强，较抗稻瘟病。

产量及适宜地区：2007—2008年参加新疆维吾尔自治区水稻区域试验，平均产量11 625.5kg/hm^2，比对照秋田小町增产12.6%。2008年参加新疆维吾尔自治区生产试验，产量12 642.45kg/hm^2，比对照秋田小町增产15.2%。适宜在新疆维吾尔自治区各稻区种植，南疆可直播或复播栽培。

栽培技术要点：①应早播、早插、早育稀播育壮秧。一般4月上中旬育秧，5月上中旬插秧，7月下旬至8月初抽穗，9月中下旬成熟。②大穗型品种，叶面积较大，栽培上应以稀植、培植壮秧为主。水育秧秧田播种量1 050 ~ 1 300kg/hm^2。插秧田用种量45 ~ 60kg/hm^2，插秧行株距30cm × 13cm，每穴栽2 ~ 3苗。③施足基肥，合理追肥。以产定肥，早施、重施分蘖肥，施肥总量为纯氮210 ~ 270kg/hm^2。分蘖期一般追肥2 ~ 3次，抽穗开花期追肥1 ~ 2次。④插秧田在插后灌6 ~ 8cm深水层护苗3 ~ 5d，全生育期以浅水灌溉为主。在分蘖末期，幼穗分化前进行晒田控制无效分蘖。起身期和分蘖期浅水灌溉，提高地温，促进分蘖。中后期保持湿润灌溉，干湿交替，黄熟期停水。

新稻38（Xindao 38）

品种来源：新疆农业科学院粮食作物研究所以LA28滇型不育系/LC109有性杂交获得的杂交组合，组合编号粮粳杂4号。2011年通过新疆维吾尔自治区农作物品种审定委员会审定。

形态特征和生物学特性：三系杂交中早粳中熟品种。感温性强，感光性中。插秧栽培生育期145d，直播栽培生育期135d。株高96cm，株型紧凑，茎秆粗壮。苗期生长快，生长势强。分蘖力中等，单株分蘖7～8个，成穗率83.4%，植株清秀，叶片宽度适中，叶色浓绿，成熟时茎秆黄色，活秆成熟不早衰。穗型弯曲，叶下禾。穗长16.2cm，穗粒数115.4粒，结实率86.8%。谷粒呈阔卵形，颖壳、护颖、颖尖黄色，有顶芒，难落粒，粒长5.5mm，宽3.3mm，千粒重26.7g。

品质特性：糙米率83.4%，精米率77.2%，整精米率62.2%，垩白粒率26.0%，垩白度2.1%，透明度2.0级，碱消值6.5级，胶稠度68mm，直链淀粉含量16.2%，水分含量10.8%。达到国标优质稻谷三级标准。

抗性：耐冷，耐盐碱，易保苗，耐旱，耐肥，抗倒伏能力强，全生育期较抗稻瘟病。

产量及适宜地区：2009—2010年参加新疆维吾尔自治区区域试验，平均产量12 027.8kg/hm^2，比对照秋田小町增产9.5%。2010年参加新疆维吾尔自治区生产试验，产量12 247.65kg/hm^2，比对照秋田小町增产7.9%。适宜在新疆维吾尔自治区南疆各地州，北疆昌吉回族自治州、伊犁哈萨克自治州、博尔塔拉蒙古自治州等沿天山一带种植。

栽培技术要点：①应适期早播、早插，稀播育壮秧。4月上中旬育秧，5月上中旬插秧，7月下旬至8月初抽穗，9月中下旬成熟。②水育秧田播种量1 050～1 350kg/hm^2。插秧田用种量45～60kg/hm^2。插秧行株距30cm×13cm，每穴栽3～4苗。直播田播种量75～90kg/hm^2。③施足基肥，合理追肥，早施、重施分蘖肥，土壤肥力中等田块一般施纯氮210～270kg/hm^2。④直播田出苗后要注意及时放水晾田露青，促使幼苗扎根。插秧田，插后灌6～8cm深水层护苗3～5d，分蘖期浅水灌溉，提高地温，促进分蘖。在分蘖末期，幼穗分化前进行晒田，以控制无效分蘖。中后期保持湿润灌溉，干湿交替，黄熟期停水。

新稻（杂）3号[Xindao（za）3]

品种来源：新疆维吾尔自治区农垦科学院农业所以辽10120A/恢73-28配制的三系杂交粳稻组合，原品系号辽优73。1992年通过新疆维吾尔自治区农作物品种审定委员会审定。

形态特征和生物学特性：三系杂交中早粳中晚熟品种。感温性中，感光性中。采用插秧栽培生育期在南疆147d，复播栽培生育期127d。株高95cm，株型紧凑，茎秆粗壮，半矮秆。苗期长势稳健，叶片宽厚上举，叶片、叶鞘绿色，叶枕浅绿色，叶耳、柱头均为白色，叶身长度适中，叶下禾。分蘖力强，单株分蘖7个，成穗4～5个，成穗率70%。抽穗整齐一致，茎秆黄色，活秆成熟不早衰。穗弧形，穗长19cm，穗粒数145粒，结实率82.5%。籽粒灌浆速度快，成熟时秆青，粒黄，茎秆脱水快。谷粒呈阔卵形，护颖呈灰白色，颖毛多，稃毛白色，颖尖呈黄色，谷壳较薄，千粒重26g。

品质特性：糙米率81.4%，精米率73.5%，整精米率62.0%，垩白粒率58.0%，垩白度3.4%。

抗性：幼苗耐寒，后期耐冷性较强，耐盐碱，易保苗。耐肥，抗倒伏，较抗稻瘟病。

产量及适宜地区：产量为9 750～10 500kg/hm^2，高产田可达12 000kg/hm^2，在新疆维吾尔自治区北疆米泉稻区可保温育秧插秧种植，在新疆维吾尔自治区南疆稻区可正播亦可复播种植。

栽培技术要点：①采取薄膜育秧移栽可在4月中旬播种，插秧期5月中旬，7月下旬至8月上中旬抽穗，9月中下旬成熟。②插秧栽培，育秧播量干种子1 200～1 500kg/hm^2，插秧用种量45～75kg/hm^2。插秧行株距30cm×12cm，每穴栽2～3苗，插秧宜浅不宜深。③施足基肥，早施追肥。④水层管理要坚持插秧后灌5～8cm深水护苗3～5d促返青。稻田以湿润灌溉为主，分蘖期2～3cm浅水促蘖。分蘖末期至拔节初期要控水肥，防止无效分蘖过多和节间过长倒伏，中期实行搁田。孕穗及扬花阶段，保持3～5cm水层。后期干干湿湿，黄熟后期断水。

新稻（杂）4号[Xindao（za）4]

品种来源：新疆维吾尔自治区农垦科学院农业所以秀岭69A/恢73-28配制的三系杂交粳稻组合。1992年通过新疆维吾尔自治区农作物品种审定委员会审定。

形态特征和生物学特性：三系杂交中早粳晚熟品种。感温性中，感光性中。插秧栽培生育期为156～163d，株高95cm，株型紧凑，茎秆粗壮，半矮秆。叶片宽厚上举，叶片、叶鞘绿色，叶枕浅绿色。叶耳、柱头均为白色，主茎总叶片14片，叶下禾。分蘖力中上，单株分蘖6～7个，成穗率70%。茎秆黄色，活秆成熟不早衰。穗弧形，穗长19cm，穗粒数145粒，结实率82.5%。谷粒呈阔卵形，颖壳、颖尖呈黄色，护颖呈白色，稃毛白色，谷壳较薄，千粒重26g。

品质特性：糙米率83.7%，精米率72.5%，整精米率61.0%，垩白粒率62.0%，垩白度3.1%。

抗性：幼苗耐寒，后期耐冷性较强，耐盐碱，易保苗，耐肥，抗倒伏，抗稻瘟病。

产量及适宜地区：产量9 750～10 500kg/hm^2，高产田可达12 000kg/hm^2。适宜在新疆维吾尔自治区北疆米泉稻区保温育秧插秧种植，在南疆稻区可正播亦可复播种植。

栽培技术要点：①采取薄膜育秧移栽可在4月中旬播种，插秧期5月10—20日，7月下旬至8月上中旬抽穗，9月中下旬成熟。②秧田播量干种子1 200～1 500kg/hm^2，插秧用种量45～75kg/hm^2。插秧行株距30cm×12cm，每穴栽2～3苗，插秧宜浅不宜深。③采取全层施入有机肥，早施追肥。④水层管理要坚持插秧后灌5～8cm深水护苗3～5d促返青。稻田以湿润灌溉为主，分蘖期2～3cm浅水促蘖。分蘖末期至拔节初期要控水肥，防止无效分蘖过多和节间过长倒伏，中期实行搁田。孕穗及扬花阶段，保持3～5cm水层。后期干干湿湿，黄熟后期断水。

第四章
著名育种专家

ZHONGGUO SHUIDAO PINZHONGZHI · HUABEI XIBEI JUAN

柯象寅

安徽省贵池人（1911—1999），博士，教授。1935年毕业于中央大学农艺系，美国威斯康星大学硕士及博士，历任武汉大学农学院代院长，华中农学院教授、教务长，并兼任金陵大学、复旦大学教授，河南省农业科学院粮食作物研究所副所长，河南省作物学会理事长，河南省农学会副理事长、名誉会长等。

1935年起在江苏省江宁县土山（今东山镇）、湖熟（今江宁区湖熟街道）、淳化等地农作改进实验区从事水稻新品种“帽子头”示范和繁殖，1936年，协助全国经济委员会拟定全国米粮自给计划，成立全国稻麦改进所，在全国13个省，29个场校合作举办全国性水稻良种区域试验，初步摸清中国水稻栽培区域划分及良种适应区域，为以后推广百万公顷改良稻种胜利籼、南特号打下基础。在这期间主持全国水稻品种鉴定工作，遍及南方各省159个市、县，并主办西南5省中籼稻区域试验，双季稻栽培区域试验，迟栽晚稻防旱试验。抗日战争胜利后，将后方保存的5万余份水稻资源分发至19个产稻省科研场校，作为战后复兴水稻科研的基础。1966年起，先后主持研究利用黄河水在河南黄河两岸盐碱低洼地种稻和麦后水稻旱种获得成功，使河南成为中国中部新兴稻区，并选育出郑粳11至郑粳15和郑州早粳等水稻良种。

发表《北美农作物良种选育与推广研究》《燕麦抗病育种研究》《长江流域的改良稻种》《河南省引黄种稻研究》等40余篇论文，《中国稻作学》审稿人。

黄肇曾

江苏省苏州市人（1914—2013），研究员。1937年毕业于浙江大学农学院农艺系。1942年获中央大学农学研究部农业硕士。历任华中农业科学研究所粮食系副主任、河南省作物学会常务理事、农牧渔业部北方杂交粳稻协作组副组长。从事水稻育种与栽培工作50多年，获中国农学会“从事农业科研逾半个世纪成绩卓著”荣誉。

20世纪50年代，主持华中区水稻改制工作（单改双、间改连、籼改粳），任湖南省衡南工作组组长，江西省宜春间改连工作组组长，提出了防止双季早稻大面积烂秧的有效方法，用间作晚稻品种早播稀播方法解决了双季晚稻缺种子等问题。1975年在信阳地区引进杂交水稻南优2号、南优3号获得成功。1966年后，主持引黄种稻品种与栽培技术示范推广，选育和筛选出郑粳2号、田边10号、农垦57等良种，总结出沿黄地区盐碱地种稻的品种搭配和栽培技术的系统经验，使该区形成了河南省北部稻麦两熟新稻区。根据中原地区缺水和季节缺水的特点，主持“水稻麦后旱种技术研究及其开发利用”。在河南省进行了“麦后水稻旱种的生理”等七项专题协作研究。

曾获得农牧渔业部科技进步二等奖1项、河南省科技成果二等奖1项、河南省农业科研系统科研成果一等奖1项。专著有《水稻麦后旱种栽培技术》《水稻栽培》《水稻病虫害防治技术要点》；先后发表《麦后水稻旱种的现况及其发展前途》等论文40余篇。

林世成

福建省福州市人（1918—1997），研究员。1941年毕业于浙江大学农学院农学系，同年任前中央农业实验所技佐，1942—1944年任前甘肃省农业改进所技士，1945年任前浙江大学农学院助教、讲师，1950年调华北农科所，1957年调中国农业科学院作物育种栽培研究所，历任作物栽培研究室主任、水稻育种室主任。1978—1983年任国际水稻研究所（IRRI）理事会理事。全国农作物品种审定委员会委员，北京市水稻生产科技顾问团团长，中国农学会和作物学会理事等。

主持育成早熟、抗病、丰产、优质粳稻新品种中丹2号，高抗白叶枯病、高产、优质粳稻新品种中百4号，高产、优质、多抗粳稻新品种中丹102、中系8215等。

获得农牧渔业部技术改进一等奖1项，主编的《中国水稻品种及其系谱》专著，获全国优秀科技图书二等奖，参加编审《中国水稻栽培学》，参编和统稿《中国稻作学》。

黄家章

江西省于都县人（1920—1999），研究员。1948年毕业于广州国立中山大学农学院并在广东省农林处稻作所参加工作，1949年调广东省农业厅大沙头水稻试验场，先后在华南农业科学研究所、山西省农业科学院工作。

长期从事水稻研究，针对性地提出山西利用种水稻改良盐碱地的增产途径及盐碱地种稻技术，研究开发稻麦两熟制，实现亩产吨粮。从事山西水稻地方品种搜集、整理与资源引进鉴定评价，主持育成双塔1号、双塔2号和单倍体4号水稻品种，参与育成晋稻1号、晋稻2号、晋稻3号、晋80-184等4个品种。

获得山西省人民政府科技成果二等奖1项，山西省科技进步三等奖1项。参加编写的《山西农作物品种目录》获得山西省科技成果二等奖，参与完成的“中国农作物种质资源保存评价与利用”项目获得国家科技进步集体一等奖。发表论文2篇，参编专著5部。

王　德

山东省文登县人（1924—2012），研究员。1948年毕业于北京大学农学院，任教于北京农业大学，1958年到宁夏农林科学院农作物研究所，从事水稻研究工作。曾任农牧渔业部第一届、第二届科学技术委员会委员。1964年获宁夏回族自治区先进工作者称号，1983年获全国少数民族地区先进科技工作者称号，1984年获国家级有突出贡献专家，1986年获宁夏回族自治区劳动模范称号，1991年享受国务院政府特殊津贴。

1959—1979年主持“宁夏引黄灌区水稻高产稳产技术研究”课题，系统总结高产稳产经验。1978—1989年主持水稻三系杂交稻育种及籼粳杂交育种、杂交稻秀优57的试验与推广，为宁夏杂交稻育种和籼粳杂交育种奠定了基础，在杂交稻秀优57推广工作中指导制种和大面积推广。在籼粳杂交研究中，以科情3号/IR28//76-1303为组合选育出具有对秀岭A等不育系有恢复能力的稳定恢复系，以科情3号/IR41//76-1303为组合育成籼粳交水稻品种宁粳13。对水稻光敏核不育进行了初步研究。

主持的“宁夏引黄灌区水稻高产稳产技术研究”1981年获得农业部技术改进一等奖。主要论文：《水稻丰产栽培技术研究》《宁夏灌区水稻育苗技术》《宁夏杂交稻亩产稻谷750公斤的技术分析》《籼粳杂交》《宁夏稻米品质》《光敏核不育研究初报》《试论我区水稻旱育稀植》等，参编《中国水稻》等。

陈冠五

河南省滑县人（1925—1987），研究员，中共党员。1953年西北农学院毕业，分配到宁夏农业科学研究所作物系，从事水稻研究。历任水稻研究室主任、宁夏农林科学院农作物研究所所长、宁夏农林科学院副院长，中国作物学会理事、宁夏作物学会理事长、宁夏农学会副理事长。1978年获宁夏回族自治区科技战线先进个人，1982年被选为中共十二大代表。

20世纪50年代，从事水稻育种和耕作栽培技术研究。首次完成宁夏水稻地方品种分类，筛选和提纯复壮，引进京祖107、青森5号、国光等品种，实现了宁夏水稻品种的第一次更新换代。60年代选育和引进宁系1号、宁系62-3、公交12等水稻品种，并试验成功塑料薄膜保温育秧，实现水稻育苗技术的又一次改进，实现了宁夏水稻品种的第二次更新换代。70年代主持选育和引进文光、宁丰、宁粳3号、京引39等水稻品种，实现了以京引39为代表品种的宁夏水稻品种第三次更新换代。

选育的银粳1号获得宁夏回族自治区1978年科学大会奖励，曾获得宁夏回族自治区科技进步三等奖，农业部技术改进一等奖。主要论文有：《宁夏水稻地方品种资源研究》《宁夏水稻品种生态型及引种规律的研究》，专著《宁夏水稻育种与栽培》等。

赵志杰

陕西省洋县人（1926—2010），研究员，中共党员。1950年从西北农学院毕业后至汉中地区农业科学研究所工作，曾任汉中地区农业科学研究所所长，获得全国农业劳动模范称号，1992年享受国务院政府特殊津贴。

先后选育应用了沙蛮1号、稗09和高籼64，引进推广了云南白、胜利籼、桂花球、华东399等水稻品种，比先前的农家种一般增产10%～20%，曾在陕西省年推广最大面积11.33万hm^2，实现了陕西省水稻高秆品种替代农家种的第一次品种更换。选育应用了三珍96，引进推广了珍珠矮11、二九矮4号、早金凤5号、桂朝2号等水稻品种，一般比高秆品种增产15%～22%，曾在陕西省年推广最大面积14.67万hm^2，实现了陕西省水稻矮秆品种替代高秆品种的第二次品种更换。在杂交稻推广之初，研究提出“海拔700m、6月1日以前插植”“8月20日是陕西省籼稻安全齐穗期”，为杂交稻的推广提供了理论技术指导，杜绝了水稻秋封问题发生。对陕西省水稻主要栽培技术进行了8次改进。

获得省部级科技成果奖6项。发表论文80余篇，独著有《水稻栽培技术》《水稻生涯47年》，合著有《中国水稻》《中国稻种资源》《中国水稻区划》《陕西农牧志》等十余部。

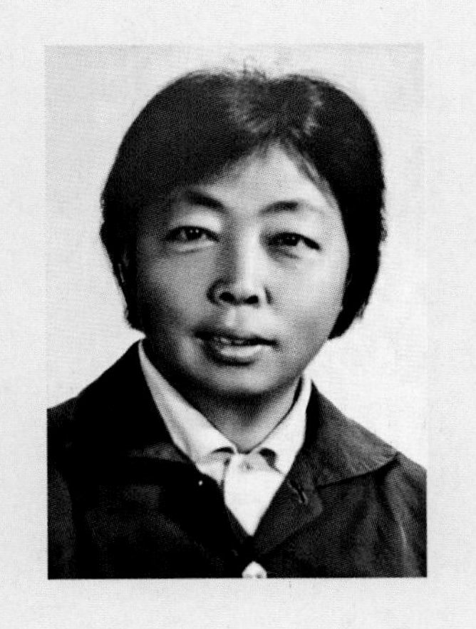

邢祖颐

江苏省淮阴人（1928—2015），研究员。1953年毕业于沈阳农学院，1953年8月至1954年12月在辽东省（今辽宁省）农业厅任技术员，1955年1月至1958年10月在辽宁熊岳农业试验站从事水稻育种研究工作，1958年11月到1960年4月在辽宁省农业科学院稻作研究所主持水稻育种，1960年5月到中国农业科学院作物育种栽培研究所工作。任水稻课题组组长，水稻室副主任、主任职务。曾任国家品种审定委员会委员、北京市品种审定委员会常委、水稻专业委员，享受国务院政府特殊津贴。

先后育成20多个水稻新品种（系），累计推广250万hm^2。20世纪60年代育出京越1号水稻品种，在辽、京、津、冀、鲁、豫累计推广面积66.7万hm^2，1985年被评为全国优质米。20世纪70年代育成京丰2号，促进稻麦两熟制发展。80年代开展籼粳亚种间杂交，育成抗条纹叶枯病、水旱两用的中作180，以及中作321、中作93、中作17等一批表现抗病、耐盐、增产显著的中作系列新品种。

获得全国科技大会奖1项，农业部科技进步二等奖2项，农业部科技进步三等奖1项，参与撰写编译《中国水稻品种及其系谱》《稻的生物学》等4本著作，在国内外发表论文近20篇。

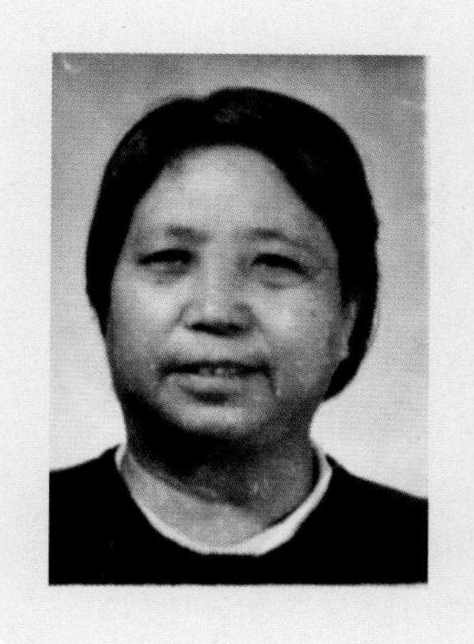

刘瑞符

河北省雄县人（1932—2018），推广研究员。天津市农作物研究所工作期间，先后获得1983年和1985年度天津市农业劳动模范、1986年天津市先进科技工作者、1988年有突出贡献的中青年科技专家称号、1990年天津市劳动模范、1995年全国先进女职工。

从事水稻育种工作40多年，先后主持育成津稻1187、津稻1189、津稻779、津稻521、津稻308等多个水稻品种，共同主持育成东方红1号、东方红2号、红旗23、红旗26、花育1号等品种。其中津稻1187在天津市累计推广面积26.7万hm^2，成为当时种植面积最大、创造效益最高的水稻品种。

先后获得全国科学大会奖1项，农牧渔业部金杯奖1项，天津市优秀技术改进一等奖1项，天津市科技成果一等奖1项、二等奖3项、三等奖2项。发表论文7篇。

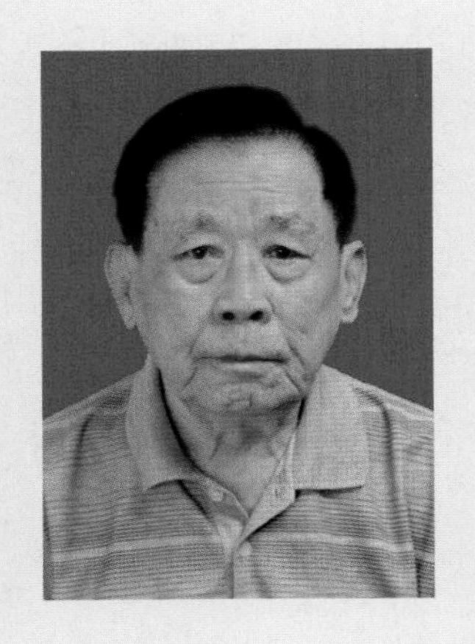

莫圣泽

海南省琼海市人（1933—），印度尼西亚归侨，副研究员。1960年9月山东农学院毕业，先后在山东省农业厅，山东省水稻研究所工作，历任研究室主任、副所长、所长等职。1987—1995年兼任山东省水稻协会副理事长，1994—2003年兼任济宁市政协第六、七、八、九届副主席。1982年和1986年分别获"山东省劳动模范"和"山东省农业劳动模范"称号，1982年获"山东省归侨、侨眷、侨务工作者先进分子"和"全国归侨、侨眷、侨务工作者先进分子"称号。

1966年以来，长期从事水稻遗传育种及水稻高产栽培技术研究工作。20世纪六七十年代先后引进推广京引33、日本晴、科晴3号，选育推广早桂选1号、高产优质抗病水稻新品种80-473、浓香型水稻新品种鲁香粳2号、鲁粳1号等。主持育成的浓香型水稻新品种鲁香粳2号获1995年第二届全国农业博览会银奖。

先后获山东省科技进步二等奖2项、三等奖2项。参编《中国水稻种植区划》和《中国北方粳稻品种志》。

胡子诚

江西省吉安县人（1934—2018），教授，1957年南京农学院毕业，历任宁夏永宁农校教师，宁夏农学院、宁夏大学农学院教授。1983年被授予宁夏回族自治区劳动模范，1986年被授予国家级中青年有突出贡献的专家，1988年被授予宁夏回族自治区民族团结进步先进个人，1990年被授予全国高等学校先进科技工作者，1991年享受国务院政府特殊津贴，1998年被评为宁夏回族自治区优秀科技工作者，1999年被评为宁夏回族自治区十大科技明星和全国优秀农业科技工作者，2000年被授予宁夏回族自治区先进工作者。第七届全国人大代表，第九届全国政协委员，宁夏回族自治区第五届、第七届人大常委会委员。

从事教学和稻作科研50余年，育成宁粳5号、宁糯2号、宁香稻1号等水稻新品种。其中宁粳7号优质高产，1986—1998年宁夏累积推广种植13.6万hm^2。选育的特种米品种宁香稻2号获得中国特种稻米品种展评金奖，宁香稻3号获得银奖。发现欧洲水稻地方品种有可能是从陕西、甘肃、新疆，即“丝绸之路”引入。提出杂草稻是我国西北水稻地方品种和近代品种杂交后代的观点。

先后获得宁夏回族自治区科技进步一等、二等、三等奖各1项，国家科技进步三等奖1项，农业部农业资源区划科学技术成果一等奖1项。主要论文论著有：《试论欧洲水稻地方品种与我国西北水稻地方品种的关系》《试论杂草稻起源之谜——介绍“西北粳”》《稻米品质气候生态基础研究》等。

陈达润

广西壮族自治区博白县人（1935—2007），高级农艺师，九三学社社员。1960年7月从西北农学院毕业，先后在汉中地区农学院、汉中大学农学系、汉中地区农业科学研究所工作。曾任汉中地区农业科学研究所水稻研究室副主任、主任。获陕西省农业科技推广先进工作者、陕西省科技承包先进个人、陕西省突出贡献专家称号，享受国务院政府特殊津贴。

先后选育水稻品种华矮选、大57、青优黄、黄晴4个，其中青优黄、黄晴获得农业部优质米，在陕西省推广种植2.7万hm^2。主持引进南优2号、南优3号、威优圭、威优64、汕优63、汕优64、汕优287共7个品种，在陕西省推广面积13.3万hm^2，实现了陕西省杂交稻品种替代常规品种的第三次品种更换。

先后获得省级以上科研成果奖项4项，其中陕西省科技进步一等奖2项、二等奖1项、三等奖1项。编写了《陕西省农业科技手册》水稻部分、《陕西省杂交水稻教材》《陕西省杂交水稻种子质量标准》，发表论文20余篇。

牛 景

河南省偃师人（1935—2012），研究员。1959年毕业于西北农学院，在天津市农作物研究所从事水稻育种研究。先后获我国科技技术工作中做出重大贡献的先进工作者、全国劳动模范称号，被授予国家有突出贡献的中青年专家、天津市授衔专家，享受国务院政府特殊津贴，天津市第八届人大代表。

从事水稻遗传育种研究40多年，先后育成了东方红、红旗、津辐、花育、金珠、津优等系列30多个品种。育成的金珠1号被国家科技部确定为国家科技成果重点推广计划项目和“九五”计划重中之重推广项目，累计种植面积39.3万hm^2。

先后获得全国科学大会奖1项，农牧渔业部金杯奖1项，天津市优秀技术改进一等奖1项，天津市科技成果二等奖3项、三等奖5项。参与编写《大田作物的实用技术》《水稻金珠1号栽培技术》《中国水稻品种及其系谱》专著3本，发表论文20余篇。

王万章

河北省安次人（1935—），副研究员。1958年毕业于保定农业专科学校。曾任河北省农垦科学研究所水稻常规育种研究室主任。享受国务院政府特殊津贴。

主持或参加多项国家“六五”“七五”“八五”水稻育种科技攻关项目。主持选育冀粳6号、冀粳8号、冀粳13、冀粳15共4个水稻新品种，累计推广面积80万hm^2，其中冀粳8号被农业部评为优质米品种，冀粳13品质达到国家优质1级米标准。1975年，与王重廉合作，在我国首次发现了水稻缺锌症和防治方法。

曾获得河北省科技进步三等奖2项，河北省科技成果四等奖1项，农垦部科技进步二等奖1项、三等奖1项，财政部“八五”科技攻关重大科技成果奖。参加编写《中国水稻品种及其系谱》《中国稻种资源目录》《中国稻种资源》书籍3部。在《土壤学报》《华北农学报》等刊物上发表论文7篇。

马　骥

湖南省隆回县人（1936—1994），研究员，中共党员。1960年武汉水利电力学院水利系毕业，曾任宁夏农林科学院农作物研究所水稻室主任。1991年被授予国家级有突出贡献中青年专家，1991年享受国务院政府特殊津贴，第六届宁夏回族自治区政协委员，1992年被评为宁夏回族自治区优秀共产党员。

参与研究水稻灌溉技术，提出宁夏水稻“浅—深—浅”的灌溉方法。主持“水稻新品种选育”和“高产水稻新品种宁粳9号大面积推广”等课题，育成宁粳9号、宁粳12、宁粳14、宁粳16、宁粳17等水稻品种。其中宁粳9号的育成是宁夏利用籼型水稻进行复合杂交育成粳型水稻的成功范例，1986—1988年3年区域试验平均单产11 499kg/hm^2，较对照秋光品种增产9.0%，很快得到大面积推广，实现了以宁粳9号为代表品种的宁夏水稻品种第五次更新换代。

宁粳9号、宁粳12、宁粳16等水稻新品种选育成果先后获宁夏回族自治区科技进步一等奖2项、三等奖3项。主要论文有：《水稻“浅—深—浅”的灌溉方法》等。

吴梁源

甘肃省兰州市人（1936—2014），研究员。1957年于甘肃省兰州农业学校毕业，曾任宁夏农林科学院农作物研究所水稻花培室主任。1991年享受国务院政府特殊津贴，1992年被授予国家级有突出贡献中青年专家，1998年被授予宁夏回族自治区优秀科技人员荣誉称号。

先后从事山区苦水灌溉利用、农田灌溉试验、宁夏水稻品种资源的收集整理研究与利用、水稻品种对白叶枯病的抗性研究、宁夏引黄灌区稻瘟病生理小种和水稻品种抗病性鉴定研究、水稻常规育种、水稻花培育种研究等。主持“水稻花培育种”“水稻新品种配套栽培技术研究”等课题。参加和主持育成宁粳3号、宁糯1号、宁粳22等水稻品种。培育的特优质水稻品种花55深受消费者喜爱，曾作为宁夏优质大米品牌推向市场。退休后，以科技特派员的身份，常深入田间地头，热情为农民和农民协会提供技术服务，针对水稻生产中出现的问题，进行现场指导，深受广大农民欢迎。积极向大米加工龙头企业建言献策，建立和指导优质米基地生产。

先后获得宁夏回族自治区科技进步一等奖1项、二等奖3项、三等奖6项。主要论文有：《温室水稻一年三代种植经验》《宁粳6号水稻旱条播丰产栽培技术》《我区优质大米开发存在的问题及开发建议》等。

洪立芳

浙江省萧山市人（1938—），研究员，中共党员。1962年毕业于北京农业大学农学系，分配到原北京市农业科学研究所工作，从事耕作制度研究。1991年获首都精神文明建设奖章。

长期从事水稻引种育种工作。1974年参加育成京系17，1976年育成的京系21在20世纪70年代后期和80年代前期先后成为山西和陕北榆林地区水稻的主栽品种。1975年开展条纹叶枯病抗病育种。1979年育成粳稻品种京稻1号和京稻2号，1986年参与育成水稻新品种中花9号，1987年参与育成高抗条纹叶枯病品种京花101和中作180。1980年筛选出优质恢复系F20，育成了优质组合秋优20，先后通过北京市和天津市农作物品种审定委员会审定。21世纪初，加强了香粳、香糯品种的选育，育成京香糯10号、京香636、香糯12。筛选出香粳恢复系Y772，配组育成香型杂交粳稻京优15。2005年育成节水抗旱杂交稻京优13，2010年育成水旱兼用的黑粳优1号。

先后获得农业部科技进步二等奖1项，农业部科技进步三等奖1项，北京市科技进步三等奖1项，北京市科技成果三等奖1项，发表论文11篇。

孟祥祯

河北省海兴人（1938—），研究员。1968年毕业于河北农业大学，硕士学位。曾任河北省农垦科学研究所副所长、水稻杂优研究室主任。享受国务院政府特殊津贴，中国北方农垦稻作协会副理事长。

主持或参加多项“七五”“八五”“九五”农业部、河北省科委和河北自然基金在水稻新品种选育方面的重点科研项目。育成河北省第一个杂交稻新品种冀粳杂1号，填补了河北省内空白。育成6个水稻新品种，累计推广种植面积66万hm^2，其中水稻新品种冀粳10号荣获河北省科技进步三等奖，水稻新品种冀粳11荣获河北省科技进步二等奖。

主译《水稻生物技术》一书，为《北方农垦稻作》一书副主编，参加编写《河北水稻栽培》《中国设施农业论》《水稻超高产栽培技术》等书。在《华北农学报》《河北农业大学学报》等刊物上发表论文39篇，译科普文献49篇。

张昌禄

四川省永川县人（1939—1991），副研究员。1963年毕业于四川大学。曾任山西省农业科学院作物遗传研究所副所长。获山西省劳动竞赛委员会记三等功一次、山西省六厅局农业科学技术推广先进工作者、山西省直工委优秀共产党员、山西省农业科学院先进工作者。

从事水稻科研近30年，其中20年在晋祠基点开展育种、栽培和指导生产工作。先后试验成功水稻塑料薄膜育秧技术、水稻地膜育秧技术、水稻磷肥施用技术、少棵密植技术、叶龄模式、水稻旱种以及稻—油两熟栽培技术。先后引进京引15、秋丰、早丰和辽丰8号等10个水稻高产良种，在山西省稻区大面积推广。20世纪70年代后育成晋稻1号、晋稻2号和晋80-184等新品种，引进推广黎优57和京系21等。

先后获得国家科技进步集体一等奖1项，山西省人民政府科技成果二等奖1项、三等奖2项，科技推广三等奖1项、四等奖1项；农业部科技进步三等奖1项；太原市人民政府科技成果二等奖1项、杂交稻制种技术四等奖1项、杂交水稻推广一等奖1项、科技推广三等奖1项。发表论文11篇，参编专著2部。

李梅芳

江苏省如东县人（1939—），研究员。1964年毕业于南京农业大学遗传育种专业，1964年分配到中国农业科学院作物研究所，1985年被评为全国“三八”红旗手，1986年授予国家级有突出贡献的中青年专家称号，1991年享受国务院政府特殊津贴。第八届全国政协委员，第九届全国人大代表。

长期从事水稻细胞工程育种研究，“六五”至“九五”主持国家科技攻关“水稻生物技术育种”项目，“十五”承担国家“863”子课题“细胞工程为主体的高效育种新技术构建及优质、多抗、高产水稻新品种选育”。建立了试管苗规模化生产工艺和细胞工程育种程序，创建的高效育种技术平台培育水稻新品种7个。其中，中花8号、中花9号、中花10号等早熟中粳新品种，在京津冀辽南等地累计推广种植面积33万hm^2，成为我国通过花药培养技术育成推广面积最大的品种；中花11作为转基因受体，被用在功能基因组突变体库构建上，在国内外得到广泛应用。

先后获得农业部科技进步二等奖1项，中国农业科学院科技进步二等奖1项，国家科技攻关重大科技成果奖2项，主编《水稻生物技术育种》专著1本，发表论文12篇。

谷守贤

天津市宁河县人（1944—），推广研究员。1972年3月参加工作，在宁河县农业局农业技术推广中心从事农作物新品种选育与技术推广，1984年调天津市原种场，历任试验站站长、科技室主任、副场长等职。1988年获天津市劳动模范，1990年获天津市特等劳动模范，1991年全国“五一劳动奖章”获得者。

创建了以“整穗育秧”为核心的水稻原种繁育体系和水稻超高产栽培综合技术，先后育成了水稻新品种26个。其中津原45为承前启后、具有开拓性的品种，2007年获全国优质食味一等奖，2008年获得天津市政府科技进步一等奖。津原E28为优质食味米，深受消费者青睐。津原85为国家唯一水旱双审品种。

先后获得天津市科技进步一等奖1项、二等奖1项、三等奖5项。发表论文7篇。

吴升华

陕西省汉中市人（1950—），高级农艺师，中共党员。1970年在汉中地区农业科学研究所工作，曾任汉中地区农业科学研究所水稻研究室副主任、主任。获国家农作物品种区试先进工作者、陕西省先进工作者、陕西省优秀共产党员标兵、汉中市十大科学技术带头人、汉中市拔尖人才。

选育三系杂交稻中早熟品种I优86，在陕西省的浅山丘陵稻区和南方稻区大面积推广应用。选育培优特三矮、丰优28、华泰998、金优360、中优360等5个杂交稻品种。

主持完成农业部《黑米》行业标准研究制定。先后获得国家科技进步二等奖1项，陕西省科技进步二等奖、三等奖共6项，发表科技论文20余篇。

林志清

山东省文登市人（1952—），研究员。1979年毕业于新疆石河子农学院农学系，同年到新疆农业科学院粮食作物研究所参加工作。曾任新疆农业科学院粮食作物研究所水稻室主任、中国北方水稻协会常务理事。

长期从事水稻育种及栽培研究工作。主持及参加国家和省部级研究课题13项，主持育成常规粳稻、三系杂交粳稻新品种（组合）55个。育成的品种通过各级农作物品种审定委员会审定28次，国家审定2次。育成的常规粳稻品种粮粳5号，填补了新疆维吾尔自治区无国审水稻新品种的空白。培育的新稻9号和新稻13分别为新疆维吾尔自治区首个审定的香米和红米粳稻新品种。新稻41、粮香5号、粮粳15、粮粳10号以及粮粳16多次在国内外粳稻优良食味品评赛事中荣获“特等奖”“一等奖”等奖项。申请并获批水稻新品种保护权两项。培育的粳稻新品种累计推广面积达95.3万hm^2。

先后获得新疆维吾尔自治区科学技术进步二等奖2项，集体三等奖1项。获乌鲁木齐市第二届论文评比三等奖1项，在省级以上学术刊物发表论文36篇。

梁乃亭

山东省郓城县人（1953—），研究员。1970—1975年在中国人民解放军新疆军区独立师服役，1979年毕业于石河子农学院农学系，同年至新疆农业科学院工作。1990年在日本北海道研修水稻遗传育种，1999年在日本筑波研修水稻。曾任新疆原子能农学会副理事长、新疆农业科学院核技术生物技术研究所业务副所长。先后获得国家有突出贡献的中青年专家、全国优秀留学回国人员等称号，1998年选为国家级“百千万人才工程”人员，享受国务院政府特殊津贴。

主持或参加培育出新稻1号、新稻8号、新稻11等17个水稻新品种，累计推广种植面积53.3万hm^2。培育的新品种覆盖新疆水稻面积60%以上。利用$^{60}Co\ \gamma$射线诱变出水稻茎叶超绿突变体“绿花舞”新品种，为水稻增添了新的基因资源。对持绿色基因（stagre）进行了基因定位、克隆和功能分析，目前该品种已被国内育种家利用于特种水稻育种和杂交稻亲本标记材料。

先后获得新疆维吾尔自治区科技进步二等奖3项，三等奖1项等10多项科研成果。发表论文50余篇。参加撰写了全国农林高等规划教材《作物栽培学》《北方节水稻作》《水稻综合技术标准》《作物高产理论与实践》等著作。

王兴盛

宁夏中宁县人（1954—），研究员，中共党员。1982年宁夏农学院毕业，1996年中国农业科学院硕士研究生毕业。历任宁夏农林科学院农作物研究所水稻研究室副主任、主任，农作物研究所副所长、所长，宁夏大学农学院兼职教授、硕士研究生导师。兼任宁夏回族自治区麦稻育种攻关水稻组副组长、宁夏农作物制种首席专家。1996年被评为宁夏“313人才工程”跨世纪学术、技术带头人，1998年获宁夏回族自治区“民族团结进步模范”荣誉称号，享受国务院政府特殊津贴，2000年被国务院授予“ 全国先进工作者”荣誉称号，2000年宁夏回族自治区科技创新奖获得者，2001年获“全国农业科技先进工作者”荣誉称号，中共宁夏回族自治区第八次、第九次、第十次党的代表大会代表。

主持和参与育成宁粳9号、宁稻216、宁糯3号等水稻品种。宁粳16在1994—2015年宁夏累积推广面积20.4万hm^2，年度最大面积2000年为4.4万hm^2，占当年水稻面积的56.9%。以宁粳16为代表品种实现了宁夏水稻品种的第六次更新换代。

先后获宁夏回族自治区科技进步一等奖2项、二等奖2项、三等奖6项，国家农牧渔业部丰收计划二等奖1项。发表论文30余篇，编著和参编《宁夏高产优质水稻栽培技术》《中国稻米品质区划及优质栽培》《中国水稻遗传育种与品种系谱》。

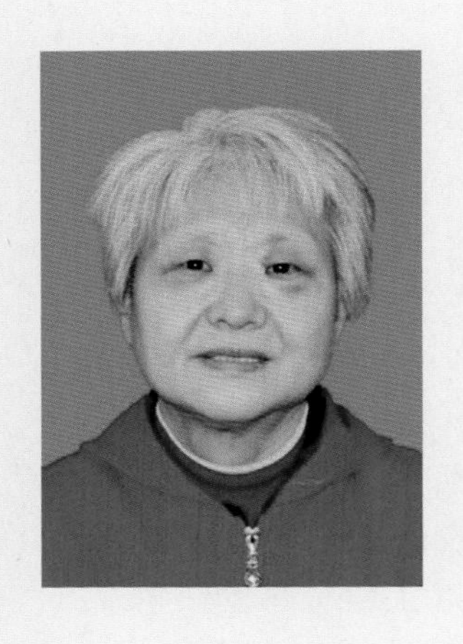

宋克勤

山东省鱼台人（1955—），研究员。1979年山东农业大学农学院毕业到山东省水稻研究所工作。2006年“十五”期间被评为国家级农作物区域试验先进工作者。

1979年以来，长期从事水稻遗传育种及水稻高产栽培技术研究工作。先后主持育成了香粳9407、圣稻2572等水稻新品种，育成的鲁粳342在济宁稻区大面积推广，并获农业部植物新品种权。参加育成了高产优质抗病水稻新品种80-473、浓香型水稻新品种鲁香粳2号等。参加育成的浓香型水稻新品种鲁香粳2号于1995年获第二届全国农业博览会银奖。

主持育成的浓香型水稻新品种香粳9407获山东省科技进步三等奖；参加育成的水稻新品种80-473获山东省科技进步二等奖。先后在省级刊物发表论文14篇。

第五章
品种检索表

ZHONGGUO SHUIDAO PINZHONGZHI · HUABEI XIBEI JUAN

品种名	英文（拼音）名	类型	审定（育成）年份	审定编号	品种权号	页码
10优18	10 you 18	三系杂交粳稻	2004	国审稻2004042		422
3优18	3 you 18	三系杂交粳稻	2001	豫审稻2004003	CNA20020001.1	423
5优190	5 you 190	三系杂交粳稻	2008	国审稻2008032		424
5优280	5 you 280	三系杂交粳稻	2008	国审稻2008036	CNA20141479.0	425
6优160	6 you 160	三系杂交粳稻	2008	国审稻2008027		426
80-473		常规中粳中熟	1990	鲁种审字第0005号		240
9204	9204	常规中粳早熟	1998	冀审稻98001号		193
I 优86	I you 86	三系杂交中籼稻	2000	国审稻2003057		407
D优3138	D you 3138	三系杂交中籼稻	2014	豫审稻2014012		405
阿稻2号	Adao 2	常规中早粳中早熟	1986			361
巴粳1号	Bageng 1	常规中早粳稻中熟	1982	新审稻1982年016号		362
博稻2号	Bodao 2	常规中早粳中熟	1984			363
川香优156	Chuanxiangyou 156	三系杂交中籼稻	2015	豫审稻2015001		406
东方红1号	Dongfanghong 1	常规中早粳晚熟	1967			132
方欣1号	Fangxin 1	常规中粳中熟	2006	豫审稻2006002		277
方欣4号	Fangxin 4	常规中粳中熟	2008	豫审稻2008002	CNA20070809.0	278
丰优28	Fengyou 28	三系杂交中籼稻	2004	陕审稻2004004号		408
丰优737	Fengyou 737	三系杂交中籼稻	2006	陕审稻2006001号		409
富源4号	Fuyuan 4	常规中早粳中熟	2000	国审稻20000011		315
光灿1号	Guangcan 1	常规中粳中熟	2010	豫审稻2010002	CNA20070625.X	279
汉中水晶稻	Hanzhongshuijingdao	常规中籼稻	1987	陕123		84
黑丰糯	Heifengnuo	常规中籼晚熟（黑糯）	1993			85
黑香粳糯	Heixianggengnuo	常规中粳稻（黑糯）	1991			311
红光粳1号	Hongguanggeng 1	常规中粳中熟	2005	豫审稻2005001	CNA20050629.3	280
红旗1号	Hongqi 1	常规中粳早熟				133
红旗16号	Hongqi 16	常规中粳早熟	1975			134
红旗23	Hongqi 23	常规中粳早熟	1987	津审稻1987004		135
花育1号	Huayu 1	常规中粳早熟	1987	津认稻1987006		136

（续）

品种名	英文（拼音）名	类型	审定（育成）年份	审定编号	品种权号	页码
花育13	Huayu 13	常规中粳早熟	1999	津农种审稻1999004		137
花育3号	Huayu 3	常规中粳早熟	1997	津审稻1997003		138
花育446	Huayu 446	常规中粳早熟	2004	津审稻2004004		139
花育560	Huayu 560	常规中早粳晚熟	2002	津审稻2002005		140
华泰998	Huatai 998	三系杂交中籼稻	2007	陕审稻2007004号		410
黄金晴	Huangjinqing	常规中粳中熟	1993			281
黄晴	Huangqing	常规中籼稻	1992	陕265		86
吉粳105	Jigeng105	常规中早粳中熟	2005	国审稻2005048		316
冀粳10号	Jigeng 10	常规中粳早熟	1988			194
冀粳11	Jigeng 11	常规中粳早熟	1992			195
冀粳13	Jigeng 13	常规中粳早熟	1994			196
冀粳14	Jigeng 14	常规中粳早熟	1996	冀审稻96001号		197
冀粳15	Jigeng 15	常规中粳早熟	1996	冀审稻96002号		198
冀粳16	Jigeng 16	常规中粳早熟	1997	冀审稻97002号		199
冀糯1号	Jinuo 1	常规中粳早熟（糯稻）	1994			200
冀糯2号	Jinuo 2	常规中粳早熟（糯稻）	2006	冀审稻2006002号		201
冀香糯1号	Jixiangnuo 1	常规中粳早熟（糯稻）	2009	冀审稻2009003号		202
焦旱1号	Jiaohan 1	常规中粳早熟	2009	国审稻2009052	CNA20090241.6	282
焦杂粳1号	Jiaozageng 1	三系杂交中粳中熟	2011	豫审稻2011002		443
金穗1号	Jinsui 1	常规中粳早熟	2003	冀审稻2003001号		203
金穗8号	Jinsui 8	常规中粳早熟	2007	国审稻2007039		204
金优360	Jinyou 360	三系杂交中籼稻	2007	陕审稻2007003号		411
津7优58	Jin 7 you 58	三系杂交粳稻	2009	国审稻2009046		427
津9优78	Jin 9 you 78	三系杂交粳稻	2009	国审稻2009048		428
津川1号	Jinchuan 1	常规中粳早熟	2005	津审稻2005002		141
津稻1007	Jindao 1007	常规中粳早熟	2004	国审稻2004043	CNA20040229.3	142
津稻1187	Jindao 1187	常规中粳早熟	1987	津审稻1987003		143

（续）

品种名	英文（拼音）名	类型	审定（育成）年份	审定编号	品种权号	页码
津稻1189	Jindao 1189	常规中粳早熟	1988			144
津稻1229	Jindao 1229	常规中早粳晚熟	2000	津农种审稻2000009		145
津稻1244	Jindao 1244	常规中粳早熟	1989	津审稻1989018		146
津稻291	Jindao 291	常规中粳早熟	2004	津审稻2004002		147
津稻308	Jindao 308	常规中粳早熟	1996	津审稻1996001		148
津稻341-2	Jindao 341-2	常规中粳早熟				149
津稻490	Jindao 490	常规中早粳晚熟	1990	津审稻1990011		150
津稻5号	Jindao 5	常规中粳早熟	2001	津农种审稻2001002		151
津稻521	Jindao 521	常规中粳早熟	1990	津审稻1990010		152
津稻681	Jindao 681	常规中粳早熟	1992	津审稻1992006		153
津稻779	Jindao 779	常规中粳早熟	1994	津审稻1994001		154
津稻937	Jindao 937	常规中粳早熟	2002	津审稻2002003		155
津稻9618	Jindao 9618	常规中粳早熟	2003	津审稻2003003		156
津稻9901	Jindao 9901	常规中粳早熟	2004	津审稻2004001		157
津辐1号	Jinfu 1	常规中粳早熟				158
津粳3号	Jingeng 3	常规中粳早熟	1987	津审稻1987002		159
津粳优28	Jingengyou 28	三系杂交粳稻	2006	国审稻2006083		429
津粳优68	Jingengyou 68	三系杂交粳稻	2006	国审稻2006084		430
津粳优88	Jingengyou 88	三系杂交粳稻	2006	国审稻2006085		431
津粳杂1号	Jingengza 1	两系杂交粳稻	1999	津农种审稻1999007		432
津粳杂2号	Jingengza 2	三系杂交粳稻	2001	津审稻2001003		433
津粳杂3号	Jingengza 3	三系杂交粳稻	2001	津审稻2001004		434
津粳杂4号	Jingengza 4	三系杂交粳稻	2002	津审稻2002001		435
津粳杂5号	Jingengza 5	三系杂交粳稻	2003	津审稻2003004		436
津宁901	Jinning 901	常规中粳早熟	2002	津审稻2002004		160
津糯1号	Jinnuo 1	常规中粳早熟（糯稻）	2008	国审稻2008033	CNA20070607.1	161
津糯2号	Jinnuo 2	常规中粳早熟（糯稻）	2008	津审稻2008002		162
津糯5号	Jinnuo 5	常规中粳早熟（糯稻）	1993	津审稻1993003		163

（续）

品种名	英文（拼音）名	类型	审定（育成）年份	审定编号	品种权号	页码
津糯6号	Jinnuo 6	常规中粳早熟（糯稻）	2000	津农种审稻2000010		164
津香黑38	Jinxianghei 38	中晚熟粳稻（香糯稻）	2000	津农种审稻2000011		165
津香糯1号	Jinxiangnuo 1	常规中粳早熟（糯稻）	1994	津审稻1994002		166
津星1号	Jinxing 1	常规中粳早熟	1996	津审稻1996002		167
津星2号	Jinxing 2	常规中粳早熟	1999	津农种审稻1999005		168
津星4号	Jinxing 4	常规中粳早熟	2002	津审稻2002002		169
津优2003	Jinyou 2003	三系杂交粳稻	2003	国审稻2003076	CNA20050808.3	437
津优2006	Jinyou 2006	三系杂交粳稻	2006	津审稻2006001		438
津优29	Jinyou 29	三系杂交粳稻	2001	津审稻2001004		439
津原101	Jinyuan 101	常规中早粳晚熟	2001	国审稻2001029		170
津原13	Jinyuan 13	常规中粳早熟	2003	津审稻2003002		171
津原17	Jinyuan 17	常规中粳早熟	2006	国审稻2006064		172
津原24	Jinyuan 24	常规中粳早熟	2006	津审稻2006003		173
津原27	Jinyuan 27	常规中粳早熟	2004	津审稻2004003		174
津原28	Jinyuan 28	常规中粳早熟	1999	津农种审稻1999006		175
津原38	Jinyuan 38	常规中粳早熟	2001	津审稻2001001		176
津原402	Jinyuan 402	常规中粳早熟	2007	津审稻2007001		177
津原45	Jinyuan 45	常规中粳早熟	2001	津审稻2001002		178
津原5号	Jinyuan 5	常规中粳早熟	2003	津审稻2003001		179
津原85	Jinyuan 85	常规中早粳晚熟	2005	国审稻2005040	CNA20070609.8	180
津原D1	Jinyuan D1	常规中粳早熟	2006	津审稻2006002	CNA20070608.X	181
津原E28	Jinyuan E28	常规中粳早熟	2009	津审稻2009001	CNA20090003.4	182
晋80-184	Jin 84-184	常规中早粳中熟	1988			225
晋稻(糯)7号	Jindao（nuo）7	常规中早粳中晚熟（糯稻）	2000			226
晋稻1号	Jindao 1	常规中早粳中晚熟	1983	晋农品审字第108号		227
晋稻10号	Jindao 10	常规中早粳中熟	2006	晋审稻2006001		228
晋稻11	Jindao 11	常规中早粳中熟	2009	晋审稻2009001		229

（续）

品种名	英文（拼音）名	类型	审定（育成）年份	审定编号	品种权号	页码
晋稻12	Jindao 12	常规中早粳中熟	2011	晋审稻2011001		230
晋稻2号	Jindao 2	常规中早粳中熟	1985	晋农品审字第109号		231
晋稻3号	Jindao 3	常规中早粳中早熟	1988	晋农品审字第129号		232
晋稻4号	Jindao 4	常规中早粳中熟	1992	晋农品审字第186号		233
晋稻5号	Jindao 5	常规中早粳中熟	1993	晋农品审字第193号		234
晋稻6号	Jindao 6	常规中早粳中熟	1999	S-296		235
晋稻8号	Jindao 8	常规中早粳中熟	2004	晋审稻2004001		236
晋稻9号	Jindao 9	常规中早粳中早熟	2005	晋审稻2005001		237
京稻19	Jingdao 19	常规中粳早熟	1997	(97)京审粮字第12号		87
京稻21	Jingdao 21	常规中粳早熟	1998	(98)京审粮字第5号		88
京稻24	Jingdao 24	常规中粳早熟	2002	京审稻2002001		89
京稻25	Jingdao 25	常规中粳早熟	2004	津审稻2004006		90
京稻3号	Jingdao 3	常规中粳早熟	1988	(87)京审粮字第6号		91
京稻选一	Jingdaoxuanyi	常规中粳早熟	1996	津审稻1996003		92
京光651	Jingguang 651	常规中粳早熟	2000	0101001-2000		93
京花101	Jinghua 101	常规中粳早熟	1991	(90)京审粮字第9号		94
京花103	Jinghua 103	常规中粳早熟	1992	(92)京审粮字第14号		95
京糯11	Jingnuo 11	常规中粳早熟（糯稻）	2008	国审稻2008034		96
京糯8号	Jingnuo 8	常规中粳早熟（糯稻）	1987	(87)京审粮字第7号		97
京系21	Jingxi 21	常规中早粳中熟	1985			238
京香636	Jingxiang 636	常规中粳早熟（香稻）	2001	京审稻2001001		98
京香糯10号	Jingxiangnuo 10	常规中粳早熟（糯稻）	1999	0101001-1999		99
京引39	Jingyin 39	常规中早粳晚熟	1979	宁种审7935		317
京优14	Jingyou 14	三系杂交粳稻	2004	国审稻2004047		418
京优15	Jingyou 15	三系杂交粳稻	2003	津审稻2003005		419
京优6号	Jingyou 6	三系杂交粳稻	1993	(93)京审粮字第8号		420
京越1号	Jingyue 1	常规中早粳晚熟	1986	GS01016-1990		100

（续）

品种名	英文（拼音）名	类型	审定（育成）年份	审定编号	品种权号	页码
垦稻2012	Kendao 2012	常规中粳早熟	2005	冀审稻2005001号		205
垦稻2015	Kendao 2015	常规中粳早熟	2008	冀审稻2008001号		206
垦稻2016	Kendao 2016	常规中粳早熟	2008	国审稻2008035		207
垦稻2017	Kendao 2017	常规中粳早熟	2009	冀审稻2009002号		208
垦稻2018	Kendao 2018	常规中粳早熟	2011	冀审稻2011001号		209
垦稻95-4	Kendao 95-4	常规中粳早熟	1999	冀审稻99002号		210
垦稻98-1	Kendao 98-1	常规中粳早熟	2003	国审稻2003015		211
垦优0702	Kenyou 0702	常规中粳早熟	2010	冀审稻2010002号		212
垦优2000	Kenyou 2000	常规中粳早熟	2002	冀审稻2002003号		213
垦优94-7	Kenyou 94-7	常规中粳早熟	2000	冀审稻2000001号		214
垦育12	Kenyu 12	常规中粳早熟	1997	冀审稻97001号		215
垦育16	Kenyu 16	常规中粳早熟	1999	冀审稻99001号		216
垦育20	Kenyu 20	常规中粳早熟	2005	冀审稻2005003号		217
垦育28	Kenyu 28	常规中粳早熟	2004	冀审稻2004001号		218
垦育29	Kenyu 29	常规中粳早熟	2006	冀审稻2006001号		219
垦育38	Kenyu 38	常规中粳早熟	2009	冀审稻2009001号		220
垦育8号	Kenyu 8	常规中粳早熟	2002	冀审稻2002002号		221
垦育88	Kenyu 88	常规中粳早熟	2010	冀审稻2010001号		222
丽稻1号	Lidao 1	常规中粳早熟	2001	津审稻2001006		183
辽盐2号	Liaoyan 2	常规中粳早熟	1990	GS01022-1990		184
粮粳5号	Lianggeng 5	常规中早粳稻中熟	2010	国审稻2010052		364
临稻10号	Lindao 10	常规中粳中熟	2002	鲁农审字[2002]015号		241
临稻11	Lindao 11	常规中粳中熟	2004	鲁农审字[2004]014号		242
临稻12	Lindao 12	常规中粳中熟	2006	鲁农审2006038号		243
临稻13	Lindao 13	常规中粳中熟	2008	鲁农审2008026号		244
临稻15	Lindao 15	常规中粳中熟	2008	鲁农审2008025号		245
临稻16	Lindao 16	常规中粳中熟	2009	鲁农审2009028号		246
临稻17	Lindao 17	常规中粳中熟	2009	鲁农审2009031号		247

（续）

品种名	英文（拼音）名	类型	审定（育成）年份	审定编号	品种权号	页码
临稻18	Lindao 18	常规中粳中熟	2010	鲁农审2010021号		248
临稻3号	Lindao 3	常规中粳中熟	1985			249
临稻4号	Lindao 4	常规中粳中熟	1992			250
临稻6号	Lindao 6	常规中粳中熟	1999	鲁种审字0269号		251
临稻9号	Lindao 9	常规中粳中熟	2002	鲁农审字[2002]014号		252
临粳8号	Lingeng 8	常规中粳中熟	2000	鲁种审字0313号		253
临沂塘稻	Linyitangdao	常规粳稻	地方品种			254
鲁稻1号	Ludao 1	常规中粳中熟	1993	鲁种审字0153号		255
鲁粳1号	Lugeng 1	常规中粳中熟	1985			256
鲁粳12	Lugeng 12	常规中粳中熟	2000	鲁种审字0317号		257
鲁香粳1号	Luxianggeng 1	常规中粳中熟	1989	鲁种审字0101号		258
鲁香粳2号	Luxianggeng 2	常规中粳中熟	1994	鲁种审字0171号		259
洛稻998	Luodao 998	常规中粳早熟	2006	国审稻2006073	CNA20080355.7	283
明水香稻	Mingshuixiangdao	常规粳稻	地方品种			260
明悦	Mingyue	常规中粳早熟	2004	国审稻2004044		185
牟糯1号	Mounuo 1	常规中粳中熟（糯稻）	1983			284
宁稻216	Ningdao 216	常规中早粳中熟	1998	宁种审9803		318
宁粳11	Ninggeng 11	常规中早粳晚熟	1990	宁种审9010		319
宁粳12	Ninggeng 12	常规中早粳中熟	1990	宁种审9011		320
宁粳14	Ninggeng 14	常规中早粳中熟	1992	宁种审9204		321
宁粳15	Ninggeng 15	常规中早粳晚熟	1995	宁种审9507		322
宁粳16	Ninggeng 16	常规中早粳晚熟	1995	宁种审9508		323
宁粳23	Ninggeng 23	常规中早粳晚熟	2002	宁审稻200201		324
宁粳24	Ninggeng 24	常规中早粳晚熟	2002	宁审稻200202		325
宁粳25	Ninggeng 25	常规中早粳中熟	2002	宁审稻200203		326
宁粳26	Ninggeng 26	常规中早粳中熟	2002	宁审稻200204		327
宁粳27	Ninggeng 27	常规中早粳晚熟	2002	宁审稻200205		328
宁粳28	Ninggeng 28	常规中早粳晚熟	2003	宁审稻2003004		329

（续）

品种名	英文（拼音）名	类型	审定（育成）年份	审定编号	品种权号	页码
宁粳29	Ninggeng 29	常规中早粳中熟	2003	宁审稻2003005		330
宁粳3号	Ninggeng 3	常规中早粳中熟	1979	宁种审7907		331
宁粳31	Ninggeng 31	常规中早粳中熟	2003	宁审稻2003008		332
宁粳32	Ninggeng 32	常规中早粳晚熟	2005	宁审稻2005002		333
宁粳33	Ninggeng 33	常规中早粳中熟	2005	宁审稻2005003	CNA20050516.5	334
宁粳34	Ninggeng 34	常规中早粳中熟	2005	宁审稻2005004		335
宁粳35	Ninggeng 35	常规中早粳晚熟	2006	宁审稻2006001	CNA20050786.9	336
宁粳36	Ninggeng 36	常规中早粳晚熟	2006	宁审稻2006002		337
宁粳37	Ninggeng 37	常规中早粳晚熟	2006	宁审稻2006003		338
宁粳38	Ninggeng 38	常规中早粳晚熟	2006	宁审稻2006004		339
宁粳39	Ninggeng 39	常规中早粳中熟	2006	宁审稻2006006		340
宁粳40	Ninggeng 40	常规中早粳晚熟	2007	宁审稻2007001		341
宁粳41	Ninggeng 41	常规中早粳中熟	2007	宁审稻2007002		342
宁粳42	Ninggeng 42	常规中早粳晚熟	2008	宁审稻2008001		343
宁粳43	Ninggeng 43	常规中早粳中熟	2009	宁审稻2009001		344
宁粳44	Ninggeng 44	常规中早粳晚熟	2010	宁审稻2010001		345
宁粳45	Ninggeng 45	常规中早粳晚熟	2012	宁审稻2012001		346
宁粳46	Ninggeng 46	常规中早粳晚熟	2012	宁审稻2012002		347
宁粳47	Ninggeng 47	常规中早粳晚熟	2014	宁审稻2014001		348
宁粳48	Ninggeng 48	常规中早粳晚熟	2015			349
宁粳49	Ninggeng 49	常规中早粳晚熟	2015			350
宁粳50	Ninggeng 50	常规中早粳晚熟	2015			351
宁粳6号	Ninggeng 6	常规中早粳中熟	1984	宁种审8408		352
宁粳7号	Ninggeng 7	常规中早粳晚熟	1986	宁种审8603		353
宁粳9号	Ninggeng 9	常规中早粳晚熟	1988	宁种审8806		354
宁糯5号	Ningnuo 5	常规中早粳晚熟（糯稻）	2002	宁审稻200206		355
宁糯6号	Ningnuo 6	常规中早粳中熟（糯稻）	2002	宁审稻200207		356
宁香稻1号	Ningxiangdao 1	常规中早粳中熟	1994	宁种审9410		357

（续）

品种名	英文（拼音）名	类型	审定（育成）年份	审定编号	品种权号	页码
宁香稻2号	Ningxiangdao 2	常规中早粳晚熟	2003	宁审稻2003003		358
宁香稻3号	Ningxiangdao 3	常规中早粳晚熟	2005	宁审稻2005001		259
宁优1号	Ningyou 1	中早粳晚熟杂交稻	1994	宁种审9409		445
秦爱	Qin'ai	常规中粳早熟	1984	(85)京审粮字第8号		186
秦稻2号	Qindao 2	常规中粳稻（黑糯）	2000	陕391		312
青二籼	Qing'erxian	常规中籼中熟	2001	豫审稻2001001		75
青优黄	Qingyouhuang	三系杂交中籼稻	1992	陕266		412
秋光	Qiuguang	常规中早粳晚熟	1983	(84)京审粮字第23号		360
秋优20	Qiuyou 20	三系杂交粳稻	1986	(86)京审粮字第5号		421
曲阜香稻	Qufuxiangdao	常规粳稻	地方品种			261
三丰101	Sanfeng 101	三系杂交中籼稻	2008	陕审稻2008003号		413
沙丰75	Shafeng 75	中早粳中熟	1982	新审稻1982年015号		365
沙交5号	Shajiao 5	常规早粳晚熟	1982	新审稻1982年014号		366
山农601	Shannong 601	常规中粳中熟	2009	鲁农审[2009]029号		262
圣稻13	Shengdao 13	常规中粳中熟	2006	鲁农审2006037号		263
圣稻14	Shengdao 14	常规中粳中熟	2007	鲁农审2007024号	CNA20070024.3	264
圣稻15	Shengdao 15	常规中粳中熟	2008	鲁农审2008023号	CNA20050480.0	265
圣稻16	Shengdao 16	常规中粳中熟	2009	鲁农审2009027号	CNA20080048.5	266
圣稻17	Shengdao 17	常规中粳中熟	2011	鲁农审2011016号		267
圣稻2572	Shengdao 2572	常规中粳中熟	2011	鲁农审2011017号	CNA20120049.5	268
圣稻301	Shengdao 301	常规中粳中熟	1998	鲁种审字0259号		269
圣武糯0146	Shengwunuo 0146	常规中粳中熟（糯稻）	2008	鲁农审2008024号		270
胜利黑糯	Shengliheinuo	常规中粳中熟	2000	鲁种审字第0345号		271
水晶3号	Shuijing 3	常规中粳中熟	2002	豫审稻2002001		285
泰香8号	Taixiang 8	三系杂交中籼稻	2011	陕审稻2011004号		414
特糯2072	Tenuo 2072	常规中籼中熟（糯稻）	2002	豫审稻2002002		76
特优2035	Teyou 2035	常规中籼中熟	2003	豫审稻2003003		77

（续）

品种名	英文（拼音）名	类型	审定（育成）年份	审定编号	品种权号	页码
特优801	Teyou 801	三系杂交中籼稻	2011	陕审稻2011001号		415
天润661	Tianrun 661	三系杂交中籼稻	2008	陕审稻2008007号		416
通特1号	Tongte 1	常规中粳早熟	2003	蒙审稻2003001号		187
通特2号	Tongte 2	常规中粳早熟	2003	蒙审稻2003002号		188
西粳4号	Xigeng 4	常规中粳稻	1998	陕331		313
西粳糯5号	Xigengnuo 5	常规中粳稻（糯稻）	2001	陕430		314
喜峰	Xifeng	常规中粳早熟	1988			189
香粳9407	Xianggeng 9407	常规中粳中熟	2002	鲁农审字[2002]016号		272
香糯12	Xiangnuo 12	常规中粳早熟（糯稻）	2006	津审稻2006004		101
小站101	Xiaozhan 101	常规中粳早熟				190
新90-3	Xin 90-3	常规中粳早熟	2005	冀审稻2005002号		223
新稻1号	Xindao 1	常规中早粳早熟	1986			367
新稻10号	Xindao 10	常规中早粳中晚熟	2004	新审稻2004年016号		368
新稻10号	Xindao 10	常规中粳中熟	2004	豫审稻2004005		286
新稻11	Xindao 11	常规中早粳中晚熟	2006	新审稻2006年12号		369
新稻11	Xindao 11	常规中粳中熟	2003	豫审稻2003002	CNA20020067.4	287
新稻12	Xindao 12	常规中早粳中晚熟	2006	新审稻2006年13号		370
新稻13	Xindao 13	中早粳中熟	2006	新审稻2006年14号		371
新稻14	Xindao 14	常规中早粳中熟	2006	新审稻2006年16号		372
新稻15	Xindao 15	中早粳中晚熟	2007	新审稻2007年06号		373
新稻16	Xindao 16	中早粳中晚熟	2007	新审稻2007年07号		374
新稻17	Xindao 17	中早粳中晚熟	2007	新审稻2007年08号		375
新稻18	Xindao 18	中早粳中晚熟	2007	新审稻2007年09号		376
新稻18	Xindao 18	常规中粳中熟	2007	豫审稻2007001	CNA20050782.6	288
新稻19	Xindao 19	中早粳中熟	2007	新审稻2007年10号		377
新稻19	Xindao 19	常规中粳中熟	2009	豫审稻2009001	CNA20070621.7	289

（续）

品种名	英文（拼音）名	类型	审定（育成）年份	审定编号	品种权号	页码
新稻2号	Xindao 2	常规中早粳中熟	1988			378
新稻20	Xindao 20	中早粳中熟	2007	新审稻2007年11号		379
新稻20	Xindao 20	常规中粳中熟	2010	国审稻2010044	CNA20080637.8	290
新稻21	Xindao 21	常规中早粳中熟	2008	新审稻2008年02号		380
新稻22	Xindao 22	三系杂交中早粳中晚熟	2008	新审稻2008年03号		447
新稻23	Xindao 23	常规中早粳中晚熟	2008	新审稻2008年04号		381
新稻24	Xindao 24	中早粳中晚熟	2009	新审稻2009年07号		382
新稻25	Xindao 25	三系杂交中早粳中晚熟	2009	新审稻2009年08号		448
新稻26	Xindao 26	中早粳晚熟	2009	新审稻2009年09号		383
新稻27	Xindao 27	中早粳中晚熟	2009	新审稻2009年10号		384
新稻28	Xindao 28	中早粳中晚熟	2010	新审稻2010年02号		385
新稻29	Xindao 29	中早粳中晚熟	2010	新审稻2010年03号		386
新稻30	Xindao 30	中早粳中晚熟	2010	新审稻2010年04号		387
新稻31	Xindao 31	中早粳中熟	2010	新审稻2010年05号		388
新稻32	Xindao 32	中早粳中早熟	2010	新审稻2010年06号		389
新稻33	Xindao 33	中早粳中早熟	2010	新审稻2010年07号		390
新稻34	Xindao 34	中早粳中早熟	2010	新审稻2010年08号		391
新稻35	Xindao 35	中早粳中晚熟	2010	新审稻2010年09号		392
新稻36	Xindao 36	常规中早粳中晚熟	2011	新审稻2011年08号		393
新稻37	Xindao 37	中早粳中晚熟	2011	新审稻2011年09号		394
新稻38	Xindao 38	三系杂交中早粳中熟	2011	新审稻2011年10号		449
新稻（杂）3号	Xindao (Za) 3	三系杂交中早粳中晚熟	1992			450
新稻（杂）4号	Xindao (Za) 4	三系杂交中早粳晚熟	1992	新审稻1992年02号		451
新稻5号	Xindao 5	常规中早粳中晚熟	1993	新审稻1993年005号		395
新稻6号	Xindao 6	中早粳中熟	1993	新审稻1993年006号		396

（续）

品种名	英文（拼音）名	类型	审定（育成）年份	审定编号	品种权号	页码
新稻68-11	Xindao 68-11	常规中粳中熟	1982			291
新稻7号	Xindao 7	中早粳中晚熟	1996	新审稻1996年002号		397
新稻8号	Xindao 8	常规中早粳中晚熟	1996	新审稻1996年003号		398
新稻9号	Xindao 9	中早粳晚熟	2000	新审稻2000年013号		399
新丰2号	Xinfeng 2	常规中粳中熟	2007	豫审稻2007003	CAN20060365.5	292
新丰5号	Xinfeng 5	常规中粳中熟	2010	豫审稻2010005	CAN20070619.5	293
新粳优1号	Xingengyou 1	三系杂交中粳中熟	2011	豫审稻2011001		444
新农稻1号	Xinnongdao 1	常规中粳中熟	2010	豫审稻2010004	CAN20100549.2	294
兴粳2号	Xinggeng 2	常规中早粳晚熟	1991	辽审稻[1991]35号		191
秀优57	Xiuyou 57	中早粳晚熟杂交稻	1984	宁种审8410		446
阳光200	Yangguang 200	常规中粳中熟	2005	鲁农审字[2005]037号		273
伊粳1号	Yigeng 1	中早粳早熟	1979	新审稻1979年009号		400
伊粳12	Yigeng 12	中早粳中早熟	2000			401
伊粳13	Yigeng 13	中早粳中早熟	2005			402
伊粳2号	Yigeng 2	中早粳中早熟	1979	新审稻1979年010号		403
伊粳5号	Yigeng 5	中早粳中早熟	1982			404
优质8号	Youzhi 8	常规晚粳早熟	2002	冀审稻2002001号		224
鱼农1号	Yunong 1	常规中粳中熟	1973			274
玉泉39	Yuquan 39	常规中粳早熟	2004	津审稻2004005		102
豫粳1号	Yugeng 1	常规中粳中熟	1985			295
豫粳2号	Yugeng 2	常规中粳早熟	1985			296
豫粳3号	Yugeng 3	常规中粳中熟	1986			297
豫粳6号	Yugeng 6	常规中粳中熟	1995			298
豫粳7号	Yugeng 7	常规中粳中熟	1996			299
豫粳8号	Yugeng 8	常规中粳中熟	1998			300
豫农粳6号	Yunonggeng 6	常规中粳中熟	2010	豫审稻2010006	CAN20090986.5	301
豫籼1号	Yuxian 1	常规中籼中熟	1990			78

（续）

品种名	英文（拼音）名	类型	审定（育成）年份	审定编号	品种权号	页码
豫籼3号	Yuxian 3	常规中籼中熟	1994			79
豫籼5号	Yuxian 5	常规中籼中熟	1997			80
豫籼6号	Yuxian 6	常规中籼中熟	1998			81
豫籼7号	Yuxian 7	常规中籼中熟	1999			82
豫籼9号	Yuxian 9	常规中籼中熟	2000			83
原稻1号	Yuandao 1	常规中粳中熟	2006	豫审稻2006003	CAN20060727.8	302
原稻108	Yuandao 108	常规中粳中熟	2009	豫审稻2009002	CAN20100346.7	303
远杂101	Yuanza 101	常规中粳中熟	1998	鲁种审字0260号		275
早丰	Zaofeng	常规中早粳中早熟	1987			239
早花2号	Zaohua 2	常规中粳早熟	1995	津审稻1995002		192
郑稻18	Zhengdao 18	常规中粳中熟	2006	豫审稻2006001	CAN20050320.0	304
郑稻19	Zhengdao 19	常规中粳中熟	2008	豫审稻2008001	CAN20070708.6	305
郑稻20	Zhengdao 20	常规中粳中熟	2014	豫审稻2014001	CNA20150870.6	306
郑旱10号	Zhenghan 10	常规中粳早熟	2012	国审稻2012043		307
郑旱2号	Zhenghan 2	常规中粳早熟	2003	国审稻2003031		308
郑旱6号	Zhenghan 6	常规中粳早熟	2005	国审稻2005055	CNA006725E	309
郑旱9号	Zhenghan 9	常规中粳早熟	2008	国审稻2008042	CNA006726E	310
中百4号	Zhongbai 4	常规中粳早熟	1989	(88)京审粮字7号		103
中丹2号	Zhongdan 2	常规中早粳晚熟	1981	辽审稻[1981]7号		104
中花10号	Zhonghua 10	常规中早粳晚熟	1987			105
中花11	Zhonghua 11	常规中粳早熟	1989	津审稻1989016		106
中花12	Zhonghua 12	常规中粳早熟	1993	津审稻1993002		107
中花14	Zhonghua 14	常规中粳早熟	2000	0101002-2000		108
中花17	Zhonghua 17	常规中粳早熟	2004	国审稻2004045		109
中花18	Zhonghua 18	常规中粳早熟	2008	国审稻2008031		110
中花8号	Zhonghua 8	常规中粳早熟	1987	(85)京审粮字第7号		111
中花9号	Zhonghua 9	常规中早粳晚熟	1986	辽审稻[1986]15号		112
中津1号	Zhongjin 1	常规中粳早熟	2003	国审稻2003013		113
中津2号	Zhongjin 2	常规中粳早熟	2002	京审稻2002002		114

（续）

品种名	英文（拼音）名	类型	审定（育成）年份	审定编号	品种权号	页码
中粳优1号	Zhonggengyou 1	三系杂交粳稻	2005	国审稻2005038		440
中粳优13	Zhonggengyou 13	三系杂交粳稻	2009	津审稻2009002		441
中粳优8号	Zhonggengyou 8	三系杂交粳稻	2008	津审稻2008001		442
中农稻1号	Zhongnongdao 1	常规中粳早熟	1999			115
中系5号	Zhongxi 5	常规中粳早熟	1989	(90)京审粮字10号		116
中系8121	Zhongxi 8121	常规中粳早熟	1989	津审稻1989017		117
中系8215	Zhongxi 8215	常规中粳早熟	1989	津审稻1989014		118
中新1号	Zhongxin 1	常规中粳早熟	1993	(93)京审粮字第9号		119
中优360	Zhongyou 360	三系杂交中籼稻	2009	陕审稻2009001号		417
中远1号	Zhongyuan 1	常规中粳早熟	1988	(88)京审粮字9号		120
中作0201	Zhongzuo 0201	常规中粳早熟	2007			121
中作17	Zhongzuo 17	常规中粳早熟	1997	津审稻1997002		122
中作180	Zhongzuo 180	常规中早粳晚熟	1987	(87)京审粮字第4号		123
中作23	Zhongzuo 23	常规中粳早熟	1997	津审稻1997001		124
中作270	Zhongzuo 270	常规中早粳晚熟	1987	(87)京审粮字第5号		125
中作321	Zhongzuo 321	常规中早粳晚熟	1989	津审稻1989015		126
中作37	Zhongzuo 37	常规中粳早熟	1996	(96)京审粮字第6号		127
中作59	Zhongzuo 59	常规中早粳晚熟（旱稻）	2004	国审稻2004061		128
中作93	Zhongzuo 93	常规中粳早熟	1992	(92)京审粮字第13号		129
中作9843	Zhongzuo 9843	常规中粳早熟	2005	国审稻2005037		130
中作9936	Zhongzuo 9936	常规中早粳晚熟	2004			131
紫香糯2315	Zixiangnuo 2315	常规中粳中熟（糯稻）	1995	鲁种审字0300号		276

图书在版编目（CIP）数据

中国水稻品种志．华北西北卷／万建民总主编；刘学军主编．—北京：中国农业出版社，2022.6
ISBN 978-7-109-29277-2

Ⅰ．①中 Ⅱ．①万 ②刘… Ⅲ．①水稻−品种−华北地区 ②水稻−品种−西北地区 Ⅳ．①S511.037

中国版本图书馆CIP数据核字（2022）第052552号

中国水稻品种志．华北西北卷
ZHONGGUO SHUIDAO PINZHONGZHI HUABEI XIBEI JUAN

中国农业出版社出版
地址：北京市朝阳区麦子店街18号楼
邮编：100125

策划编辑：舒 薇 贺志清
责任编辑：王琦瑢
装帧设计：贾利霞
版式设计：杜 然
责任校对：周丽芳
责任印制：王 宏 刘继超

印刷：北京通州皇家印刷厂
版次：2022年6月第1版
印次：2022年6月北京第 1 次印刷
发行：新华书店北京发行所

开本：787mm×1092mm 1/16
印张：32.25
字数：760千字

定价：380.00元